Albrecht Irle

Wahrscheinlichkeitstheorie und Statistik

Albrecht Irle

Wahrscheinlichkeitstheorie und Statistik

Grundlagen – Resultate – Anwendungen

2., überarbeitete und erweiterte Auflage

STUDIUM

Bibliografische Information der Deutschen Nationalbibliothek
Die Deutsche Nationalbibliothek verzeichnet diese Publikation in der Deutschen Nationalbibliografie; detaillierte bibliografische Daten sind im Internet über <http://dnb.d-nb.de> abrufbar.

Prof. Dr. rer. nat. Albrecht Irle
Universität Kiel
Mathematisches Seminar 1
Ludewig-Meyn-Str. 4
24118 Kiel

E-Mail: irle@math.uni-kiel.de

1. Auflage 2001
2., überarbeitete und erweiterte Auflage 2005
Nachdruck 2010

Lektorat: Ulrike Schmickler-Hirzebruch | Nastassja Vanselow

Vieweg+Teubner ist Teil der Fachverlagsgruppe Springer Science+Business Media.
www.viewegteubner.de

Umschlaggestaltung: KünkelLopka Medienentwicklung, Heidelberg
Gedruckt auf säurefreiem und chlorfrei gebleichtem Papier.

ISBN-13: 978-3-519-12395-8 e-ISBN-13: 978-3-322-87199-2
DOI: 10.1007/978-3-322-87199-2

Vorwort

Wahrscheinlichkeitstheorie und Statistik liefern die mathematischen Methoden zur Beschreibung und Untersuchung zufallsabhängiger Phänomene. Diese Mathematik des Zufalls hat vielfältigen Einzug in die Ingenieurwissenschaften, Naturwissenschaften und Wirtschafts- und Finanzwissenschaften gehalten und bei etlichen wissenschaftlichen Revolutionen eine entscheidende Rolle gespielt, sei es bei der Entwicklung der Informations-und Codierungstheorie, sei es bei der Bewertung von Finanzderivaten und der Portfoliotheorie, sei es bei der Entwicklung automatischer Schrift- und Spracherkennungssysteme.

Das vorliegende Buch will in dieses Gebiet der Wahrscheinlichkeitstheorie und Statistik einführen und dabei aufzeigen, wie das Zusammenspiel von anwendungsbezogenen und mathematischen Gedanken zu einer sehr fruchtbaren wissenschaftlichen Disziplin, die oft als Stochastik bezeichnet wird, geführt hat. Begonnen wird mit einer ausführlichen Darstellung der wahrscheinlichkeitstheoretischen Grundbegriffe, die durch viele Anwendungen illustriert wird. Es folgt die Behandlung fundamentaler Resultate der Wahrscheinlichkeitstheorie, beinhaltend die Gesetze der großen Zahlen und den zentralen Grenzwertsatz. Diesem schließt sich eine systematische Einführung in die Statistik an. Zunächst wird die statistische Modellbildung detailliert dargestellt. Darauf aufbauend werden Schätztheorie und Testtheorie in wesentlichen Aspekten behandelt. Die Kapitel 1 bis 13 sind der Wahrscheinlichkeitstheorie gewidmet, die Kapitel 14 bis 21 der Statistik.

Es ist das Ziel des Buches, den mit den Grundkenntnissen der Mathematik vertrauten Leser in die Methoden der Wahrscheinlichkeitstheorie und Statistik so einzuführen, daß dieser ein verläßliches Fundament an Kenntnissen erwirbt, sowohl für die Anwendung dieser Methoden in praktischen Problemen als auch für weiterführende Studien. Als einführendes und auch zum Selbststudium geeignetes Lehrbuch wendet es sich an Studierende der Mathematik, Wirtschaftsmathematik, Physik, Informatik und der Ingenieurwissenschaften.

Zur Berücksichtigung von unterschiedlichen Interessenlagen und mathematischen Vorkenntnissen sind die Kapitel – bis auf das in die Wahrscheinlichkeitstheorie einführende Kapitel 1 und das in die Statistik einführende Kapitel 14 – in einer nach Meinung des Verfassers neuartigen Weise gegliedert. Sie bestehen jeweils aus einem Hauptteil, in dem die wesentlichen Begriffsbildungen, Resultate und grundlegende Herleitungsmethoden ausführlich vorgestellt und anhand von Beispielen erläutert werden. Daran schließt sich ein Vertiefungsteil an, der weiterführende mathematische Überlegungen und anspruchsvollere Beweisführungen enthält.

Der Verfasser hofft, daß auf diese Weise den Nutzern dieses Buches durch das Lesen der Hauptteile eine präzise und prägnante Darstellung der Mathematik des Zufalls und der vielfältigen Anwendungsfelder gegeben wird – eine Darstellung, die dann nach Interessenlage durch das Studium der Vertiefungsteile ergänzt und vervollständigt werden kann.

Wie bei einführenden Lehrbüchern üblich werden im folgenden Text keine Literaturverweise gegeben. Die wenigen insbesondere in den Vertiefungen benutzten und dort nicht bewiesenen Resultate (maßtheoretischer und analytischer Art) sind als Standardstoff vom interessierten Leser ohne Mühen in den zugehörigen Lehrbüchern aufzufinden. Der Text ist aus einem 2-semestrigen Kurs des Verfassers entstanden, den er für Studierende der Mathematik und weiterer naturwissenschaftlicher und ingenieurwissenschaftlicher Fächer gehalten hat. Allen, die zum vorliegenden Text beigetragen haben, wird herzlichst gedankt. Besonderer Dank gebührt Herrn J. Saß für Durchsicht, Anregungen und Rat.

Kiel, im Februar 2001 A. Irle

Vorwort zur 2. Auflage

Gegenüber der ersten Auflage haben sich einige Änderungen und Ergänzungen ergeben. Jedes Kapitel ist nun mit Übungsaufgaben versehen. In einem zusätzlichen Kapitel, dem neuen Kapitel 13, wird eine Einführung in das Gebiet der Markov-Ketten gegeben. Für die vielen konstruktiven und kritischen Anregungen, die ich bei der Erstellung dieser zweiten Auflage berücksichtigen durfte, danke ich den Lesern herzlich.

Kiel, im September 2004 A. Irle

Inhaltsverzeichnis

Kapitel 1

Zufallsexperimente

1.1 Der Begriff des Zufallsexperiments

Eine Situation, die ein vom Zufall beeinflußtes Ergebnis hervorbringt, wird als **Zufallsexperiment** bezeichnet. Die möglichen **Ergebnisse** ω werden als Elemente einer nicht-leeren Menge Ω betrachtet, die den **Ergebnisraum** des Zufallsexperiments bildet. **Ereignisse** werden als Teilmengen A von Ω aufgefaßt. Den Ereignissen A wird eine Zahl

$$P(A) \in [0,1]$$

zugeordnet, die wir **Wahrscheinlichkeit von** A nennen. Da das Ergebnis ω gemäß unserer Modellierung mit Gewißheit in Ω liegt, ordnen wir Ω die maximale Wahrscheinlichkeit 1 zu, entsprechend der leeren Menge die minimale Wahrscheinlichkeit 0, so daß bei der Modellierung von Zufallsexperimenten stets

$$P(\emptyset) = 0 \text{ und } P(\Omega) = 1$$

vorliegt.

Wir identifizieren eine Teilmenge A des Ergebnisraums mit dem Geschehnis, daß das registrierte Ergebnis ω des Zufallsexperiments in A liegt, was wir kurz als das Eintreten von A bezeichnen wollen. Dieses erlaubt die mengentheoretische Beschreibung von zusammengesetzten Ereignissen. Es beschreibt also

$$A \cup B \text{ das Eintreten von } A \text{ oder } B,$$

$$A \cap B \text{ das Eintreten von } A \text{ und } B,$$

$$A^c \text{ das Nichteintreten von } A.$$

Das Eintreten von A und B ist unvereinbar, falls gilt $A \cap B = \emptyset$, d.h. falls A und B disjunkt sind. In diesem Fall schreiben wir

$$A + B \text{ für } A \cup B.$$

Für eine Familie von Ereignissen $A_i, i \in I$, repräsentiert

$$\bigcup_{i \in I} A_i \text{ das Eintreten von mindestens einem der } A_i,$$

$$\bigcap_{i \in I} A_i \text{ das Eintreten von allen der } A_i.$$

Eine solche Familie von Ereignissen $A_i, i \in I$, bezeichnen wir als paarweise disjunkt, falls stets $A_i \cap A_j = \emptyset$ für $i \neq j$ gilt, und wir schreiben dann

$$\sum_{i \in I} A_i \text{ für } \bigcup_{i \in I} A_i.$$

In etlichen Fragestellungen erlaubt unser intuitives Verständnis von Wahrscheinlichkeit das Berechnen von Wahrscheinlichkeiten bestimmter Ereignisse, ohne daß schon ein axiomatischer Aufbau der Theorie hätte stattfinden müssen. Dies ist insbesondere der Fall in Situationen, in denen Vorstellungen von **Gleichwahrscheinlichkeit** auftreten. Wir behandeln nun einige Beispiele dieser Art und illustrieren damit die zum Zufallsexperiment gehörenden Begriffsbildungen.

1.2 Das Würfeln

Das Werfen eines Würfels wird durch den Ergebnisraum

$$\Omega = \{1, 2, 3, 4, 5, 6\}$$

beschrieben. Das Ereignis, eine gerade Zahl zu würfeln, besitzt die Darstellung $A = \{2, 4, 6\}$ als Teilmenge des Ergebnisraums. Die Modellvorstellung des gleichwahrscheinlichen Eintretens der Zahlen 1 bis 6 führt zu der Zuordnung

$$P(\{i\}) = \frac{1}{6} \text{ für } i = 1, \ldots, 6.$$

Zu beachten ist hier, daß das Eintreten eines bestimmten Ergebnisses i durch die einelementige Teilmenge $\{i\}$ repräsentiert wird, so daß wir $P(\{i\})$ und nicht $P(i)$ zu schreiben haben. Gemäß unserer Begriffsbildung des Zufallsexperiments sind Wahrscheinlichkeiten für Ereignisse, d.h. für Teilmengen des Ergebnisraums, zu betrachten. Die Wahrscheinlichkeit von $A = \{2, 4, 6\}$ ergibt sich dann in naheliegender Weise als Summe

$$P(A) = P(\{2\}) + P(\{4\}) + P(\{6\}) = \frac{1}{2}.$$

Intuitiv sofort einsichtig ist also die Festlegung

$$P(A) = \frac{|A|}{6},$$

wobei $|A|$ die Anzahl der Elemente von A bezeichnet.

1.3 Das Lottospiel

Aus den Zahlen $1, \ldots, 49$ werden zufällig 6 Zahlen gezogen. Bei der Darstellung des Ergebnisses der Ziehung werden die sechs gezogenen Zahlen der Größe nach geordnet dargestellt. Als Ergebnisraum ergibt sich

$$\Omega = \{(a_1, \ldots, a_6) : 1 \leq a_1 < a_2 < \ldots < a_6 \leq 49\}.$$

Die Anzahl der Elemente von Ω erhalten wir gemäß

$$|\Omega| = \frac{49 \cdot 48 \cdot 47 \cdot 46 \cdot 45 \cdot 44}{1 \cdot 2 \cdot 3 \cdot 4 \cdot 5 \cdot 6} = \binom{49}{6} = 13983816.$$

Es gibt nämlich 49 Möglichkeiten für die Ziehung der ersten Zahl, anschließend dann 48 Möglichkeiten für die Ziehung der zweiten, was sich fortsetzt bis zu den verbleibenden 44 Möglichkeiten für die Ziehung der sechsten Zahl. Jede der $6!$ möglichen Permutationen führt zum selben geordneten Tupel, so daß sich als Anzahl aller geordneten Tupel der obige Bruch ergibt. Unsere Vorstellung, daß jedem solchen Tupel gleiche Wahrscheinlichkeit zukommt, führt dann zu der Festlegung

$$P(\{\omega\}) = \frac{1}{|\Omega|} = \frac{1}{13983816} = 0,00000007151\ldots$$

und allgemeiner durch Summation zu

$$P(A) = \sum_{\omega \in A} P(\{\omega\}) = \frac{|A|}{|\Omega|} = \frac{|A|}{13983816}.$$

Wir fragen nun nach der Wahrscheinlichkeit, daß auf einen abgegebenen Tip $(b_1, \ldots, b_6)$ genau drei Richtige entfallen. Als Ereignis A erhalten wir die Menge aller Tupel aus dem Ergebnisraum, die genau drei Übereinstimmungen mit dem vorgegebenen Tupel besitzen, also

$$A = \{(a_1, \ldots, a_6) : |\{a_1, \ldots, a_6\} \cap \{b_1, \ldots, b_6\}| = 3\}.$$

Die Anzahl der Elemente von A ergibt sich als

$$|A| = \binom{6}{3}\binom{43}{3},$$

denn es gibt $\binom{6}{3}$ Möglichkeiten, drei Zahlen aus den sechs vorgegebenen zu wählen, ferner $\binom{43}{3}$ Möglichkeiten, aus den nicht vorgegebenen Zahlen drei weitere zu wählen. Wir erhalten damit

$$P(A) = \frac{|A|}{|\Omega|} = \frac{246820}{13983816} = 0,01765\ldots$$

Entsprechend ergibt sich die Wahrscheinlichkeit, genau k Richtige zu erhalten, als $\binom{6}{k}\binom{43}{6-k}/\binom{49}{6}$.

1.4 Speicherungskollisionen

Beim Hashing werden k Datensätze in einen Speicher mit n Adressen so eingegeben, daß jedem der Datensätze zufällig eine der n möglichen Adressen zugewiesen wird. Beim Zuweisen gleicher Adressen zu verschiedenen Datensätzen ergeben sich Kollisionen, die weitere Zuweisungen nach sich ziehen. Wir stellen die Frage nach der Wahrscheinlichkeit, daß keine Kollisionen eintreten. Als Ergebnisraum benutzen wir

$$\Omega = \{1, \ldots, n\}^k, \text{ so daß gilt } |\Omega| = n^k.$$

Das Ereignis des Nichteintretens von Kollisionen wird dann durch

$$A = \{(i_1, \ldots, i_k) : i_l \neq i_m \text{ für alle } 1 \leq l < m \leq k\}$$

repräsentiert. Dabei gilt

$$|A| = n(n-1)\cdots(n-k+1),$$

denn für die erste Zuweisung stehen n Adressen zur Verfügung, für die kollisionsfreie zweite dann noch $n-1$ und dieses setzt sich fort bis zur Zuweisung der k-ten Adresse aus den verbleibenden $n-k+1$. Unter der Annahme der Gleichwahrscheinlichkeit ergibt sich

$$P(A) = \frac{n(n-1)\cdots(n-k+1)}{n^k} = \prod_{i=1}^{k-1}(1-\frac{i}{n}).$$

1.5 Das Nadelproblem von Buffon

Wir werfen eine Nadel der Länge 1 in gänzlich zufälliger Weise auf eine Ebene, die durch Parallelen mit Abstand 1 in Streifen eingeteilt ist. Wie groß ist die

Wahrscheinlichkeit, daß die Nadel keine der Parallelen berührt?

Wir beschreiben die Position der Nadel durch den Abstand a ihres Mittelpunkts von der nächstgelegenen unteren Parallelen und den Winkel ϕ, den sie mit der Senkrechten durch ihren Mittelpunkt auf die Parallele bildet. Dabei nimmt a Werte im Intervall $[0,1)$, ϕ im Intervall $[-\pi/2, \pi/2)$ an, wobei $a = 0$ den Fall beschreibt, daß der Mittelpunkt auf der Parallelen liegt, und $\phi = -\pi/2$ die Parallelität der Nadel zu den vorgegebenen Streifen kennzeichnet. Als Ergebnisraum betrachten wir

$$\Omega = [0,1) \times [-\pi/2, \pi/2),$$

so daß ein überabzählbar-unendlicher Ergebnisraum vorliegt. Das Ereignis, daß die Nadel keine der Parallelen trifft, wird, wie eine einfache geometrische Überlegung zeigt, in diesem Ergebnisraum als

$$A = \{(a,\phi) : \min\{a, 1-a\} > \cos(\phi)/2\}$$

repräsentiert.

Unsere intuitive Vorstellung besagt, daß jede Position der Nadel gleichrangig in Bezug auf zugeordnete Wahrscheinlichkeiten sein sollte. Wie kann dieses in mathematische Modellierung umgesetzt werden? Die im diskreten Fall naheliegende Bildung $P(A) = \mid A \mid / \mid \Omega \mid$ ist bei unendlichem Ergebnisraum sicherlich nicht sinnvoll, da dieser Quotient entweder 0 ist oder auf den nicht definierten Quotienten ∞/∞ führt.

Wird Gleichrangigkeit der Positionen angenommen, so sollte die Wahrscheinlichkeit, daß das Ergebnis (a, ϕ) in einer Menge A liegt, nur von der Fläche dieser Menge abhängen, und dies führt uns zu der Festlegung

$$P(A) = \frac{\text{Fläche von } A}{\text{Fläche von } \Omega},$$

wobei wir uns zunächst mit einer naiven Vorstellung vom Flächenbegriff in $\mathbb{R}^2$ begnügen.

Betrachten wir speziell das uns interessierende Ereignis

$$A = \{(a,\phi) : \min\{a, 1-a\} > \cos(\phi)/2\},$$

so ergibt sich für das Komplement

$$A^c = \{(a,\phi) : a \leq \cos(\phi)/2\} \cup \{(a,\phi) : 1-a \leq \cos(\phi)/2\}.$$

Da die Fläche unter einer stetigen Funktion als ihr bestimmtes Integral berechnet werden kann, ergibt sich aus $\int_{-\pi/2}^{\pi/2} \cos(\phi)/2\, d\phi = 1$ sofort

$$\text{Fläche von } A^c = 2.$$

Offensichtlich gilt

$$\text{Fläche von } \Omega = \pi \,,$$

so daß folgt

$$\text{Fläche von } A = \pi - 2 \text{ und } P(A) = 1 - \frac{2}{\pi} \,.$$

Natürlich ist das in den Beispielen vorgestellte Konzept der Gleichwahrscheinlichkeit keinesfalls reichhaltig genug, um sämtliches zufallsbestimmtes Geschehen zu modellieren.

Betrachten wir zum Beispiel die Lebensdauer eines technischen Geräts, so wird diese in der Regel als zufällig anzusehen sein. Als Ergebnisraum benutzen wir in naheliegender Weise $\Omega = (0, \infty)$, wobei das Ergebnis ω besagt, daß die Lebensdauer ω Zeiteinheiten beträgt. Ein Intervall (z, ∞) repräsentiert dann das Ereignis, daß die Lebensdauer z Zeiteinheiten übersteigt. In diesem Zufallsexperiment ist es allerdings nicht sinnvoll, das Konzept der Gleichwahrscheinlichkeit zu benutzen. Zum einen gibt es keinen mathematisch zufriedenstellenden Weg, das Konzept der Gleichwahrscheinlichkeit auf eine Menge unendlicher Ausdehnung zu übertragen, zum andern ist es sicherlich auch nicht sinnvoll, den Ereignissen $(z + a, z' + a)$ des Ausfalls zwischen $z + a$ und $z' + a$ für jedes a die gleiche Wahrscheinlichkeit zuzuordnen. Es ist hier keineswegs offensichtlich, wie Wahrscheinlichkeiten anzugeben sind, und es treten Fragen sowohl abstrakter mathematischer Natur als auch solche der konkreten Modellierung auf, denen wir insbesondere im Kapitel 6 nachgehen werden.

Wir werden in 1.7 das ersterwähnte Problem der Schwierigkeit, das Konzept der Gleichwahrscheinlichkeit auszuweiten, ansprechen.

Die Bestimmung von Wahrscheinlichkeiten der Form $P(A) = \mid A \mid / \mid \Omega \mid$ führt, wie wir in den Beispielen 1.3 und 1.4 gesehen haben, auf Probleme der Abzählung von endlichen Mengen, also zum mathematischen Gebiet der **Kombinatorik**. In den Beispielen wurden einfache Abzählformeln benutzt, die hier im allgemeineren Kontext dargestellt werden sollen. Dabei sei eine endliche Menge von n Elementen betrachtet, die ohne Einschränkung als die Menge $\{1, \ldots, n\}$ angenommen sei.

1.6 Grundbegriffe der Kombinatorik

Variationen

Die Anzahl der k-Tupel, die aus Elementen von $\{1, \ldots, n\}$ gebildet werden können, beträgt n^k, d.h.

$$| \{1, \ldots, n\}^k | = n^k.$$

Dies gilt offensichtlich, da an jeder Stelle des Tupels jede der Zahlen von $1, \ldots, n$ eingesetzt werden kann. Ein solches k-Tupel wird auch als Variation vom Umfang k bezeichnet.

Permutationen

Die Anzahl der k-Tupel mit unterschiedlichen Einträgen, $1 \leq k \leq n$, die aus Elementen von $\{1, \ldots, n\}$ gebildet werden können, ist gegeben durch das Produkt $n(n-1)\cdots(n-k+1) = n!/(n-k)!$, d. h.

$$\begin{aligned} & | \{(a_1, \ldots, a_k) : (a_1, \ldots, a_k) \in \{1, \ldots, n\}^k, \; a_i \neq a_j \text{ für alle } i \neq j\} | \\ = & \frac{n!}{(n-k)!}. \end{aligned}$$

Hier ist zu beachten, daß für die erste Stelle des Tupels sämtliche n Zahlen zur Verfügung stehen, für die zweite Stelle dann noch die verbleibenden $n-1$ Zahlen, und dieses setzt sich fort bis zur k-ten Stelle im Tupel, für deren Besetzung die noch nicht benutzten $n-k+1$ Zahlen herangezogen werden können. Wir sprechen bei diesen Tupeln von Permutationen vom Umfang k. Für $k = n$ werden diese Tupel, die sämtliche n Zahlen in unterschiedlichen Reihenfolgen beinhalten, kurz als Permutationen bezeichnet. Es gibt also gerade $n!$ Permutationen. Erinnert sei daran, daß $n!$ definiert ist als

$$n! = 1 \cdot 2 \cdots n \text{ mit } 0! = 1.$$

Kombinationen

Die Anzahl der k-elementigen Teilmengen, $1 \leq k \leq n$, von $\{1, \ldots, n\}$ beträgt $n!/k!(n-k)!$, d.h.

$$| \{A : A \subseteq \{1, \ldots, n\}, | A | = k\} | = \frac{n!}{k!(n-k)!}.$$

Betrachten wir zu einer k-elementigen Teilmenge die Permutationen vom Umfang k, die nur Einträge aus dieser Menge besitzen, so erhalten wir gerade $k!$ davon.

Damit folgt, daß die Anzahl der Permutationen vom Umfang k gleich dem Produkt aus $k!$ und der Anzahl der k-elementigen Teilmengen ist, was die gewünschte Beziehung liefert, die offensichtlich auch für $k = 0$ gilt. In der Sprache der Kombinatorik wird eine k-elementige Teilmenge auch als Kombination vom Umfang k bezeichnet.

In Verallgemeinerung der vorstehenden Überlegungen wollen wir für gegebene m und $k_1 \geq 0, \ldots, k_m \geq 0$ mit $\sum_{i=1}^{m} k_i = n$ die Anzahl sämtlicher Zerlegungen $(A_1, \ldots, A_m)$ von $\{1, \ldots, n\}$ in disjunkte Teilmengen A_i mit $| A_i | = k_i$, $i = 1, \ldots, m$, bestimmen. Es gilt

$$| \{(A_1, \ldots, A_m) : (A_1, \ldots, A_m) \text{ Zerlegung}, | A_i | = k_i, i = 1, \ldots, m\} | = \frac{n!}{k_1! \cdots k_m!}.$$

Zu beachten ist, daß wir $n!/k_1!(n-k_1)!$ Möglichkeiten für die Wahl der k_1-elementigen Menge A_1 haben, anschließend dann $(n-k_1)!/k_2!(n-k_1-k_2)!$ Möglichkeiten für die Wahl der k_2-elementigen Menge A_2 aus den verbliebenen $n-k_1$-Elementen, schließlich dann $(n-k_1-\ldots-k_{m-2})!/k_{m-1}!(n-k_1-\ldots-k_{m-1})!$ Möglichkeiten für die Wahl der k_{m-1}-elementigen Menge A_{m-1} aus den verbliebenen $n-k_1-\ldots-k_{m-2}$-Elementen. Die Menge A_m ist gemäß $A_m = \{1, \ldots, n\} \setminus \bigcup_{i=1}^{m-1} A_i$ durch die vorher ausgewählten Mengen eindeutig bestimmt. Durch Produktbildung folgt die gewünschte Beziehung.

Erinnert sei daran, daß die Zahlen

$$\binom{n}{k} = \frac{n!}{k!(n-k)!}$$

als **Binomialkoeffizienten** bezeichnet werden, die

$$\binom{n}{k_1, \ldots, k_m} = \frac{n!}{k_1! \cdots k_m!}$$

als **Multinomialkoeffizienten.**

1.7 Gleichwahrscheinlichkeit auf $\mathbb{N}$?

Können wir das Konzept der Gleichrangigkeit von Ergebnissen auch auf Mengen von unendlicher Ausdehnung übertragen? Betrachtet sei der Fall $\Omega = \mathbb{N}$. Schon der Versuch, eine intuitive Vorstellung vom Konzept der gleichrangigen zufälligen Auswahl einer natürlichen Zahl zu entwickeln, stößt auf Schwierigkeiten, müssen wir doch der Möglichkeit der Auswahl der 1 gleiche Wahrscheinlichkeit zuordnen wie derjenigen der Auswahl der Zahl 28^{759}!

Nehmen wir nun an, daß wir eine Zuordnung P hätten mit der Eigenschaft

$$P(\{\omega\}) = c \text{ für alle } \omega \in \mathbb{N}.$$

Falls $c > 0$ vorliegen würde, so gilt für jede endliche Menge A mit $|A| > 1/c$

$$P(A) = \sum_{\omega \in A} P(\{\omega\}) > 1,$$

was unsere Forderung $P(A) \leq 1$ verletzt. Im Fall von $c = 0$ würde sich ergeben

$$P(\Omega) = \sum_{\omega \in \Omega} P(\{\omega\}) = 0,$$

in Verletzung von $P(\Omega) = 1$.

Unsere Argumentation basiert im ersten Fall auf der Gültigkeit von $P(A) = \sum_{\omega \in A} P(\{\omega\})$ für endliches A, im zweiten Fall auf der Gültigkeit dieser additiven Darstellung auch für unendliches A, insbesondere für $\Omega = \mathbb{N}$. Es hat sich nun in der Wahrscheinlichkeitstheorie herausgestellt, daß diese Additivität sowohl in der ersten als auch in der zweiten verschärften Form unverzichtbar für eine fruchtbare Theorie ist, so daß wir im Rahmen einer solchen Theorie keine gleichrangige Auswahl auf $\Omega = \mathbb{N}$ formalisieren können.

Folgender Versuch liegt noch recht nahe: Da wir für eine n-elementige Teilmenge A die gleichrangige Auswahl durch $P(A) = |A| / n$ beschreiben, könnten wir eine Wahrscheinlichkeitszuweisung für allgemeines A durch

$$P(A) = \lim_{n \to \infty} \frac{|A \cap \{1, \ldots, n\}|}{n}$$

durchführen und zwar für solche A, für die dieser Grenzwert existiert. Durch eine solche Zuweisung ergeben sich zwar die plausiblen Werte

$$P(\text{ gerade Zahlen }) = P(\text{ ungerade Zahlen }) = 1/2$$

und auch $P(\text{ Primzahlen }) = 0$, jedoch lassen sich sehr leicht Mengen so angeben, daß der benutzte Grenzwert nicht existiert; ebenso existieren Mengen A und B derart, daß dieser Grenzwert für A und B existiert, jedoch nicht für $A \cup B$. Auch hier muß gesagt werden, daß dieses nicht zu einer fruchtbaren Konzeption führt.

Aufgaben

Aufgabe 1.1 Aus einem Regal mit n Paar Schuhen werden zufällig k einzelne Schuhe genommen. Mit welcher Wahrscheinlichkeit ist wenigstens ein Paar unter den gezogenen Schuhen?

Aufgabe 1.2 Eine Studentin verabredet mit ihrem Freund ein Treffen. Beide sind notorisch unpünktlich und werden zu einem nicht vorhersehbaren Zeitpunkt und in völliger Unkenntnis der Ankunft des anderen zwischen 19^{00} und 20^{00} Uhr am Treffpunkt erscheinen. Die Studentin will maximal 10 Minuten auf ihn warten. Er beschließt, 15 Minuten Wartezeit in Kauf zu nehmen.

Wie groß ist die Wahrscheinlichkeit, daß sie sich treffen?

Aufgabe 1.3 Einem Zöllner ist zugespielt worden, daß unter den 100 Passagieren eines gerade ankommenden Fährschiffes 3 Personen sind, die Schmuggelware mit sich führen.

Wieviele Passagiere muß der Zöllner zur Kontrolle auswählen, um mit einer Wahrscheinlichkeit von mindestens 0,9 wenigstens einen der Schmuggler zu erwischen?

Aufgabe 1.4 Bei einem privaten Fensehsender, dessen Zuschauer mehrheitlich dem Aberglauben nahestehen, möge folgende Variante der Lottoziehung *6 aus 49* durchgeführt werden: Bei Auftreten der 13 in der Ziehung wird die 13 durch die nächst-kleinere nicht in der Ziehung aufgetretene Zahl ersetzt.

Ein zweiter Privatsender biete eine weitere Variante an. Tritt in einer Ziehung die 13 auf, so wird diese Ziehung verworfen und eine neue durchgeführt. Dieser Vorgang wird solange wiederholt, bis in einer Ziehung die 13 nicht mehr vorkommt.

Analysieren Sie beide Varianten des Lottospiels.

Aufgabe 1.5 Sie haben die Möglichkeit zur Konstruktion dreier Würfel W_1, W_2 und W_3, indem Sie drei normale Würfel neu beschriften. Dabei dürfen Sie jede der Zahlen 1 bis 6 beliebig oft verwenden (z.B. könnten Sie auf einen Würfel lauter Einsen schreiben). Sie sollen damit gegen einen Spieler A wie folgt spielen:

A wählt aus den drei Würfeln einen Würfel W_A.
Sie wählen aus den beiden verbleibenden Würfeln einen Würfel W_B.
Sie würfeln beide, und es gewinnt, wer die höhere Zahl wirft.

Konstruieren Sie die drei Würfel so, daß Sie im Vorteil sind (Beweis!).

Aufgabe 1.6 Sie sitzen mit einem Freund in einer Kneipe und schreiben für ihn verdeckt auf zwei Bierdeckel jeweils eine Zahl, beide verschieden. Anschließend drehen Sie die Bierdeckel um. Ihr Gegenüber hat nun die Aufgabe, den Bierdeckel mit der höheren Zahl zu finden. Er bittet Sie, als Hilfestellung (?) einen zufällig ausgewählten Deckel umzudrehen.

Können Sie sich vorstellen, daß es dann ein Verfahren gibt, das mit einer Wahrscheinlichkeit größer als $\frac{1}{2}$ den gewünschten Deckel findet?

Analysieren Sie das folgende Verfahren:

Ihr Freund zückt sein Laptop, läßt dieses eine gänzlich zufällige Zahl $x \in (0,1)$ erzeugen, berechnet daraus $y = \tan(\pi(x - \frac{1}{2}))$, vergleicht die von Ihnen aufgedeckte Zahl mit y und entscheidet sich für den aufgedeckten Deckel, falls die Zahl darauf größer ist als y, andernfalls für den zugedeckten.

Aufgabe 1.7 Ein dicklicher Jugendlicher hat in beiden Jackentaschen stets jeweils eine Schachtel mit Kartoffelchips. Er bedient sich mit gleicher Wahrscheinlichkeit links oder rechts. Wenn er zum ersten Mal eine Schachtel leer vorfindet, wirft er die andere weg und ersetzt beide Schachteln durch volle.

Berechnen Sie die Verteilung der Anzahl der weggeworfenen Chips nach einem Durchgang, d.h. nach dem Vorfinden einer leeren Schachtel, wenn sich in jeder vollen Schachtel N Chips befinden.

Aufgabe 1.8 Ein gern gewählter Prüfer hat 12 Standardfragen, von denen er in jeder Prüfung 6 zufällig ausgewählte abfragt. Ein Prüfling bereitet sich auf 5 Fragen intensiv vor, so daß er diese mit Gewißheit richtig beantworten wird. Die restlichen Fragen kann er nach seiner Einschätzung nur mit Wahrscheinlichkeit $\frac{1}{2}$ richtig beantworten.

Wie groß schätzt er die Wahrscheinlichkeit ein, die Prüfung zu bestehen, wenn er dazu mindestens 4 Fragen richtig beantworten muß?

Kapitel 2

Wahrscheinlichkeitsräume

2.1 Schritte zur Axiomatik

In den Beispielen 1.3 und 1.4 liegt folgende Struktur vor. Der Ergebnisraum ist eine endliche Menge, und jeder Teilmenge wird gemäß

$$P(A) = \frac{|A|}{|\Omega|}$$

ihre Wahrscheinlichkeit zugeordnet. Wir können somit P als Abbildung

$$P : \mathcal{P}(\Omega) \to [0,1]$$

betrachten, wobei

$$\mathcal{P}(\Omega) \text{ die Potenzmenge von } \Omega$$

bezeichnet. Als Eigenschaften ergeben sich sofort

$$P(\emptyset) = 0,\ P(\Omega) = 1$$

und

$$P(A+B) = P(A) + P(B) \text{ für disjunkte Ereignisse } A, B.$$

Letzteres drückt den intuitiv offensichtlichen Sachverhalt aus, daß die Wahrscheinlichkeit der Vereinigung sich gegenseitig ausschließender Ereignisse gleich der Summe der Einzelwahrscheinlichkeiten ist.

Im Beispiel 1.5 ist der Ergebnisraum ein zwei-dimensionales Intervall, und wir betrachten

$$P(A) = \frac{\text{Fläche von } A}{\text{Fläche von } \Omega},$$

wobei wir zunächst einen naiven Flächenbegriff in $\mathbb{R}^2$ zugrundegelegt haben. Aus der intuitiv klaren Additivität der Flächenzuweisung ergibt sich neben

$$P(\emptyset) = 0,\ P(\Omega) = 1$$

wiederum

$$P(A + B) = P(A) + P(B) \text{ für disjunkte Ereignisse } A, B.$$

An dieser Stelle treten allerdings schwerwiegende mathematische Probleme auf. Um P als Abbildung auffassen zu können, müssen wir den Definitionsbereich dieser Abbildung angeben. Es hat sich dabei gezeigt, daß es nicht möglich ist, jeder Teilmenge der Ebene auf sinnvolle Weise eine Fläche zuzuordnen – wir gehen dieser Fragestellung in 2.11 nach. Dies hat nun zur Folge, daß wir im Nadelproblem von Buffon nicht jeder Teilmenge des Ergebnisraums eine Wahrscheinlichkeit zuordnen können, und tatsächlich ist dies typisch für Zufallsexperimente mit überabzählbar-unendlich vielen Ergebnissen. Welchen Definitionsbereich sollen wir für die Abbildung P wählen?

Offensichtlich können wir jedem zwei-dimensionalen Intervall seine Fläche als Produkt der Seitenlängen zuordnen, so daß der Definitionsbereich $\mathcal{A}$ unseres P sicherlich die Menge aller Teilintervalle von Ω umfassen sollte. Können wir A eine Wahrscheinlichkeit zuordnen, so sollte dies auch für A^c möglich sein, ebenso für $A \cup B$, falls zusätzlich B eine Wahrscheinlichkeit zugeordnet werden kann. Der Definitionsbereich von P sollte also eine **Mengenalgebra** im Sinne folgender Definition sein. Dabei bezeichnet hier und im folgenden Ω stets eine nicht-leere Menge.

2.2 Definition

Sei $\mathcal{A} \subseteq \mathcal{P}(\Omega)$. Wir bezeichnen $\mathcal{A}$ als Mengenalgebra, falls gilt:

$$\Omega \in \mathcal{A}.$$
$$A \in \mathcal{A} \text{ impliziert } A^c \in \mathcal{A}.$$
$$A, B \in \mathcal{A} \text{ impliziert } A \cup B \in \mathcal{A}.$$

Unsere intuitiven Vorstellungen über die Zuordnung von Wahrscheinlichkeiten und Flächen führen zu der Begriffsbildung des **Inhalts**.

2.3 Definition

Sei $\mathcal{A}$ Mengenalgebra. Wir bezeichnen eine Abbildung

$$\mu : \mathcal{A} \to [0, \infty]$$

als Inhalt, falls gilt:

$$\mu(\emptyset) = 0.$$
$$\mu(A + B) = \mu(A) + \mu(B) \textit{ für disjunkte } A, B \in \mathcal{A}.$$

Natürlich folgt aus diesen Definitionen, daß für endlich viele $A_1, \ldots, A_n \in \mathcal{A}$ ebenfalls $\bigcup_{i=1}^n A_i \in \mathcal{A}$ vorliegt mit

$$\mu(\sum_{i=1}^n A_i) = \sum_{i=1}^n \mu(A_i)$$

bei paarweiser Disjunktheit.

Es hat sich in der Entstehung der mathematischen Disziplin der Maß- und Integrationstheorie gezeigt, daß diese Begriffsbildungen noch nicht eine fruchtbare Mathematisierung unserer Beschreibung zufälligen Geschehens liefern. Vielfältig auftretende asymptotische Untersuchungen führen zu der Betrachtung von abzählbar-unendlich vielen Ereignissen, und diese können im Rahmen von Mengenalgebra und Inhalt nicht zufriedenstellend behandelt werden. Wir ergänzen daher unsere Axiome und gelangen zu den Begriffen von **σ-Algebra** und **Maß**.

2.4 Definition

Sei $\mathcal{A} \subseteq \mathcal{P}(\Omega)$. Wir bezeichnen $\mathcal{A}$ als σ-Algebra, falls gilt:

$$\Omega \in \mathcal{A}.$$
$$A \in \mathcal{A} \textit{ impliziert } A^c \in \mathcal{A}.$$
$$A_i \in \mathcal{A}, i \in I, \textit{ impliziert } \bigcup_{i \in I} A_i \in \mathcal{A} \textit{ für jede abzählbare Indexmenge } I\ .$$

Das Tupel $(\Omega, \mathcal{A})$ wird als **meßbarer Raum** bezeichnet.

Als offensichtliche Folgerungen ergeben sich für eine σ-Algebra $\mathcal{A}$ die Eigenschaften $\emptyset = \Omega^c \in \mathcal{A}$, weiterhin

$$\bigcap_{i \in I} A_i = (\bigcup_{i \in I} A_i^c)^c \in \mathcal{A}$$

für jede abzählbare Familie $A_i \in \mathcal{A}, i \in I$.

Mit der entsprechenden Erweiterung auf paarweise disjunkte Vereinigungen von abzählbar-vielen Ereignissen kommen wir vom Inhalt zum Maß.

2.5 Definition

Sei $\mathcal{A}$ σ-Algebra. Wir bezeichnen eine Abbildung

$$\mu : \mathcal{A} \to [0, \infty]$$

als Maß, falls gilt:

$$\mu(\emptyset) = 0.$$

$$\mu(\textstyle\sum_{i \in I} A_i) = \sum_{i \in I} \mu(A_i)$$

für jede abzählbare Familie paarweise disjunkter $A_i \in \mathcal{A}, i \in I$.

Ein Maß

$$P : \mathcal{A} \to [0, 1] \textit{ mit } P(\Omega) = 1$$

wird als **Wahrscheinlichkeitsmaß** *bezeichnet und das Tripel $(\Omega, \mathcal{A}, P)$ als* **Wahrscheinlichkeitsraum**.

Das mathematische Fundament der Wahrscheinlichkeitstheorie kann nun äußerst knapp formuliert werden.

2.6 Die Axiomatik von Kolmogoroff

Ein Zufallsexperiment ist im mathematischen Modell durch einen Wahrscheinlichkeitsraum $(\Omega, \mathcal{A}, P)$ gegeben.

Die Menge Ω ist der Ergebnisraum des Zufallsexperiments. Sie beinhaltet alle potentiell möglichen Ergebnisse $\omega \in \Omega$.

Die σ-Algebra $\mathcal{A}$ enthält alle Teilmengen des Ergebnisraums, denen wir Wahrscheinlichkeiten zuordnen. Die Elemente A von $\mathcal{A}$ werden als Ereignisse bezeichnet.

Das Wahrscheinlichkeitsmaß P weist als Abbildung von $\mathcal{A}$ nach $[0, 1]$ allen Ereignissen ihre Wahrscheinlichkeiten zu.

Wir setzen nun die in 2.1 begonnenen Erörterungen fort.

2.7 Die Borelsche σ-Algebra

Da wir nicht allen Teilmengen des $\mathbb{R}^2$ eine Fläche zuordnen können, haben wir eine geeignete σ-Algebra zu finden.

Wir betrachten dieses Problem gleich allgemein im $\mathbb{R}^k$. Da durch Mengenoperationen auf abzählbar-vielen Ereignissen eine enorme Vielfalt von neuen Ereignissen geschaffen werden kann, ist die explizite Angabe der gewünschten σ-Algebra nicht möglich. Sicherlich sollte sie aber die Gesamtheit aller k-dimensionalen Intervalle enthalten. Benutzen wir nun die einfache Tatsache, daß zu jedem System von Teilmengen einer Menge eine kleinste σ-Algebra existiert, die dieses System umfaßt, so können wir die

Borelsche σ-Algebra $\mathcal{B}^k$

als kleinste alle k-dimensionalen Intervalle enthaltende σ-Algebra definieren. Im Fall $k = 1$ schreiben wir kurz

$$\mathcal{B} = \mathcal{B}^1.$$

Dies ist natürlich eine wenig konkrete Definition, die sich aber dennoch sehr gut handhaben läßt. Eine formale Beschreibung dieser Vorgehensweise geben wir in den Vertiefungen.

Die Borelsche σ-Algebra, deren Elemente wir als **Borelsche Mengen** bezeichnen, ist so reichhaltig, daß sämtliche uns in der Wahrscheinlichkeitstheorie begegnenden Teilmengen des k-dimensionalen Raumes Borelsche Mengen sind. Tatsächlich ist es nicht einfach nachzuweisen, daß es Teilmengen des $\mathbb{R}^k$ gibt, die nicht Borelsche Mengen sind.

Liegt der Ergebnisraum $\mathbb{R}^k$ vor, so betrachten wir als σ-Algebra stets die Borelsche σ-Algebra, so daß Ereignisse Borelsche Mengen sind und Wahrscheinlichkeitsmaße auf $\mathbb{R}^k$ als Abbildungen

$$P : \mathcal{B}^k \to [0, 1]$$

aufzufassen sind.

2.8 Das Lebesguesche Maß

Einem 1-dimensionalen Intervall können wir offensichtlich seine Länge als Differenz der Eckpunkte zuweisen. Ein 2-dimensionales Intervall, also ein Rechteck der Form

$$I = I_1 \times I_2$$

mit 1-dimensionalen Intervallen I_1, I_2, besitzt als Fläche das Produkt der Längen seiner Seiten.

Betrachten wir allgemein das k-dimensionale Volumen, wobei das 1-dimensionale

Volumen die Länge und das 2-dimensionale Volumen die Fläche bezeichne, so erhalten wir das k-dimensionale Volumen eines k-dimensionalen Intervalles

$$I = I_1 \times \ldots \times I_k$$

gemäß

$$\text{Volumen von } I = \prod_{j=1}^{k} \text{Länge von } I_j.$$

Daß wir tatsächlich jeder Borelschen Menge ihr Volumen zuordnen können, ist als ein

Hauptresultat

der klassischen Maßtheorie anzusehen, und wir formulieren dieses Resultat im folgenden Satz:

2.9 Satz

Für jede natürliche Zahl k existiert ein eindeutig bestimmtes Maß

$$\lambda^k : \mathcal{B}^k \to [0, \infty]$$

so, daß für jedes k-dimensionale Intervall $I = I_1 \times \ldots \times I_k$

$$\lambda^k(I) = \textit{Volumen von } I$$

gilt.

Da der sehr umfangreiche Beweis dieses Satzes als Standardstoff der Maßtheorie in sämtlichen einschlägigen Lehrbüchern zu diesem Gebiet zu finden ist, verzichten wir auf seine Darstellung.

Wir werden aber natürlich dieses fundamentale Resultat benutzen und bezeichnen

λ^k als **k-dimensionales Lebesguesches Maß.**

Im Fall $k = 1$ schreiben wir abkürzend

$$\lambda = \lambda^1$$

und bezeichnen λ als **Lebesguesches Maß**.

Als ein Beispiel für den Umgang mit diesen Begriffsbildungen wollen wir die Länge der rationalen Zahlen, d.h. $\lambda(\mathbb{Q})$ bestimmen.

2.10 Die Länge der rationalen Zahlen

Zu jeder reellen Zahl a gehört die Darstellung

$$\{a\} = [a, a]$$

als Intervall der Länge 0. Jede abzählbare Menge $A \subset \mathbb{R}$ kann gemäß

$$A = \sum_{a \in A} \{a\}$$

als abzählbare disjunkte Vereinigung von Intervallen geschrieben werden und ist somit eine Borelsche Menge. Die Maßeigenschaft von λ ergibt weiter

$$\lambda(A) = \sum_{a \in A} \lambda(\{a\}) = 0.$$

Dies gilt insbesondere für die abzählbare Menge $\mathbb{Q}$, so daß sich die Länge der rationalen Zahlen als 0 ergibt.

Betrachten wir wie im Nadelproblem von Buffon als Ergebnisraum eine Teilmenge des $\mathbb{R}^k$, so haben wir die bisherigen Begriffsbildungen geringfügig zu modifizieren.

2.11 Definition

Sei $\Omega \subseteq \mathbb{R}^k$ eine Borelsche Menge. Dann erhalten wir durch

$$\mathcal{B}^k_\Omega = \{A : A \subseteq \Omega, A \in \mathcal{B}^k\}$$

eine σ-Algebra auf Ω. Gilt $\lambda^k(\Omega) < \infty$, so erhalten wir ein Wahrscheinlichkeitsmaß

$$\lambda^k_\Omega : \mathcal{B}^k_\Omega \to [0, 1]$$

durch

$$\lambda^k_\Omega(A) = \frac{\lambda^k(A)}{\lambda^k(\Omega)}.$$

Jeder Borelschen Teilmenge A von Ω wird als Wahrscheinlichkeit ihr Flächenanteil am gesamten Ergebnisraum zugeordnet.

Der Wahrscheinlichkeitsraum zum Nadelproblem von Buffon ergibt sich damit als

$$(\Omega,\ \mathcal{B}^2_\Omega,\ \lambda^2_\Omega) \text{ mit dem Ergebnisraum } \Omega = [0, 1) \times [-\pi/2, \pi/2)\ .$$

Vertiefungen

Bei der Einführung der Borelschen σ-Algebra wird das folgende Resultat benützt.

2.12 Lemma

Sei $\mathcal{E} \subseteq \mathcal{P}(\Omega)$. Setze $\mathcal{S} = \{\mathcal{A} : \mathcal{A} \supseteq \mathcal{E}, \mathcal{A}$ σ-Algebra$\}$. Dann gilt:

$$\sigma(\mathcal{E}) = \bigcap_{\mathcal{A} \in \mathcal{S}} \mathcal{A} \text{ ist eine } \sigma\text{-Algebra}$$

und zwar die kleinste, die $\mathcal{E}$ umfaßt.

Beweis:
Stets ist $\mathcal{P}(\Omega)$ eine σ-Algebra und damit ein Element von $\mathcal{S} \neq \emptyset$. Aus $A \in \sigma(\mathcal{E})$ folgt $A \in \mathcal{A}$ für alle $\mathcal{A} \in \mathcal{S}$. Dies impliziert $A^c \in \mathcal{A}$ für alle $\mathcal{A} \in \mathcal{S}$, also $A^c \in \sigma(\mathcal{E})$. Entsprechend erhalten wir die übrigen Eigenschaften einer σ-Algebra.

Jede σ-Algebra, die $\mathcal{E}$ umfaßt, umfaßt auch $\sigma(\mathcal{E})$, was den Beweis abschließt.
□

Wir bezeichnen in dieser Situation

$\mathcal{E}$ als **Erzeugendensystem** von $\sigma(\mathcal{E})$.

Als Erzeugendensystem der Borelschen σ-Algebra wollen wir die Intervalle heranziehen. Dabei ist es ausreichend, nur Intervalle eines bestimmten Typs zu benutzen, da wir zum Beispiel jedes offene Intervall als Vereinigung abzählbar-vieler abgeschlossener Intervalle darstellen können. Es hat sich als zweckmäßig herausgestellt, linksseitig offene und rechtsseitig abgeschlossene Intervalle zu benutzen. Für $a = (a_1, \ldots, a_k), b = (b_1, \ldots, b_k) \in \mathbb{R}^k$ schreiben wir

$$a < b \text{ im Falle von } a_i < b_i \text{ für alle } i = 1, \ldots, k,$$

$$a \leq b \text{ im Falle von } a_i \leq b_i \text{ für alle } i = 1, \ldots, k.$$

Das linksseitig offene, rechtsseitig abgeschlossene Intervall ergibt sich als

$$(a, b] = \{x \in \mathbb{R}^k : a < x \leq b\} .$$

Entsprechend ergibt sich das abgeschlossene Intervall als

$$[a, b] = \{x \in \mathbb{R}^k : a \leq x \leq b\} .$$

2.13 Definition

Sei

$$\mathcal{E}^k = \{(a,b] : a,b \in \mathbb{R}^k, a < b\}.$$

Dann wird die Borelsche σ-Algebra durch

$$\mathcal{B}^k = \sigma(\mathcal{E}^k)$$

definiert.

Als Beispiel dafür, wie mit dieser Begriffsbildung umgegangen werden kann, weisen wir nach, daß jede offene Menge eine Borelsche Menge ist. Damit ist durch Komplementbildung auch jede abgeschlossene Menge eine Borelsche Menge.

2.14 Satz

Sei $B \subseteq \mathbb{R}^k$ offen. Dann gilt

$$B \in \mathcal{B}^k.$$

Beweis:
Da B offen ist, existieren zu jedem $x \in B$ a, b mit $a < b$ und

$$x \in (a,b) \subseteq B.$$

Weiter existieren dann $r, s \in \mathbf{Q}^k$ mit $r < s$ und

$$x \in (r,s] \subseteq (a,b).$$

Setzen wir

$$\mathcal{I} = \{(r,s] : r,s \in \mathbf{Q}^k, r < s, (r,s] \subseteq B\},$$

so ist $\mathcal{I}$ abzählbar, und es ist

$$B = \bigcup_{I \in \mathcal{I}} I.$$

B ist damit als abzählbare Vereinigung von Intervallen aus dem Erzeugendensystem dargestellt, was die Behauptung zeigt. □

Wir zeigen nun, daß nicht jeder Teilmenge des $\mathbb{R}^k$ in sinnvoller Weise ein k-dimensionales Volumen, also im Fall $k = 2$ eine Fläche, zugeordnet werden kann.

Dazu benutzen wir folgenden intuitiv offensichtlichen Sachverhalt. Verschieben wir eine Teilmenge des $\mathbb{R}^k$, so darf sich das mathematisch zugeordnete Volumen dieser Teilmenge keinesfalls ändern. Das Volumen einer Teilmenge B muß also in einer sinnvollen mathematischen Theorie gleich dem Volumen der um $a \in \mathbb{R}^k$ verschobenen Menge $a + B = \{a + b : b \in B\}$ sein. Im folgenden Resultat zur Nichtexistenz eines Volumens auf $\mathcal{P}(\mathbb{R}^k)$ bezeichnen wir eine Teilmenge B als beschränkt, falls eine Konstante $\beta > 0$ so existiert, daß für alle $b \in B$ für die euklidische Norm $| b | \leq \beta$ gilt.

2.15 Satz

Es existiert kein Maß

$$\mu : \mathcal{P}(\mathbb{R}^k) \to [0, \infty]$$

mit den Eigenschaften

$$\mu(\mathbb{R}^k) > 0,\ \mu(B) < \infty \textit{ für alle beschränkten } B,$$
$$\mu(B) = \mu(a + B) \textit{ für alle } a \in \mathbb{R}^k \textit{ und alle beschränkten } B.$$

Beweis:

Wir nehmen an, daß ein Maß μ mit den obigen Eigenschaften existiere, und führen dieses zu einem Widerspruch. Wir definieren eine Äquivalenzrelation, indem wir $x, y \in \mathbb{R}^k$ als äquivalent betrachten, falls gilt

$$x - y \in \mathbb{Q}^k.$$

Sei $\mathcal{K}$ die Menge aller Äquivalenzklassen. Zu jedem $K \in \mathcal{K}$ wählen wir genau ein $x_K \in [0, 1]$ mit der Eigenschaft

$$K = [x_K] = x_K + \mathbb{Q}^k \text{ für die Äquivalenzklasse } [x_K] \text{ von } x_K.$$

Da unterschiedliche Äquivalenzklassen stets disjunkt sind, gilt

$$[x_K] \cap [x_{K'}] = \emptyset \text{ für } K \neq K'.$$

Sei nun

$$D = \{x_K : K \in \mathcal{K}\}.$$

Als wesentlichen Beweisschritt beachten wir

$$(r + D) \cap (r' + D) = \emptyset \text{ für alle } r, r' \in \mathbb{Q}^k, r \neq r'.$$

Denn die Annahme $(r + D) \cap (r' + D) \neq \emptyset$ impliziert die Existenz von $x, x' \in D$ mit $r + x = r' + x'$, also

$$x - x' = r - r' \in \mathbb{Q}^k.$$

Es folgt dann

$$[x] = [x'] \text{ und } x \neq x',$$

was einen Widerspruch zur Definition von D liefert. Weiter gilt

$$\mathbb{R}^k = \bigcup_{x \in D} [x] = \bigcup_{x \in D} (x + \mathbb{Q}^k) = \sum_{r \in \mathbb{Q}^k} (r + D),$$

und mit den von μ geforderten Eigenschaften erhalten wir

$$0 < \mu(\mathbb{R}^k) = \mu\Big(\sum_{r \in \mathbb{Q}^k} (r + D)\Big) = \sum_{r \in \mathbb{Q}^k} \mu(D).$$

Es folgt also

$$\mu(D) > 0.$$

Andererseits gilt

$$[0,2] \supseteq \sum_{r \in \mathbb{Q}^k \cap [0,1]^k} (r + D),$$

woraus wir

$$\infty > \mu([0,2]) \geq \sum_{r \in \mathbb{Q}^k \cap [0,1]^k} \mu(D)$$

und den Widerspruch

$$\mu(D) = 0$$

folgern. □

Aufgaben

Aufgabe 2.1 Sei B Teilmenge einer Menge Ω. Sei $\mathcal{A}$ eine σ-Algebra bzgl. Ω. Zeigen Sie, daß $\mathcal{A}_B = \{A \cap B : A \in \mathcal{A}\}$ eine σ-Algebra bzgl. B ist.

Aufgabe 2.2 Geben Sie ein Beispiel für eine Mengenalgebra an, die keine σ-Algebra ist.

Aufgabe 2.3 Zeigen Sie, daß keine abzählbar-unendliche σ-Algebra existiert. Betrachten Sie dabei zu paarweise verschiedenen Mengen $A_1, A_2, \ldots$

$$\mathcal{C} = \Big\{\bigcap_{i \in I} A_i \cap \bigcap_{j \in I^c} A_j^c : I \subseteq \mathbb{N}\Big\}\,.$$

Aufgabe 2.4 Sei Ω eine überabzählbare Menge. Zeigen Sie:

$$\mathcal{A} = \{A \subseteq \Omega : A \text{ ist abzählbar oder } A^c \text{ ist abzählbar}\}$$

ist eine σ-Algebra, und die Abbildung $\nu : \mathcal{A} \to [0,1]$, definiert durch $\nu(A) = 0$, falls A abzählbar ist, und $\nu(A) = 1$, falls A^c abzählbar ist, definiert ein Wahrscheinlichkeitsmaß auf $\mathcal{A}$.

Aufgabe 2.5 Sei $D = \{d_i : i \in \mathbb{N}\}$ eine abzählbare Teilmenge einer Menge Ω. Weiter seien p_i, $i \in \mathbb{N}$, reelle Zahlen mit $p_i \geq 0$ und $\sum_{i \in \mathbb{N}} p_i = 1$. Definiere die Abbildung $Q : \mathcal{P}(\Omega) \to [0,1]$ durch $Q(A) = \sum_{i \in \mathbb{N}, d_i \in A} p_i$.

Zeigen Sie, daß Q ein Wahrscheinlichkeitsmaß ist.

Aufgabe 2.6 Zeigen Sie $\mathcal{B}^k = \sigma(\{[a,b] : a, b \in \mathbb{R}^k, a < b\})$.

Aufgabe 2.7 Sei $G \subset \mathbb{R}^2$ eine Gerade.

Zeigen Sie $\lambda^2(G) = 0$, und übertragen Sie diese Aussage auf höhere Dimensionen.

Aufgabe 2.8 Es seien

$$K_0 = [0,1]\,,\ K_1 = [0, \frac{1}{3}] \cup [\frac{2}{3}, 1]\,, K_2 = [0, \frac{1}{9}] \cup [\frac{2}{9}, \frac{1}{3}] \cup [\frac{2}{3}, \frac{7}{9}] \cup [\frac{8}{9}, 1], \cdots$$

K_n geht aus K_{n-1} hervor, indem aus dessen disjunkten Teilintervallen jeweils das mittlere offene Drittel herausgenommen wird. Das Cantorsche Diskontinuum wird definiert durch $C = \bigcap_n K_n$.

Zeigen Sie $C \in \mathcal{B}$ und $\lambda(C) = 0$.

Überlegen Sie sich, ob C abzählbar oder überabzählbar ist, und begründen Sie Ihre Antwort.

Kapitel 3

Umgang mit Wahrscheinlichkeiten

Wir geben einige einfache, häufig angewandte Eigenschaften von Wahrscheinlichkeitsmaßen an.

3.1 Rechenregeln für Wahrscheinlichkeitsmaße

P sei ein Wahrscheinlichkeitsmaß. Für Ereignisse A, B gilt

$$\begin{aligned} P(A) &= 1 - P(A^c), \\ P(A) &= P(B) + P(A \cap B^c) \text{ , falls } A \supseteq B \text{ vorliegt,} \\ P(A \cup B) &= P(A) + P(B) - P(A \cap B) \\ &\leq P(A) + P(B) \text{ .} \end{aligned}$$

Beweis:
Zum Beweis der ersten Aussage schreiben wir

$$\Omega = A + A^c, \text{ also } 1 = P(A) + P(A^c) \text{ .}$$

Die zweite Aussage ergibt sich gemäß

$$A = B + (A \cap B^c), \text{ also } P(A) = P(B) + P(A \cap B^c) \text{ .}$$

Zum Beweis der dritten Aussage benutzen wir

$$A \cup B = (A \cap (A \cap B)^c) + (B \cap (A \cap B)^c) + (A \cap B)$$

und erhalten

$$P(A \cup B) = P(A) - P(A \cap B) + P(B) - P(A \cap B) + P(A \cap B).$$

□

Die Formel

$$P(A \cup B) = P(A) + P(B) - P(A \cap B)$$

zeigt, wie man die Wahrscheinlichkeit der Vereinigung zweier nicht notwendig disjunkter Ereignisse berechnen kann. Ihre wiederholte Anwendung ergibt für die Vereinigung dreier Ereignisse

$$\begin{aligned} P(A \cup B \cup C) &= P((A \cup B) \cup C) \\ &= P(A \cup B) + P(C) - P((A \cup B) \cap C) \\ &= P(A) + P(B) - P(A \cap B) + P(C) \\ &\quad -(P(A \cap C) + P(B \cap C) - P(A \cap B \cap C)) \\ &= P(A) + P(B) + P(C) \\ &\quad -(P(A \cap B) + P(A \cap C) + P(B \cap C)) + P(A \cap B \cap C). \end{aligned}$$

Die Verallgemeinerung auf n Ereignisse geben wir im folgenden Satz.

3.2 Satz

P sei ein Wahrscheinlichkeitsmaß. Für Ereignisse $A_1, \ldots, A_n$ *gilt*

$$\begin{aligned} P(\bigcup_{i=1}^{n} A_i) &= \sum_{i=1}^{n} (-1)^{i+1} \sum_{1 \leq k_1 < \ldots < k_i \leq n} P(\bigcap_{j=1}^{i} A_{k_j}) \\ &\leq \sum_{i=1}^{n} P(A_i). \end{aligned}$$

Beweis:

Die Ungleichung $P(\bigcup_{i=1}^{n} A_i) \leq \sum_{i=1}^{n} P(A_i)$ ergibt sich sofort aus 3.1 mittels vollständiger Induktion. Zum Nachweis der behaupteten Identität benutzen wir ebenfalls das Prinzip der vollständigen Induktion, wobei der Fall $n = 1$ offensichtlich und der Fall $n = 2$ gemäß 3.1 wahr ist.

Sei nun angenommen, daß die behauptete Formel für die Vereinigung von n Ereignissen gültig ist. Wir schreiben

$$P(\bigcup_{i=1}^{n+1} A_i) = P(\bigcup_{i=1}^{n} A_i) + P(A_{n+1}) - P(\bigcup_{i=1}^{n} (A_i \cap A_{n+1})).$$

Auf die Terme $P(\bigcup_{i=1}^n A_i)$ und $P(\bigcup_{i=1}^n (A_i \cap A_{n+1}))$ wenden wir die vorausgesetzte Formel für die Wahrscheinlichkeit der Vereinigung von n Ereignissen an. Zusammenfassung der Summanden in den beiden dabei auftretenden Summen ergibt dann die gewünschte Gültigkeit für die Wahrscheinlichkeit der Vereinigung von $n+1$ Ereignissen. □

Wir geben nun eine Anwendung für die vorstehende Identität, die auch als **Siebformel** bekannt ist.

3.3 Sortiertheit von Listen

Wir betrachten eine Liste von n Symbolen, die gemäß eines gewissen Merkmals zu sortieren sind. Das Effizienzverhalten von Sortieralgorithmen ist abhängig vom Grad der Vorsortiertheit der Liste, also von der Anzahl der Symbole, die vor Durchführung des Algorithmus schon an den ihnen zukommenden Plätzen stehen. Zur mathematischen Modellierung können wir annehmen, daß die Liste aus einer Permutation $(a_1, \ldots, a_n)$ der Zahlen $1, \ldots, n$ besteht, wobei Vorsortiertheit an der Stelle j durch $a_j = j$ beschrieben wird. Unter der Annahme, daß jeder Permutation gleiche Wahrscheinlichkeit zukommt, gelangen wir zu

$$\Omega = \{\omega = (a_1, \ldots, a_n) : (a_1, \ldots, a_n) \text{ Permutation von } 1, \ldots, n\},$$

$$P(A) = \frac{|A|}{n!} \text{ für } A \subseteq \Omega.$$

Das Ereignis, daß an genau m Stellen Vorsortiertheit vorliegt, ist dann gegeben durch

$$A_m = \{(a_1, \ldots, a_n) : |\{j : a_j = j\}| = m\}.$$

Bezeichnen wir j mit $a_j = j$ als Fixpunkt, so handelt es sich bei A_m um die Menge aller Permutationen mit genau m Fixpunkten; insbesondere ist A_0 die Menge aller Permutationen ohne Fixpunkte.

Im folgenden wollen wir $P(A_m)$ für $m = 0, \ldots, n$ bestimmen. Wir betrachten dazu zunächst $m = 0$, wobei gilt

$$A_0^c = \bigcup_{j=1}^n B_j \text{ mit } B_j = \{(a_1, \ldots, a_n) : a_j = j\}.$$

Anwendung der Siebformel liefert

$$P(\bigcup_{j=1}^n B_j) = \sum_{i=1}^n (-1)^{i+1} \sum_{1 \le k_1 < \ldots < k_i \le n} P(\bigcap_{j=1}^i B_{k_j}).$$

Dabei gilt

$$\bigcap_{j=1}^{i} B_{k_j} = \{(a_1, \ldots, a_n) : a_{k_j} = k_j \text{ für } j = 1, \ldots, i\},$$

also

$$\mid \bigcap_{j=1}^{i} B_{k_j} \mid = (n-i)!,$$

da gerade die Anzahl aller möglichen Permutationen von $n-i$ Elementen vorliegt. Es gibt

$$\binom{n}{i} \text{ Tupel } (k_1, \ldots, k_i) \text{ mit } 1 \leq k_1 < \ldots < k_i \leq n,$$

siehe Kapitel 1, so daß folgt

$$P(\bigcup_{j=1}^{n} B_j) = \sum_{i=1}^{n} (-1)^{i+1} \binom{n}{i} \frac{(n-i)!}{n!} = \sum_{i=1}^{n} \frac{(-1)^{i+1}}{i!}.$$

Dies liefert uns

$$P(A_0) = 1 - P(\bigcup_{j=1}^{n} B_j) = \sum_{i=0}^{n} \frac{(-1)^i}{i!}.$$

Wir bemerken, daß dies den Beginn der Reihenentwicklung von $1/e$ darstellt, so daß sehr schnelle Konvergenz

$$P(A_0) \to \frac{1}{e} = 0,36787\ldots$$

für wachsende Listengröße n vorliegt. Für $n = 5$ liegt schon Übereinstimmung bis zur dritten Stelle vor.

Zur Bestimmung von $P(A_m)$ für $m = 1, \ldots, n$ schreiben wir

$$A_m = \sum_{1 \leq k_1 < \ldots < k_m \leq n} \{(a_1, \ldots, a_n) : a_{k_j} = k_j,\ j = 1, \ldots, m,\ a_j \neq j \text{ sonst }\}.$$

Für die Anzahl

$$\gamma = \mid \{(a_1, \ldots, a_n) : a_{k_j} = k_j,\ j = 1, \ldots, m,\ a_j \neq j \text{ sonst }\} \mid$$

ergibt sich

$$\gamma = (n-m)! \sum_{i=0}^{n-m} \frac{(-1)^i}{i!}.$$

Es liegt nämlich die Menge aller Permutationen von $n-m$ Elementen ohne Fixpunkte vor, deren Anzahl sich als Produkt von $(n-m)!$ mit der Wahrscheinlichkeit ergibt, daß im Zufallsexperiment zur Listenlänge $n-m$ kein Fixpunkt auftritt.

Damit folgt

$$\begin{aligned}
& P(A_m) \\
= & \sum_{1 \leq k_1 < \ldots < k_m \leq n} P(\{(a_1, \ldots, a_n) : a_{k_j} = k_j, \, j = 1, \ldots, m, \, a_j \neq j \text{ sonst } \}) \\
= & \binom{n}{m} \frac{(n-m)!}{n!} \sum_{i=0}^{n-m} \frac{(-1)^i}{i!} \\
= & \sum_{i=0}^{n-m} \frac{(-1)^i}{i!m!}
\end{aligned}$$

Wir erhalten für wachsende Listenlänge n die Konvergenz

$$P(A_m) \to \frac{1}{m!e}.$$

□

Wir betrachten nun unendliche Folgen von Ereignissen $A_n, n \in \mathbb{N}$. Eine solche Folge wird als **wachsend** bezeichnet, falls $A_n \subseteq A_{n+1}$ für alle n gilt. Sie heißt **fallend**, falls $A_n \supseteq A_{n+1}$ für alle n vorliegt.

3.4 Satz

P sei ein Wahrscheinlichkeitsmaß. $A_n, n \in \mathbb{N}$, sei eine Folge von Ereignissen. Dann gilt:

$$P(\bigcup_{n \in \mathbb{N}} A_n) \leq \sum_{n \in \mathbb{N}} P(A_n).$$

$$P(\bigcup_{n \in \mathbb{N}} A_n) = \lim_{n \to \infty} P(A_n), \text{ falls eine wachsende Folge vorliegt.}$$

$$P(\bigcap_{n \in \mathbb{N}} A_n) = \lim_{n \to \infty} P(A_n), \text{ falls eine fallende Folge vorliegt.}$$

Beweis:

Wir beweisen zunächst die zweite Aussage. Sei also eine wachsende Folge gegeben. Mit der Festlegung $A_0 = \emptyset$ setzen wir

$$B_n = A_n \cap A_{n-1}^c.$$

Wir erhalten damit paarweise disjunkte Ereignisse mit

$$\sum_{n \in \mathbb{N}} B_n = \bigcup_{n \in \mathbb{N}} A_n, \; \sum_{n \leq m} B_n = A_m,$$

und es folgt

$$P(\bigcup_{n\in\mathbb{N}} A_n) = P(\sum_{n\in\mathbb{N}} B_n) = \sum_{n\in\mathbb{N}} P(B_n)$$
$$= \lim_{m\to\infty} \sum_{n=1}^{m} P(B_n) = \lim_{m\to\infty} P(A_m).$$

Betrachten wir eine beliebige Folge von Ereignissen und benutzen wir das soeben Bewiesene für die wachsende Folge $\bigcup_{i=1}^{n} A_i, n \in \mathbb{N}$, so ergibt sich die erste Aussage gemäß

$$P(\bigcup_{n\in\mathbb{N}} A_n) = \lim_{n\to\infty} P(\bigcup_{i=1}^{n} A_i)$$
$$\leq \lim_{n\to\infty} \sum_{i=1}^{n} P(A_i) = \sum_{n\in\mathbb{N}} P(A_n).$$

Betrachten wir schließlich eine fallende Folge, so ist die Folge der Komplemente wachsend, und es ergibt sich

$$P(\bigcap_{n\in\mathbb{N}} A_n) = 1 - P(\bigcup_{n\in\mathbb{N}} A_n^c)$$
$$= 1 - \lim_{n\to\infty} P(A_n^c) = \lim_{n\to\infty} P(A_n).$$

□

Vertiefungen

Bei der Untersuchung von unendlichen Folgen von Ereignissen treten der mengentheoretische **Limes Superior** und der mengentheoretische **Limes Inferior** auf.

3.5 Definition

$A_n, n \in \mathbb{N}$, sei eine Folge von Ereignissen. Dann bezeichnen wir

$$\limsup A_n = \bigcap_{n\in\mathbb{N}} \bigcup_{k\geq n} A_k, \quad \liminf A_n = \bigcup_{n\in\mathbb{N}} \bigcap_{k\geq n} A_k$$

als Limes Superior, bzw. Limes Inferior der Ereignisfolge.

Diese Definition impliziert

$$\liminf A_n \subseteq \limsup A_n,$$

ferner

$$\omega \in \limsup A_n \text{ genau dann, wenn } \omega \in A_n \text{ für unendlich viele } n,$$

$$\omega \in \liminf A_n \text{ genau dann, wenn } \omega \in A_n \text{ für fast alle } n$$

gilt. Dabei bedeutet das Vorliegen einer Aussage für fast alle n die Existenz von n_0, so daß diese Aussage für alle $n \geq n_0$ gilt.

Der Limes Superior repräsentiert also das Ereignis, daß unendlich-viele der A_n eintreten, der Limes Inferior dasjenige, daß fast alle der A_n eintreten.

Betrachten wir den Ergebnisraum $\Omega = \{1,2,3,4,5,6\}^{\mathbb{N}}$, so repräsentiert dieser die unaufhörliche Wiederholung eines Würfelwurfs, zumindest als Gedankenexperiment ein zulässiges Konzept, und $\omega = (a_n)_{n\in\mathbb{N}} \in \Omega$ gibt eine mögliche Folge von Würfelresultaten an. Hier beschreibt

$$A_n = \{(a_i)_{i\in\mathbb{N}} : a_n = 1\}$$

das Ereignis, im n-ten Wurf eine 1 zu würfeln. Es repräsentiert dann $\limsup A_n$ das Ereignis, unendlich-oft eine 1 zu würfeln, $\liminf A_n$ das Ereignis, daß bis auf endlich viele Würfe ausschließlich 1 gewürfelt wird.

Das folgende einfache Resultat ist als **Lemma von Borel-Cantelli** bekannt.

3.6 Lemma

P sei ein Wahrscheinlichkeitsmaß. $A_n, n \in \mathbb{N}$, sei eine Folge von Ereignissen. Dann gilt:

$$\sum_{n\in\mathbb{N}} P(A_n) < \infty \textit{ impliziert } P(\limsup A_n) = 0.$$

Beweis:

Die Ereignisse $B_n = \bigcup_{k\geq n} A_k$ bilden eine fallende Folge, so daß wir unter Benutzung von 3.4 erhalten

$$P(\limsup A_n) = \lim_{n\to\infty} P(B_n) \leq \lim_{n\to\infty} \sum_{k\geq n} P(A_k) = 0.$$

□

Betrachten wir allgemeiner Maße μ, so daß $\mu(\Omega) = \infty$ auftreten kann, so erhalten wir entsprechend zu 3.2 mit identischem Beweis

$$\mu(\bigcup_{i=1}^{n} A_i) \le \sum_{i=1}^{n} \mu(A_i),$$

ferner

$$\mu(\bigcup_{i=1}^{n} A_i) = \sum_{i=1}^{n}(-1)^{i+1} \sum_{1\le k_1<\ldots<k_i\le n} \mu(\bigcap_{j=1}^{i} A_{k_j}),$$

falls zusätzlich $\mu(\bigcup_{i=1}^{n} A_i) < \infty$ vorliegt. Diese Aussagen, die sich nur auf endlich viele Ereignisse beziehen, haben natürlich schon für einen Inhalt Gültigkeit.

Weiter ergibt sich für ein Maß μ

$$\mu(\bigcup_{n\in\mathbb{N}} A_n) \le \sum_{n\in\mathbb{N}} \mu(A_n),$$

$$\mu(\bigcup_{n\in\mathbb{N}} A_n) = \lim_{n\to\infty} \mu(A_n), \text{ falls eine wachsende Folge vorliegt,}$$

ferner, unter der zusätzlichen Voraussetzung $\mu(A_1) < \infty$,

$$\mu(\bigcap_{n\in\mathbb{N}} A_n) = \lim_{n\to\infty} \mu(A_n), \text{ falls eine fallende Folge vorliegt.}$$

Auch das Lemma von Borel-Cantelli behält seine Gültigkeit.

Wir können diese Eigenschaften benutzen, um den Übergang vom Inhalt zum Maß zu beschreiben.

3.7 Satz

μ sei ein Inhalt. Dann sind äquivalent:

(i) μ ist ein Maß.
(ii) $\mu(\bigcup_{n\in\mathbb{N}} A_n) = \lim_{n\to\infty} \mu(A_n)$ für jede wachsende Folge von Ereignissen.
(iii) $\mu(\bigcup_{n\in\mathbb{N}} A_n) \le \sum_{n\in\mathbb{N}} \mu(A_n)$ für jede Folge von Ereignissen.

Beweis:

Wie gesehen folgt (ii) aus (i). Sei nun (ii) vorausgesetzt, und eine Folge von

Ereignissen $A_n, n \in \mathbb{N}$, betrachtet. Wir betrachten dazu die aufsteigende Folge $\bigcup_{i \leq n} A_i, n \in \mathbb{N}$, und erhalten *(iii)* gemäß

$$\mu(\bigcup_{n \in \mathbb{N}} A_n) = \lim_{n \to \infty} \mu(\bigcup_{i=1}^{n} A_i)$$

$$\leq \lim_{n \to \infty} \sum_{i=1}^{n} \mu(A_i) = \sum_{n \in \mathbb{N}} \mu(A_n).$$

Schließlich sei *(iii)* vorausgesetzt. Zum Nachweis der Maßeigenschaft für einen Inhalt genügt es zu zeigen, daß für eine Folge von paarweise disjunkten Ereignissen $A_n, n \in \mathbb{N}$, gilt $\mu(\sum_{n \in \mathbb{N}} A_n) = \sum_{n \in \mathbb{N}} \mu(A_n)$. Sei also eine solche Folge betrachtet. Zunächst gilt für beliebiges m

$$\mu(\sum_{n \in \mathbb{N}} A_n) \geq \mu(\sum_{n \leq m} A_n) = \sum_{n \leq m} \mu(A_n),$$

also

$$\mu(\sum_{n \in \mathbb{N}} A_n) \geq \sum_{n \in \mathbb{N}} \mu(A_n).$$

Da die umgekehrte Ungleichung gemäß *(iii)* gilt, ist die Gleichheit bewiesen.

□

Aufgaben

Aufgabe 3.1 P sei ein Wahrscheinlichkeitsmaß, A, B seien Ereignisse. Zeigen Sie

$$| P(A) - P(B) | \leq P(A \cap B^c) + P(A^c \cap B).$$

Aufgabe 3.2 In einem gründlich vermengten Teig befinden sich r Rosinen. Der Teig wird zu n gleich großen Rosinenbrötchen verbacken.

Bestimmen Sie die Wahrscheinlichkeit, daß mindestens eines dieser Brötchen seinen Namen nicht verdient, d.h. überhaupt keine Rosine enthält.

Aufgabe 3.3 P sei ein Wahrscheinlichkeitsmaß, $A_1, \cdots, A_n$ seien Ereignisse. Zeigen Sie:

$$(i) \quad \max\{0, \sum_{j=1}^{n} P(A_j) - n + 1\} \leq P(\bigcap_{j=1}^{n} A_j) \leq \min_{1 \leq i \leq n} P(A_i) .$$

$$(ii) \quad P(\bigcup_{j=1}^{n} A_j) \leq \min_{1 \leq i \leq n} [\sum_{j=1}^{n} P(A_j) - \sum_{j=1, j \neq i} P(A_j \cap A_i)] .$$

Aufgabe 3.4 P sei ein Wahrscheinlichkeitsmaß, $A_n, n \in \mathbb{N}$, sei eine Folge von Ereignissen mit $P(\limsup A_n) = P(\liminf A_n) = a$.

Zeigen Sie $\lim_{n\to\infty} P(A_n) = a$.

Aufgabe 3.5 Geben Sie ein Beispiel an für ein Maß μ und eine fallende Mengenfolge $A_n, n \in \mathbb{N}$, mit der Eigenschaft $\mu(\bigcap_n A_n) \neq \lim_{n\to\infty} \mu(A_n)$.

Aufgabe 3.6 P sei ein Wahrscheinlichkeitsmaß, $A_n, n \in \mathbb{N}$, sei eine Folge von Ereignissen und $\delta_n, n \in \mathbb{N}$, eine Folge von Zahlen $\delta_n \geq 0$. Es gelte $P(A_n) \geq 1 - \delta_n$ für alle n. Zeigen Sie

$$P(\bigcap_{n\in\mathbb{N}} A_n) \geq 1 - \sum_{n\in\mathbb{N}} \delta_n.$$

Aufgabe 3.7 μ sei ein Maß bzgl. eines meßbaren Raums $(\Omega, \mathcal{A})$. Für jedes $D \subseteq \Omega$ wird definiert

$$\mu^*(D) = \inf\{\sum_{n\in\mathbb{N}} \mu(A_n) : A_n \in \mathcal{A}, n \in \mathbb{N}, \text{ mit } D \subseteq \bigcup_{n\in\mathbb{N}} A_n\}.$$

Zeigen Sie:

(*i*) $\mu^*(\bigcup_{n\in\mathbb{N}} D_n) \leq \sum_{n\in\mathbb{N}} \mu^*(D_n)$ für jede Folge $D_n \subseteq \Omega, n \in \mathbb{N}$.

(*ii*) $\mu^*(A) = \mu(A)$ für jedes $A \in \mathcal{A}$.

Kapitel 4

Bedingte Wahrscheinlichkeiten

Die Untersuchung der wechselseitigen Beeinflußung verschiedener zufälliger Vorgänge gehört zu den bedeutsamsten Arbeitsbereichen der Wahrscheinlichkeitstheorie, sowohl bei der Bereitstellung geeigneter mathematischer Methoden als auch bei der Modellierung konkreter Zufallsexperimente.

Den elementaren aber grundlegenden Ansatz in diesem Bereich liefert die Begriffsbildung der **bedingten Wahrscheinlichkeit**. Wir interessieren uns dabei für die Wahrscheinlichkeit für das Eintreten eines Ereignisses A unter der Bedingung des Eintretens eines weiteren Ereignisses B. Insbesondere kann dabei die Situation vorliegen, daß in der zeitlichen Anordnung A auf B folgt und wir die Wahrscheinlichkeit von A unter der Bedingung, daß B schon beobachtet worden ist, bestimmen wollen. Wahrscheinlichkeiten dieser Art nennen wir bedingte Wahrscheinlichkeiten und schreiben sie als $P(A \mid B)$. Wir beginnen unsere Überlegungen mit der formalen Definition.

4.1 Definition

A, B seien Ereignisse mit $P(B) > 0$. Dann bezeichnen wir

$$P(A \mid B) = \frac{P(A \cap B)}{P(B)}$$

als bedingte Wahrscheinlichkeit von A gegeben B.

Zur Motivation dieser Definition merken wir an, daß unter der Bedingung des Vorliegens von B nur noch Ergebnisse ω in B möglich sind, so daß B als Ergebnisraum unter dieser Bedingung zu betrachten ist. Ebenso sind nur die Ergebnisse in A möglich, die auch zu B gehören, also die Ergebnisse in $A \cap B$. Machen wir den Ansatz $P(A \mid B) = cP(A \cap B)$, so führt die offensichtliche Forderung

$P(B \mid B) = 1$ zu $c = 1/P(B)$ und wir erhalten die obige Definition.

Aus der Definition ergibt sich sofort

$$P(A \cap B) = P(B)P(A \mid B).$$

Das folgende sehr einfache Beispiel zeigt den Einsatz des Konzepts der bedingten Wahrscheinlichkeit in der konkreten Modellierung.

4.2 Beispiel

Die Person X geht davon aus, daß ihre Firma in der Stadt Z mit Wahrscheinlichkeit $0,4$ eine neue Filiale eröffnet und sie dann mit Wahrscheinlichkeit $0,6$ Geschäftsführer dieser neuen Filiale werden wird. Betrachten wir die Ereignisse A, daß X Geschaftsführer einer neuen Filiale in Z wird, und B, daß in Z eine neue Filiale eröffnet wird, so erhalten wir für die Wahrscheinlichkeit, daß X Geschäftsführer einer neuen Filiale in Z wird,

$$P(A \cap B) = P(B)P(A \mid B) = 0,4 \cdot 0,6 = 0,24,$$

denn der Zahlenwert $0,6$ ist hier der Wert der bedingten Wahrscheinlichkeit für das Eintreten von A unter der Bedingung, daß eine neue Filiale in Z eröffnet wird.

Wir geben nun einige einfache Rechenregeln für den Umgang mit bedingten Wahrscheinlichkeiten an.

4.3 Lemma

$A_1, \ldots, A_n$ seien Ereignisse mit der Eigenschaft $P(\bigcap_{i=1}^{n-1} A_i) > 0$. Dann gilt:

$$P(\bigcap_{i=1}^{n} A_i) = P(A_1)P(A_2 \mid A_1)P(A_3 \mid A_1 \cap A_2) \cdots P(A_n \mid \bigcap_{i=1}^{n-1} A_i).$$

Beweis:

Unter Benutzung der Beziehung

$$P(\bigcap_{i=1}^{n} A_i) = P(A_n \mid \bigcap_{i=1}^{n-1} A_i)P(\bigcap_{i=1}^{n-1} A_i)$$

erhalten wir die gewünschte Aussage sofort mittels vollständiger Induktion. □

4.4 Beispiel

In einer Sendung von N Chips mögen sich k verbergen, die unter einer gewissen Überprüfung eine Fehlfunktion zeigen. Wir fragen nach der Wahrscheinlichkeit, daß bei der Überprüfung von n nacheinander zufällig ausgewählten Chips keine Fehlfunktion auftritt. Da die gesuchte Wahrscheinlichkeit für $n > N - k$ offensichtlich 0 ist, betrachten wir im weiteren $n \leq N - k$.

Für $i = 1, \ldots, n$ sei das Ereignis, bei der Überprüfung des i-ten Chips keine Fehlfunktion zu erhalten, mit A_i bezeichnet, so daß die Wahrscheinlichkeit von $P(\bigcap_{i=1}^n A_i)$ gesucht ist. Wir benutzen nun die Beziehung

$$P(\bigcap_{i=1}^{n} A_i) = P(A_1)P(A_2 \mid A_1)P(A_3 \mid A_1 \cap A_2) \cdots P(A_n \mid \bigcap_{i=1}^{n-1} A_i).$$

Dabei gilt

$$P(A_1) = \frac{N-k}{N},$$

denn bei der Auswahl des ersten Chips liegen unter insgesamt N Chips $N-k$ ohne Fehlfunktion vor, wobei jeder Chip mit gleicher Wahrscheinlichkeit $1/N$ gewählt wird. Für $i = 2, \ldots, n$ gilt

$$P(A_i \mid \bigcap_{j=1}^{i-1} A_j) = \frac{N-i+1-k}{N-i+1}.$$

Unter der Bedingung, daß schon $i - 1$ Chips ausgewählt worden sind und von diesen keiner eine Fehlfunktion gezeigt hat, verbleiben nämlich bei der Auswahl des i-ten Chips noch $N - i + 1$, von denen $N - i + 1 - k$ keine Fehlfunktion aufweisen. Dies liefert für die bedingte Wahrscheinlichkeit von A_i gegeben $\bigcap_{j=1}^{i-1} A_j$ den obigen Wert. Wir erhalten damit

$$P(\bigcap_{i=1}^{n} A_i) = \prod_{i=1}^{n}(1 - \frac{k}{N-i+1}).$$

Wie in unserer Behandlung dieses Beispiels wird bei der Modellierung zufälligen Geschehens mittels bedingter Wahrscheinlichkeiten häufig auf die explizite Darstellung des zugrundeliegenden Wahrscheinlichkeitsraums verzichtet. Hier könnte eine solche Darstellung unter Benutzung des Ergebnisraums

$$\Omega = \{\omega = (a_1, \ldots, a_N) : a_i \in \{0,1\}, \sum_{i=1}^{N} a_i = k\}$$

und der Ereignisse $A_i = \{(a_1, \ldots, a_N) : a_i = 0\}$ geschehen, wobei 1 das Vorliegen einer Fehlfunktion repräsentiert.

4.5 Lemma

$A_1, \dots, A_n$ seien paarweise disjunkte Ereignisse mit den Eigenschaften $P(A_i) > 0$ für $i = 1, \dots, n$ und $\sum_{i=1}^n A_i = \Omega$. Dann gilt für jedes Ereignis A

$$P(A) = \sum_{i=1}^{n} P(A_i)P(A \mid A_i).$$

Beweis:
Aus $A = \sum_{i=1}^n A \cap A_i$ folgt

$$P(A) = \sum_{i=1}^{n} P(A \cap A_i) = \sum_{i=1}^{n} P(A_i)P(A \mid A_i).$$

□

4.6 Beispiel

Wir betrachten ein System, das aus einer Central Processing Unit – CPU – und einer Input-Output Unit – I/O – besteht. Nach Beendigung eines Programms auf der CPU wird entweder die I/O mit der Wahrscheinlichkeit $p \in (0, 1)$ benutzt oder ein neues Programm auf der CPU mit der Wahrscheinlichkeit $1-p$ gestartet. Nach Benutzung der I/O wird in jedem Fall ein neues Programm auf der CPU gestartet, ebenso beim Einschalten des Systems.

Wir fragen nach der Wahrscheinlichkeit des Ereignisses A_k, daß zu Beginn des k-ten Arbeitszyklus ein neues Programm auf der CPU gestartet wird.

Unsere Modellannahmen liefern

$$P(A_1) = 1, \text{ ferner } P(A_{k+1} \mid A_k) = 1 - p \text{ und } P(A_{k+1} \mid A_k^c) = 1.$$

Offensichtlich gilt $0 < P(A_k) < 1$ für alle $k > 1$. Wir erhalten damit

$$\begin{aligned} P(A_{k+1}) &= P(A_k)P(A_{k+1} \mid A_k) + P(A_k^c)P(A_{k+1} \mid A_k^c) \\ &= P(A_k)(1-p) + 1 - P(A_k) \\ &= 1 - pP(A_k). \end{aligned}$$

Dies liefert eine Rekursionsbeziehung für $P(A_k)$, aus der wir mit dem Rekursionsanfang $P(A_1) = 1$ folgern

$$P(A_k) = \sum_{i=0}^{k-1} (-p)^i = \frac{1-(-p)^k}{1+p}.$$

4.7 Die Formel von Bayes

$A_1, \ldots, A_n$ seien paarweise disjunkte Ereignisse mit den Eigenschaften $P(A_i) > 0$ für $i = 1, \ldots, n$ und $\sum_{i=1}^n A_i = \Omega$. Dann gilt für jedes Ereignis A mit der Eigenschaft $P(A) > 0$:

$$P(A_j \mid A) = \frac{P(A_j)P(A \mid A_j)}{\sum_{i=1}^n P(A_i)P(A \mid A_i)} \text{ für } j = 1, \ldots, n.$$

Beweis:
Die Behauptung folgt aus

$$P(A) = \sum_{i=1}^n P(A \cap A_i) = \sum_{i=1}^n P(A_i)P(A \mid A_i),$$

zusammen mit

$$P(A_j \mid A) = \frac{P(A_j)P(A \mid A_j)}{P(A)}.$$

□

4.8 Beispiel

Bei der Übermittlung der Zeichen 0 und 1 in einem Kommunikationssystem wird durch Störungen eine gesendete 0 mit Wahrscheinlichkeit 0,03 fälschlich als 1, eine gesendete 1 mit Wahrscheinlichkeit 0,05 fälschlich als 0 empfangen. Bei einem gesendeten Zeichen liegt mit Wahrscheinlichkeit 0,4 eine 0 und mit Wahrscheinlichkeit 0,6 eine 1 vor.

Wir fragen nach der Wahrscheinlichkeit, daß bei Empfangen einer 1 dieses Zeichen auch gesendet worden ist.

Bezeichnen wir dazu für $i = 0, 1$ mit A_i das Ereignis, daß i gesendet wird, und mit B_i dasjenige, daß i empfangen wird, so suchen wir die bedingte Wahrscheinlichkeit $P(A_1 \mid B_1)$. Unsere Annahmen besagen

$$P(A_1) = 1 - P(A_0) = 0,6,$$

ferner

$$P(B_1 \mid A_0) = 0,03, \; P(B_1 \mid A_1) = 0,95.$$

Mit der Formel von Bayes ergibt sich

$$\begin{aligned} P(A_1 \mid B_1) &= \frac{P(A_1)P(B_1 \mid A_1)}{P(A_0)P(B_1 \mid A_0) + P(A_1)P(B_1 \mid A_1)} \\ &= \frac{0,6 \cdot 0,95}{0,4 \cdot 0,03 + 0,6 \cdot 0,95} = 0,97... \end{aligned}$$

Während die rechnerische Umsetzung von bedingten Wahrscheinlichkeiten in der Regel keinerlei Schwierigkeiten mit sich bringt, ist doch bei der Modellierung und der Interpretation der damit erhaltenen Resultate Sorgfalt und Vorsicht angebracht. Das folgende als **Simpsonsches Paradox** bekannte Phänomen soll dieses illustrieren.

4.9 Das Simpsonsche Paradox

Zur mathematischen Erläuterung seien $A_1, \ldots, A_n$ paarweise disjunkte Ereignisse mit den Eigenschaften $P(A_i) > 0$ für $i = 1, \ldots, n$ und $\sum_{i=1}^n A_i = \Omega$. Sei ferner B ein Ereignis mit $P(B \cap A_i) > 0$ und $P(B^c \cap A_i) > 0$ für $i = 1, \ldots, n$. Eine elementare Berechnung mittels bedingter Wahrscheinlichkeit zeigt, daß für jedes Ereignis A gilt:

$$P(A \mid B) = \sum_{i=1}^{n} P(A_i \mid B) P(A \mid B \cap A_i)$$

und

$$P(A \mid B^c) = \sum_{i=1}^{n} P(A_i \mid B^c) P(A \mid B^c \cap A_i).$$

Das Simpsonsche Paradox liegt nun vor, falls zum einen die Ungleichungen

$$P(A \mid B \cap A_i) > P(A \mid B^c \cap A_i) \text{ für alle } i = 1, \ldots, n$$

bestehen, zum andern jedoch auch die Ungleichung

$$P(A \mid B) < P(A \mid B^c).$$

Natürlich ist mathematisch leicht einzusehen, daß diese Möglichkeit besteht, da die Gewichtsfaktoren $P(A_i \mid B)$, $i = 1, \ldots, n$ in der ersten Summe und die Gewichtsfaktoren $P(A_i \mid B^c)$, $i = 1, \ldots, n$ in der zweiten Summe gänzlich unterschiedliche Werte annehmen können.

Betrachten wir nun die folgende Situation, die an einer amerikanischen Universität bei einer Untersuchung der Zulassungspraxis aufgetreten ist.

Der prozentuale Anteil der insgesamt zugelassenen Bewerberinnen lag deutlich unter dem Anteil der zugelassenen männlichen Bewerber - ein klares Indiz für die Bevorzugung männlicher Bewerber. Betrachtete man jedoch die Zulassungsquoten in den einzelnen Fächern, so ergab sich in der überwiegenden Zahl der Fächer eine größere Zulassungsquote für die Bewerberinnen - nunmehr ein Indiz für die Benachteiligung männlicher Bewerber. Wie ist so etwas möglich? Wir betrachten das folgende fiktive Zahlenbeispiel mit nur zwei Fächern 1 und 2:

Von den zweitausend Personen, die sich bewerben, seien 1000 Frauen, von denen 600 zugelassen werden, und 1000 Männer, von denen 750 zugelassen werden, also mit einer weiblichen Zulassungsquote von 60% gegenüber einer solchen von 75% für männliche Bewerber.

Davon bewerben sich 200 Frauen für das Fach 1, von denen 195 zugelassen werden, und 800 für das Fach 2, von denen 405 zugelassen werden, mit resultierden Zulassungsquoten von 97,5%, bzw. 50,6%.

Von den männlichen Bewerbern wählen 800 das Fach 1, wobei 700 zugelassen werden, und 200 das Fach 2, wobei 50 zugelassen werden, mit den Zulassungsquoten von 87,5%, bzw. 25%.

In beiden Fächern 1 und 2 liegen also höhere Zulassungsquoten für die Bewerberinnen gegenüber ihren männlichen Konkurrenten vor, obwohl dies für die Gesamtquote gerade umgekehrt ist. Natürlich ist dieses Phänomen einfach erklärt: Der überwiegende Teil der Frauen bewirbt sich für das Fach 2, für das die Zulassung schwieriger zu erlangen ist.

Betrachten wir das Zufallsexperiment, daß wir eine Person rein zufällig aus der Gesamtheit dieser 2000 Personen auswählen. Es bezeichne A das Ereignis, daß die Auswahl eine zugelasse Person erbracht hat, B das Ereignis, daß die ausgewählte Person weibliches Geschlecht besitzt, und A_i das Ereignis, daß sie sich für Fach i beworben hat. Dann gilt mit $P(D) = \mid D \mid /2000$

$$P(A \mid B) = 0,6 < 0,75 = P(A \mid B^c),$$

aber

$$P(A \mid B \cap A_1) = 0,975 > 0,875 = P(A \mid B^c \cap A_1),$$
$$P(A \mid B \cap A_2) = 0,506 > 0,25 = P(A \mid B^c \cap A_2),$$

so daß wir das Simpsonsche Paradox erkennen.

Betrachten wir die inhaltliche Bedeutung von bedingten Wahrscheinlichkeiten, so drückt die Gültigkeit von

$$P(A \mid B) = P(A)$$

aus, daß Kenntnis des Eintretens von B die Wahrscheinlichkeit für das Eintreten von A nicht verändert. Es ist gleichbedeutend mit $P(A \cap B) = P(A)P(B)$, wobei diese zweite Formel auch für Ereignisse mit der Wahrscheinlichkeit $P(B) = 0$ sinnvoll ist. Ereignisse, die sich in diesem Sinne nicht gegenseitig beeinflussen, wollen wir **stochastisch unabhängig** nennen. Wir definieren formal:

4.10 Definition

A, B seien Ereignisse. Wir bezeichnen A und B als stochastisch unabhängig, falls gilt

$$P(A \cap B) = P(A)P(B).$$

4.11 Beispiel

Aus einem Kartenspiel mit 52 Karten wird zufällig eine Karte gezogen. A bezeichne das Ereignis, daß die gezogene Karte ein As ist, B dasjenige, daß sie die Farbe Herz aufweist. $A \cap B$ repräsentiert das Ereignis, daß Herz As gezogen wird, und es gilt

$$P(A \cap B) = 1/52, \ P(A) = 4/52, \ P(B) = 13/52,$$

so daß A und B stochastisch unabhängig sind.

Die folgende Definition erweitert die Begriffsbildung der stochastischen Unabhängigkeit auf beliebige Familien von Ereignissen.

4.12 Definition

Sei $A_i, i \in I$, eine Familie von Ereignissen. Wir bezeichnen $A_i, i \in I$, als stochastisch unabhängig, falls gilt:

$$P(\bigcap_{j \in J} A_j) = \prod_{j \in J} P(A_j) \text{ für alle endlichen } J \subseteq I.$$

Beim Vorliegen stochastisch unabhängiger Ereignisse erhalten wir also die Wahrscheinlichkeit von Durchschnitten als Produkt der Einzelwahrscheinlichkeiten.

4.13 Beispiel

Ein technisches System, das aus n Komponenten besteht, wird als Parallelsystem bezeichnet, falls es funktionsfähig ist, solange mindestens eine der Komponenten funktionsfähig ist. Wir nehmen an, daß sich die Komponenten in ihrer Funktionsfähigkeit gegenseitig nicht beeinflussen. Repräsentiert A_i den Ausfall der i-ten

Komponente, so beinhaltet diese Annahme, daß die Ereignisse $A_i, i = 1, \ldots, n$, stochastisch unabhängig sind.

Sei A das Ereignis der Funktionsfähigkeit des Systems. Wir erhalten

$$P(A) = 1 - P(A^c) = 1 - P(\bigcap_{i=1}^{n} A_i) = 1 - \prod_{i=1}^{n} P(A_i).$$

Vertiefungen

Betrachten wir zwei Ereignisse A und B, die sich gegenseitig nicht beeinflussen, so sollte die Nichtbeeinflussung auch für A und B^c gelten. Unsere Definition von stochastischer Unabhängigkeit liefert dieses, denn es gilt

$$P(A \cap B^c) = P(A) - P(A \cap B) = P(A) - P(A)P(B) = P(A)P(B^c).$$

Unter Benutzung der Festlegungen

$$\bigcap_{j\in\emptyset} A_j = \Omega, \ \prod_{j\in\emptyset} P(A_j) = 1$$

läßt sich diese Aussage auf folgende Weise verallgemeinern:

4.14 Satz

Seien $A_i, i \in I$, stochastisch unabhängige Ereignisse. Dann gilt für alle endlichen, disjunkten $K, J \subseteq I$

$$P(\bigcap_{j\in J} A_j \cap \bigcap_{k\in K} A_k^c) = \prod_{j\in J} P(A_j) \prod_{k\in K} P(A_k^c).$$

Beweis:

Der Beweis wird durch Induktion über die Anzahl der Elemente von K geführt. Im Fall $|K| = 0$ gilt die Behauptung für alle endlichen $J \subseteq I$ gemäß der Definition der stochastischen Unabhängigkeit. Sei nun Gültigkeit für alle endlichen $K \subseteq I$ mit $|K| = n$ und alle endlichen $J \subseteq I$ mit $J \cap K = \emptyset$ vorausgesetzt.

Für den Induktionsschluß betrachten wir endliche, disjunkte $K, J \subseteq I$, und es gelte $|K| = n+1$. Wir wählen $k_0 \in K$ und setzen $K' = K \setminus \{k_0\}$. Dann folgt unter Anwendung der Induktionsvoraussetzung auf K'

$$\begin{aligned} P(\bigcap_{j\in J} A_j \cap \bigcap_{k\in K} A_k^c) &= P(\bigcap_{j\in J} A_j \cap A_{k_0}^c \cap \bigcap_{k\in K'} A_k^c) \\ &= P(\bigcap_{j\in J} A_j \cap \bigcap_{k\in K'} A_k^c) - P(\bigcap_{j\in J\cup\{k_0\}} A_j \cap \bigcap_{k\in K'} A_k^c) \\ &= \prod_{j\in J} P(A_j) \prod_{k\in K'} P(A_k^c) - \prod_{j\in J\cup\{k_0\}} P(A_j) \prod_{k\in K'} P(A_k^c) \\ &= \prod_{j\in J} P(A_j) \prod_{k\in K} P(A_k^c). \end{aligned}$$

□

Unter Benutzung der vorstehenden Aussage können wir das Lemma von Borel-Cantelli für stochastisch unabhängige Ereignisse ergänzen.

4.15 Satz

$A_n, n \in \mathbb{N}$, sei eine Folge von stochastisch unabhängigen Ereignissen. Dann gilt:

$$\sum_{n\in\mathbb{N}} P(A_n) = \infty \text{ impliziert } P(\limsup A_n) = 1.$$

Beweis:
Wir betrachten

$$A = (\limsup A_n)^c = \bigcup_{n\in\mathbb{N}} \bigcap_{k\geq n} A_k^c.$$

Es folgt

$$P(A) \leq \sum_{n\in\mathbb{N}} P(\bigcap_{k\geq n} A_k^c),$$

so daß es genügt, für beliebiges $n \in \mathbb{N}$

$$P(\bigcap_{k\geq n} A_k^c) = 0$$

zu zeigen. Die vorausgesetzte stochastische Unabhängigkeit impliziert

$$\begin{aligned} P(\bigcap_{k\geq n} A_k^c) &= \lim_{m\to\infty} P(\bigcap_{m\geq k\geq n} A_k^c) \\ &= \lim_{m\to\infty} \prod_{m\geq k\geq n} (1 - P(A_k)) \\ &\leq \lim_{m\to\infty} e^{-\sum_{m\geq k\geq n} P(A_k)} \\ &= e^{-\sum_{k\geq n} P(A_k)} = 0, \end{aligned}$$

wobei wir $\sum_{k\geq n} P(A_k) = \infty$ und die Ungleichung $1 - x \leq e^{-x}$ benutzt haben. □

4.16 Ein Gedankenexperiment

Betrachten wir das Gedankenexperiment der unaufhörlichen Wiederholung eines Würfelwurfs, so wird, wie in den Vertiefungen zu Kapitel 3 beschrieben, dieses repräsentiert durch den Ergebnisraum $\Omega = \{1,2,3,4,5,6\}^{\mathbb{N}}$, und ein $\omega = (a_n)_{n\in\mathbb{N}} \in \Omega$ gibt eine mögliche Folge von Würfelresultaten an. Hier beschreibt

$$A_n = \{(a_i)_{i\in\mathbb{N}} : a_n = 1\}$$

das Ereignis, im n-ten Wurf eine 1 zu würfeln. Es repräsentiert dann $\limsup A_n$ das Ereignis, unendlich-oft eine 1 zu würfeln, also

$$\limsup A_n = \{(a_i)_{i\in\mathbb{N}} : a_n = 1 \text{ unendlich oft } \}.$$

Anschaulich klar ist für unser Experiment, daß sich die Ergebnisse der einzelnen Würfelwürfe nicht beeinflussen und beim einzelnen Wurf jedem Ergebnis die Wahrscheinlichkeit $1/6$ zukommt. Es stellt sich hier die Frage, wie diese Aussagen in unserem mathematischen Modell der Zufallsexperimente konkretisiert werden kann.

Als Ergebnisraum liegt uns $\Omega = \{1,2,3,4,5,6\}^{\mathbb{N}}$ vor. Zu beachten ist, daß dieser Ergebnisraum überabzählbar ist, und wir wie im Fall des Ergebnisraums $\mathbb{R}$ nicht jeder Teilmenge in unserem Würfelexperiment eine Wahrscheinlichkeit zuordnen können.

Die Begründung dafür sei kurz umrissen: Könnten wir dieses nämlich tun, so könnten wir unter Konstruktion eines geeigneten Isomorphismus zwischen einem unendlichen Folgenraum wie hier betrachtet und den reellen Zahlen - man denke an die Darstellung einer reellen Zahl als dyadische Zahl - auch jeder reellen Teilmenge ihre Länge zuordnen, was aber gemäß der Diskussion in den Vertiefungen zu Kapitel 2 nicht möglich ist.

Ist $I \subseteq \mathbb{N}$ eine endliche Indexmenge mit k Elementen, so beschreibt für $z_I = (z_i)_{i\in I} \in \{1,2,3,4,5,6\}^k$

$$A_{z_I} = \{(a_i)_{i\in\mathbb{N}} : a_i = z_i \text{ für } i \in I\}$$

das Ereignis, das in den k Würfelwürfen mit Index $i \in I$ jeweils die Augenzahlen z_i gewürfelt werden. Natürlich sollte diesem Ereignis die Wahrscheinlichkeit $(1/6)^k$ zugeordnet werden. Tatsächlich läßt sich folgendes Resultat zeigen, das im allgemeinen Kontext der Maßtheorie als Satz von Andersen-Jessen bekannt ist:

Wir definieren eine σ-Algebra durch

$$\mathcal{A} = \sigma(\{A_{z_I} : z_I \in \{1,2,3,4,5,6\}^{|I|}, I \subseteq \mathbb{N} \text{ endlich } \}.$$

Dann existiert ein Wahrscheinlichkeitsmaß

$$P : \mathcal{A} \to [0,1]$$

so, daß

$$P(A_{z_I}) = (1/6)^{|I|} \text{ für alle } A_{z_I}$$

gilt. Der damit definierte Wahrscheinlichkeitsraum gibt den mathematischen Rahmen für die Behandlung unseres Gedankenexperiments.

Es ergibt sich sofort, daß für das so definierte P die Folge der Ereignisse A_n, im n-ten Wurf eine 1 zu würfeln, stochastisch unabhängig ist mit $P(A_n) = 1/6$. Es folgt also $P(\limsup A_n) = 1$, so daß wir die Aussage, mit Wahrscheinlichkeit 1 unendlich-oft eine 1 zu würfeln, im geeigneten formalen Modell hergeleitet haben.

Aufgaben

Aufgabe 4.1 Ein Würfel werde dreimal geworfen. Wie groß ist die Wahrscheinlichkeit, daß mindestens eine 1 gewürfelt wird unter der Bedingung, daß mindestens einer der Würfe eine 6 liefert?

Aufgabe 4.2 Hauptpreis in einer Fernsehshow ist ein Auto. Dieses Auto ist hinter einer von drei Türen in der Bühnenkulisse versteckt, hinter jeder der beiden anderen Türen verbirgt sich eine Ziege. Der Kandidat, von dem wir annehmen, daß er das Auto der Ziege vorzieht, wählt eine der drei Türen aus, die zunächst verschlossen bleibt. Nun öffnet der Showmaster, dem die Situation hinter den Türen bekannt ist, eine andere Tür aus, hinter der eine Ziege zum Vorschein kommt. Der Kandidat hat nun die Wahl, die zuerst ausgewählte Tür zu öffnen oder aber die andere noch verschlossenen Tür, und so, falls es denn zum Vorschein kommt, das Auto zu gewinnen.

Modellieren Sie stochastisch und beraten Sie den Kandidaten.

Dieses Problem wurde als *Ziegenproblem* bekannt und in der publizistischen Öffentlichkeit angeregt diskutiert.

Aufgabe 4.3 Medizinische Diagnoseverfahren können zu falsch-positiven (Diagnostizierung einer Krankheit ohne deren Vorliegen) und falsch-negativen (Nichtdiagnostizierung bei Vorliegen) Ergebnissen führen. Die Sensitivität, bzw. Spezifität eines Verfahrens bezeichnet die Wahrscheinlichkeit p_1, daß eine erkrankte Person als erkrankt, bzw. die Wahrscheinlichkeit p_2, daß eine nicht erkrankte Peson als nicht erkrankt erkannt wird.

Bestimmen Sie bei geeigneter Modellierung und in Abhängigkeit von der Wahrscheinlichkeit p, daß in der betrachteten Bevölkerungsgruppe diese Erkrankung auftritt, die Wahrscheinlichkeit, daß bei Diagnostizierung der Erkrankung durch den Test diese tatsächlich vorliegt.

Werten Sie numerisch aus für $p_1 = p_2 = 0,995$, $p = 0,001$, und interpretieren Sie das Resultat.

Aufgabe 4.4 Ihre Tante berichtet über die neuen Nachbarn:

(i) Diese haben zwei Kinder; das ältere ist ein Mädchen.

(ii) Diese haben zwei Kinder; eines davon ist ein Mädchen.

Modellieren Sie stochastisch und bestimmen Sie in (i) und (ii) die Wahrscheinlichkeit, daß auch das andere Kind ein Mädchen ist.

Aufgabe 4.5 Bei Shakespeare sagt Caesar zu Antonius: *Die Mageren sind gefährlich.* Es bezeichne G das Ereignis *Die Person ist gefährlich* und M das Ereignis *Die Person ist mager.*

Interpretieren Sie Caesars Aussage stochastisch. Welche der Ungleichungen

$$P(G \mid M) > P(G^c \mid M), \; P(M \mid G) > P(M \mid G^c), \; P(M \mid G) > P(M^c \mid G)$$

lassen sich daraus herleiten?

Aufgabe 4.6 Im Jahr 1995 wurde zum ersten Mal im deutschen Lotto eine zuvor gezogene Zahlenreihe in der Ziehung dupliziert. Dies wurde in der Presse als außerordentlicher Zufall gewürdigt.

Ist dieses wirklich so außerordentlich? Gehen Sie von 3000 Ziehungen im Lotto bis zum Jahr 1995 aus und schätzen Sie die Wahrscheinlichkeit ab, daß in dieser Anzahl von Ziehungen eine solche Übereinstimmung eintritt.

Die entsprechende Fragestellung tritt auf, wenn Sie nach der Wahrscheinlichkeit fragen, daß in einer Gruppe von Personen mindestens zwei Personen am gleichen Tag Geburtstag haben, so daß dieses Problem als Geburtstagsproblem bekannt ist.

Aufgabe 4.7 Sei $(A_i)_{i \in I}$ eine Familie stochastisch unabhängiger Ereignisse. Zeigen Sie: Für alle $K, J \subseteq I$, K, J endlich und disjunkt, sind

$$\bigcup_{j \in J} A_j \text{ und } \bigcap_{k \in K} A_k \text{ stochastisch unabhängig.}$$

Aufgabe 4.8 Ein munterer Affenstamm, von keinem Aussterben bedroht, betätigt unablässig eine Computertastatur.

Zeigen Sie in einem geeigneten Modell, daß Goethes gesammelte Werke auf diese Weise unendlich oft geschaffen werden.

Kapitel 5

Diskrete Wahrscheinlichkeitsmaße

Wir betrachten nun Wahrscheinlichkeitsmaße auf abzählbaren Ergebnisräumen, die wir **diskrete Wahrscheinlichkeitsmaße** nennen wollen.

5.1 Definition

Wir bezeichnen einen Wahrscheinlichkeitsraum $(\Omega, \mathcal{A}, P)$ als diskreten Wahrscheinlichkeitsraum, falls gilt:

$$\Omega \text{ ist abzählbar, } \mathcal{A} = \mathcal{P}(\Omega).$$

P wird dann als diskretes Wahrscheinlichkeitsmaß bezeichnet, der Vektor

$$\mathbf{p} = (\mathbf{p}(\omega))_{\omega \in \Omega} \text{ mit } \mathbf{p}(\omega) = P(\{\omega\})$$

als **stochastischer Vektor** *zu P.*

Ist P ein diskretes Wahrscheinlichkeitsmaß, so folgt aus der Beziehung

$$P(A) = P(\sum_{\omega \in A} \{\omega\}) = \sum_{\omega \in A} P(\{\omega\}),$$

daß P durch seinen stochastischen Vektor eindeutig festgelegt ist.

Bezeichnen wir einen Vektor $\mathbf{p} = (\mathbf{p}(\omega))_{\omega \in \Omega}$ allgemein als **stochastischen Vektor**, falls

$$\mathbf{p}(\omega) \geq 0, \sum_{\omega \in \Omega} \mathbf{p}(\omega) = 1$$

gilt, so genügen stochastische Vektoren zu diskreten Wahrscheinlichkeitsmaßen dieser Bedingung. Wir können diskrete Wahrscheinlichkeitmaße wie folgt charakterisieren.

5.2 Lemma

Ω sei ein abzählbarer Ergebnisraum. **p** *sei ein stochastischer Vektor. Dann existiert genau ein diskretes Wahrscheinlichkeitsmaß P so, daß* **p** *stochastischer Vektor zu P ist.*

Beweis:
Wir definieren das gesuchte diskrete Wahrscheinlichkeitsmaß durch

$$P(A) = \sum_{\omega \in A} \mathbf{p}(\omega).$$

□

Ein Wahrscheinlichkeitsmaß wird oft als **Wahrscheinlichkeitsverteilung** bezeichnet. Dies geschieht umso häufiger, je angewandter der Kontext ist, in dem die Benutzung dieses Begriffs stattfindet. Insbesondere bei der Modellierung von konkreten Zufallsexperimenten sprechen wir von der Modellierung durch - für das Zufallsexperiment geeignet zu wählende - Wahrscheinlichkeitsverteilungen. Ein diskretes Wahrscheinlichkeitsmaß wird so auch als **diskrete Wahrscheinlichkeitsverteilung** bezeichnet.

Wir geben nun einige wichtige diskrete Wahrscheinlichkeitsverteilungen an. Gemäß den vorstehenden Überlegungen genügt dazu die Angabe des zugehörigen stochastischen Vektors.

5.3 Die Laplace-Verteilung

Die Laplace-Verteilung auf einer endlichen Menge Ω wird durch den stochastischen Vektor

$$\mathbf{p}(\omega) = \frac{1}{|\Omega|}$$

definiert, so daß jedem Ergebnis ω gleiche Wahrscheinlichkeit zukommt und für jedes Ereignis A gilt

$$P(A) = \frac{|A|}{|\Omega|}.$$

In den Beispielen 1.3 des Lottospiels und 1.4 der Speicherungskollisionen haben wir die Laplace-Verteilung benutzt.

5.4 Die Bernoulli-Verteilung

Die Bernoulli-Verteilung $Ber(n,p)$ mit den Parametern $n \in \mathbb{N}, p \in (0,1)$ ist durch den Ergebnisraum

$$\Omega = \{0,1\}^n$$

und den stochastischen Vektor

$$\begin{aligned} \mathbf{p}(\omega) &= p^{|\{i:\omega_i=1\}|}(1-p)^{|\{i:\omega_i=0\}|} \\ &= p^{\sum_{i=1}^n \omega_i}(1-p)^{n-\sum_{i=1}^n \omega_i} \end{aligned}$$

für $\omega = (\omega_1, \ldots, \omega_n) \in \Omega$ gegeben. Zum Nachweis, daß tatsächlich ein stochastischer Vektor vorliegt, bilden wir die Summe

$$\begin{aligned} \sum_{\omega\in\Omega} p^{\sum_{i=1}^n \omega_i}(1-p)^{n-\sum_{i=1}^n \omega_i} &= \sum_{k=0}^{n} \sum_{\omega\in\Omega, \sum_{i=1}^n \omega_i = k} p^k(1-p)^{n-k} \\ &= \sum_{k=0}^{n} \binom{n}{k} p^k(1-p)^{n-k} \\ &= (p+(1-p))^n = 1. \end{aligned}$$

Dabei haben wir benutzt, daß gilt

$$|\{\omega \in \Omega : \sum_{i=1}^n \omega_i = k\}| = \binom{n}{k}.$$

Die Bernoulli-Verteilung $Ber(n,p)$ tritt in Situationen auf, in denen ein zufälliger Vorgang n-mal wiederholt wird und nur zwei mögliche Ausgänge betrachtet werden, repräsentiert durch 0 und 1. Der Ausgang 0 wird häufig als Mißerfolg, der Ausgang 1 als Erfolg gedeutet, und p wird dann als Erfolgswahrscheinlichkeit bezeichnet.

Betrachten wir einen Vorgang, bei dem k Ausgänge jeweils mit Wahrscheinlichkeit p_i möglich sind, so erhalten wir in offensichtlicher Verallgemeinerung die Bernoulli-Verteilung $Ber(n, p_1, \ldots, p_k)$ zu den Parametern $n, k \in \mathbb{N}, k \geq 2, p_1, \ldots, p_k \in (0,1)$ mit $\sum_{i=1}^k p_i = 1$. Diese ist gegeben durch den Ergebnisraum

$$\Omega = \{1, \ldots, k\}^n$$

und den stochastischen Vektor

$$\mathbf{p}(\omega) = \prod_{i=1}^{k} p_i^{|\{j:\omega_j=i\}|}$$

für $\omega = (\omega_1, \ldots, \omega_n) \in \Omega$. Wie im Fall der $Ber(n,p)$-Verteilung, die dem Fall $k = 2$ entspricht, ist leicht einzusehen, daß ein stochastischer Vektor vorliegt.

5.5 Beispiel

Betrachten wir die Überprüfung von n gleichartigen Produkten, so soll die 0 für nicht ausreichende Qualität stehen und die 1 dafür, daß der zugrundegelegten Qualitätsnorm genügt wird. Ein Element $\omega \in \{0,1\}^n$ beschreibt dann das Überprüfungsergebnis der n Produkte.
Die Bernoulli-Verteilung ist dabei so definiert, daß eine einzelne Produktüberprüfung mit Wahrscheinlichkeit p ausreichende, mit Wahrscheinlichkeit $1-p$ nicht ausreichende Qualität ergibt. Bezeichnet

$$A_i^\delta = \{\omega \in \Omega : \omega_i = \delta\}$$

das Ereignis, bei der Überprüfung des i-ten Produkts das Ergebnis δ zu erhalten, so ergibt eine einfache Rechnung für $P = Ber(n,p)$

$$P(A_i^\delta) = p^\delta(1-p)^{1-\delta},$$

ferner für $1 \leq i_1 < \ldots < i_k \leq n$

$$\begin{aligned} P(\bigcap_{j=1}^k A_{i_j}^{\delta_{i_j}}) &= \prod_{j=1}^k p^{\delta_{i_j}}(1-p)^{1-\delta_{i_j}} \\ &= \prod_{j=1}^k P(A_{i_j}^{\delta_{i_j}}). \end{aligned}$$

Die Bernoulli-Verteilung modelliert also, daß sich die einzelnen Überprüfungen nicht beeinflussen, was sich in der stochastischen Unabhängigkeit der Ereignisse $A_i^{\delta_i}, i = 1,\ldots,n$, für beliebige $\delta_i \in \{0,1\}$ ausdrückt. Die entsprechende Aussage ergibt sich für die $Ber(n,p_1,\ldots,p_k)$-Verteilung, wobei δ_i beliebige Werte in $\{1,\ldots,k\}$ annehmen kann.

5.6 Die Binomialverteilung

Die Binomialverteilung $B(n,p)$ mit den Parametern $n \in \mathbb{N}, p \in (0,1)$ ist durch den Ergebnisraum

$$\Omega = \{0,1,\ldots,n\}$$

und den stochastischen Vektor

$$\mathbf{p}(\omega) = \binom{n}{\omega} p^\omega (1-p)^{n-\omega}$$

für $\omega \in \Omega$ gegeben. Gemäß der Rechnung in 5.4 gilt

$$\sum_{\omega=0}^n \binom{n}{\omega} p^\omega (1-p)^{n-\omega} = 1,$$

so daß tatsächlich ein stochastischer Vektor vorliegt.

5.7 Beispiel

Beim schon vorstehend benutzten Beispiel einer Qualitätsüberprüfung von n Produkten wollen wir darstellen, wie sich die Binomialverteilung aus der Bernoulli-Verteilung herleiten läßt. Interessieren wir uns nur für die Anzahl der Produkte, die der zugrundegelegten Qualitätsnorm genügen, so erhalten wir als Ergebnisraum

$$\Omega = \{0, 1, \ldots, n\}.$$

Nehmen wir an, daß die Prüfungsergebnisse der n Produkte einer Bernoulli-Verteilung $Ber(n,p)$ folgen, so ergibt sich für die Wahrscheinlichkeit, daß genau k der Produkte ausreichende Qualität besitzen

$$\begin{aligned} Ber(n,p)(\{(\omega_1, \ldots, \omega_n) : \sum_{i=1}^{n} \omega_i = k\}) &= \sum_{(\omega_1,\ldots,\omega_n), \sum_{i=1}^{n} \omega_i = k} p^k (1-p)^{n-k} \\ &= \binom{n}{k} p^k (1-p)^{n-k} \\ &= B(n,p)(\{k\}). \end{aligned}$$

Betrachten wir also eine Situation, in der ein zufälliger Vorgang n-mal wiederholt wird und nur die Ausgänge 0 und 1 mit den Wahrscheinlichkeiten $1-p$ und p möglich sind - beschrieben durch eine Bernoulli-Verteilung - so folgt die Anzahl der Gesamtergebnisse mit dem Ausgang 0 bzw. mit dem Ausgang 1 einer Binomialverteilung mit den Parametern n und $1-p$ bzw. p.

5.8 Die Multinomialverteilung

Die Multinomialverteilung $M(n, k, p_1, \ldots, p_k)$ zu den Parametern $n, k \in \mathbb{N}, k \geq 2, p_1, \ldots, p_k \in (0,1)$ mit $\sum_{i=1}^{k} p_i = 1$ ist gegeben durch den Ergebnisraum

$$\Omega = \{\omega = (\omega_1, \ldots, \omega_k) \in \{0, \ldots, n\}^k : \sum_{i=1}^{k} \omega_i = n\}$$

und den stochastischen Vektor

$$\mathbf{p}(\omega) = \frac{n!}{\omega_1! \cdots \omega_k!} \prod_{i=1}^{k} p_i^{\omega_i}.$$

Wie im Fall der Binomialverteilung sieht man unter Benutzung der Multinomialkoeffizienten gemäß 1.6 leicht ein, daß ein stochastischer Vektor vorliegt. Entsprechend ergibt sich die Multinomialverteilung aus der $Ber(n, p_1, \ldots, p_k)$-Verteilung, wenn wir nur die Anzahlen der Vorgänge mit Ausgang k registrieren. Berechnen wir nämlich zu $(m_1, \dots, m_k) \in \{0, 1, \dots, n\}^k$ mit $\sum_{i=1}^k m_i = n$ die Wahrscheinlichkeit bzgl. der Bernoulli-Verteilung, daß genau m_i-mal der Ausgang i eintritt, also

$$\begin{aligned} & Ber(n, p_1, \dots, p_k)(\{(\omega_1, \dots, \omega_n) : \mid \{j : \omega_j = i\} \mid = m_i \text{ für } i = 1, \dots, k\}) \\ = \; & \frac{n!}{m_1! \cdots m_k!} \prod_{i=1}^k p_i^{m_i} \\ = \; & M(n, k, p_1, \dots, p_k)(\{(m_1, \dots, m_k)\}), \end{aligned}$$

so ergibt sich gerade die entsprechende Multinomialwahrscheinlichkeit.

5.9 Die hypergeometrische Verteilung

Die hypergeometrische Verteilung $H(N, M, n)$ mit den Parametern $N \in \mathbb{N}$, $M \in \{0, \dots, N\}$, $n \in \{0, \dots, N\}$, ist durch den Ergebnisraum

$$\Omega = \{0, \dots, n\}$$

und den stochastischen Vektor

$$\mathbf{p}(\omega) = \frac{\binom{M}{\omega}\binom{N-M}{n-\omega}}{\binom{N}{n}}$$

für $\omega \in \Omega$ gegeben. Dabei ist die Festlegung

$$\binom{k}{j} = 0 \text{ für } j > k$$

zu beachten, so daß $\mathbf{p}(\omega) = 0$ für $\omega > M$ oder $n - \omega > N - M$ gilt. Die kombinatorische Identität

$$\sum_{k=0}^n \binom{M}{k}\binom{N-M}{n-k} = \binom{N}{n}$$

zeigt, daß tatsächlich ein stochastischer Vektor vorliegt.

Zum Nachweis dieser kombinatorischen Beziehung beachten wir, daß $\binom{N}{n}$ die Anzahl aller Möglichkeiten, n Elemente aus N auszuwählen, angibt. Wir können diese Auswahlmöglichkeiten auch auf folgende Weise erhalten: Wir markieren

M der N Elemente und wählen zunächst k Elemente aus den markierten aus, anschließend $n-k$ aus den nichtmarkierten, was auf $\binom{M}{k}\binom{N-M}{n-k}$ unterschiedliche Möglichkeiten führt. Summation über k liefert die gewünschte Identität.

5.10 Beispiel

Wir erläutern das Auftreten der hypergeometrischen Verteilung am Beispiel der Qualitätsüberprüfung einer Sendung von N gleichartigen Produkten, von denen M einer gewissen Qualitätsnorm nicht genügen. Wir entnehmen dieser Sendung eine Stichprobe vom Umfang n und fragen für $k = 0, \ldots, n$ nach der Wahrscheinlichkeit, daß diese genau k ungenügende Produkte enthält. Offensichtlich ist diese Wahrscheinlichkeit 0, falls $k > M$ oder $n - k > N - M$ vorliegt.

Wir machen nun die Annahme, daß jeder Stichprobe gleiche Wahrscheinlichkeit, also die Wahrscheinlichkeit $1/\binom{N}{n}$ zukommt.

Wie in der Herleitung der vorstehenden kombinatorischen Identität gibt es $\binom{M}{k}\binom{N-M}{n-k}$ Stichproben, die genau k ungenügende Produkte enthalten, wobei dieses Produkt für $k > M$ oder $n - k > N - M$ den Wert 0 besitzt. Für die gesuchte Wahrscheinlichkeit erhalten wir

$$\frac{\binom{M}{k}\binom{N-M}{n-k}}{\binom{N}{n}} = H(N, M, n)(\{k\}).$$

Wir sprechen hier vom **Ziehen ohne Zurücklegen**, da wir die betrachtete Stichprobe durch das fortgesetzte Entnehmen bzw. Ziehen von n Produkten aus der Sendung ohne zwischenzeitliches Zurücklegen erzeugen können.

Führen wir jedoch die Kontrolle so durch, daß ein entnommenes Produkt nach Überprüfung wieder in die Sendung zurückgelegt wird und daher beim nächsten Zug wieder entnommen werden kann, so sprechen wir vom **Ziehen mit Zurücklegen**. In diesem Fall erhalten wir bei jeder Entnahme mit Wahrscheinlichkeit M/N ein ungenügendes Produkt, da durch das Zurücklegen der Anteil der ungenügenden Produkte bei jeder Entnahme unverändert M/N ist. Für die Wahrscheinlichkeit, genau k ungenügende Produkte in der Stichprobe zu erhalten, ergibt sich damit beim Ziehen mit Zurücklegen die Binomialwahrscheinlichkeit $B(n, M/N)(\{k\})$.

Falls M und N groß gegenüber n sind, so sollten die Unterschiede zwischen den betrachteten Wahrscheinlichkeiten beim Ziehen mit Zurücklegen und beim Ziehen ohne Zurücklegen nur gering sein. Dies wird durch das folgende Resultat belegt, in dem gezeigt wird, daß die hypergeometrischen Wahrscheinlichkeiten gegen die entsprechenden Wahrscheinlichkeiten unter der Binomialverteilung konvergieren.

5.11 Satz

Seien $n \in \mathbb{N}$ und $p \in (0,1)$. $M_j, j \in \mathbb{N}$, und $N_j, j \in \mathbb{N}$, seien Folgen von natürlichen Zahlen mit den Eigenschaften

$$M_j \leq N_j, \lim_{j\to\infty} N_j = \infty, \lim_{j\to\infty} M_j/N_j = p.$$

Dann gilt:

$$\lim_{j\to\infty} H(M_j, N_j, n)(A) = B(n,p)(A) \text{ für jedes } A \subseteq \{0, \ldots, n\}.$$

Beweis:
Ausschreiben der Binomialkoeffizienten ergibt

$$\begin{aligned} H(M_j, N_j, n)(\{k\}) &= \frac{\binom{M_j}{k}\binom{N_j - M_j}{n-k}}{\binom{N_j}{n}} \\ &= \frac{n!}{k!(n-k)!} \cdot \frac{\prod_{l=0}^{k-1}(M_j - l)}{\prod_{l=0}^{k-1}(N_j - l)} \cdot \frac{\prod_{l=0}^{n-k-1}(N_j - M_j - l)}{\prod_{l=0}^{n-k-1}(N_j - k - l)} \\ &\to \binom{n}{k} p^k (1-p)^{n-k} \text{ für } j \to \infty \end{aligned}$$

und damit die Behauptung. □

5.12 Die Poisson-Verteilung

Die Poisson-Verteilung $P(\beta)$ mit dem Parameter $\beta \in (0, \infty)$ ist durch den Ergebnisraum

$$\Omega = \{0, 1, \ldots\} = \mathbb{N} \cup \{0\}$$

und den stochastischen Vektor

$$\mathbf{p}(\omega) = \frac{\beta^\omega}{\omega!} e^{-\beta}$$

für $\omega \in \Omega$ gegeben. Wegen der Gültigkeit von

$$\sum_{k=0}^{\infty} \frac{\beta^k}{k!} = e^\beta$$

liegt ein stochastischer Vektor vor.

Die Poisson-Verteilung wird häufig bei der Modellierung von zufallsabhängigen Zählvorgängen benutzt. Als Beispiele solcher Vorgänge, bei denen die Poisson-Verteilung mit geeignetem Parameter eine gute Modellierung für das tatsächliche Geschehen liefert, seien erwähnt:

Die Anzahl von Druckfehlern in einem Manuskript.
Die Anzahl von Transistoren, die am ersten Tag ihrer Benutzung ausfallen.
Die Anzahl von Kunden, die an einem bestimmten Tag ein Postamt aufsuchen.
Die Anzahl von Zerfällen, die bei einem radioaktiven Präparat in einem bestimmten Zeitraum registriert werden.

Die Poisson-Verteilung kann zur Approximation von Binomialwahrscheinlichkeiten $B(n,p)(\{k\})$ bei großem n und kleinem p benutzt werden. Die präzise mathematische Formulierung gibt der folgende Satz.

5.13 Satz

Sei $\beta \in (0,\infty)$. $p_n \in (0,1), n \in \mathbb{N}$, sei eine Folge von Zahlen mit der Eigenschaft

$$\lim_{n\to\infty} np_n = \beta.$$

Dann gilt

$$\lim_{n\to\infty} B(n,p_n)(\{k\}) = P(\beta)(\{k\}) \text{ für jedes } k \in \{0,1,\ldots\}.$$

Beweis:
Für $n \geq k$ gilt

$$\begin{aligned} B(n,p_n)(\{k\}) &= \binom{n}{k} p_n^k (1-p_n)^{n-k} \\ &= \frac{\beta^k}{k!}\left(\frac{np_n}{\beta}\right)^k \frac{(1-p_n)^n}{(1-p_n)^k} \prod_{l=0}^{k-1} \frac{n-l}{n} \\ &\to \frac{\beta^k}{k!} e^{-\beta} \text{ für } n \to \infty. \end{aligned}$$

Dabei haben wir benutzt, daß aus $\lim_{n\to\infty} np_n = \beta$ folgt

$$\lim_{n\to\infty}(1-p_n)^n = e^{-\beta}.$$

□

Vertiefungen

Die Approximation der Binomialwahrscheinlichkeiten mittels einer Poissonverteilung ist nur für kleine Werte von p sinnvoll, die von der Größenordnung $1/n$ sind. Stellen wir uns die Frage, mit welcher Wahrscheinlichkeit bei 100 Münzwürfen genau 50-mal Zahl fällt, so erhalten wir für diese Wahrscheinlichkeit gerade

$$B(100, 1/2)(\{50\}) = \binom{100}{50} 2^{-100}.$$

Dieser Wert ist einer Poissonapproximation nicht zugänglich und auch die numerische Berechnung fällt schwer, da es sich um das Produkt einer sehr großen mit einer sehr kleinen Zahl handelt.

Es stellt sich die Frage, ob eine zufriedenstellende Approximation hergeleitet werden kann. Tatsächlich läßt sich diese unter Benutzung der aus der Analysis wohlbekannten **Stirlingschen Formel** finden. Wir benutzen dabei für zwei Folgen $(a_n)_n$ und $(b_n)_n$ von reellen Zahlen die Notation

$$a_n \sim b_n \text{ genau dann, wenn gilt } a_n/b_n \to 1$$

für $n \to \infty$.

5.14 Die Stirlingsche Formel

Es gilt

$$n! \sim \sqrt{2\pi n}\, n^n e^{-n}.$$

Als erste Anwendung betrachten wir die Wahrscheinlichkeit, daß bei $2n$ Münzwürfen genau n-mal Zahl fällt.

5.15 Beispiel

Unter Benutzung der Stirlingschen Formel erhalten wir

$$B(2n, 1/2)(\{n\}) \sim \frac{\sqrt{2\pi 2n}\,(2n)^{2n}e^{-2n}}{(\sqrt{2\pi n}\, n^n e^{-n})^2} 2^{-2n} = \frac{1}{\sqrt{\pi n}}.$$

Eine entsprechend Argumentation läßt uns eine allgemeine Approximation finden.

5.16 Satz

Sei $p \in (0,1)$. *Seien* $k_1, k_2, \ldots$ *natürliche Zahlen so, daß gilt*

$$n(k_n/n - p)^3 \to 0.$$

Dann folgt

$$B(n,p)(\{k_n\}) \sim \frac{1}{\sqrt{2\pi np(1-p)}} e^{-\frac{(k_n-np)^2}{2np(1-p)}}.$$

Beweis:
Wir benutzen die Stirlingsche Formel und erhalten mit $k_n \sim np$

$$\begin{aligned} B(n,p)(\{k_n\}) &\sim \sqrt{\frac{n}{2\pi k_n(n-k_n)}} \frac{n^n}{k_n^{k_n}(n-k_n)^{n-k_n}} p^{k_n}(1-p)^{n-k_n} \\ &= \sqrt{\frac{n}{2\pi k_n(n-k_n)}} \left(\frac{np}{k_n}\right)^{k_n} \left(\frac{n(1-p)}{n-k_n}\right)^{n-k_n} \end{aligned}$$

Wir untersuchen

$$-\log\left(\left(\frac{np}{k_n}\right)^{k_n}\left(\frac{n(1-p)}{n-k_n}\right)^{n-k_n}\right) = ng(t_n)$$

mit den Bezeichnungen

$$t_n = \frac{k_n}{n},\ g(t) = t\log\left(\frac{t}{p}\right) + (1-t)\log\left(\frac{1-t}{1-p}\right).$$

Für eine Taylorentwicklung von g in einer Umgebung von p berechnen wir

$$g(p) = 0,\ g'(p) = 0,\ g''(p) = \frac{1}{p(1-p)}$$

und erhalten

$$g(t) = \frac{1}{2p(1-p)}(t-p)^2 + r(t,p).$$

Für das Restglied $r(t,p)$ gilt dabei

$$| r(t,p) | \leq c(\epsilon) \, | t-p |^3 \text{ für } | t-p | \leq \epsilon$$

mit einem nur von ϵ abhängenden $c(\epsilon) > 0$. Aus $n(t_n - p)^3 \to 0$ folgt so

$$ng(t_n) - n\frac{1}{2p(1-p)}(t_n - p)^2 \to 0,$$

damit

$$e^{-ng(t_n)} \sim e^{-\frac{(k_n - np)^2}{2np(1-p)}}.$$

Insgesamt ergibt sich

$$B(n,p)(\{k_n\}) \sim \frac{1}{\sqrt{2\pi np(1-p)}} e^{-\frac{(k_n-np)^2}{2np(1-p)}},$$

also die Behauptung. □

5.17 Anmerkung

Sind insbesondere $k_1, k_2, \ldots$ natürliche Zahlen der Form

$$k_n = np + z_n\sqrt{np(1-p)}$$

mit einer konvergenten Folge $(z_n)_n$ von reellen Zahlen, $\lim z_n = z$, so folgt

$$B(n,p)(\{k_n\}) \sim \frac{1}{\sqrt{2\pi np(1-p)}} e^{-\frac{z^2}{2}}.$$

Die Restgliedabschätzung im Beweis liefert auch die folgende Gleichmäßigkeit in der Approximation:

Zu jedem $K > 0$ existiert eine Nullfolge $(\epsilon_n)_n$ so, daß für alle Folgen $(z_n)_n$ mit $\sup|z_n| \leq K$ stets gilt

$$\begin{aligned}(1-\epsilon_n)\frac{1}{\sqrt{2\pi np(1-p)}} e^{-\frac{z_n^2}{2}} &\leq B(n,p)(\{k_n\}) \\ &\leq (1+\epsilon_n)\frac{1}{\sqrt{2\pi np(1-p)}} e^{-\frac{z_n^2}{2}}.\end{aligned}$$

Benutzen wir dieses, so können wir die folgende, als **Satz von de Moivre-Laplace** bekannte Aussage herleiten, der eine erste Version des in Kapitel 12 behandelten Zentralen Grenzwertsatzes darstellt.

5.18 Satz von de Moivre-Laplace

Für alle $a, b \in \mathbb{R}$, $a < b$, gilt

$$\lim_{n\to\infty} B(n,p)(\{k : np + a\sqrt{np(1-p)} < k \leq np + b\sqrt{np(1-p)}\})$$
$$= \frac{1}{\sqrt{2\pi}} \int_a^b e^{-\frac{x^2}{2}}\, dx.$$

Beweis:
Seien $a_n = \lfloor np + a\sqrt{np(1-p)} \rfloor$, $b_n = \lfloor np + b\sqrt{np(1-p)} \rfloor$ die ganzzahligen Anteile, so daß gilt

$$B(n,p)(\{k : np + a\sqrt{np(1-p)} < k \leq np + b\sqrt{np(1-p)}\}) = \sum_{k=a_n+1}^{b_n} B(n,p)(\{k\}).$$

Wir schreiben nun

$$k = np + z_{k,n}\sqrt{np(1-p)} \text{ mit } z_{k,n} = \frac{k-np}{\sqrt{np(1-p)}}$$

und erhalten unter Benutzung der Gleichmäßigkeit in der Approximation für eine geeignete Nullfolge $(\epsilon_n)_n$

$$(1-\epsilon_n) \sum_{k=a_n+1}^{b_n} \frac{1}{\sqrt{2\pi np(1-p)}} e^{-\frac{z_{k,n}^2}{2}}$$
$$\leq \sum_{k=a_n+1}^{b_n} B(n,p)(\{k\})$$
$$\leq (1+\epsilon_n) \sum_{k=a_n+1}^{b_n} \frac{1}{\sqrt{2\pi np(1-p)}} e^{-\frac{z_{k,n}^2}{2}}.$$

Es ist nun leicht einzusehen, daß bei der Summe der Exponentialterme eine gegen das entsprechende Integral konvergierende Riemann-Summe vorliegt, daß also gilt

$$\sum_{k=a_n+1}^{b_n} \frac{1}{\sqrt{2\pi np(1-p)}} e^{-\frac{z_{k,n}^2}{2}}$$
$$= \sum_{k=a_n+1}^{b_n} \frac{1}{\sqrt{2\pi np(1-p)}} e^{-\frac{1}{2}\left(\frac{k-np}{\sqrt{np(1-p)}}\right)^2}$$
$$\to \frac{1}{\sqrt{2\pi}} \int_a^b e^{-\frac{x^2}{2}}\, dx$$

für $n \to \infty$. □

Aufgaben

Aufgabe 5.1 Betrachtet sei die Bernoulli-Verteilung $Ber(n, p_1, \ldots, p_k)$ auf dem Ergebnisraum $\Omega = \{1, \ldots, k\}^n$. Zu $(m_1, \ldots, m_k) \in \{1, \ldots, n\}^k$ mit $\sum_{i=1}^k m_i = n$ sei $A = \{(\omega_1, \ldots, \omega_n) \in \Omega : |\{j : \omega_j = i\}| = m_i \text{ für } 1 = 1, \cdots, k\}$.

Zeigen Sie $P(A) = \frac{n!}{m_1! \cdots m_k!} \prod_{i=1}^k p_i^{m_i}$.

Aufgabe 5.2 Die Ausweitung der Binomialverteilung auf mehr als zwei Merkmale erfolgt durch die Multinomialverteilung. Erweitern Sie in entsprechender Weise die hypergeometrische Verteilung.

Aufgabe 5.3 Aus einer Gesamtheit von N Kugeln, die mit den Zahlen $1, \ldots, N$ numeriert sind, werden ohne Zurücklegen n Kugeln gezogen. Bestimmen Sie die Wahrscheinlichkeit, daß die kleinste der bei der Ziehung auftretenden Zahlen den Wert k hat, $k = 1, \ldots, N$.

Aufgabe 5.4 Von einem Kartenstapel, bestehend aus N Karten mit r darin zufällig verteilten Jokern, heben zwei Spieler abwechselnd eine Karte ab. Gewonnen hat der Spieler, der als erster einen Joker zieht.

Wie groß sind die Gewinnwahrscheinlichkeiten für die beiden Spieler?

Aufgabe 5.5 Ein diskretes Wahrscheinlichkeitsmaß mit Ergebnisraum $\Omega \subseteq \mathbb{Z}$ wird als unimodal bezeichnet, falls ein $\omega_0 \in \Omega$ so existiert, daß die Werte des zugehörigen stochastischen Vektors $\mathbf{p}(\omega)$ für $\omega \leq \omega_0$ monoton wachsend und für $\omega \geq \omega_0$ monoton fallend sind.

Zeigen Sie, daß Binomial- und Poisson-Verteilungen unimodal sind.

Aufgabe 5.6 In einer gewissen, wenig gefürchteten Klausur fallen erfahrungsgemäß 10% der Teilnehmenden durch. Im laufenden Semester nehmen 200 Studierende an der Klausur teil.

Bestimmen Sie durch exakte Berechnung und durch Poissonapproximation die Wahrscheinlichkeit, daß höchstens 20 Studierende durchfallen.

Aufgabe 5.7 Es seien P, Q diskrete Wahrscheinlichkeitsmaße mit demselben Ergebnisraum Ω. Durch $d(P, Q) = \sup\{|P(A) - Q(A)| : A \subseteq \Omega\}$ wird der Supremumsabstand definiert. Zeigen Sie:

(*i*) $$d(P, Q) = \frac{1}{2} \sum_{\omega \in \Omega} |\mathbf{p}(\omega) - \mathbf{q}(\omega)| = \sum_{\omega, \mathbf{p}(\omega) > \mathbf{q}(\omega)} \mathbf{p}(\omega) - \mathbf{q}(\omega).$$

(*ii*) $$d(P, Q) \leq 1 - \sum_{\omega \in \Omega} a(\omega) \text{ für beliebige } a(\omega) \leq \min\{\mathbf{p}(\omega), \mathbf{q}(\omega)\},\ \omega \in \Omega.$$

Aufgabe 5.8 Zeigen Sie unter Benutzung von Aufgabe 5.7(ii)

$$d(B(n,p), Poi(np)) \leq np^2 \text{ für } p \in (0,1), n \in \mathbb{N}.$$

Kapitel 6

Reelle Wahrscheinlichkeitsmaße

In diesem Abschnitt betrachten wir Wahrscheinlichkeitsmaße auf $\mathbb{R}$, versehen mit der σ-Algebra der Borelschen Mengen, die wir als **reelle Wahrscheinlichkeitsmaße** bezeichnen. Jedem solchen reellen Wahrscheinlichkeitsmaß

$$P : \mathcal{B} \to [0,1]$$

ordnen wir in der folgenden Definition eine Abbildung

$$F : \mathbb{R} \to [0,1]$$

zu.

6.1 Definition

Sei P ein reelles Wahrscheinlichkeitsmaß. Die Abbildung

$$F : \mathbb{R} \to [0,1],$$

definiert durch

$$F(t) = P((-\infty, t]) \text{ für } t \in \mathbb{R},$$

wird als **Verteilungsfunktion von** *P bezeichnet.*

Dem komplizierten mathematischen Objekt Wahrscheinlichkeitsmaß wird also das wesentliche einfachere mathematische Objekt einer reellen Funktion zugeordnet. Es ist eine bemerkenswerte Tatsache, daß diese so zugeordnete Funktion das zugrundeliegende Wahrscheinlichkeitsmaß eindeutig bestimmt.

6.2 Satz

Seien P_1, P_2 reelle Wahrscheinlichkeitsmaße mit zugehörigen Verteilungsfunktionen F_1, F_2. Es gelte

$$F_1(t) = F_2(t) \text{ für alle } t \in \mathbb{R}.$$

Dann folgt

$$P_1(A) = P_2(A) \text{ für alle } A \in \mathcal{B}, \text{ also } P_1 = P_2 .$$

Beweis:
Es sei

$$\mathcal{E} = \{(a,b] : a, b \in \mathbb{R}, a \leq b\}.$$

Aus $F_1 = F_2$ folgt

$$P_1((a,b]) = F_1(b) - F_1(a) = F_2(b) - F_2(a) = P_2((a,b])$$

für alle $(a,b] \in \mathcal{E}$. Für die Borelsche σ-Algebra gilt

$$\mathcal{B} = \sigma(\mathcal{E}),$$

siehe 2.7. Ferner besitzt $\mathcal{E}$ die Eigenschaft der $\cap$-Stabilität, d.h.

$$E_1, E_2 \in \mathcal{E} \text{ impliziert } E_1 \cap E_2 \in \mathcal{E}.$$

Die Behauptung folgt damit aus dem nachfolgenden allgemeineren Resultat, das die eindeutige Bestimmtheit von Wahrscheinlichkeitsmaßen durch ihre Werte auf $\cap$-stabilen Erzeugendensystemen liefert.

□

6.3 Satz

Sei $\mathcal{A} = \sigma(\mathcal{E})$ eine σ-Algebra mit einem $\cap$-stabilen Erzeugendensystem $\mathcal{E}$. Seien P_1, P_2 Wahrscheinlichkeitsmaße auf $\mathcal{A}$. Es gelte

$$P_1(E) = P_2(E) \text{ für alle } E \in \mathcal{E}.$$

Dann folgt

$$P_1(A) = P_2(A) \text{ für alle } A \in \mathcal{A}, \text{ also } P_1 = P_2 .$$

Den Beweis zu dieser Aussage werden wir in den Vertiefungen führen.

Dieses Resultat der eindeutigen Bestimmtheit eines Wahrscheinlichkeitsmaßes durch seine Verteilungsfunktion legt es nahe, ein genaueres Studium dieses mathematischen Objektes durchzuführen.

6.4 Satz

Sei P ein reelles Wahrscheinlichkeitsmaß mit zugehöriger Verteilungsfunktion F. Dann gilt:

(i) F ist monoton wachsend.

(ii) F ist rechtsseitig stetig.

(iii) $\lim_{t\to-\infty} F(t) = 0, \lim_{t\to\infty} F(t) = 1.$

Beweis:

(*i*) Für $t \leq s$ gilt $(-\infty, t] \subseteq (-\infty, s]$, also

$$F(t) = P((-\infty, t]) \leq P((-\infty, s]) = F(s).$$

(*ii*) Seien $t_1 \geq t_2 \geq \ldots \geq t$ gegeben mit der Eigenschaft

$$\lim_{n\to\infty} t_n = t.$$

Dann bilden die Intervalle $(-\infty, t_n], n \in \mathbb{N}$, eine fallende Folge, und es ist

$$\bigcap_{n\in\mathbb{N}} (-\infty, t_n] = (-\infty, t].$$

Gemäß 3.4 gilt

$$F(t) = P((-\infty, t]) = \lim_{n\to\infty} P((-\infty, t_n]) = \lim_{n\to\infty} F(t_n).$$

(*iii*) Seien $t_1 \geq t_2 \geq \ldots$ gegeben mit der Eigenschaft

$$\lim_{n\to\infty} t_n = -\infty.$$

Dann bilden die Intervalle $(-\infty, t_n], n \in \mathbb{N}$, wiederum eine fallende Folge mit Durchschnitt

$$\bigcap_{n\in\mathbb{N}} (-\infty, t_n] = \emptyset.$$

Gemäß 3.4 gilt

$$0 = P(\emptyset) = \lim_{n\to\infty} P((-\infty, t_n]) = \lim_{n\to\infty} F(t_n).$$

Seien nun $t_1 \leq t_2 \leq \ldots$ gegeben mit der Eigenschaft

$$\lim_{n\to\infty} t_n = \infty.$$

Dann bilden die Intervalle $(-\infty, t_n], n \in \mathbb{N}$, eine wachsende Folge, und es ist

$$\bigcup_{n \in \mathbb{N}} (-\infty, t_n] = \mathbb{R}.$$

Gemäß 3.4 gilt

$$1 = P(\mathbb{R}) = \lim_{n \to \infty} P((-\infty, t_n]) = \lim_{n \to \infty} F(t_n).$$

□

Für eine Funktion, die die Eigenschaften aus 6.4 besitzt, wollen wir allgemein den Begriff der **Verteilungsfunktion** einführen.

6.5 Definition

Wir bezeichnen eine Funktion

$$F : \mathbb{R} \to [0, 1]$$

als Verteilungsfunktion, falls gilt:

(i) *F ist monoton wachsend.*

(ii) *F ist rechtsseitig stetig.*

(iii) $\lim_{t \to -\infty} F(t) = 0, \lim_{t \to \infty} F(t) = 1.$

Damit können wir das Hauptresultat zur Existenz und Eindeutigkeit von reellen Wahrscheinlichkeitsmaßen angeben.

6.6 Satz

F sei eine Verteilungsfunktion. Dann existiert genau ein reelles Wahrscheinlichkeitsmaß P so, daß F die Verteilungsfunktion von P ist.

Beweis:

Es ist zu zeigen, daß genau ein reelles Wahrscheinlichkeitsmaß mit der Eigenschaft

$$P((-\infty, t]) = F(t) \text{ für alle } t \in \mathbb{R}$$

existiert. Die Eindeutigkeit haben wir schon in 6.2 nachgewiesen. Es bleibt der Nachweis der Existenz. Dazu benutzen wir die in Kapitel 2 angegebene Existenz des Lebesgueschen Maßes. Wir betrachten die verallgemeinerte Inverse $G : (0, 1) \to \mathbb{R}$ zu F, definiert durch

$$G(s) = \inf\{t \in \mathbb{R} : F(t) \geq s\}.$$

Dann folgt für $s \in (0,1)$, $t \in \mathbb{R}$ unter Benutzung der rechtsseitigen Stetigkeit von F

$$G(s) \leq t \text{ genau dann, wenn } F(t) \geq s$$

vorliegt, also

$$G^{-1}((-\infty, t]) = \{s \in (0,1) : G(s) \leq t\} = (0, F(t)] \cap (0,1).$$

Es ergibt sich

$$\lambda(G^{-1}((-\infty, t]) = F(t) \text{ für alle } t \in \mathbb{R}.$$

Wir haben somit die Behauptung bewiesen, falls durch

$$P(B) = \lambda(G^{-1}(B))$$

ein reelles Wahrscheinlichkeitsmaß definiert wird. Dazu wird zum einen benötigt, daß die Bildung von $\lambda(G^{-1}(B))$ möglich, also $G^{-1}(B)$ eine Borelsche Menge ist. Da G monoton ist, ist das Urbild eines Intervalls wiederum ein Intervall, damit also eine Borelsche Menge. Betrachten wir nun

$$\mathcal{A} = \{B \in \mathcal{B} : G^{-1}(B) \in \mathcal{B}\},$$

so zeigen die elementaren Eigenschaften der Urbildabbildung wie z.B.

$$G^{-1}(\bigcup_{i \in I} B_i) = \bigcup_{i \in I} G^{-1}(B_i),$$

daß $\mathcal{A}$ eine σ-Algebra ist, die also gleich der Borelschen σ-Algebra ist, da sie sämtliche Intervalle enthält. Schon jetzt sei auf Kapitel 7 verwiesen, in dem die hier nachgewiesene Eigenschaft von G, die dann als Meßbarkeit bezeichnet werden wird, systematisch untersucht wird. Wir dürfen somit

$$P(B) = \lambda(G^{-1}(B))$$

für alle Borelschen Mengen bilden und erhalten eine Abbildung

$$P : \mathcal{B} \to [0,1],$$

für die $P(\emptyset) = 0$ und $P(\Omega) = 1$ gilt. Weiter liefert die offensichtliche Eigenschaft $G^{-1}(\sum_{i \in I} B_i) = \sum_{i \in I} G^{-1}(B_i)$ der Urbildabbildung für abzählbare disjunkte Vereinigungen

$$P(\sum_{i \in I} B_i) = \lambda(G^{-1}(\sum_{i \in I} B_i)) = \sum_{i \in I} \lambda(G^{-1}(B_i)) = \sum_{i \in I} P(B_i),$$

so daß tatsächlich ein Wahrscheinlichkeitsmaß vorliegt. □

Für eine Verteilungsfunktion F betrachten wir den linksseitigen Grenzwert

$$F(t-) = \lim_{s\uparrow t} F(s) = \sup_{s<t} F(s).$$

Dann ergeben sich einige weitere einfache Beschreibungen von Wahrscheinlichkeiten unter Benutzung der zugehörigen Verteilungsfunktion.

6.7 Lemma

Sei P ein reelles Wahrscheinlichkeitsmaß mit zugehöriger Verteilungsfunktion F. Dann gilt:

(i) $P(\{t\}) = F(t) - F(t-)$ *für alle* t.
(ii) $P((s,t)) = F(t-) - F(s), P([s,t]) = F(t) - F(s-)$ *für alle* $s \leq t$.

Beweis:
Es gilt

$$\{t\} = \bigcap_{n\in\mathbb{N}} (t - 1/n, t],$$

also

$$P(\{t\}) = \lim_{n\to\infty} (F(t) - F(t - 1/n)) = F(t) - F(t-).$$

(ii) folgt direkt aus (i) und $P((s,t]) = F(t) - F(s)$.

□

Als Folgerung erhalten wir

6.8 Korollar

Sei P ein reelles Wahrscheinlichkeitsmaß mit zugehöriger Verteilungsfunktion F. Dann sind äquivalent:

(i) $P(\{t\}) = 0$ *für alle* t.
(ii) F *ist stetig.*

Beweis:
Die Behauptung ergibt sich sofort aus 6.4 und 6.7.

□

6.9 Wahrscheinlichkeitsmaße mit stetigen Dichten

Wie wir in dem wichtigen Resultat 6.6 gesehen haben, genügt zur Spezifikation eines reellen Wahrscheinlichkeitsmaßes die Festlegung der Verteilungsfunktion F. In vielen Fällen liegt die Gestalt

$$F(t) = \int_{-\infty}^{t} f(x)dx \text{ für alle } t$$

vor, wobei

$$f : \mathbb{R} \to [0, \infty)$$

eine Abbildung mit den folgenden Eigenschaften ist:

$$\int_{-\infty}^{\infty} f(x)dx = 1.$$

Es existieren $-\infty \leq a < b \leq \infty$ so, daß

$$f \text{ stetig auf } (a,b), f = 0 \text{ auf } (a,b)^c \text{ ist.}$$

Offensichtlich definiert jedes solche f eine Verteilungsfunktion F, die zusätzlich stetig ist, und gemäß 6.6 ein Wahrscheinlichkeitsmaß P mit $P((a,b)) = 1$, das nach 6.8 $P(\{t\}) = 0$ für alle t erfüllt. Wir bezeichnen dann f als **stetige Dichte** von P.

6.10 Anmerkung

Sei P ein reelles Wahrscheinlichkeitsmaß mit stetiger Verteilungsfunktion F so, daß gilt

$$F \text{ ist stetig differenzierbar auf } J = \{t : 0 < F(t) < 1\}.$$

Dann erhalten wir eine stetige Dichte f von F durch Differenzieren als

$$f(x) = F'(x) \text{ für } x \in J, \text{ ferner } f(x) = 0 \text{ für } x \in J^c.$$

6.11 Die Indikatorfunktion

Für die Angabe etlicher stetiger Dichten ist es nützlich, den Begriff der Indikatorfunktion zu benutzen. Ist A eine Menge, so wird die **Indikatorfunktion 1_A von A** durch

$$1_A(x) = 1 \text{ für } x \in A, \; 1_A(x) = 0 \text{ für } x \in A^c$$

definiert. Die sich durch Differenzieren ergebende Dichte hat damit die Darstellung

$$f = F'1_J.$$

Entsprechend der Benennungen im diskreten Fall des Kapitels 5 bezeichnen wir reelle Wahrscheinlichkeitsmaße auch als reelle Wahrscheinlichkeitsverteilungen, wobei wir die letztere Wortwahl insbesondere bei Überlegungen zur Modellierung benutzen werden.

6.12 Die Rechteckverteilung

Die Rechteckverteilung $R(a, b)$ mit den Parametern $a, b \in \mathbb{R}, a < b$, ist durch die stetige Dichte

$$f = \frac{1}{b-a} 1_{(a,b)}$$

gegeben. Für die Verteilungsfunktion ergibt sich

$$F(t) = 0 \text{ für } t \leq a,\ F(t) = \frac{t-a}{b-a} \text{ für } a < t < b,\ F(t) = 1 \text{ für } t \geq b.$$

Dieses ist auch die Gestalt der Verteilungsfunktion des Wahrscheinlichkeitsmaßes $\lambda_{(a,b)}$, siehe 2.11, so daß wir

$$R(a, b) = \lambda_{(a,b)}$$

erhalten.

Die Rechteckverteilung tritt in Situationen auf, in denen ein zufälliger Vorgang Ergebnisse zwischen zwei Werten a und b so liefert, daß jedes mögliche Ergebnis gleichrangig ist. Ein wichtiges Anwendungsgebiet der $R(0,1)$-Verteilung liegt auf dem Gebiet der Simulationsmethoden. Wie der Beweis von Satz 6.6 zeigt, können wir jedes reelle Wahrscheinlichkeitsmaß mittels der $R(0,1)$-Verteilung erzeugen.

6.13 Beispiel

Betrachten wir die stochastische Modellierung der Zugriffszeit beim Lesen von einer Festplatte. Ist der Lesekopf auf einer bestimmten Spur positioniert, um einen Datensatz von dieser Spur zu lesen, so kann dieser Datensatz jede mögliche Position auf der Spur einnehmen. Bei einer Gesamtrotationszeit von b Zeiteinheiten können wir annehmen, daß die Rotationszeit ω bis zum Erreichen des Datensatzes einer $R(0, b)$-Verteilung genügt. Es ergibt sich dann für die Wahrscheinlichkeit, daß die Rotationszeit mehr als $b/4$ Zeiteinheiten beträgt, der Wert

$$P(\{\omega : \omega > b/4\}) = 1 - R(0, b)((0, b/4]) = 1 - 1/4 = 3/4.$$

6.14 Die Normalverteilung

Die Normalverteilung $N(a, \sigma^2)$ mit den Parametern $a \in \mathbb{R}, \sigma^2 \in (0, \infty)$ ist durch die stetige Dichte

$$f(x) = \frac{1}{\sqrt{2\pi\sigma^2}} e^{-\frac{(x-a)^2}{2\sigma^2}} \text{ für } x \in \mathbb{R}$$

gegeben. Das bei Bildung der Verteilungsfunktion

$$F(t) = \int_{-\infty}^{t} \frac{1}{\sqrt{2\pi\sigma^2}} e^{-\frac{(x-a)^2}{2\sigma^2}} dx$$

auftretende Integral ist nicht in geschlossener Form angebbar.

Für den speziellen Fall $a = 0, \sigma^2 = 1$ benutzen wir die Bezeichnungen

$$\varphi(x) = \frac{1}{\sqrt{2\pi}} e^{-\frac{x^2}{2}},$$

$$\Phi(t) = \int_{-\infty}^{t} \frac{1}{\sqrt{2\pi}} e^{-\frac{x^2}{2}} dx = \int_{-\infty}^{t} \varphi(x) dx,$$

und bezeichnen die $N(0,1)$-Verteilung auch als **Standardnormalverteilung**. Dichte und Verteilungsfunktion im allgemeinen Fall ergeben sich dann als

$$f(x) = \frac{1}{\sigma} \varphi(\frac{x-a}{\sigma}),$$

$$F(t) = \Phi(\frac{x-a}{\sigma}).$$

Wir wollen nun den Nachweis führen, daß tatsächlich

$$\int_{-\infty}^{\infty} f(x) dx = 1$$

vorliegt. Dazu beachten wir zunächst, daß offensichtlich

$$\int_{-\infty}^{\infty} f(x) dx = \int_{-\infty}^{\infty} \frac{1}{\sigma} \varphi(\frac{x-a}{\sigma}) dx = \int_{-\infty}^{\infty} \varphi(x) dx$$

gilt. Somit genügt der Nachweis der Identität

$$\left(\int_{-\infty}^{\infty} e^{-\frac{x^2}{2}} dx \right)^2 = 2\pi.$$

Wir führen diesen Nachweis unter Benutzung von Polarkoordinaten

$$x = r \sin(\phi), y = r \cos(\phi) \text{ und } dxdy = r dr d\phi.$$

Es ergibt sich

$$\begin{aligned}
\left(\int_{-\infty}^{\infty} e^{-\frac{x^2}{2}} dx\right)^2 &= \int_{-\infty}^{\infty} e^{-\frac{x^2}{2}} dx \int_{-\infty}^{\infty} e^{-\frac{y^2}{2}} dy \\
&= \int_{-\infty}^{\infty} \int_{-\infty}^{\infty} e^{-\frac{x^2+y^2}{2}} dx dy \\
&= \int_{0}^{2\pi} \int_{0}^{\infty} e^{-\frac{r^2}{2}} r dr d\phi \\
&= \int_{0}^{2\pi} 1 d\phi = 2\pi.
\end{aligned}$$

Da die Funktion φ symmetrisch ist, ergibt sich die oft benutzte Beziehung

$$\Phi(t) = 1 - \Phi(-t),$$

also

$$N(0,1)((-\infty, t]) = N(0,1)([-t, \infty)).$$

Die Normalverteilung ist als die wichtigste Verteilung der Wahrscheinlichkeitstheorie anzusehen. In der Modellierung stochastischer Phänomene wird sie bei der Beschreibung von Meßvorgängen vorrangig benutzt. Biologische Daten z.B. aus Größen- und Gewichtsmessungen werden als normalverteilt angesehen, ebenso die Resultate physikalischer Messungen. Ertragsergebnisse in der Landwirtschaft werden durch Normalverteilungen beschrieben. Wirtschafts- und sozialwissenschaftliches Datenmaterial wird oft unter Benutzung der Normalverteilung modelliert.

Mittels der Normalverteilung lassen sich Approximationen für viele andere Verteilungen herleiten. Eine solche Approximation für Binomialwahrscheinlichkeiten haben wir schon in den Vertiefungen zu Kapitel 5 kennengelernt. Ein allgemeines Resultat dazu, bekannt unter dem Namen Zentraler Grenzwertsatz, werden wir in Kapitel 12 behandeln.

6.15 Verrauschte Nachrichtenübermittlung

Bei der Übertragung der Zeichen 0 und 1 in einem Kommunikationssystem wird durch überlagertes Rauschen bei Aussendung des Zeichens i das Signal $s = i + \omega$ empfangen, wobei angenommen wird, daß die zufällige Störung ω eine $N(0,1)$-Verteilung besitzt. In der Kommunikationstheorie wird eine solche Störung als weißes Rauschen bezeichnet. Der Empfänger decodiere das empfangene Signal als

$$0, \text{ falls } s \leq 1/2 \text{ , bzw. } 1, \text{ falls } s > 1/2$$

vorliegt. Für die Wahrscheinlichkeit einer fehlerhaften Decodierung erhalten wir bei Aussendung von 0

$$P(\{\omega : \omega > 1/2\}) = N(0,1)((1/2,\infty]) = 1 - \Phi(1/2) = 0,3085\ldots,$$

bei Aussendung von 1

$$P(\{\omega : 1 + \omega \leq 1/2\}) = N(0,1)((-\infty,-1/2]) = \Phi(-1/2) = 0,3085\ldots.$$

Zur Verringerung dieser Wahrscheinlichkeit wollen wir zur Übertragung von 0 den numerischen Wert -3, zur Übertragung von 1 den Wert 3 aussenden, so daß beim Empfänger nunmehr das Signal $s = -3 + \omega$, bzw. $s = 3 + \omega$ eintrifft. Wir decodieren als

$$0, \text{ falls } s \leq 0 \text{ , bzw. } 1, \text{ falls } s > 0$$

vorliegt. Für die Wahrscheinlichkeit einer fehlerhaften Decodierung ergibt sich jetzt bei Aussendung von 0

$$P(\{\omega : -3 + \omega > 0\}) = N(0,1)((3,\infty)) = 1 - \Phi(3) = 0,0013\ldots,$$

bei Aussendung von 1

$$P(\{\omega : 3 + \omega \leq 0\}) = N(0,1)((-\infty,-3]) = \Phi(-3) = 0,0013\ldots$$

6.16 Die Exponentialverteilung

Die Exponentialverteilung $Exp(\beta)$ mit dem Parameter $\beta \in (0,\infty)$ ist durch die stetige Dichte

$$f(x) = \beta e^{-\beta x} 1_{(0,\infty)}(x) \text{ für } x \in \mathbb{R}$$

gegeben, so daß $f(x) = 0$ für $x \leq 0$ vorliegt. Für die Verteilungsfunktion ergibt sich

$$F(t) = 0 \text{ für } t \leq 0,\ F(t) = 1 - e^{-\beta t} \text{ für } t > 0.$$

Die Exponentialverteilung dient zur Modellierung von stochastischen Vorgängen, bei denen mit Wahrscheinlichkeit 1 nur positive Ergebnisse auftreten. Als eminent wichtiges Anwendungsgebiet ist die Behandlung der Lebensdauern von technischen Geräten zu nennen. So wird häufig angenommen, daß die Lebensdauer von elektronischen Komponenten, d.h. die bis zu ihrem Ausfall verstreichende Zeit, einer Exponentialverteilung genügt. Die Lebensdauern bei radioaktiven Zerfallsprozessen werden typischerweise als exponentialverteilt angesehen.

Ebenso werden Wartezeiten und Verweilzeiten in Bedienungssystemen oft als exponentialverteilt angesehen. Dabei kann es sich um die Zeit handeln, die zwischen dem Eintreffen zweier Kunden in einen Laden verstreicht; es kann die Dauer der Bearbeitung von Anfragen in einer Datenbank betreffen oder die Dauer der Belegung eines Übertragungskanals durch ein Telefongespräch.

Die Exponentialverteilung kann zur Modellierung benutzt werden, wenn das im folgenden beschriebene Phänomen der **Gedächtnislosigkeit** zumindestens approximativ erfüllt ist.

6.17 Die Gedächtnislosigkeit der Exponentialverteilung

Es bezeichne ω eine zufällige Lebensdauer. Wir bezeichnen die Lebensdauerverteilung als gedächtnislos, falls die bedingte Wahrscheinlichkeit, weitere s Zeiteinheiten zu überdauern, unabhängig vom bis dahin erreichten Lebensalter ist, d.h. falls

$$P(\{\omega : \omega > s+t\} \mid \{\omega : \omega > t\}) = P(\{\omega : \omega > s\} \mid \{\omega : \omega > 0\})$$

für alle $s, t \geq 0$ gilt. Dabei wird $P(\{\omega : \omega > t\}) > 0$ für alle t angenommen. Es gilt

$$P(\{\omega : \omega > s+t\} \mid \{\omega : \omega > t\}) = \frac{P(\{\omega : \omega > s+t\})}{P(\{\omega : \omega > t\})}$$

Besitzt die zufällige Lebensdauer eine Exponentialverteilung mit Parameter β, so erhalten wir

$$\begin{aligned} \frac{P(\{\omega : \omega > s+t\})}{P(\{\omega : \omega > t\})} &= \frac{e^{-\beta(s+t)}}{e^{-\beta t}} \\ &= e^{-\beta s} \\ &= P(\{\omega : \omega > s\} \mid \{\omega : \omega > 0\}) \end{aligned}$$

Man beachte dabei, daß bei der Exponentialverteilung $P(\{\omega : \omega > 0\}) = 1$ vorliegt.

Die Exponentialverteilung ist also gedächtnislos. Wir zeigen nun, daß das Vorliegen der Gedächtnislosigkeit bei einer stochastischen Lebensdauer zwangsläufig zur Modellierung mittels einer Exponentialverteilung führt.

6.18 Satz

P sei ein reelles Wahrscheinlichkeitsmaß. Es gelte $P((-\infty, 0]) = 0$ und $P((t, \infty)) > 0$ für alle t. P sei gedächtnislos. Dann existiert $\beta > 0$ so, daß

$$P = Exp(\beta)$$

gilt.

Beweis:
Wir definieren

$$G : [0, \infty) \to [0, 1] \text{ durch } G(t) = P((t, \infty)).$$

Dann ist G rechtsseitig stetig, und es gilt

$$G(0) = 1, \lim_{t \to \infty} G(t) = 0.$$

Aus der Gedächtnislosigkeit von P folgt

$$G(s + t) = G(s)G(t) \text{ für alle } s, t \geq 0.$$

Unter Benutzung dieser Identität ergibt sich für sämtliche natürliche Zahlen n

$$G(1) = G(1/n)^n, \text{ also } G(1/n) = G(1)^{1/n},$$

ferner für alle rationalen $r = m/n \geq 0$

$$G(r) = G(m/n) = G(1/n)^m = G(1)^{m/n} = G(1)^r.$$

Mit der rechtsseitigen Stetigkeit erhalten wir diese Beziehung für jedes positive reelle Argument t und damit

$$G(t) = e^{-\beta t} \text{ mit } \beta = -\log(G(1)).$$

Aus $\lim_{t \to \infty} G(t) = 0$ folgt dabei $\beta > 0$. Für die Verteilungsfunktion $F = 1 - G$ von P ergibt sich die Darstellung

$$F(t) = 0 \text{ für } t \leq 0, \; F(t) = 1 - e^{-\beta t} \text{ für } t > 0,$$

und es folgt

$$P = Exp(\beta).$$

□

6.19 Die Halbwertszeit

Atome einer radioaktiven Substanz zerfallen zu einem zufälligen Zeitpunkt ω, der einer Exponentialverteilung mit einem substanztypischen Parameter β, der Zerfallsrate, folgt. Die Halbwertszeit h wird als der Zeitpunkt definiert, zu dem mit Wahrscheinlichkeit $1/2$ der Zerfall stattgefunden hat, also durch

$$P(\{\omega : \omega \leq h\}) = 1 - \exp(-\beta h) = 1/2.$$

Es ergibt sich für die Halbwertszeit

$$h = \log(2)/\beta.$$

Damit einhergehend wird die Halbwertszeit als die Zeit interpretiert, zu der bei einer aus diesen Atomen bestehenden Masse die Strahlungsintensität halbiert ist. Bei der Substanz Strontium 90 liegt eine Halbwertszeit von approximativ 28 Jahren vor, so daß sich für die Zerfallsrate pro Jahr $\beta = 0,02475\ldots$ ergibt.

Vertiefungen

Wir werden nun den Beweis des Satzes 6.3 erbringen und dabei eine sehr nützliche Beweismethode der Maßtheorie kennenlernen. Diese Methode ist auf den Fall bezogen, daß eine σ-Algebra $\mathcal{A} = \sigma(\mathcal{E})$ mit einem Erzeugendensystem $\mathcal{E}$ vorliegt. Nehmen wir an, daß wir eine gewisse Eigenschaft (H) für alle $A \in \mathcal{A}$ nachweisen wollen. Wir definieren dazu

$$\mathcal{A}(H) = \{A \in \mathcal{A} : A \text{ besitzt } (H)\}.$$

Falls wir

$$\mathcal{A}(H) = \mathcal{A}$$

zeigen können, so haben wir damit den gewünschten Nachweis, daß sämtliche $A \in \mathcal{A}$ die Eigenschaft (H) besitzen, erbracht. Der Nachweis von $\mathcal{A}(H) = \mathcal{A}$ kann nun in folgender Weise durchgeführt werden. Wir zeigen zunächst

$$\mathcal{E} \subseteq \mathcal{A}(H),$$

dann, daß

$$\mathcal{A}(H) \ \sigma\text{-Algebra}$$

ist, und erhalten damit

$$\mathcal{A} = \sigma(\mathcal{E}) \subseteq \mathcal{A}(H) \subseteq \mathcal{A}.$$

Erinnert sei daran, daß $\sigma(\mathcal{E})$ als die kleinste $\mathcal{E}$ umfassende σ-Algebra definiert ist. Zum Beweis des Satzes 6.3 werden wir als

$$\text{Eigenschaft } (H) \text{ die Gleichheit } P_1(A) = P_2(A)$$

wählen. Die Gültigkeit von $\mathcal{E} \subseteq \mathcal{A}(H)$ wird vorausgesetzt sein, so daß wir noch nachzuweisen haben, daß $\mathcal{A}(H)$ eine σ-Algebra ist.

Dabei zeigt es sich, daß der direkte Nachweis nicht ohne weiteres möglich ist. Wir lernen nun eine Methode kennen, die in Problemen dieser Art erfolgreich angewandt werden kann.

6.20 Definition

Sei $\mathcal{A} \subseteq \mathcal{P}(\Omega)$. Wir bezeichnen $\mathcal{A}$ als Dynkin-System, falls gilt:

$$\Omega \in \mathcal{A}.$$

$$A \in \mathcal{A}, B \in \mathcal{A}, A \subseteq B \text{ impliziert } B \setminus A \in \mathcal{A}.$$

$$A_i \in \mathcal{A}, i \in I, \text{ impliziert } \sum_{i \in I} A_i \in \mathcal{A}$$

für jede abzählbare Familie paarweise disjunkter $A_i, i \in I$.

Offensichtlich ist jede σ-Algebra ein Dynkin-System. Dynkin-Systeme sind im allgemeinen zwar keine σ-Algebren, jedoch gilt dieses unter der zusätzlichen Eigenschaft der $\cap$-Stabilität.

6.21 Lemma

$\mathcal{A}$ sei ein $\cap$-stabiles Dynkin-System. Dann ist $\mathcal{A}$ eine σ-Algebra.

Beweis:
Nach Definition des Dynkin-Systems gilt $\Omega \in \mathcal{A}$, ferner $A^c = \Omega \setminus A \in \mathcal{A}$ für $A \in \mathcal{A}$.

Für $A_1, A_2 \in \mathcal{A}$ gilt

$$A_1 \cup A_2 = A_1 + (A_2 \cap A_1^c) \in \mathcal{A},$$

wobei wir die $\cap$-Stabilität benutzt haben. Durch Induktion erhalten wir dieses auch für die Vereinigung von endlich vielen Mengen.

Sei nun $A_i, i \in I$, eine abzählbare Familie von $A_i \in \mathcal{A}$. Ohne Einschränkung sei dabei $I = \mathbb{N}$ angenommen. Dann gilt $B_i = \bigcup_{j \leq i} A_j \in \mathcal{A}$, und es folgt mit $B_0 = \emptyset$

$$\bigcup_{i \in \mathbb{N}} A_i = \sum_{i \in \mathbb{N}} B_i \setminus B_{i-1} \in \mathcal{A}.$$

□

Wie in 2.12 und mit analogem Beweis gilt

6.22 Lemma

Sei $\mathcal{E} \subseteq \mathcal{P}(\Omega)$. Setze $\mathcal{D} = \{\mathcal{A} : \mathcal{A} \supseteq \mathcal{E}, \mathcal{A} \text{ Dynkin-System }\}$. Dann gilt:

$$\delta(\mathcal{E}) = \bigcap_{\mathcal{A} \in \mathcal{D}} \mathcal{A} \text{ ist ein Dynkin-System}$$

und zwar das kleinste, das $\mathcal{E}$ umfaßt.

Mit diesen Begriffsbildungen erhalten wir ein wichtiges technisches Resultat, daß in der Maßtheorie häufig benutzt wird.

6.23 Satz

$\mathcal{E} \subseteq \mathcal{P}(\Omega)$ sei $\cap$-stabil. Dann gilt

$$\delta(\mathcal{E}) = \sigma(\mathcal{E}).$$

Beweis:
Da jede σ-Algebra ein Dynkin-System ist, gilt

$$\delta(\mathcal{E}) \subseteq \sigma(\mathcal{E}).$$

Zum Nachweis der umgekehrten Inklusion

$$\delta(\mathcal{E}) \supseteq \sigma(\mathcal{E})$$

und damit der gewünschten Gleichheit genügt es zu zeigen, daß $\delta(\mathcal{E})$ eine σ-Algebra ist. Dazu werden wir nachweisen, daß $\delta(\mathcal{E})$ $\cap$-stabil ist, denn wir wissen, daß jedes $\cap$-stabile Dynkin-System eine σ-Algebra ist.

Sei dazu $D \in \delta(\mathcal{E})$. Wir definieren

$$\mathcal{A}(D) = \{A \subseteq \Omega : A \cap D \in \delta(\mathcal{E})\}.$$

Offensichtlich ist das so definierte $\mathcal{A}(D)$ ein Dynkin-System.

Für $E \in \mathcal{E}$ gilt aufgrund der vorausgesetzten $\cap$-Stabilität von $\mathcal{E}$

$$\mathcal{A}(E) \supseteq \mathcal{E}, \text{ also } \mathcal{A}(E) \supseteq \delta(\mathcal{E}).$$

Wir erhalten damit

$$D \cap E \in \delta(\mathcal{E}) \text{ für alle } D \in \delta(\mathcal{E}), E \in \mathcal{E}.$$

Dies zeigt

$$\mathcal{A}(D) \supseteq \mathcal{E}, \text{ also } \mathcal{A}(D) \supseteq \delta(\mathcal{E})$$

für alle $D \in \delta(\mathcal{E})$ und damit die Behauptung.

□

6.24 Satz

Sei $\mathcal{A} = \sigma(\mathcal{E})$ eine σ-Algebra mit einem $\cap$-stabilen Erzeugendensystem $\mathcal{E}$. Seien P_1, P_2 Wahrscheinlichkeitsmaße auf $\mathcal{A}$. Es gelte

$$P_1(E) = P_2(E) \text{ für alle } E \in \mathcal{E}.$$

Dann folgt

$$P_1(A) = P_2(A) \text{ für alle } A \in \mathcal{A}, \text{ also } P_1 = P_2 .$$

Beweis:

Wir betrachten als Eigenschaft (H) die Übereinstimmung von $P_1(A)$ und $P_2(A)$ und setzen

$$\mathcal{A}(H) = \{A \in \mathcal{A} : P_1(A) = P_2(A)\}.$$

Dann gilt nach Voraussetzung $\mathcal{A}(H) \supseteq \mathcal{E}$. Zum Nachweis der Behauptung genügt es zu zeigen, daß $\mathcal{A}(H)$ ein Dynkin-System ist. Denn dann ist wegen der $\cap$-Stabilität von $\mathcal{E}$ $\mathcal{A}(H)$ schon eine σ-Algebra, und wir erhalten

$$\mathcal{A} \supseteq \mathcal{A}(H) \supseteq \sigma(\mathcal{E}) = \mathcal{A}.$$

Die Eigenschaften eines Dynkin-Systems ergeben sich nun auf sehr einfache Weise. Liegen $A, B \in \mathcal{A}(H)$ mit $A \subseteq B$ vor, so folgt

$$P_1(B \setminus A) = P_1(B) - P_1(A) = P_2(B) - P_2(A) = P_2(B \setminus A).$$

Entsprechend ergibt sich für eine abzählbare Familie paarweise disjunkter $A_i \in \mathcal{A}(H), i \in I$:

$$P_1(\sum_{i \in I} A_i) = \sum_{i \in I} P_1(A_i) = \sum_{i \in I} P_2(A_i) = P_2(\sum_{i \in I} A_i).$$

□

Aufgaben

Aufgabe 6.1 Eine Rohrleitung der Länge a zwischen 2 Versorgungspunkten A und B sei an einer zufälligen Stelle C undicht, deren Abstand ω zu A als $R(0, a)$-verteilt angenommen sei. Die Kosten zur Behebung des Schadens seien proportional zum Quadrat der kürzeren Wegstrecke von A, bzw. B nach C.

Bestimmen Sie die Wahrscheinlichkeit, daß die Kosten den Betrag $y > 0$ überschreiten.

Aufgabe 6.2 Seien φ, Φ Dichte und Verteilungsfunktion der $N(0,1)$-Verteilung. Zeigen Sie

$$(\frac{1}{x} - \frac{1}{x^3})\,\varphi(x) \leq 1 - \Phi(x) \leq \frac{1}{x}\,\varphi(x) \text{ für alle } x > 0.$$

Aufgabe 6.3 Zu einer Verteilungsfunktion F ist die verallgemeinerte Inverse G definiert durch $G(x) = \inf\{t \in \mathbb{R} : F(t) \geq x\}$, $x \in (0,1)$. Zeigen Sie:

(i) G ist monoton wachsend und linksseitig stetig.
(ii) $F(G(x)) \geq x$, ferner $F(G(x)) > x \Leftrightarrow x \notin (0,1) \cap F(\mathbb{R})$.
(iii) $G(F(t)) \leq t$, ferner $G(F(t)) < t \Leftrightarrow$ Ex. $\varepsilon > 0$ mit $F(t-\varepsilon) = F(t)$.

Aufgabe 6.4 Es sei F eine Verteilungsfunktion. Zeigen Sie:

(i) F hat höchstens abzählbar viele Sprungstellen.
(ii) Es existieren eine stetige Verteilungsfunktion F_1 und eine diskrete Verteilungsfunktion F_2, d.h. F_2 ist Verteilungsfunktion eines diskreten Wahrscheinlichkeitsmaßes, so, daß gilt $F = \alpha F_1 + (1-\alpha)F_2$ für ein $\alpha \in [0,1]$.

Aufgabe 6.5 Betrachten Sie das Cantorsche Diskontinuum C aus Aufgabe 2.8. Konstruieren Sie in Anlehnung an die Konstruktion von C eine stetige Verteilungsfunktion F so, daß für das zugehörige Wahrscheinlichkeitsmaß P gilt $P(C) = 1$.

Aufgabe 6.6 Seien P, Q reelle Wahrscheinlichkeitsmaße. Es wird definiert: $P \leq Q$ [P stochastisch kleiner als Q] $\Leftrightarrow P((t,\infty)) \leq Q((t,\infty))$ für alle $t \in \mathbb{R}$.

Untersuchen Sie diese Ordnungsrelation für $P = N(a,\sigma^2)$, $Q = N(b,\tau^2)$.

Aufgabe 6.7 Sei P ein reelles Wahrscheinlichkeitsmaß mit der Eigenschaft $P((-\infty,t]) = P([-t,\infty))$ für alle $t \in \mathbb{R}$. Zeigen Sie:

$P(B) = P(-B)$ für alle $B \in \mathcal{B}$, wobei $-B = \{-b : b \in B\}$ ist.
Ein solches Wahrscheinlichkeitsmaß wird als symmetrisch bezeichnet. Geben Sie Beispiele für symmetrische Wahrscheinlichkeitsmaße an.

Aufgabe 6.8 Sei $\mathcal{D}$ ein System von Teilmengen einer Menge Ω mit $\Omega \in \mathcal{D}$ und den folgenden beiden Eigenschaften:

$D \in \mathcal{D} \Rightarrow D^c \in \mathcal{D}$ und $D_n \in \mathcal{D}, n \in \mathbb{N}$, paarweise disjunkt $\Rightarrow \bigcup_{n=1}^{\infty} D_n \in \mathcal{D}$.

Zeigen Sie, daß $\mathcal{D}$ ein Dynkin-System ist.

Kapitel 7

Zufallsvariablen

Bei der Modellierung eines zufälligen Geschehens interessieren wir uns in der Regel nicht für sämtliche Details, die beobachtbar sind, sondern treffen eine Auswahl der für unsere Fragestellung relevanten Aspekte. Dieses verhindert unnötige Kompliziertheit und damit einhergehende Unüberschaubarkeit und Unhandlichkeit unseres stochastischen Modells. Ebenso betrachten wir oft, wenn wir eine stochastische Modellierung durch ein geeignetes Zufallsexperiment durchgeführt haben, nur gewisse Teilaspekte, die wir aus dem beobachtbaren ω ableiten können. Dieses Vorgehen haben wir im Kapitel 5 kennengelernt, als wir von den Einzelergebnissen einer Qualitätsüberprüfung zu dem Aspekt der Gesamtzahl aller intakten Produkte übergegangen sind.

7.1 Beispiel

Im Beispiel 5.4 haben wir die Qualitätsüberprüfung von n gleichartigen Produkten durch die Bernoulli-Verteilung $Ber(n,p)$ beschrieben. In dieser Modellierung ist

$$\Omega = \{0,1\}^n,$$

und ein Element $\omega \in \{0,1\}^n$ beschreibt das Überprüfungsergebnis der n Produkte. Dabei steht die 0 für nicht ausreichende Qualität, die 1 dafür, daß der zugrundegelegten Qualitätsnorm genügt wird. Es ist p die Wahrscheinlichkeit ausreichender Qualität bei der Überprüfung eines Produkts und

$$Ber(n,p)(\{\omega\}) = p^{\sum_{i=1}^n \omega_i}(1-p)^{n-\sum_{i=1}^n \omega_i}$$

für $\omega = (\omega_1, \ldots, \omega_n) \in \Omega$.

Bei einer derartigen stochastische Modellierung des komplexen Zufallsgeschehens einer Qualitätsüberprüfung ist darauf verzichtet worden, weitere Daten wie z.B. quantitative Beschreibung der Qualitätsabweichung, Art der Fehlfunktion, Produktionstermin in das stochastische Modell aufzunehmen

Interessieren wir uns nur für die Anzahl der Produkte, die der Qualitätsüberprüfung genügen, so betrachten wir damit die zufälligen Werte der Abbildung

$$X : \Omega \to \{0, 1, \ldots, n\},\ X(\omega) = \sum_{i=1}^{n} \omega_i.$$

Wie im Beispiel 5.7 berechnet, ergibt sich

$$P(\{\omega : X(\omega) = k\}) = \binom{n}{k} p^k (1-p)^{n-k} = B(n,p)(\{k\}).$$

Setzen wir $\mathcal{X} = \{0, 1, \ldots, n\}$, so erhalten wir durch den stochastischen Vektor

$$(P(\{\omega : X(\omega) = k\}))_{k \in \mathcal{X}}$$

ein diskretes Wahrscheinlichkeitsmaß auf $\mathcal{X}$, das wir als

Verteilung P^X von X

bezeichnen. Es gilt hier

$$P^X = B(n,p).$$

Wollen wir die Überlegungen des vorstehenden Beispiels verallgemeinern, so haben wir einen allgemeinen Wahrscheinlichkeitsraum $(\Omega, \mathcal{A}, P)$ und eine Abbildung

$$X : \Omega \to \mathcal{X}$$

zu betrachten. Auf dem Bildraum $\mathcal{X}$ liegen Ereignisse C vor, für die wir die Wahrscheinlichkeit angeben wollen, daß die Abbildung X ein Ergebnis in C liefert. Wir nehmen dabei an, daß die Gesamtheit aller dieser Ereignisse eine σ-Algebra $\mathcal{C}$ bildet. Die uns interessierenden Wahrscheinlichkeiten sind damit

$$P(\{\omega : X(\omega) \in C\})$$

für $C \in \mathcal{C}$. Wir haben uns hier daran zu erinnern, daß in unserem axiomatischen Aufbau der Wahrscheinlichkeitstheorie $P(A)$ nur für Ereignisse $A \in \mathcal{A}$ definiert ist, so daß wir zur Angabe von $P(\{\omega : X(\omega) \in C\})$ das Vorliegen von

$$X^{-1}(C) = \{\omega : X(\omega) \in C\} \in \mathcal{A}$$

benötigen. Dieses ist zwar im Fall $\mathcal{A} = \mathcal{P}(\Omega)$ des Beispiels 7.1 selbstverständlich, jedoch im allgemeinen nicht ohne weiteres gültig. Abbildungen, für die diese wünschenswerte Eigenschaft vorliegt, wollen wir gemäß der folgenden Definition als **meßbar** bezeichnen.

7.2 Definition

Ist Ω eine Menge, $\mathcal{A} \subseteq \mathcal{P}(\Omega)$ eine σ-Algebra, so bezeichnen wir

$$(\Omega, \mathcal{A}) \text{ als } \textbf{meßbaren Raum}.$$

Sind $(\Omega, \mathcal{A})$ und $(\mathcal{X}, \mathcal{C})$ meßbare Räume, so bezeichnen wir eine Abbildung

$$X : \Omega \to \mathcal{X} \text{ als } \textbf{meßbar},$$

falls gilt:

$$X^{-1}(C) \in \mathcal{A} \text{ für alle } C \in \mathcal{C}.$$

Unter Benutzung von

$$X^{-1}(\mathcal{C}) = \{X^{-1}(C) : C \in \mathcal{C}\}$$

ist Meßbarkeit definiert durch

$$X^{-1}(\mathcal{C}) \subseteq \mathcal{A}.$$

Bisweilen ist es nötig, die vorliegenden σ-Algebren explizit zu benennen, und wir bezeichnen dann eine Abbildung genauer als $\mathcal{A} - \mathcal{C}$-meßbar.

7.3 Anmerkung

Von besonderer Bedeutung sind reellwertige meßbare Abbildungen. Dabei wird natürlich $\mathbb{R}$ als meßbarer Raum mit der Borelschen σ-Algebra betrachtet.

Ist $(\Omega, \mathcal{A})$ ein meßbarer Raum und $A \in \mathcal{A}$, so ist die Indikatorfunktion

$$1_A : \Omega \to \mathbb{R} \text{ meßbar},$$

denn es gilt für jedes $B \subseteq \mathbb{R}$

$$1_A^{-1}(B) \in \{\emptyset, \Omega, A, A^c\} \subseteq \mathcal{A}.$$

Sind $A_1, \ldots, A_n \in \mathcal{A}$ paarweise disjunkt mit $\sum_{i=1}^n A_i = \Omega$ und $\alpha_1, \ldots, \alpha_n \in \mathbb{R}$, so ist auch die Abbildung

$$Y = \sum_{i=1}^n \alpha_i 1_{A_i} : \Omega \to \mathbb{R} \text{ meßbar},$$

denn es gilt für jedes $B \subseteq \mathbb{R}$

$$Y^{-1}(B) = \bigcup_{i, \alpha_i \in B} A_i \in \mathcal{A}.$$

Die Menge aller Abbildungen dieser Gestalt kann auch als Menge aller reellwertigen meßbaren Abbildungen mit endlichem Wertebereich beschrieben werden, denn jede reellwertige meßbare Abbildung Y mit endlichem $Y(\Omega) = \{\alpha_1, \ldots, \alpha_n\}$ besitzt die Darstellung

$$Y = \sum_{i=1}^{n} \alpha_i 1_{A_i} \text{ mit } A_i = \{\omega : Y(\omega) = \alpha_i\} \in \mathcal{A}.$$

Aus $\alpha_i \neq \alpha_j$ für $i \neq j$ folgt dabei die paarweise Disjunktheit der $A_1, \ldots, A_n$, und es ist offensichtlich $\sum_{i=1}^{n} A_i = \Omega$.

Das folgende Lemma zeigt, wie meßbare Abbildungen mit endlichem Wertebereich zum Studium allgemeiner meßbarer reellwertiger Abbildungen benutzt werden können.

7.4 Lemma

$(\Omega, \mathcal{A})$ sei ein meßbarer Raum,

$$X : \Omega \to \mathbb{R} \textit{ meßbar, } X \geq 0.$$

Dann existiert eine monoton wachsende Folge von meßbaren Abbildungen Y_n mit endlichem Wertebereich so, daß gilt

$$0 \leq Y_1 \leq Y_2 \leq \ldots \textit{ und } X = \lim_{n \to \infty} Y_n = \sup_{n \in \mathbb{N}} Y_n.$$

Beweis:
Wir definieren

$$Y_n = \sum_{i=0}^{n2^n} i\, 2^{-n} 1_{A_{i,n}}$$

mit den meßbaren Mengen

$$A_{i,n} = \{\omega : i2^{-n} \leq X(\omega) < (i+1)2^{-n}\} \text{ für } i < n2^n,$$

und

$$A_{n2^n,n} = \{\omega : n \leq X(\omega)\}$$

und erhalten so eine Folge mit den gewünschten Eigenschaften.

□

7.5 Definition

Ist $(\Omega, \mathcal{A}, P)$ ein Wahrscheinlichkeitsraum und $(\mathcal{X}, \mathcal{C})$ ein meßbarer Raum, so bezeichnen wir eine meßbare Abbildung

$$X : \Omega \to \mathcal{X} \text{ als } \textbf{Zufallsvariable} \text{ mit Werten in } \mathcal{X}.$$

Wir sprechen von einer

Zufallsgröße *im Fall* $\mathcal{X} = \mathbb{R}$

und von einem

Zufallsvektor *im Fall* $\mathcal{X} = \mathbb{R}^k$, $k > 1$,

wobei natürlich jeweils die Borelsche σ-Algebra betrachtet wird.

Ist X eine Zufallsvariable mit Werten in $\mathcal{X}$, so können wir $P(X^{-1}(C))$ für alle $C \in \mathcal{C}$ bilden und erhalten damit eine Abbildung von $\mathcal{C}$ nach $[0,1]$.

7.6 Definition

Für eine Zufallsvariable X mit Werten in $\mathcal{X}$ bezeichnen wir die Abbildung

$$P^X : \mathcal{C} \to [0,1] \text{ mit } P^X(C) = P(X^{-1}(C))$$

als **Verteilung von** X.

Das folgende Lemma zeigt, daß wir auf diese Weise ein Wahrscheinlichkeitsmaß erhalten.

7.7 Lemma

Für jede Zufallsvariable X ist

$$P^X \text{ ein Wahrscheinlichkeitsmaß.}$$

Beweis:
Es gilt

$$P(X^{-1}(\emptyset)) = P(\emptyset) = 0, \; P(X^{-1}(\mathcal{X})) = P(\Omega) = 1.$$

Bilden $C_i \in \mathcal{C}, i \in I$, eine paarweise disjunkte, abzählbare Familie, so gilt dieses auch für die Urbilder $X^{-1}(C_i) \in \mathcal{A}, i \in I$, und wir erhalten

$$P(X^{-1}(\sum_{i \in I} C_i)) = P(\sum_{i \in I} X^{-1}(C_i)) = \sum_{i \in I} P(X^{-1}(C_i)).$$

□

Von besonderer Bedeutung sind in der Wahrscheinlichkeitstheorie reellwertige Zufallsvariablen, also Zufallsgrößen. Dann liegt mit P^X ein reelles Wahrscheinlichkeitsmaß gemäß Kapitel 6 vor.

7.8 Definition

Ist X eine Zufallsgröße, so bezeichnen wir

$$F^X : \mathbb{R} \to [0,1] \text{ mit } F^X(t) = P^X((-\infty, t])$$

als **Verteilungsfunktion von** X. *Existiert eine stetige Dichte nach 6.9, so wird diese als* **stetige Dichte** f^X **von** X *bezeichnet.*

Bei Vorliegen einer stetigen Dichte gemäß 6.9 erhalten wir $a, b \in [-\infty, \infty], a < b$ derart, daß $f^X(x)$ stetig auf (a,b), $f^X(x) = 0$ auf $(a,b)^c$ ist. Daraus folgt

$$P(\{\omega : X(\omega) \in (a,b)\}) = 1.$$

Wir nehmen dabei stets an, daß sogar

$$X(\omega) \in (a,b) \text{ für alle } \omega \in \Omega$$

gilt, und sprechen dann von einer **Zufallsgröße mit Wertebereich** (a,b).

7.9 Zur Modellierung

Modellieren wir einen bestimmten Aspekt eines zufälligen Geschehens durch eine Zufallsvariable mit der Verteilung $P^X = W$, wobei W ein Wahrscheinlichkeitsmaß auf dem Bildraum $\mathcal{X}$ ist, so ergeben sich die uns interessierenden Wahrscheinlichkeiten als

$$P(\{\omega : X(\omega) \in C\}) = P^X(C) = W(C).$$

Wir können also bei Spezifizierung der Verteilung $P^X = W$ auf die explizite Angabe des zugrundeliegenden Wahrscheinlichkeitsraums $(\Omega, \mathcal{A}, P)$ verzichten.

Wir sprechen dann von einer **Modellierung durch eine Zufallsvariable** X **mit der Verteilung** W. Liegt dabei z.B. der Fall einer Normalverteilung $W = N(0,1)$ vor, so bezeichnen wir eine solche Zufallsgröße

$$X \text{ als } N(0,1)\text{-verteilt.}$$

In der Wahrscheinlichkeitstheorie ist es üblich, abkürzende Schreibweisen zu benutzen, die zu einer übersichtlicheren Darstellung führen, allerdings einer gewissen Eingewöhnung bedürfen.

7.10 Schreibweisen

Ist $X : \Omega \to \mathcal{X}$ eine Abbildung, so schreiben wir verkürzend

$$\{X \in C\} \text{ für } \{\omega : X(\omega) \in C\} = X^{-1}(C).$$

Entsprechend sind Schreibweisen wie

$$\{X = b\},\ \{X \leq b\}$$

zu verstehen. Liegt z.B. mit $Y : \Omega \to \mathcal{Y}$ eine weitere Abbildung vor, so benutzen wir

$$\{X \in C, Y \in D\} \text{ für } \{\omega : X(\omega) \in C, Y(\omega) \in D\} = X^{-1}(C) \cap Y^{-1}(D).$$

Ebenso sind

$$\{X \in C \text{ oder } Y \in D\} \text{ oder auch } \{X_i \in C_i \text{ für alle } i \in I\}$$

zu verstehen.

Regel ist hier die Unterdrückung der Variablen ω.

Bei der Bildung von Wahrscheinlichkeiten benutzen wir die Abkürzung

$$P(X \in C) \text{ für } P(\{\omega : X(\omega) \in C\}) = P^X(C).$$

Auf analoge Weise ergeben sich abgekürzt

$$P(X = b),\ P(X \leq b),\ P(X \in C, Y \in D), \text{ etc.}$$

Regel ist nun die Unterdrückung von ω und den Mengenklammern.

Als Illustration betrachten wir die Identitäten

$$\begin{aligned} P(X \in C \text{ oder } Y \in D) &= P(\{X \in C\} \cup \{Y \in D\}) \\ &= P(\{\omega : X(\omega) \in C \text{ oder } Y(\omega) \in D\}) \\ &= P(X^{-1}(C) \cup Y^{-1}(D)), \end{aligned}$$

in der dieselbe Wahrscheinlichkeit auf unterschiedliche Weise ausgedrückt wird. Im Regelfall werden wir Darstellungen wie die an erster Stelle angegebene benutzen, da dieses in vielen Problemen zu besonders klaren und suggestiven Herleitungen führt.

Eine entsprechende Darstellung benutzen wir für bedingte Wahrscheinlichkeiten und schreiben z.B.

$$P(X \in C \mid Y \in D) \text{ für } P(\{\omega : X(\omega) \in C\} \mid \{\omega : Y(\omega) \in D\}).$$

7.11 Beispiel

Die Lebensdauer eines Prozessors sei exponentialverteilt mit Parameter β. Wir benutzen dann zur Modellierung dieser Lebensdauer eine

$$Exp(\beta)\text{-verteilte Zufallsgröße } X.$$

Die Wahrscheinlichkeit, daß die Lebensdauer t Zeiteinheiten übertrifft, ist damit

$$P(X > t) = e^{-\beta t}.$$

Betrachten wir die bedingte Wahrscheinlichkeit, daß ein zum Zeitpunkt s funktionsfähiger Prozessor innerhalb der nächsten t Zeiteinheiten ausfällt, so ergibt sich diese als

$$P(X \leq s + t \mid X > s) = P(X \leq t) = 1 - e^{-\beta t},$$

wobei wir die Gedächtnislosigkeit der Exponentialverteilung aus 6.17 ausnutzen.

7.12 Transformation von Zufallsvektoren und Meßbarkeit

In einer Vielzahl von Situationen liegt die folgende Struktur vor: Gegeben sind ein Zufallsvektor

$$X = (X_1, \ldots, X_n) : \Omega \to \mathbb{R}^n$$

und eine Abbildung

$$h : \mathbb{R}^n \to \mathbb{R}^k.$$

Ausgehend von der Verteilung von X soll die Verteilung von

$$h(X) : \Omega \to \mathbb{R}^k$$

bestimmt werden.

Dazu ist zu gewährleisten, daß die Abbildung $h(X)$ wiederum ein Zufallsvektor, also meßbar ist. Wir merken dazu zunächst allgemein an, daß die Komposition von meßbaren Abbildungen wiederum eine meßbare Abbildung liefert.

7.13 Lemma

Es seien $(\Omega, \mathcal{A})$, $(\mathcal{X}, \mathcal{C})$ und $(\mathcal{Y}, \mathcal{D})$ meßbare Räume und $X : \Omega \to \mathcal{X}$, $h : \mathcal{X} \to \mathcal{Y}$ meßbare Abbildungen. Dann ist

$$h(X) : \Omega \to \mathcal{Y} \text{ meßbar.}$$

Beweis:
Es gilt
$$(h(X))^{-1}(\mathcal{D}) = X^{-1}(h^{-1}(\mathcal{D})) \subseteq X^{-1}(\mathcal{C}) \subseteq \mathcal{A}.$$

□

Es bleibt also zu überlegen, wann eine Abbildung $h : \mathbb{R}^n \to \mathbb{R}^k$ meßbar ist, bzw. allgemeiner, wann eine Abbildung mit Werten in $\mathbb{R}^k$ meßbar ist.

Wir geben nun die wesentlichen Tatsachen zu dieser Fragestellung an.

7.14 Grundlegende Aussagen zur Meßbarkeit

Sei $(\Omega, \mathcal{A})$ ein meßbarer Raum.

(i) Eine Abbildung $X : \Omega \to \mathbb{R}^n$ ist meßbar genau dann, wenn $\{\omega : X(\omega) \leq t\} \in \mathcal{A}$ für alle $t \in \mathbb{R}^n$ gilt.

(ii) Eine Abbildung $X = (X_1, \ldots, X_n) : \Omega \to \mathbb{R}^n$ ist meßbar genau dann, wenn sämtliche $X_i, i = 1, \ldots, n$, meßbar sind.

(iii) Jede stetige Abbildung $h : \mathbb{R}^n \to \mathbb{R}^k$ ist meßbar.

Die Beweise zu diesen Aussagen werden wir in den Vertiefungen führen.

7.15 Beispiel

$X_1, X_2, \ldots$ seien Zufallsgrößen, $\alpha_1, \alpha_2, \ldots$ reelle Zahlen. Dann sind für jedes n
$$\sum_{i=1}^{n} \alpha_i X_i, \ \prod_{i=1}^{n} \alpha_i X_i$$
und
$$\max_{i=1,\ldots,n} X_i, \ \min_{i=1,\ldots,n} X_i$$
ebenfalls Zufallsgrößen.

Zur Begründung beachten wir, daß gemäß 7.14(*ii*) $X = (X_1, \ldots, X_n) : \Omega \to \mathbb{R}^n$ ein Zufallsvektor ist. Die Abbildung
$$h : \mathbb{R}^n \to \mathbb{R}, \ h(x) = \sum_{i=1}^{n} \alpha_i x_i$$

ist stetig, also meßbar nach 7.14(*iii*), woraus die Meßbarkeit von

$$h(X) = \sum_{i=1}^{n} \alpha_i X_i$$

folgt. Produkt, Maximum und Minimum werden analog behandelt.

Ferner können wir die Meßbarkeit von

$$\sup_{i \in \mathbb{N}} X_i, \ \inf_{i \in \mathbb{N}} X_i$$

und

$$\limsup X_n, \ \liminf X_n$$

nachweisen. Dieser Problemkreis wird in den Vertiefungen zu diesem Abschnitt behandelt.

7.16 Aktienkurs und Lognormalverteilung

Vom Kurs einer Aktie an einem in der Zukunft liegenden Tag wird häufig angenommen, daß der Logarithmus dieses Kurses einer Normalverteilung mit gewissen Parametern a und σ^2 genügt. Zur Modellierung sei Y eine $N(a, \sigma^2)$-verteilte Zufallsgröße und

$$X = e^Y.$$

Wir erhalten die Verteilungsfunktion des zufälligen Kurses als $F^X(t) = P(e^Y \leq t) = 0$ für $t \leq 0$, und für $t > 0$ als

$$F^X(t) = P(e^Y \leq t) = P(Y \leq \log(t)) = \Phi(\frac{\log(t) - a}{\sigma}).$$

Die Dichte ergibt sich als $f^X(t) = 0$ für $t \leq 0$, und für $t > 0$ durch Ableiten als

$$f^X(x) = \frac{1}{x\sigma}\varphi(\frac{\log(x) - a}{\sigma}).$$

Dabei sind φ und Φ Dichte und Verteilungsfunktion der $N(0,1)$-Verteilung, s. 6.14.

Die Verteilung von X wird als Lognormalverteilung mit Parametern a und σ^2 bezeichnet.

Das folgende Lemma verallgemeinert die bei der Herleitung der Dichte der Lognormalverteilung durchgeführte Überlegung.

7.17 Lemma

Y sei Zufallsgröße mit stetiger Dichte f^Y und Wertebereich (a,b). $g:(a,b)\to \mathbb{R}$ sei stetig differenzierbar mit Ableitung $g'>0$ und $g((a,b))=(c,d)$. Dann ist

$$X = g(Y) \text{ Zufallsgröße mit Wertebereich } (c,d)$$

und besitzt die stetige Dichte

$$f^X(x) = \frac{f^Y(g^{-1}(x))}{g'(g^{-1}(x))} \text{ auf } (c,d),\ f^X(x) = 0 \text{ auf } (c,d)^c.$$

Beweis:

Offensichtlich besitzt X den Wertebereich (c,d), so daß insbesondere gilt

$$F^X(t) = 0 \text{ für } t \le c,\ F^X(t) = 1 \text{ für } t \ge d.$$

Nach Voraussetzung ist g streng monoton wachsend. Für $t \in (c,d)$ folgt damit

$$P(X \le t) = P(g(Y) \le t) = P(Y \le g^{-1}(t)) = F^Y(g^{-1}(t)).$$

Durch Ableiten erhalten wir dann gemäß 6.10 die Dichte

$$\frac{f^Y(g^{-1}(x))}{g'(g^{-1}(x))} \text{ für } x \in (c,d), \text{ ferner } f^Y(x) = 0 \text{ für } x \in (c,d)^c.$$

□

Wir merken an, daß sich der Fall $g'<0$ analog behandeln läßt, wobei sich unter Beachtung des negativen Vorzeichens der Ableitung ergibt

$$f^X(x) = \frac{f^Y(g^{-1}(x))}{\mid g'(g^{-1}(x)) \mid} \text{ auf } (c,d),\ f^X(x) = 0 \text{ auf } (c,d)^c.$$

Die entsprechende Transformationsregel für Zufallsvektoren werden wir in 8.27 kennenlernen.

Vertiefungen

Zum Nachweis der in 7.14 angegebenen grundlegenden Aussagen zur Meßbarkeit von $\mathbb{R}^n$-wertigen Abbildungen ist das folgende einfache Lemma nützlich.

7.18 Lemma

$(\Omega, \mathcal{A})$ und $(\mathcal{X}, \mathcal{C})$ seien meßbare Räume. Es sei $\mathcal{F} \subseteq \mathcal{C}$ mit $\sigma(\mathcal{F}) = \mathcal{C}$. Eine Abbildung

$$X : \Omega \to \mathcal{X} \text{ ist meßbar,}$$

falls gilt

$$X^{-1}(\mathcal{F}) \subseteq \mathcal{A}.$$

Beweis:
Wir definieren

$$\mathcal{D} = \{C \subseteq \mathcal{X} : X^{-1}(C) \in \mathcal{A}\}.$$

Mit der Voraussetzung $X^{-1}(\mathcal{F}) \subseteq \mathcal{A}$ folgt

$$\mathcal{D} \supseteq \mathcal{F}.$$

Aus den Eigenschaften

$$X^{-1}(C^c) = X^{-1}(C)^c \text{ und } X^{-1}(\bigcup_{i \in I} C_i) = \bigcup_{i \in I} X^{-1}(C_i)$$

ergibt sich sofort, daß

$$\mathcal{D} \ \sigma\text{-Algebra}$$

ist und damit

$$\mathcal{D} \supseteq \sigma(\mathcal{F}) = \mathcal{C}.$$

Dieses liefert

$$X^{-1}(C) \in \mathcal{A} \text{ für alle } C \in \mathcal{C},$$

also die gewünschte Meßbarkeit.

□

7.19 Satz

$(\Omega, \mathcal{A})$ sei ein meßbarer Raum.

(i) Eine Abbildung $X : \Omega \to \mathbb{R}^n$ ist meßbar, falls $\{\omega : X(\omega) \leq t\} \in \mathcal{A}$ für alle $t \in \mathbb{R}^n$ gilt.

(ii) Eine Abbildung $X = (X_1, \ldots, X_n) : \Omega \to \mathbb{R}^n$ ist meßbar genau dann, wenn sämtliche $X_i, i = 1, \ldots, n$, meßbar sind.

(iii) Jede stetige Abbildung $h : \mathbb{R}^n \to \mathbb{R}^k$ ist meßbar.

Beweis:

(i) Definiere

$$\mathcal{F} = \{(-\infty, t] : t \in \mathbb{R}^n\}$$

mit der Festsetzung $-\infty = (-\infty, \ldots, -\infty)$. Dann gilt

$$(a, b] \in \sigma(\mathcal{F}) \text{ für alle } a, b \in \mathbb{R}^n, a < b,$$

also gemäß 2.13

$$\sigma(\mathcal{F}) = \mathcal{B}^n.$$

Das vorstehende Lemma liefert damit die Behauptung.

(ii) Betrachte $X = (X_1, \ldots, X_n) : \Omega \to \mathbb{R}^n$. Für $t = (t_1, \ldots, t_n) \in \mathbb{R}^n$ gilt einerseits

$$\{\omega : X(\omega) \leq t\} = \bigcap_{i=1}^{n} \{\omega : X_i(\omega) \leq t_i\},$$

so daß die Meßbarkeit sämtlicher X_i diejenige von X liefert. Andererseits ist für $s \in \mathbb{R}$

$$\{\omega : X_i(\omega) \leq s\} = X^{-1}(\{t = (t_1, \ldots, t_n) : t_i \leq s\}),$$

wobei offensichtlich $\{t = (t_1, \ldots, t_n) : t_i \leq s\} \in \mathcal{B}^n$ vorliegt. Also impliziert die Meßbarkeit von X die Meßbarkeit für alle die X_i.

(iii) Die Intervalle $(-\infty, t]$ sind für $t \in \mathbb{R}^k$ abgeschlossen. Somit sind auch ihre Urbilder $h^{-1}((-\infty, t])$ bezüglich einer stetigen Abbildung $h : \mathbb{R}^n \to \mathbb{R}^k$ abgeschlossen und gehören gemäß 2.14 zur Borelschen σ-Algebra $\mathcal{B}^n$.

□

Wir betrachten nun eine Folge von meßbaren Abbildungen $X_1, X_2, \ldots : \Omega \to \mathbb{R}$. In 7.15 hatten wir gesehen, daß

$$\max_{i=1,\ldots,n} X_i, \ \min_{i=1,\ldots,n} X_i$$

ebenfalls meßbare reelle Abbildungen sind. Betrachten wir nun

$$\sup_{n \in \mathbb{N}} X_n, \ \inf_{n \in \mathbb{N}} X_n$$

so tritt nun das Problem auf, daß diese Abbildungen den Wert $+\infty$, bzw. $-\infty$ annehmen können. Wir haben also das Konzept der Meßbarkeit für Abbildungen

$$X : \Omega \to [-\infty, \infty]$$

einzuführen.

7.20 Definition

Wir bezeichnen

$$\mathcal{B}^* = \sigma(\mathcal{B} \cup \{-\infty\} \cup \{\infty\})$$

als σ-Algebra der Borelschen Mengen auf $[-\infty, \infty]$. Ist $(\Omega, \mathcal{A}, P)$ ein Wahrscheinlichkeitsraum und

$$X : \Omega \to [-\infty, \infty] \text{ meßbar}$$

bezüglich dieser σ-Algebra, so sprechen wir von einer **erweiterten Zufallsgröße**. Jede Zufallsgröße kann somit auch als erweiterte Zufallsgröße aufgefaßt werden. Wir erhalten die 7.19 (i) entsprechende Charakterisierung der Meßbarkeit.

7.21 Lemma

Eine Abbildung $X : \Omega \to [-\infty, \infty]$ *ist meßbar, falls* $\{\omega : X(\omega) \leq t\} \in \mathcal{A}$ *für alle* $t \in \mathbb{R}$ *gilt.*

Beweis:
Sei

$$\mathcal{F} = \{[-\infty, t] : t \in \mathbb{R}\}$$

Dann gilt wie im Beweis von 7.19 (i)

$$\sigma(\mathcal{F}) \supseteq \mathcal{B},$$

ferner

$$\{-\infty\} = \bigcap_{n \in \mathbb{N}} [-\infty, -n] \in \sigma(\mathcal{F}),$$

$$\{\infty\} = (\bigcup_{n \in \mathbb{N}} [-\infty, n])^c \in \sigma(\mathcal{F}).$$

Die Behauptung folgt damit aus Lemma 7.18.

□

Damit können wir die Meßbarkeit von $\sup_{n \in \mathbb{N}} X_n$, $\inf_{n \in \mathbb{N}} X_n$ und verwandten Abbildungen nachweisen.

7.22 Satz

$(\Omega, \mathcal{A})$ *sei ein meßbarer Raum.* $X_1, X_2, \ldots : \Omega \to [-\infty, \infty]$ *seien meßbare Abbildungen. Dann sind*

$$\sup_{n \in \mathbb{N}} X_n, \ \inf_{n \in \mathbb{N}} X_n$$

und

$$\limsup X_n, \ \liminf X_n$$

ebenfalls meßbar.

Beweis:
Es gilt

$$\{\omega : \sup_{n\in\mathbb{N}} X_n \leq t\} = \bigcap_{n\in\mathbb{N}} \{\omega : X_n \leq t\}.$$

Die Meßbarkeit von $\sup_{n\in\mathbb{N}} X_n$ folgt aus 7.21, und wegen

$$\inf_{n\in\mathbb{N}} X_n = -\sup_{n\in\mathbb{N}}(-X_n)$$

erhalten wir daraus die Meßbarkeit von $\inf_{n\in\mathbb{N}} X_n$. Die Darstellungen

$$\limsup X_n = \inf_{n\in\mathbb{N}} \sup_{k\geq n} X_k, \; \liminf X_n = \sup_{n\in\mathbb{N}} \inf_{k\geq n} X_k$$

zeigen dann die Meßbarkeit dieser Abbildungen.

□

Aufgaben

Aufgabe 7.1 Seien X_1, X_2 Zufallsgrößen. Zeigen Sie, daß die folgenden Mengen meßbar sind: $\{X_1 < X_2\}$, $\{X_1 \leq X_2\}$, $\{X_1 = X_2\}$, $\{X_1 \neq X_2\}$.

Aufgabe 7.2 Sei $(\Omega, \mathcal{A})$ ein meßbarer Raum und $X : \Omega \to \mathcal{X}$ eine beliebige Abbildung. Zeigen Sie:

$\mathcal{C} = \{B \subseteq \mathcal{X} : X^{-1}(B) \in \mathcal{A}\}$ ist eine σ-Algebra , und X ist $\mathcal{A}-\mathcal{C}$-meßbar.

Aufgabe 7.3 Sei X eine $R(0,1)$-verteilte Zufallsgröße. Bestimmen Sie die stetige Dichte von X^n, $n = 2, 3, \ldots$, und diskutieren Sie den Grenzübergang $n \to \infty$.

Aufgabe 7.4 Sei F eine Verteilungsfunktion, G die verallgemeinerte Inverse, siehe Aufgabe 6.3. Sei X eine $R(0,1)$-verteilte Zufallsgröße.

Zeigen Sie, daß $G(X)$ die Verteilungsfunktion F besitzt.

Aufgabe 7.5 Sei X eine $N(a, \sigma^2)$-verteilte Zufallsgröße. Bestimmen Sie die Dichte von $cX + d$ für $c, d \in \mathbb{R}$ und, im Falle $a = 0$, die Dichte von X^2.

Aufgabe 7.6 Sei $f : \mathbb{R} \to \mathbb{R}$ eine Abbildung. Zeigen Sie:

(i) Falls f monoton ist, so ist f meßbar.
(ii) Falls $\{x : f \text{ unstetig in } x\}$ abzählbar ist, so ist f meßbar.

Aufgabe 7.7 Sei $f : \mathbb{R} \to \mathbb{R}$ eine beliebige Abbildung.
Zeigen Sie: $\{x : f \text{ unstetig in } x\} \in \mathcal{B}$.

Aufgabe 7.8 Finden Sie ein Beispiel einer überabzählbaren Familie von Zufallsgrößen $X_i, i \in I$, bei der $\sup_{i\in I} X_i$ nicht meßbar ist.

Kapitel 8

Erwartungswerte und Integrale

In etlichen zufallsabhängigen Situationen werden Kenngrößen betrachtet, die beschreiben, wie groß die resultierenden Ergebnisse im zu erwartenden Mittel sind. Spielen wir z.B. Roulette und setzen 100 DM auf die Farbe *Rot*, so erreicht die Kugel mit Wahrscheinlichkeit 18/37 ein rotes Feld, mit Wahrscheinlichkeit 19/37 jedoch ein schwarzes Feld oder Zero, so daß wir mit Wahrscheinlichkeit 18/37 den Gewinn von 100 DM erzielen, allerdings mit Wahrscheinlichkeit 19/37 den Verlust dieses Betrags erleiden. Die mittlere Auszahlung ergibt sich dann als $100 \cdot 18/37 - 100 \cdot 19/37 = -100/37$, so daß wir pro solchem Spiel einem erwarteten Verlust von 100/37 entgegegensehen, der für das Casino natürlich erwarteter Gewinn ist.

In diesem Kapitel untersuchen wir die Problemstellung, wie wir allgemein einer Zufallsgröße in unserem mathematischen Modell eine solche Kenngröße zuordnen können, die die intuitive Vorstellung des im Mittel zu erwartenden Ergebnisses umsetzt.

8.1 Binäres Suchen

Wir analysieren einen einfachen Suchalgorithmus, das binäre Suchen. Dabei liegen

$$2^n - 1 \text{ geordnete Schlüsselelemente } a_1, \ldots, a_{2^n-1}$$

vor, die eine geordnete Liste $(a_1, \ldots, a_{2^n-1})$ in einer geeigneten Datenstruktur bilden mögen. Es könnte sich hierbei um Namen in lexikographischer Anordnung oder um Telefonnummern handeln. Zu jedem dieser Schlüsselelemente a_i liege ein Datensatz b_i vor. Betrachten wir als Grundraum die Menge $\Omega = \{a_i : i = 1, \ldots, 2^n - 1\}$, so dient ein Suchalgorithmus zur Lösung der folgenden Aufgabe:

Suche zu gegebenem Schlüssel $\omega \in \Omega$ den zugehörigen Datensatz, was zu der Suche nach dem Index i mit $\omega = a_i$ äquivalent ist.

Beim binären Suchen benutzen wir das folgende Aufteilungsverfahren: Eine angeordnete Liste mit einer ungeraden Anzahl von Elementen $(c_1, \ldots, c_{2k+1})$ wird aufgeteilt in die drei Listen

$$(c_{k+1}),\ (c_1, \ldots, c_k),\ (c_{k+2}, \ldots, c_{2k+1}),$$

bestehend aus dem mittleren Element, den Elementen links davon und schließlich aus den Elementen rechts davon.

Im ersten Schritt wenden wir das Aufteilungsverfahren auf die Liste $(a_1, \ldots, a_{2^n-1})$ an und erhalten die drei Listen

$$(a_{2^{n-1}}),\ (a_1, \ldots, a_{2^{n-1}-1}),\ (a_{2^{n-1}+1}, \ldots, a_{2^n-1}).$$

Falls das zu bearbeitende Element ω das mittlere Element der Ausgangsliste ist, so haben wir die Aufgabenstellung im ersten Schritt gelöst und als gesuchten Index $i = 2^{n-1}$ erhalten.

Falls $\omega < a_{2^{n-1}}$ gilt, so fahren wir im zweiten Schritt mit der Liste $(a_1, \ldots, a_{2^{n-1}-1})$ fort und wenden auf diese das Aufteilungsverfahren an.

Falls $\omega > a_{2^{n-1}}$ vorliegt, so benutzen wir in entsprechender Weise die Liste $(a_{2^{n-1}+1}, \ldots, a_{2^n-1})$.

Dieses Vorgehen wird iteriert, bis der gewünschte Index gefunden ist, was spätestens beim Vorliegen einer ein-elementigen Liste der Fall ist.

Zur Untersuchung des Laufzeitverhaltens dieses binären Suchens betrachten wir die Anzahl der Aufteilungsschritte $X(\omega)$ bis zum Auffinden des gesuchten Index. Da die Suche nach spätestens n Schritten zu Ende ist, liegt eine Abbildung

$$X : \Omega \to \{1, \ldots, n\}$$

vor. Man überlegt sich leicht, daß

$$\{\omega : X(\omega) = k\} = \{a_{(2i-1)2^{n-k}} : i = 1, \ldots, 2^{k-1}\}$$

gilt, denn die rechtsstehende Menge beschreibt gerade die mittleren Elemente, die im k-ten Aufteilungsschritt entstehen können.

Wir nehmen nun an, daß jedes $\omega \in \Omega$ mit gleicher Wahrscheinlichkeit auftritt, also die Laplace-Verteilung auf Ω vorliegt. Dann erhalten wir die Verteilung von X durch

$$P(X = k) = \frac{2^{k-1}}{2^n - 1}.$$

Die **mittlere Laufzeit** ist definiert als

$$\sum_{k=1}^{n} kP(X = k) = \sum_{k=1}^{n} \frac{k2^{k-1}}{2^n - 1}.$$

Wir können diese Summe explizit angeben mittels

$$\begin{aligned}
\sum_{k=1}^{n} k2^{k-1} &= \sum_{k=1}^{n}\sum_{i=1}^{k} 2^{k-1} \\
&= \sum_{i=1}^{n}\sum_{k=i}^{n} 2^{k-1} \\
&= \sum_{i=1}^{n}(2^n - 2^{i-1}) \\
&= n2^n - (2^n - 1).
\end{aligned}$$

Damit erhalten wir für die mittlere Laufzeit

$$\sum_{k=1}^{n} kP(X = k) = n\,\frac{2^n}{2^n - 1} - 1,$$

also einen Wert, der sich nur geringfügig von der maximalen Laufzeit n unterscheidet.

Wir haben hier die Summe aus den möglichen Werten von X gewichtet mit den Wahrscheinlichkeiten ihres Auftretens gebildet. Mit dieser Vorgehensweise können wir allgemein einer Zufallsgröße mit endlichem Wertebereich ihren mittleren Wert zuweisen, den wir im weiteren als **Erwartungswert von** X bezeichnen werden.

Die mittlere Laufzeit eines Algorithmus ist somit der Erwartungswert der Schrittzahl bei Annahme der Laplace-Verteilung auf der Menge Ω der vom Algorithmus bearbeiteten Elemente.

8.2 Definition

X sei Zufallsgröße mit endlichem Wertebereich $X(\Omega)$. Dann bezeichnen wir

$$E(X) = \sum_{x \in X(\Omega)} xP(X = x)$$

als Erwartungswert von X.

Falls Ω endlich ist und P durch den stochastischen Vektor $\mathbf{p}$ gegeben ist, so gilt

$$E(X) = \sum_{x \in X(\Omega)} \sum_{\omega, X(\omega)=x} x\mathbf{p}(\omega) = \sum_{\omega \in \Omega} X(\omega)\mathbf{p}(\omega).$$

8.3 Beispiel

Betrachten wir die Qualitätsüberprüfung einer Gruppe von n Produkten, so bildet in der Modellierung von 7.1 die Gesamtzahl X der Produkte, die der Qualitätsanforderung genügen, eine $B(n,p)$-verteilte Zufallsgröße. Die mittlere Anzahl der Produkte von ausreichender Qualität ist dann durch den Erwartungswert von X gegeben und berechnet sich als

$$\begin{aligned} E(X) &= \sum_{k=0}^{n} k \binom{n}{k} p^k (1-p)^{n-k} \\ &= np \sum_{k=1}^{n} \binom{n-1}{k-1} p^{k-1}(1-p)^{n-1-(k-1)} \\ &= np \sum_{k=0}^{n-1} \binom{n-1}{k} p^k (1-p)^{n-1-k} \\ &= np. \end{aligned}$$

8.4 Anmerkung

Bei der Definition des Erwartungswerts einer Zufallsgröße X mit endlichem Wertebereich haben wir eine spezielle Darstellung von X als Linearkombination von Indikatorfunktionen

$$X = \sum_{x \in X(\Omega)} x 1_{\{\omega : X(\omega)=x\}}$$

zugrundegelegt. Natürlich existieren auch andere Darstellungen von X dieser Form

$$X = \sum_{i=1}^{n} \alpha_i 1_{A_i}$$

mit paarweise disjunkten $A_1, \ldots, A_n \in \mathcal{A}$, $\sum_{i=1}^{n} A_i = \Omega$ und $\alpha_1, \ldots, \alpha_n \in \mathbb{R}$, wie schon die Darstellung

$$1_\Omega = 1_A + 1_{A^c}$$

zeigt. Für jede solche Darstellung gilt

$$E(X) = \sum_{i=1}^{n} \alpha_i P(A_i).$$

Beachten wir

$$\{\omega : X(\omega) = x\} = \sum_{i,\alpha_i = x} A_i,$$

so ergibt sich nämlich

$$\begin{aligned} E(X) &= \sum_{x \in \mathcal{X}(\Omega)} x P(\{\omega : X(\omega) = x\}) \\ &= \sum_{x \in \mathcal{X}(\Omega)} x \sum_{i,\alpha_i = x} P(A_i) \\ &= \sum_{x \in \mathcal{X}(\Omega)} \sum_{i,\alpha_i = x} \alpha_i P(A_i) \\ &= \sum_{i=1}^{n} \alpha_i P(A_i). \end{aligned}$$

Dieses können wir benutzen, um einige Rechenregeln für den Umgang mit Erwartungswerten herzuleiten.

8.5 Satz

X, Y seien Zufallsgrößen mit endlichen Wertebereichen. Dann gilt:

$$X \leq Y \textit{ impliziert } E(X) \leq E(Y).$$

$$E(aX + bY) = aE(X) + bE(Y) \textit{ für alle } a, b \in \mathbb{R}.$$

Beweis:
Es sei

$$X = \sum_{i=1}^{n} \alpha_i 1_{A_i}, \; Y = \sum_{j=1}^{m} \beta_j 1_{B_j}$$

mit paarweise disjunkten $A_1, \ldots, A_n \in \mathcal{A}$, $\sum_{i=1}^{n} A_i = \Omega$, $\alpha_1, \ldots, \alpha_n \in \mathbb{R}$ und entsprechend paarweise disjunkten $B_1, \ldots, B_m \in \mathcal{A}$, $\sum_{j=1}^{m} B_j = \Omega$, $\beta_1, \ldots, \beta_m \in \mathbb{R}$. Dann folgt

$$X = \sum_{i,j} \alpha_i 1_{A_i \cap B_j}, \; Y = \sum_{i,j} \beta_j 1_{A_i \cap B_j}.$$

und gemäß 8.4

$$E(X) = \sum_{i,j} \alpha_i P(A_i \cap B_j), \; E(Y) = \sum_{i,j} \beta_j P(A_i \cap B_j).$$

Aus $X \leq Y$ folgt

$$\alpha_i \leq \beta_j, \text{ falls } A_i \cap B_j \neq \emptyset,$$

und damit

$$E(X) \leq E(Y).$$

Für $a, b \in \mathbb{R}$ gilt

$$aX + bY = \sum_{i,j}(a\alpha_i + b\beta_j)1_{A_i \cap B_j}.$$

Mit 8.4 erhalten wir

$$\begin{aligned} E(aX + bY) &= \sum_{i,j}(a\alpha_i + b\beta_j)P(A_i \cap B_j) \\ &= a\sum_{i=1}^{n}\alpha_i P(A_i) + b\sum_{j=1}^{m}\beta_j P(B_j) \\ &= aE(X) + bE(Y). \end{aligned}$$

□

8.6 Beispiel

Wir betrachten die schon in Beispiel 5.10 behandelte Qualitätsüberprüfung einer Sendung von N gleichartigen Produkten, von denen M einer gewissen Qualitätsnorm nicht genügen. Wir entnehmen dieser Sendung eine Stichprobe vom Umfang n und registrieren die zufällige Anzahl X der ungenügenden Produkte.

In 5.10 haben wir gesehen, daß X eine hypergeometrische Verteilung besitzt mit

$$P(X = k) = \frac{\binom{M}{k}\binom{N-M}{n-k}}{\binom{N}{n}}.$$

Der Erwartungswert von X ergibt sich damit als

$$E(X) = \sum_{k=0}^{n} k \frac{\binom{M}{k}\binom{N-M}{n-k}}{\binom{N}{n}}.$$

Es ist hier nicht schwierig, diese Summe geeignet zu vereinfachen und zu berechnen. Die folgende Überlegung liefert eine alternative Vorgehensweise, um den expliziten Wert zu ermitteln.

Zur wahrscheinlichkeitstheoretischen Modellierung benutzen wir eine fiktive Numerierung der N Produkte, bei der die ungenügenden Produkte die Nummern $1, \ldots, M$ tragen mögen. Wir erheben die Stichprobe durch sukzessives Ziehen ohne Zurücklegen und erhalten damit ein Tupel $(\omega_1, \ldots, \omega_n)$, wobei ω_i die fiktive Nummer des i-ten entnommenen Produkts ist. Als Stichprobenraum ergibt sich damit

$$\Omega = \{\omega = (\omega_1, \ldots, \omega_n) : \omega_i \in \{1, \ldots, N\}, \omega_i \neq \omega_j \text{ für } i \neq j\}.$$

Wir machen nun die Annahme, daß jeder Stichprobe gleiche Wahrscheinlichkeit zukommt, betrachten damit die Laplace-Verteilung auf Ω. Dazu beachten wir

$$| \Omega | = N(N-1) \cdots (N-(n-1)).$$

Es sei nun $X_i = 1$, bzw. $= 0$, falls das i–te gezogene Stück ungenügend, bzw. genügend ist, also

$$X_i = 1_{\{\omega: \omega_i \leq M\}}.$$

Es gilt dabei

$$| \{\omega : \omega_i \leq M\} | = M(N-1)(N-2) \cdots (N-1-(n-2)),$$

denn das i-te gezogene Produkt hat eine der Nummern $1, \ldots, M$ und die übrigen Nummern $N-1$ können bei den $n-1$ verbleibenden Ziehungen auftreten. Wir erhalten damit

$$P(X_i = 1) = P(\{\omega : \omega_i \leq M\}) = M/N,$$

und

$$E(X_i) = 1 \cdot P(X_i = 1) + 0 \cdot P(X_i = 0) = M/N.$$

Die Gesamtzahl X der ungenügenden Produkte in der Stichprobe ergibt sich als

$$X = \sum_{i=1}^{n} X_i.$$

Mit 8.5 erhalten wir

$$E(X) = \sum_{i=1}^{n} E(X_i) = nM/N.$$

Beim Entnehmen mit Zurücklegen besitzt gemäß 5.10 die Anzahl der ungenügenden Stücke eine $B(n, M/N)$-Verteilung und somit ebenfalls den Erwartungswert nM/N. Obwohl wir unterschiedliche Verteilungen beim Entnehmen ohne und mit Zurücklegen vorliegen haben, ergibt sich in beiden Fällen derselbe Erwartungswert.

Natürlich wollen wir den Erwartungswert als mittleren Wert auch für Zufallsgrößen einführen, die unendlich viele Werte annehmen. Wird z.B. die Lebensdauer X einer technischen Komponente durch eine exponentialverteilte Zufallsgröße beschrieben, so interessieren wir uns für die mittlere Lebensdauer dieser Komponente als eine wichtige Kenngröße für ihre Zuverlässigkeit. Wir definieren den Erwartungswert einer solchen Zufallsgröße X mit stetiger Dichte f in Analogie zum diskreten Fall, indem wir den Wahrscheinlichkeitsvektor durch die Dichte und die Summation durch die Integration ersetzen.

8.7 Definition

X sei Zufallsgröße mit stetiger Dichte f. Dann bezeichnen wir

$$E(X) = \int_{-\infty}^{+\infty} x f(x) dx$$

als Erwartungswert von X, vorausgesetzt die Existenz obigen Integrals.

8.8 Beispiele

(*i*) X sei eine $R(a,b)$-verteilte Zufallsgröße. Es liegt damit die Dichte

$$f = \frac{1}{b-a} 1_{(a,b)}$$

vor. Für den Erwartungswert ergibt sich

$$E(X) = \int x f(x) dx = \frac{1}{b-a} \int_a^b x dx = \frac{a+b}{2}.$$

(*ii*) X sei eine $N(a,\sigma^2)$-verteilte Zufallsgröße, also mit Dichte

$$f(x) = \frac{1}{\sqrt{2\pi\sigma^2}} e^{-\frac{(x-a)^2}{2\sigma^2}} \text{ für } x \in \mathbb{R}.$$

Es folgt

$$E(X) = \int x f(x) dx = \int_{-\infty}^{+\infty} (x+a) \frac{1}{\sqrt{2\pi\sigma^2}} e^{-\frac{x^2}{2\sigma^2}} dx = a,$$

denn es ist

$$\int_{-\infty}^{+\infty} x \frac{1}{\sqrt{2\pi\sigma^2}} e^{-\frac{x^2}{2\sigma^2}} dx = 0, \int_{-\infty}^{+\infty} a \frac{1}{\sqrt{2\pi\sigma^2}} e^{-\frac{x^2}{2\sigma^2}} dx = a.$$

(iii) X sei eine $Exp(\beta)$-verteilte Zufallsgröße, so daß die Dichte

$$f(x) = \beta e^{-\beta x} 1_{(0,\infty)}(x) \text{ für } x \in \mathbb{R}$$

vorliegt. Als Erwartungswert erhalten wir

$$E(X) = \int x f(x) dx = \int_0^{+\infty} x \beta e^{-\beta x} dx = \frac{1}{\beta}.$$

8.9 Ein unerwartetes Teilungsverhältnis

Eine Strecke der Länge l werde zufällig in zwei Teile zerlegt, wobei X den Teilungspunkt bezeichne. Wir nehmen an, daß

$$X\ R(0,l)-\text{verteilt}$$

ist. Wir betrachten nun

$$U = \min\{X, l-X\},\ W = \max\{X, l-X\},\ V = \frac{W}{U},$$

wobei U die Länge des kürzeren Teils, W die des längeren Teils und V das resultierende Teilungsverhältnis zwischen längerem und kürzerem Teil bezeichnet. Es sollen nun die Erwartungswerte dieser Zufallsgrößen berechnet werden. Wir beginnen mit U und W. Für $0 < t < l/2$ gilt

$$P(U \le t) = P(X \le t) + P(X \ge l - t) = \frac{t}{l} + 1 - \frac{l-t}{l} = \frac{t}{l/2},$$

so daß

$$U\ R(0, l/2)-\text{verteilt ist mit } EU = \frac{l}{4}.$$

Entsprechend erhalten wir, daß

$$W\ R(l/2, l)-\text{verteilt ist mit } EW = \frac{3l}{4}.$$

Offensichtlich gilt $V \ge 1$, und für $t \ge 1$ ergibt sich

$$\begin{aligned}
P(V \le t) &= P(V \le t, 0 < X \le \tfrac{l}{2}) + P(V \le t, \tfrac{l}{2} < X < l) \\
&= P(\frac{l-X}{X} \le t, 0 < X \le \frac{l}{2}) + P(\frac{X}{l-X} \le t, \frac{l}{2} < X < l) \\
&= P(X \ge \frac{l}{1+t}, 0 < X \le \frac{l}{2}) + P(X \le \frac{lt}{1+t}, \frac{l}{2} < X < l) \\
&= \frac{1}{l}(\frac{l}{2} - \frac{l}{1+t}) + \frac{1}{l}(\frac{lt}{1+t} - \frac{l}{2}) \\
&= \frac{t-1}{1+t}.
\end{aligned}$$

V besitzt also die Verteilungsfunktion

$$F(t) = 0 \text{ für } t \leq 1, \; F(t) = \frac{t-1}{1+t} \text{ für } t > 1.$$

Durch Ableiten erhalten wir die Dichte

$$f(x) = 0 \text{ für } x \leq 1, f(x) = \frac{2}{(1+x)^2} \text{ für } x \geq 1.$$

Es folgt damit

$$E(V) = \int x f(x) dx = \int_1^{+\infty} \frac{2x}{(1+x)^2} dx = \infty.$$

Wir haben damit eine Zufallsgröße kennengelernt, deren Erwartungswert ∞ ist. Beträchtlich ist der Unterschied von

$$E(\frac{W}{U}) = \infty \text{ und } \frac{E(W)}{E(U)} = 3.$$

Wir haben den Erwartungswert für diskrete Zufallsgrößen und für solche mit stetiger Dichte auf unterschiedlich erscheinende Weise eingeführt. Daß es sich dabei tatsächlich nur um verschiedene Aspekte eines zugrundeliegenden einheitlichen Begriffs handelt, zeigt die sich nun anschließende allgemeine Einführung des Erwartungswerts.

Da wir gemäß 7.4 jede Zufallsgröße $X \geq 0$ als Supremum einer aufsteigenden Folge von Elementarfunktionen, also von Zufallsgrößen mit endlich vielen Werten darstellen können, ist die folgende Definition recht plausibel:

8.10 Definition

X sei eine Zufallsgröße, $X \geq 0$. Wir definieren den Erwartungswert von X als

$$E(X) = \sup\{E(Y) : Y \leq X, \; Y(\Omega) \textit{ endlich }\}.$$

Besitzt X einen endlichen Wertebereich $X(\Omega)$, so besteht offensichtlich Übereinstimmung mit der in 8.2 eingeführten Begriffsbildung.

Eine allgemeine Zufallsgröße können wir in ihren **Positivteil** X^+ und ihren **Negativteil** X^- zerlegen,

$$X = X^+ - X^-$$

mit

$$X^+ = \max\{X, 0\}, \; X^- = \max\{-X, 0\}.$$

Damit können wir die Definition des Erwartungswerts auf allgemeine Zufallsgrößen ausdehnen.

8.11 Definition

X sei eine Zufallsgröße. Falls $E(X^+) < \infty$ oder $E(X^-) < \infty$ vorliegt, so bezeichnen wir X als **regulär** *und definieren*

$$E(X) = E(X^+) - E(X^-).$$

Falls $E(X^+) < \infty$ und $E(X^-) < \infty$ gilt, so bezeichnen wir X als **integrierbar**.

Jede Zufallsgröße $X \geq 0$ ist somit regulär, jedoch nicht notwendig integrierbar, da $E(X) = \infty$ möglich ist, und ebenso ist natürlich jede Zufallsgröße $X \leq 0$ regulär.

Die Aussagen aus Satz 8.5 lassen sich nun auf den allgemeinen Erwartungswertbegriff übertragen.

8.12 Satz

X, Y seien reguläre Zufallsgrößen. Dann gilt:

$$X \leq Y \text{ impliziert } E(X) \leq E(Y).$$

Beweis:
Aus $X \leq Y$ folgt

$$X^+ \leq Y^+ \text{ und } X^- \geq Y^-,$$

also

$$\begin{aligned} E(X^+) &= \sup\{E(Y) : Y \leq X^+, \, Y(\Omega) \text{ endlich } \} \\ &\leq \sup\{E(Y) : Y \leq Y^+, \, Y(\Omega) \text{ endlich } \} = E(Y^+). \end{aligned}$$

Entsprechend folgt

$$E(X^-) \geq E(Y^-),$$

woraus wir die behauptete Ungleichung erhalten.

□

Von sehr großer Bedeutung ist die Tatsache, daß die Erwartungswertbildung linear ist.

8.13 Satz

X, Y seien reguläre Zufallsgrößen. Ferner sei für $a, b \in \mathbb{R}$ die Summe $aE(X) + bE(Y)$ definiert, d.h. es tritt nicht $+\infty + (-\infty)$ oder $-\infty + \infty$ auf. Dann ist $aX + bY$ regulär mit

$$E(aX + bY) = aE(X) + bE(Y).$$

Den Beweis dieser Aussage werden wir in den Vertiefungen führen.

Wir können nun weitere oft benutzte Aussagen ableiten.

8.14 Folgerungen

(i) X sei eine reguläre Zufallsgröße. Dann gilt:

$$|E(X)| \leq E(|X|).$$

X ist integrierbar genau dann, wenn $E(|X|) < \infty$ gilt.

(ii) X, Y seien integrierbare Zufallsgrößen, $a, b \in \mathbb{R}$. Dann ist $aX + bY$ integrierbar, und es gilt

$$E(aX + bY) = aE(X) + bE(Y).$$

Beweis:
Wir betrachten zunächst (i).

$$-|X| \leq X \leq |X| \text{ impliziert } -E(|X|) \leq E(X) \leq E(|X|).$$

Weiter gilt

$$|X| = X^+ + X^-, \text{ also } E(|X|) = E(X^+) + E(X^-).$$

Die Integrierbarkeit von X ist also äquivalent zur Gültigkeit von

$$E(|X|) < \infty.$$

Zum Nachweis von (ii) benutzen wir die Ungleichung

$$|aX + bY| \leq |a||X| + |b||Y|.$$

Aus ihr folgt

$$E(|aX + bY|) \leq |a|E(|X|) + |b|E(|Y|),$$

also mit (i) die gewünschte Integrierbarkeit, und dann mit Satz 8.13 die Gleichheit $E(aX + bY) = aE(X) + bE(Y)$.

□

Eine wichtige Eigenschaft der Erwartungswertbildung ist, daß sie mit der Grenzwertbildung unter recht schwachen Voraussetzungen vertauscht werden kann.

8.15 Satz

$X, X_1, X_2, \ldots$ seien Zufallsgrößen. Es sei

$$X = \lim_{n\to\infty} X_n.$$

Falls

$$(i)\ 0 \leq X_1 \leq X_2 \leq \ldots$$

vorliegt oder

(ii) eine integrierbare Zufallsgröße Y existiert mit der Eigenschaft $\sup_{n\in\mathbb{N}} |X_n| \leq Y$,

so folgt

$$E(X) = \lim_{n\to\infty} E(X_n).$$

Den Beweis dieses Satzes werden wir in den Vertiefungen durchführen.

Angemerkt sei, daß der erste Teil als **Satz von der monotonen Konvergenz**, der zweite Teil als **Satz von der dominierten Konvergenz** bekannt sind.

8.16 Korollar

X sei reguläre Zufallsgröße. $A_1, A_2, \ldots$ seien paarweise disjunkte Ereignisse. Dann gilt:

$$E(X \sum_{n\in\mathbb{N}} 1_{A_n}) = \sum_{n\in\mathbb{N}} E(X 1_{A_n}).$$

Beweis:

Es genügt, die Behauptung für $X \geq 0$ zu beweisen. Dann folgt mit 8.13 und 8.15

$$\begin{aligned} E(X \sum_{n\in\mathbb{N}} 1_{A_n}) &= \lim_{k\to\infty} E(X \sum_{n=1}^{k} 1_{A_n}) \\ &= \lim_{k\to\infty} \sum_{n=1}^{k} E(X 1_{A_n}) \\ &= \sum_{n\in\mathbb{N}} E(X 1_{A_n}). \end{aligned}$$

□

Wir wollen nun das bei der Bildung des Erwartungswerts auftretende Wahrscheinlichkeitsmaß durch ein allgemeines Maß μ auf einem zugrundegelegten meßbaren Raum $(\Omega, \mathcal{A})$ ersetzen. Die resultierende Begriffsbildung werden wir als **Integral** bezüglich μ bezeichnen.

8.17 Definition

$X : \Omega \to \mathbb{R}$ sei meßbare Abbildung mit endlichem Wertebereich $X(\Omega)$. Es sei $X \geq 0$. Dann bezeichnen wir

$$\int X d\mu = \sum_{x \in \mathcal{X}(\Omega)} x\mu(\{\omega : X(\omega) = x\})$$

als Integral von X bezüglich μ.

Zu beachten sind dabei die Festsetzungen

$$0 \cdot \infty = 0, \ \infty \cdot 0 = 0,$$

ferner die Beschränkung auf $X \geq 0$, da ansonsten die Summe durch das Auftreten von unendlich großen Werten mit unterschiedlichen Vorzeichen undefiniert sein könnte. Die Erweiterung wird nun wie bei der Bildung des Erwartungswerts durchgeführt.

8.18 Definition

$X : \Omega \to \mathbb{R}$ sei meßbare Abbildung, $X \geq 0$. Wir definieren das Integral von X bezüglich μ als

$$\int X d\mu = \sup\{\int Y d\mu : 0 \leq Y \leq X, \, Y(\Omega) \text{ endlich } \}.$$

Sei nun $X : \Omega \to \mathbb{R}$ eine allgemeine meßbare Abbildung. Falls $\int X^+ d\mu < \infty$ oder $\int X^- d\mu < \infty$ vorliegt, so bezeichnen wir X als **regulär** *und definieren*

$$\int X d\mu = \int X^+ d\mu - \int X^- d\mu.$$

Falls $\int X^+ d\mu < \infty$ und $\int X^- d\mu < \infty$ gilt, so bezeichnen wir X als **integrierbar**.

Die Monotonieeigenschaft

$$X \leq Y \text{ impliziert } \int X d\mu \leq \int Y d\mu$$

ergibt sich wie im Fall der Erwartungswertbildung. Die Linearität

$$\int (aX + bY)d\mu = a\int X d\mu + b\int Y d\mu$$

werden wir in den Vertiefungen nachweisen. Die sich anschließenden Folgerungen entsprechen den in 8.14 formulierten Aussagen bei der Erwartungswertbildung.

Weiterhin übertragen sich der Satz von der monotonen Konvergenz und der Satz von der majorisierten Konvergenz, sowie das Korollar 8.16.

8.19 Schreibweisen

Ist X regulär, so gilt dies offensichtlich auch für $X1_A$, wobei 1_A die Indikatorfunktion einer meßbaren Teilmenge ist. Wir setzen dann

$$\int_A X d\mu = \int X1_A d\mu, \text{ insbesondere } \int_\Omega X d\mu = \int X d\mu.$$

Ist $\mu = P$ ein Wahrscheinlichkeitsmaß, so haben wir die alternativen Bezeichnungsweisen

$$E(X) = \int X dP = \int_\Omega X dP, \text{ bzw. } E(X1_A) = \int_A X dP.$$

Zur Verdeutlichung werden wir insbesondere die letztere Schreibweise benutzen. Als Illustration betrachten wir die Aussage 8.16, die sich als

$$\int_{\sum_n A_n} X dP = \sum_n \int_{A_n} X dP$$

schreiben läßt. Bisweilen ist es nützlich, die Integrationsvariable explizit anzugeben in der Form

$$\int X d\mu = \int X(\omega)\,\mu(d\omega), \text{ bzw. } \int X dP = \int X(\omega)\,P(d\omega).$$

8.20 Integration für das Lebesguesche Maß

Als besonders wichtigen Fall betrachten wir die Integration für das Lebesguesche Maß λ. Ist $g : \mathbb{R} \to \mathbb{R}$ meßbar, so benutzen wir die Schreibweise

$$\int g(x)dx \text{ für } \int g d\lambda,$$

entsprechend

$$\int_A g(x)dx \text{ für } \int_A g d\lambda.$$

Das Lebesgue-Integral, also das Integral bezüglich des Lebesgueschen Maßes läßt sich, falls Riemann-Integrierbarkeit im üblichen Sinn der Differential- und Integralrechnung vorliegt, als Integral im wohlbekannten Riemannschen Sinne, insbesondere damit als Stammfunktion berechnen.

Zur exakten Formulierung dieser Tatsache dient die folgende Aussage, deren Beweis in den Vertiefungen durchgeführt werden wird:

$g : \mathbb{R} \to \mathbb{R}$ sei meßbar. Seien $a, b \in \mathbb{R}$, $a < b$ so, daß $g : [a, b] \to \mathbb{R}$ Riemann-integrierbar ist. Dann gilt

$$\int_{[a,b]} g(x)dx = \int_a^b g(x)dx.$$

Hierbei befindet sich links das Lebesgue-Integral, rechts das Riemann-Integral.

Ist g regulär für das Lebesguesche Maß und Riemann-integrierbar auf jedem endlichen Intervall $[a, b]$, so folgt durch Grenzübergang

$$\int_{\mathbb{R}} g(x)dx = \int_{-\infty}^{+\infty} g(x)dx.$$

Die entsprechenden Überlegungen gelten für das n-dimensionale Lebesguesche Maß λ^n, wobei wir für $g : \mathbb{R}^n \to \mathbb{R}$ die Schreibweisen

$$\int g(x_1, \ldots, x_n)dx_1 \ldots dx_n$$

benutzen.

Wir betrachten nun eine Situation gemäß 7.5, in der ein Wahrscheinlichkeitsraum $(\Omega, \mathcal{A}, P)$, ein weiterer meßbarer Raum $(\mathcal{X}, \mathcal{C})$ und eine Zufallsvariable

$$X : \Omega \to \mathcal{X}$$

mit Verteilung P^X vorliegen. Ist nun $g : \mathcal{X} \to \mathbb{R}$ eine meßbare Abbildung, so liefert uns die Bildung

$$g(X) : \Omega \to \mathbb{R}$$

eine Zufallsgröße. In der konkreten stochastischen Modellierung wird in der Regel der zugrundeliegende Wahrscheinlichkeitsraum nicht explizit angegeben, sondern nur die Verteilung P^X von X spezifiziert.

Es stellt sich die Frage, wie der Erwartungswert

$$E(g(X)) = \int g(X)dP$$

ohne Spezifizierung von P, nur unter Kenntnis von P^X berechnet werden kann. Der folgende Satz beantwort diese Frage.

8.21 Satz

$X : \Omega \to \mathcal{X}$ sei Zufallsvariable, $g : \mathcal{X} \to \mathbb{R}$ sei meßbar. Dann ist $g(X)$ regulär bzgl. P genau dann, wenn g regulär bzgl. P^X ist, und es gilt dann

$$E(g(X)) = \int g dP^X.$$

Beweis:
Die Gültigkeit von

$$g(X)^+ = g^+(X), g(X)^- = g^-(X)$$

und die Definition des Integrals als Differenz der Integrale über Positiv- und Negativteil zeigen, daß zum Beweis der Behauptung der Nachweis von

$$E(g(X)) = \int g dP^X \text{ für } g \geq 0$$

ausreichend ist.

Für $g = 1_B$ mit meßbarem B gilt

$$1_B(X) = 1_{X^{-1}(B)},$$

also

$$E(1_B(X)) = P(X^{-1}(B)) = P^X(B) = \int 1_B dP^X$$

wie gewünscht. Aus der Linearität des Integrals folgt dann für $g = \sum_{i=1}^n \alpha_i 1_{B_i}$

$$\begin{aligned} E((\sum_{i=1}^n \alpha_i 1_{B_i})(X)) &= \sum_{i=1}^n \alpha_i E(1_{B_i}(X)) \\ &= \sum_{i=1}^n \alpha_i \int 1_{B_i} dP^X \\ &= \int (\sum_{i=1}^n \alpha_i 1_{B_i}) dP^X. \end{aligned}$$

Die gewünschte Aussage liegt also für g mit endlichem Wertebereich vor. Zu allgemeinem meßbaren $g \geq 0$ existiert gemäß 7.4 eine Folge von meßbaren Abbildungen g_i mit endlichem Wertebereich so, daß gilt

$$0 \leq g_1 \leq g_2 \leq \ldots \text{ und } g = \lim_{n\to\infty} g_n.$$

Unter Benutzung des Satzes von der monotonen Konvergenz 8.15 erhalten wir

$$\begin{aligned} E(g(X)) &= E(\lim_{n\to\infty} g_n(X)) = \lim_{n\to\infty} E(g_n(X)) \\ &= \lim_{n\to\infty} \int g_n dP^X = \int \lim_{n\to\infty} g_n dP^X = \int g dP^X. \end{aligned}$$

□

8.22 Anmerkung

Sind $X, Y : \Omega \to \mathcal{X}$ Zufallsvariablen, so bezeichnen wir X und Y als **verteilungsgleich**, falls

$$P^X = P^Y$$

gilt. Wir erhalten also mit 8.21, daß aus der Verteilungsgleichheit die Gleichheit der Erwartungswerte von Zufallsgrößen der Form $g(X)$ und $g(Y)$, also

$$E(g(X)) = E(g(Y))$$

folgt.

Insbesondere liegt Verteilungsgleichheit bei Gültigkeit von $P(X = Y) = 1$ vor. Wir können so z.B. folgern, daß aus $P(X = 0) = 1$ stets $E(X) = 0$ folgt. Dies scheint eine fast selbstverständliche Aussage zu sein, die aber doch einer formalen Begründung bedarf.

In dem vorangegangenen Beweis haben wir eine nützliche Beweismethode für meßbare Abbildungen kennengelernt, die wir nun in ihrer allgemeinen Struktur formulieren.

8.23 Beweisprinzip für meßbare Abbildungen

Betrachtet sei eine Aussage (H), deren Gültigkeit wir für sämtliche meßbare Abbildungen $g : \mathcal{X} \to \mathbb{R}$, $g \geq 0$ nachweisen wollen. Im vorstehenden Satz war dies die Aussage $E(g(X)) = \int g dP^X$.

Wir weisen nach:
(*i*) (H) gilt für sämtliche 1_B.
(*ii*) Gilt (H) für $g_1 \geq 0, g_2 \geq 0$, so folgt die Gültigkeit für $ag_1 + bg_2, a, b \in \mathbb{R}, a, b \geq 0$.
(*iii*) Liegt eine Folge $0 \leq g_1 \leq g_2 \leq \ldots$ vor und ist $g = \lim_{n\to\infty} g_n$, so folgt aus der Gültigkeit von (H) für $g_1, g_2, \ldots$ die Gültigkeit für g.

Nachweis von (*i*) – (*iii*) liefert die Gültigkeit von (H) für sämtliche meßbaren $g \geq 0$, denn (*i*) und (*ii*) erbringen dieses für g mit endlichem Wertebereich, (*iii*) zusammen mit 7.4 erlaubt die Ausweitung auf allgemeines $g \geq 0$.

8.24 Wahrscheinlichkeitsmaße mit Dichten

Betrachtet sei ein Maß μ auf einem meßbaren Raum $(\Omega, \mathcal{A})$. Ist $f : \Omega \to \mathbb{R}$ eine meßbare Abbildung mit den Eigenschaften

$$f \geq 0, \int f d\mu = 1,$$

so wird durch

$$P(A) = \int_A f d\mu \text{ für } A \in \mathcal{A}$$

ein Wahrscheinlichkeitsmaß definiert, siehe 8.16. Dabei bezeichnen wir f als **Dichte** von P bzgl. μ und benutzen die Schreibweise

$$f = \frac{dP}{d\mu}.$$

Unter Benutzung des Beweisprinzips 8.23 folgt dann mit entsprechender Argumentation wie in 8.21

$$\int X dP = \int X f d\mu$$

für jede bzgl. P reguläre Zufallsgröße X. Diese Identität kann auch als **Kürzungsregel**

$$\int X dP = \int X \frac{dP}{d\mu} d\mu$$

geschrieben werden.

Von besonderer Bedeutung sind für uns Wahrscheinlichkeitsmaße mit Dichten bzgl. des Lebesgueschen Maßes λ. Dabei ist $f: \mathbb{R} \to \mathbb{R}$ eine meßbare Abbildung mit den Eigenschaften

$$f \geq 0, \int f(x)dx = 1,$$

und das resultierende Wahrscheinlichkeitsmaß ist gegeben durch

$$P(B) = \int_B f(x)dx \text{ für } B \in \mathcal{B}.$$

Nun haben wir in 6.9 schon Wahrscheinlichkeitsmaße mit stetigen Dichten f kennengelernt, bei denen die Verteilungsfunktion durch

$$F(t) = \int_{-\infty}^{t} f(x)dx$$

gegeben ist. Da das zugehörige Wahrscheinlichkeitsmaß eindeutig durch seine Verteilungsfunktion bestimmt ist, handelt es sich also um das Wahrscheinlichkeitsmaß mit Lebesgue-Dichte f.

Wir erhalten damit folgende Aussage zur Berechnung von Erwartungswerten.

8.25 Satz

X sei Zufallsgröße mit stetiger Dichte f. Dann gilt für jedes bzgl. P^X reguläre $g: \mathbb{R} \to \mathbb{R}$

$$E(g(X)) = \int g(x)f(x)dx.$$

Beweis:
Aus der Voraussetzung folgt, daß die Verteilung P^X die Lebesgue-Dichte f besitzt. Mit 8.21 und 8.24 ergibt sich dann

$$E(g(X)) = \int g dP^X = \int g(x)f(x)dx.$$

□

Wir erhalten damit

$$E(X) = \int xf(x)dx,$$

also die in 8.7 zur Definition benutzte Beziehung als speziellen Fall der allgemeinen Erwartungswertbildung.

8.26 Wahrscheinlichkeitsmaße auf $\mathbb{R}^n$

Wir haben mit der allgemeinen Begriffsbildung der Dichte eine einfache Möglichkeit gefunden, Wahrscheinlichkeitsmaße zu spezifizieren. Angewandt auf den meßbaren Raum $(\mathbb{R}^n, \mathcal{B}^n)$ und das n-dimensionale Lebesguesche Maß λ^n erhalten wir damit Wahrscheinlichkeitsmaße der folgenden Gestalt:

Sei $f : \mathbb{R}^n \to \mathbb{R}$ eine meßbare Abbildung mit den Eigenschaften

$$f \geq 0, \int f(x_1, \ldots, x_n) dx_1 \ldots dx_n = 1.$$

Das resultierende Wahrscheinlichkeitsmaß ist gegeben durch

$$P(B) = \int_B f(x_1, \ldots, x_n) dx_1 \ldots dx_n \text{ für } B \in \mathcal{B}^n.$$

Es ist also

$$f = \frac{dP}{d\lambda^n}.$$

Besitzt f die Eigenschaft, daß auf einem offenen Intervall $I \subseteq \mathbb{R}^n$

$$f \text{ stetig auf } I \text{ und } f = 0 \text{ auf } I^c$$

vorliegt, so bezeichnen wir f als stetige Dichte zu P.

Sei weiter X ein n-dimensionaler Zufallsvektor mit Verteilung P^X. Besitzt P^X eine Dichte bzgl. λ^n, so bezeichnen wir diese als λ^n-Dichte von X und schreiben dafür f^X. Ebenso sprechen wir von einer stetigen Dichte von X und bezeichnen das zugehörige I als Wertebereich von X, vergleiche 7.8.

Neben diskreten Wahrscheinlichkeitsmaßen, die keiner besonderen Behandlung bedürfen, sind als Wahrscheinlichkeitsmaße auf $\mathbb{R}^n$ diejenigen mit stetiger Dichte von herausragender Bedeutung, insbesondere die mehrdimensionalen Normalverteilungen, die wir in 17.15 behandeln werden.

Erwähnt sei, daß ein allgemeiner Zugang zur Spezifizierung von Wahrscheinlichkeitsmaßen auf $\mathbb{R}^n$ mittels des Begriffs der mehrdimensionalen Verteilungsfunktion $F(t_1, \ldots, t_n) = P((-\infty, t_1] \times \ldots \times (-\infty, t_n])$ gewonnen werden kann. In Anbetracht der geringen praktischen Bedeutung verzichten wir auf die Darstellung.

Als Verallgemeinerung von 7.17 erhalten wir folgende Regel zum Transformieren von Dichten.

8.27 Satz

Y sei n-dimensionaler Zufallsvektor mit stetiger Dichte f^Y und Wertebereich I. $g : I \to \mathbb{R}^n$ sei injektiv und stetig differenzierbar mit Funktionaldeterminante $\Delta_g \neq 0$ und $g(I) = J$. Dann ist

$$X = g(Y) \text{ Zufallsvektor mit Wertebereich } J$$

und besitzt die stetige Dichte

$$f^X(x) = f^Y(g^{-1}(x)) / \mid \Delta_g(g^{-1}(x)) \mid \text{ auf } J, \; f^X(x) = 0 \text{ auf } J^c.$$

Dies ist eine Anwendung der Substitutionsregel für mehrdimensionale Riemann-Integrale, und wir verweisen auf die entsprechenden Lehrbücher zur Analysis. Weiter läßt sich die Aussage auf allgemeine λ^n-Dichten verallgemeinern.

Vertiefungen

Wir werden nun den Nachweis einiger Eigenschaften des Integrals und damit auch des Erwartungswerts nachtragen. Dafür sei für das folgende

$$\mu \text{ ein Maß auf einem meßbaren Raum } (\Omega, \mathcal{A}).$$

Ein wichtiges Resultat, als Beweishilfe oft benutzt, ist der Satz von der monotonen Konvergenz.

8.28 Satz

$X, X_1, X_2, \ldots : \Omega \to \mathbb{R}$ seien meßbare Abbildungen. Es gelte

$$X = \lim_{n\to\infty} X_n.$$

Falls

$$0 \leq X_1 \leq X_2 \leq \ldots$$

vorliegt, so folgt

$$\int X d\mu = \lim_{n\to\infty} \int X_n d\mu.$$

Beweis:

Gemäß 8.12, 8.18 gilt

$$0 \leq \int X_1 d\mu \leq \int X_2 d\mu \leq \ldots \leq \int X d\mu,$$

so daß es genügt,

$$\int X d\mu \leq \lim_{n\to\infty} \int X_n d\mu$$

zu zeigen. Die Definition des Integrals besagt, daß die Gültigkeit dieser Ungleichung äquivalent ist zum Vorliegen von

$$\int Y d\mu \leq \lim_{n\to\infty} \int X_n d\mu \text{ für alle } 0 \leq Y \leq X, Y(\Omega) \text{ endlich.}$$

Wir betrachten also

$$0 \leq Y = \sum_{i=1}^{m} \alpha_i 1_{A_i} \leq X$$

mit paarweise disjunkten $A_1, \ldots, A_m \in \mathcal{A}$.

Sei nun

$$z < \int Y d\mu = \sum_{i=1}^{m} \alpha_i \mu(A_i).$$

Wir zeigen

$$z < \lim_{n\to\infty} \int X_n d\mu,$$

woraus dann die Behauptung folgt.

Dazu wählen wir $c > 1$ so, daß für $\beta_i = \alpha_i / c$ gilt

$$z < \sum_{i=1}^{m} \beta_i \mu(A_i).$$

Es ist

$$\lim_{n\to\infty} X_n(\omega) = X(\omega) \geq \alpha_i \text{ für } \omega \in A_i.$$

Definieren wir

$$A_{i,n} = \{\omega : X_n(\omega) \geq \beta_i\} \cap A_i,$$

so ergibt sich für jedes i

$$A_{i,1} \subseteq A_{i,2} \subseteq \ldots \text{ und } \bigcup_{n\in\mathbb{N}} A_{i,n} = A_i$$

und mit 3.4

$$\lim_{n\to\infty} \mu(A_{i,n}) = \mu(A_i).$$

Aus

$$X_n \geq \sum_{i=1}^{m} \beta_i 1_{A_{i,n}}$$

folgt

$$\int X_n d\mu \geq \sum_{i=1}^{m} \beta_i \mu(A_{i,n})$$

und damit die gewünschte Ungleichung

$$\lim_{n\to\infty} \int X_n d\mu \geq \lim_{n\to\infty} \sum_{i=1}^{m} \beta_i \mu(A_{i,n}) = \sum_{i=1}^{m} \beta_i \mu(A_i) > z.$$

□

Wir kommen nun zum bisher noch nicht erbrachten Beweis der Linearität des allgemeinen Integrals.

8.29 Satz

$X, Y : \Omega \to \mathbb{R}$ seien reguläre meßbare Abbildungen. Ferner sei für $a, b \in \mathbb{R}$ die Summe $a \int X d\mu + b \int Y d\mu$ definiert, d.h. es tritt nicht $+\infty + (-\infty)$ oder $-\infty + \infty$ auf. Dann ist $aX + bY$ regulär, und es gilt

$$\int (aX + bY) d\mu = a \int X d\mu + b \int Y d\mu.$$

Beweis:

Der Beweis von Satz 8.5 zeigt, daß die Aussage im Fall von Zufallsgrößen mit endlichen Wertebereichen gilt. Zusammen mit dem vorstehenden Satz von der monotonen Konvergenz zeigt das Beweisprinzip für meßbare Abbildungen 8.23, daß die Aussage unter der Voraussetzung $a, b \geq 0, X, Y \geq 0$ Gültigkeit besitzt.

Zum Nachweis im allgemeinen Fall zeigen wir

$$\int aX d\mu = a \int X d\mu \text{ und } \int (X + Y) d\mu = \int X d\mu + \int Y d\mu,$$

woraus offensichtlich die Behauptung folgt.

Sei ohne Einschränkung $a \geq 0$. Dann gilt

$$\int (aX)^+ d\mu = \int aX^+ d\mu = a \int X^+ d\mu,$$

ebenso

$$\int (aX)^- d\mu = \int aX^- d\mu = a \int X^- d\mu,$$

woraus folgt

$$\int aX d\mu = a \int X d\mu.$$

Sei nun die Summe $\int X d\mu + \int Y d\mu$ definiert, also

$$\int X^+ d\mu + \int Y^+ d\mu < \infty \text{ oder } \int X^- d\mu + \int Y^- d\mu < \infty.$$

Unter Benutzung der Monotonie des Integrals und der Ungleichungen

$$(X+Y)^+ \leq X^+ + Y^+, \ (X+Y)^- \leq X^- + Y^-$$

erhalten wir

$$\int (X+Y)^+ d\mu \leq \int (X^+ + Y^+) d\mu = \int X^+ d\mu + \int Y^+ d\mu < \infty$$

oder

$$\int (X+Y)^- d\mu \leq \int (X^- + Y^-) d\mu = \int X^- d\mu + \int Y^- d\mu < \infty.$$

Damit erhalten wir die Regularität von $(X+Y)$.

Weiter gilt

$$(X+Y)^+ - (X+Y)^- = X + Y = X^+ - X^- + Y^+ - Y^-,$$

somit

$$(X+Y)^+ + X^- + Y^- = (X+Y)^- + X^+ + Y^+.$$

Es liegen hier meßbare Abbildungen ≥ 0 vor, so daß wir schließen können

$$\int (X+Y)^+ d\mu + \int X^- d\mu + \int Y^- d\mu = \int (X+Y)^- d\mu + \int X^+ d\mu + \int Y^+ d\mu.$$

und weiter

$$\int (X+Y)^+ d\mu - \int (X+Y)^- d\mu = \int X^+ d\mu - \int X^- d\mu + \int Y^+ d\mu - \int Y^- d\mu.$$

Dies liefert die Behauptung.

□

Wir kommen nun zu einem weiteren Resultat, das die Vertauschung von Limesbildung und Integration zum Inhalt hat und als Satz von der dominierten Konvergenz bezeichnet wird, vgl. 8.15.

8.30 Satz

$X, X_1, X_2, \ldots : \Omega \to \mathbb{R}$ *seien meßbare Abbildungen. Es gelte*

$$X = \lim_{n\to\infty} X_n.$$

Falls eine integrierbare meßbare Abbildung $Y \geq 0$ existiert mit der Eigenschaft

$$\sup_{n \in \mathbb{N}} |X_n| \leq Y,$$

so folgt

$$\int X d\mu = \lim_{n \to \infty} \int X_n d\mu.$$

Beweis:
Seien

$$U_n = \inf_{k \geq n} X_k, \; V_n = \sup_{k \geq n} X_k$$

für $n \in \mathbb{N}$. Wir können den Satz von der monotonen Konvergenz auf die durch

$$U_n + Y \text{ und } Y - V_n$$

definierten, monoton wachsenden Folgen anwenden und erhalten

$$\int X d\mu = \int \lim_{n \to \infty} U_n d\mu = \lim_{n \to \infty} \int U_n d\mu,$$

$$\int X d\mu = \int \lim_{n \to \infty} V_n d\mu = \lim_{n \to \infty} \int V_n d\mu.$$

Aus der Monotonie des Integrals folgen die Ungleichungen

$$\int U_n d\mu \leq \inf_{k \geq n} \int X_k d\mu, \; \int V_n d\mu \geq \sup_{k \geq n} \int X_k d\mu.$$

Wir können damit schließen

$$\limsup_{n \to \infty} \int X_n d\mu \leq \int X d\mu \leq \liminf_{n \to \infty} \int X_n d\mu,$$

woraus die Behauptung folgt.

□

Wir behandeln schließlich den Zusammenhang von Lebesgue- und Riemann-Integral.

8.31 Satz

$g : \mathbb{R} \to \mathbb{R}$ sei meßbar. Seien $a, b \in \mathbb{R}$, $a < b$ so, daß $g : [a, b] \to \mathbb{R}$ Riemann-integrierbar ist. Dann gilt

$$\int_{[a,b]} g(x) dx = \int_a^b g(x) dx.$$

Hierbei befindet sich links das Lebesgue-Integral, rechts das Riemann-Integral.

Beweis:
Sei $\epsilon > 0$. Gemäß der Definition der Riemann-Integrierbarkeit existieren $a = a_0 < a_1 < \ldots < a_n = b$ so, daß mit den Bezeichnungen

$$m_i = \inf_{a_{i-1} \leq z \leq a_i} g(z), \; M_i = \sup_{a_{i-1} \leq z \leq a_i} g(z)$$

gilt:

$$0 \leq \sum_{i=1}^{n} M_i(a_i - a_{i-1}) - \sum_{i=1}^{n} m_i(a_i - a_{i-1}) \leq \epsilon,$$

$$\sum_{i=1}^{n} m_i(a_i - a_{i-1}) \leq \int_a^b g(x)dx \leq \sum_{i=1}^{n} M_i(a_i - a_{i-1}).$$

Definieren wir

$$g_1 = \sum_{i=1}^{n} m_i 1_{(a_{i-1},a_1)}, \; g_2 = \sum_{i=1}^{n} M_i 1_{[a_{i-1},a_1]},$$

so folgt

$$g_1 \leq g 1_{[a,b]} \leq g_2$$

und

$$\int g_1(x)dx \leq \int_{[a,b]} g(x)dx \leq \int g_2(x)dx.$$

Offensichtlich ist

$$\int g_1(x)dx = \sum_{i=1}^{n} m_i(a_i - a_{i-1}), \; \int g_2(x)dx = \sum_{i=1}^{n} M_i(a_i - a_{i-1}),$$

woraus

$$\left| \int_{[a,b]} g(x)dx - \int_a^b g(x)dx \right| \leq \epsilon$$

folgt. Da dies für beliebiges $\epsilon > 0$ gilt, folgt die behauptete Gleichheit der Integrale.

□

Aufgaben

Aufgabe 8.1 An einem Bierstand bietet ein Bierfachverkäufer seinen aus glasigen Augen dreinschauenden Kunden folgendes Würfelspiel an.

Gib mir 5 Euro, und Du darfst einmal mit zwei Würfeln würfeln. Würfelst du einen Sechser-Pasch, so erhältst Du 5 Becher Bier. Bei einem anderen Pasch bekommst Du 2 Becher Bier. Und bei einer Augensumme größer als 7 einen Becher randvoll mit Bier. Ansonsten gibt's nichts.

Welchen Reingewinn hat dieser Verkäufer im Mittel zu erwarten, wenn er pro Becher 1 Euro Kosten aufbringen muß?

Aufgabe 8.2 Aus einer Gesamtheit von N Kugeln, die mit den Zahlen $1, \ldots, N$ numeriert sind, werden ohne Zurücklegen n Kugeln gezogen. Es bezeichne X die größte dabei gezogene Zahl. Bestimmen Sie die Verteilung von X und zeigen Sie $E(X) = (N+1)n/(n+1)$.

Aufgabe 8.3 Von einer Straßenkreuzung sei bekannt, daß in ihr im Mittel 4 Unfälle pro Monat stattfinden. Modellieren Sie stochastisch und bestimmen Sie im Modell die Wahrscheinlichkeit, daß mehr als 5 Unfälle pro Monat an dieser Kreuzung passieren.

Aufgabe 8.4 Sei für $a \in \mathbb{R}, b > 0$ die Funktion $f = f_{a,b}$ definiert durch $f(x) = b/(\pi(b^2 + (x-a)^2))$, $x \in \mathbb{R}$.

(i) Zeigen Sie, daß f eine Dichte ist. Die zugehörige Verteilung heißt *Cauchy-Verteilung* mit den Parametern a, b.
(ii) Ist X eine Cauchy-verteilte Zufallsgröße, so existiert ihr Erwartungswert nicht.
(iii) Ein Lichtteilchen starte vom Nullpunkt des $\mathbb{R}^2$ geradlinig in den rechten Halbraum $H = \{(x,y) : x > 0\}$, wobei alle Austrittswinkel $\alpha \in (-\frac{\pi}{2}, \frac{\pi}{2})$ gleichwahrscheinlich seien. Von der Geraden $G = \{(x,y) : x = a\}$ werde es im Punkt (a, X) absorbiert. Zeigen Sie, daß X eine Cauchy-Verteilung mit den Parametern a und $b = 0$ besitzt.

Aufgabe 8.5 Der Kurs einer Aktie sei als lognormalverteilt mit Parametern a und σ^2 angenommen. Bestimmen Sie den erwarteten Wert des Kurses.

Aufgabe 8.6 Sei X eine $N(0,1)$-verteilte Zufallsgröße. Bestimmen Sie $E(X^n)$ für $n = 1, 2, \ldots$

Aufgabe 8.7 Sei X eine Zufallsgröße mit Werten in $[0, \infty)$. Zeigen Sie:

(i) $\sum\limits_{n=1}^{\infty} P(X > n) \leq E(X) \leq \sum\limits_{n=0}^{\infty} P(X > n)$.

(ii) $E(X) = \sum\limits_{n=0}^{\infty} P(X > n)$, falls $X(\Omega) \subseteq \{0, 1, 2, \ldots\}$ vorliegt.

Aufgabe 8.8 Geben Sie ein Beispiel einer meßbare Funktion $f : [0,1] \to \mathbb{R}$, die integrierbar bzgl. des Lebesgueschen Maßes, aber nicht Riemann-integrierbar ist.

Aufgabe 8.9 P und Q seien Wahrscheinlichkeitsmaße auf einem meßbaren Raum $(\Omega, \mathcal{A})$. Wir betrachten, siehe Aufgabe 5.7, den Supremumsabstand $d(P,Q) = \sup\{|P(A) - Q(A)| : A \in \mathcal{A}\}$. P, Q mögen die Dichten f, g bzgl. eines Maßes μ besitzen. Zeigen Sie

$$d(P,Q) = \int (f-g)^+ d\mu = \int (f-g)^- d\mu = \frac{1}{2} \int |f-g| d\mu.$$

Kapitel 9

Momente und Ungleichungen

Sei X eine Zufallsgröße. Dann beschreibt $E(X)$ den im Mittel zu erwartenden Wert bei diesem Zufallgeschehen. Nimmt z. B. X die Werte 1 und -1 jeweils mit Wahrscheinlichkeit $1/2$ an, so besitzt X den Erwartungswert 0. Ebenso hat aber ein Y, das die Werte 100 und -100 jeweils mit Wahrscheinlichkeit $1/2$ annimmt, den Erwartungswert 0, und wir haben berechnet, daß auch bei einer $N(0,1)$-verteilten Zufallsgröße der Erwartungswert 0 vorliegt. Der Erwartungswert liefert also nur einen ersten Eindruck des betrachteten zufälligen Geschehens. Wir führen eine weitere als **Varianz** bezeichnete Kenngröße für Zufallsgrößen ein, die die möglichen Abweichungen vom Erwartungswert, also das Streuen um diesen Wert, quantitativ beschreibt.

9.1 Definition

Sei X eine integrierbare Zufallsgröße. Dann wird die **Varianz** *von X definiert durch*

$$Var(X) = E\left[(X - E(X))^2\right] = \int (X - E(X))^2 \, dP$$

$\sqrt{Var(X)}$ wird als **Streuung** *von X bezeichnet.*

Falls X eine stetige Dichte f besitzt, so gilt

$$Var(X) = \int_{-\infty}^{\infty} (x - E(X))^2 f(x) \, dx \, .$$

9.2 Beispiel

X sei $N(a, \sigma^2)$-verteilt. Dann ergibt sich unter Benutzung von partieller Integration

$$Var(X) \;=\; \frac{1}{\sqrt{2\pi\sigma^2}} \int_{-\infty}^{\infty} (x-a)^2 e^{-\frac{(x-a)^2}{2\sigma^2}} \, dx$$

$$
\begin{aligned}
&= \frac{1}{\sqrt{2\pi}} \int_{-\infty}^{\infty} (\sigma y)^2 e^{-\frac{y^2}{2}}\, dy \\
&= \sigma^2 \frac{1}{\sqrt{2\pi}} \int_{-\infty}^{\infty} y^2 e^{-\frac{y^2}{2}}\, dy \\
&= \sigma^2 \frac{1}{\sqrt{2\pi}} (-1) \int_{-\infty}^{\infty} y(-ye^{-\frac{y^2}{2}})\, dy \\
&= \sigma^2 \frac{1}{\sqrt{2\pi}} \int_{-\infty}^{\infty} e^{-\frac{y^2}{2}}\, dy = \sigma^2.
\end{aligned}
$$

σ^2 gibt also die Varianz bei der $N(a, \sigma^2)$-Verteilung an.

Aus der Definition der Varianz ergeben sich nun sofort folgende Eigenschaften:

9.3 Eigenschaften der Varianz

Sei X eine integrierbare Zufallsgröße. Dann gilt:

(i) $Var(aX + b) = a^2 Var(X)$ *für alle* $a, b \in \mathbb{R}$.

(ii) $Var(X) = E((X - a)^2) - (E(X) - a)^2$ *für alle* $a \in \mathbb{R}$.

(iii) $Var(X) = E(X^2) - (E(X))^2$.

(iv) $Var(X) = 0$ *genau dann, wenn* $P(X = E(X)) = 1$ *vorliegt.*

Beweis:
(*i*) Es gilt:

$$
\begin{aligned}
Var(aX + b) &= E\Big[(aX + b - E(aX + b))^2\Big] \\
&= E\Big[(aX + b - (aE(X) + b))^2\Big] \\
&= a^2\Big[E(X - E(X))^2\Big] = a^2 Var(X).
\end{aligned}
$$

(*ii*) Wir berechnen

$$
\begin{aligned}
Var(X) &= E((X - a + a - E(X))^2) \\
&= E((X - a)^2) + 2(a - E(X))(E(X) - a) + (a - E(X))^2 \\
&= E((X - a)^2) - (E(X) - a)^2.
\end{aligned}
$$

(*iii*) Setzen wir in (*ii*) $a = 0$, so erhalten wir (*iii*).

(*iv*) Dies ergibt sich sofort aus der folgenden elementaren Aussage, angewandt auf $(X - E(X))^2$, daß allgemein für eine Zufallsgröße $Z \geq 0$

$$E(Z) = 0 \text{ äquivalent ist zu } P(Z = 0) = 1.$$

Ist nämlich $P(Z = 0) = 1$, so gilt $E(Z) = 0$ gemäß 8.22. Ist $P(Z > 0) > 0$, so existiert $a > 0$ mit der Eigenschaft $P(Z \geq a) > 0$. Es folgt

$$Z \geq a 1_{\{Z \geq a\}}, \text{ also } E(Z) \geq aP(Z \geq a) > 0.$$

□

Die sich anschließende stochastische Ungleichung zeigt, wie man mittels der Varianz die Abweichung vom Erwartungswert abschätzen kann.

9.4 Tschebyschev-Ungleichung

Sei X eine integrierbare Zufallsgröße. Dann gilt für jedes $\epsilon > 0$

$$P(|X - E(X)| \geq \epsilon) \leq \frac{Var(X)}{\epsilon^2}.$$

Beweis:
Es gilt offensichtlich

$$\begin{aligned} |X - E(X)|^2 &\geq |X - E(X)|^2 \, 1_{\{\omega: |X(\omega) - E(X)| \geq \epsilon\}} \\ &\geq \epsilon^2 \, 1_{\{\omega: |X(\omega) - E(X)| \geq \epsilon\}}. \end{aligned}$$

Durch Erwartungswertbildung folgt

$$\begin{aligned} Var(X) &= E(|X - E(X)|^2) \\ &\geq E(\epsilon^2 \, 1_{\{\omega: |X(\omega) - E(X)| \geq \epsilon\}}) \\ &= \epsilon^2 \, P(|X - E(X)| \geq \epsilon). \end{aligned}$$

□

9.5 Definition

Eine Zufallsgröße X wird als quadratintegrierbar bezeichnet, falls gilt

$$E(X^2) < \infty.$$

Offensichtlich ist jede quadratintegrierbare Zufallsgröße integrierbar. Quadratintegrierbarkeit ist also äquivalent zur Endlichkeit der Varianz.

Ein wichtiges Hilfsmittel für die Behandlung von Produkten von Zufallsgrößen wird durch die folgende Ungleichung gegeben.

9.6 Cauchy-Schwarz-Ungleichung

Seien X, Y quadratintegrierbare Zufallsgrößen. Dann ist XY integrierbar, und es gilt

$$E(|XY|) \leq \sqrt{E(X^2)E(Y^2)}.$$

Beweis:
Wir zeigen zunächst, daß $E(|XY|) < \infty$ vorliegt. Es gilt

$$0 \leq (|X| - |Y|)^2 = X^2 - 2|X||Y| + Y^2,$$

also

$$|XY| \leq \frac{1}{2}(X^2 + Y^2),$$

damit

$$E(|XY|) \leq \frac{1}{2}(E(X^2) + E(Y^2)) < \infty.$$

Für jedes $c \in \mathbb{R}$ ergibt sich

$$\begin{aligned}
0 &\leq E(X^2)E((c|X| + |Y|)^2) \\
&= E(X^2)(c^2E(X^2) + 2cE(|XY|) + E(Y^2)) \\
&= E(X^2)E(Y^2) - (E(|XY|))^2 + c^2(E(X^2))^2 + 2cE(X^2)E(|XY|) + (E(|XY|))^2 \\
&= E(X^2)E(Y^2) - (E(|XY|))^2 + (cE(X^2) + E(|XY|))^2.
\end{aligned}$$

Wählen wir nun im Fall $E(X^2) > 0$

$$c = -\frac{E(|XY|)}{E(X^2)},$$

so verschwindet die letzte Klammer und wir erhalten wie gewünscht

$$0 \leq E(X^2)E(Y^2) - (E(|XY|))^2.$$

Falls $E(X^2) = 0$ vorliegt, so folgt $P(X^2 = 0) = 1$, damit auch
$P(XY = 0) = 1$ und $E(|XY|) = 0$, vgl. 9.3 (*iv*). Die Ungleichung ist dann in trivialer Weise erfüllt. □

Wir wollen nun Kenngrößen für die gegenseitige Beeinflussung zweier Zufallsgrößen einführen.

9.7 Kovarianz und Korrelation

X, Y seien quadratintegrierbare Zufallsgrößen. Dann wird die **Kovarianz** *von X und Y definiert durch*

$$Kov(X,Y) = E\left[(X - E(X))(Y - E(Y))\right].$$

Falls $Var(X) > 0$, $Var(Y) > 0$ vorliegt, so wird der **Korrelationskoeffizient** *definiert durch*

$$\rho(X,Y) = \frac{Kov(X,Y)}{\sqrt{Var(X)Var(Y)}}.$$

X, Y werden als **unkorrelliert** *bezeichnet, falls $Kov(X,Y) = 0$ gilt.*

Dies sind Maßzahlen für die Art und den Grad der wechselseitigen Abhängigkeiten von X und Y. $Kov(X,Y) > 0$, bzw. $\rho(X,Y) > 0$ entspricht sich verstärkenden Einflüssen, $Kov(X,Y) < 0$, bzw. $\rho(X,Y) < 0$ entspricht gegenläufigen Einflüssen.

Aus der Cauchy-Schwarz-Ungleichung folgt

$$\begin{aligned} |Kov(X,Y)| &= |E((X - E(X))\,(Y - E(Y)))| \\ &\leq E(|(X - E(X))(Y - E(Y))|) \\ &\leq \sqrt{Var(X)Var(Y)}, \end{aligned}$$

also

$$-1 \leq \rho(X,Y) \leq 1.$$

Der Korrelationskoeffizient ist somit als normierte Maßzahl zu verstehen.

9.8 Anmerkung

Kovarianzen treten bei der Varianzberechnung auf: $X_1, \ldots, X_n$ seien quadratintegrierbare Zufallsgrößen. Dann gilt

$$Var(\sum_{i=1}^{n} X_i) = \sum_{i=1}^{n} Var(X_i) + \sum_{i \neq j} Kov(X_i, X_j),$$

denn

$$\begin{aligned} Var(\sum_{i=1}^{n} X_i) &= E([\sum_{i=1}^{n}(X_i - E(X_i))]^2) \\ &= E(\sum_{i=1}^{n}(X_i - E(X_i))^2 + \sum_{i \neq j}(X_i - E(X_i))(X_j - E(X_j))) \\ &= \sum_{i=1}^{n} Var(X_i) + \sum_{i \neq j} Kov(X_i, X_j). \end{aligned}$$

Sind für $i \neq j$ sämtliche X_i, X_j unkorreliert, so ergibt sich

$$Var(\sum_{i=1}^{n} X_i) = \sum_{i=1}^{n} Var(X_i)$$

Bei Berechnungen ähnlicher aber komplizierterer Art, wie wir sie insbesondere in Kapitel 17 kennenlernen werden, ist es nützlich, Methoden der Vektor- und Matrizenrechnung heranzuziehen. Dazu sind die folgenden Begriffsbildungen nützlich.

9.9 Erwartungswertvektor und Kovarianzmatrix

Seien $X_1, \ldots, X_n$ integrierbare Zufallsgrößen. Sei

$$X = \begin{bmatrix} X_1 \\ \vdots \\ X_n \end{bmatrix}$$

der zugehörige Zufallsvektor, hier geschrieben als Spaltenvektor. Dann bezeichnen wir

$$E(X) = \begin{bmatrix} E(X_1) \\ \vdots \\ E(X_n) \end{bmatrix} \quad \text{als Erwartungswertvektor}$$

und, bei zusätzlicher quadratischer Integrierbarkeit der X_i's, die $n \times n$-Matrix

$$Cov(X) = \left[Kov(X_i, X_j)\right]_{i,j=1,\ldots,n} \quad \text{als Kovarianzmatrix von } X.$$

Entsprechend wird bei einer matrixwertigen Zufallsvariable die Erwartungswertmatrix definiert.

9.10 Rechenregeln

Für einen Zufallsvektor X gemäß vorstehender Definition und eine $p \times n$ Matrix B gilt:

$$E(BX) = B\,E(X) \text{ und } Cov(BX) = B\,Cov(X)\,B^\top.$$

Zum Nachweis der ersten Beziehung wird das Matrizenprodukt BX ausgerechnet und dann die Linearität des Erwartungswerts ausgenutzt. Für die zweite Gleichheit beachten wir zunächst, daß $B^\top$ die transponierte Matrix zu B bezeichnet und daß, unter Benutzung der Transponierten-Schreibweise, gilt

$$Cov(X) = E[(X - E(X))(X - E(X))^\top],$$

damit

$$\begin{aligned} Cov(BX) &= E[(BX - E(BX))(BX - E(BX))^\top] \\ &= BE[(X - E(X))(X - E(X))^\top]B^\top. \end{aligned}$$

Ist insbesondere $B = [b_1, \ldots, b_n]$ eine $1 \times n$-Matrix, so ergibt sich $BX = \sum_{i=1}^n b_i X_i$ und damit

$$Var(\sum_{i=1}^n b_i X_i) = Cov(BX) = B\, Cov(X)\, B^\top = \sum_{i,j} b_i b_j Kov(X_i, X_j)$$

in Verallgemeinerung von 9.8.

Erwartungswert und Varianz besitzen die folgende Minimalitätseigenschaft.

9.11 Satz

X sei eine quadratintegrierbare Zufallsgröße. Dann gilt

$$\inf_{a \in \mathbb{R}} E((X-a)^2) = E((X - E(X))^2) = Var(X).$$

Beweis:
Gemäß 9.3(ii) ergibt sich

$$Var(X) = E((X - E(X))^2) = E((X-a)^2) - (E(X) - a)^2$$

für alle $a \in \mathbb{R}$, damit die Behauptung.

□

Der Korrelationskoeffizient tritt ebenfalls bei einem Minimierungsproblem auf.

9.12 Satz

X, Y seien quadratintegrierbare Zufallsgrößen mit Varianzen > 0. Dann gilt

$$\begin{aligned} \inf_{a,b \in \mathbb{R}} E((X - (aY + b))^2) &= Var(X)(1 - \rho(X,Y)^2) \\ &= E((X - (a^*Y + b^*))^2) \end{aligned}$$

für

$$a^* = \frac{Kov(X,Y)}{Var(Y)},\; b^* = E(X) - a^* E(Y).$$

Beweis:
Wir schreiben

$$(X-(aY+b))^2 = [(X-E(X)) - a(Y-E(Y)) + (E(X)-b-aE(Y))]^2.$$

Erwartungswertbildung ergibt

$$\begin{aligned} E((X-(aY+b))^2) &= Var(X)(1-\rho(X,Y)^2) \\ &+ \left(a\sqrt{Var(Y)} - \frac{Kov(X,Y)}{\sqrt{Var(Y)}}\right)^2 \\ &+ (E(X)-b-aE(Y))^2. \end{aligned}$$

Durch Wahl von $a = a^*, b = b^*$ verschwinden die quadratischen Terme, und es folgt die Behauptung.

□

Dieser Satz zeigt, daß der Korrelationskoeffizient eine Maßzahl für den Grad des Bestehens eines linearen Zusammenhangs zwischen zwei Zufallsgrößen X und Y ist. Insbesondere gilt

$$P(X = a^*Y + b^*) = 1 \text{ im Fall von } \rho(X,Y)^2 = 1$$

mit $a^* > 0$ bei $\rho(X,Y) = 1$, $a^* < 0$ bei $\rho(X,Y) = -1$.

Wir führen zusätzlich zum Erwartungswert eine weitere Kenngröße ein, die zur Beschreibung des mittleren Verhaltens bei einem Zufallsgeschehen dient. Erinnert sei zunächst an die Halbwertszeit bei einem atomaren Zerfall, die wir in 6.19 eingeführt haben. Gibt die Zufallsgröße X den zufälligen Zerfallszeitpunkt an, so wird X als exponentialverteilt angenommen und die Halbwertszeit h definiert als Lösung von $P(X \leq h) = 1/2$. Es gilt dann auch $P(X \geq h) = 1/2$, so daß die Halbwertszeit h als Mittellage in der Gesamtheit aller möglichen Ergebnisse angesehen werden kann. Eine solche Mittellage, im folgenden als **Median** bezeichnet, kann nun allgemein eingeführt werden.

9.13 Definition

X sei eine Zufallsgröße mit Verteilungsfunktion F^X. Der Median von X wird definiert durch

$$med(X) = \inf\{t : F^X(t) \geq \frac{1}{2}\}.$$

Dann gilt

$$P(X \leq med(X)) \geq \frac{1}{2}$$

und

$$P(X \geq med(X)) \geq \frac{1}{2}.$$

Die erste Ungleichung $P(X \leq med(X)) \geq \frac{1}{2}$ folgt aus der rechtsseitigen Stetigkeit von F^X. Die zweite Ungleichung $P(X \geq med(X)) \geq \frac{1}{2}$ kann wie folgt begründet werden:

$$\begin{aligned} P(X \geq med(X)) &= 1 - P(X < med(X)) \\ &= 1 - \lim_{n \to \infty} P(X \leq med(X) - \frac{1}{n}) \geq \frac{1}{2}, \end{aligned}$$

denn für alle n ist gemäß der Definition des Medians $P(X \leq med(X) - \frac{1}{n}) = F^X(med(X) - \frac{1}{n}) < \frac{1}{2}$.

Man beachte, daß die beiden obigen Ungleichungen $med(X)$ nicht eindeutig charakterisieren. Um Eindeutigkeit zu erreichen, haben wir $med(X)$ als die kleinste Zahl eingeführt, die diese beiden Ungleichungen erfüllt.

Auch der Median besitzt eine Minimalitätseigenschaft.

9.14 Satz

X sei eine integrierbare Zufallsgröße. Dann gilt:

$$\inf_{a \in \mathbb{R}} E(|X - a|) = E(|X - med(X)|)$$

Beweis:
Sei $a \in \mathbb{R}$ mit $a > m = med(X)$. Dann gilt:

$$\begin{aligned} & |X - a| - |X - m| \\ = \ & 1_{\{X \geq a\}}(m - a) + 1_{\{X \leq m\}}(a - m) + 1_{\{m < X < a\}}((a - X) - (X - m)) \\ \geq \ & 1_{\{X \geq a\}}(m - a) + 1_{\{X \leq m\}}(a - m) + 1_{\{m < X < a\}}(m - a) \\ = \ & (m - a)1_{\{X > m\}} + (a - m)1_{\{X \leq m\}}. \end{aligned}$$

Erwartungswertbildung liefert:

$$E(|X - a|) - E(|X - m|) \geq (a - m)(P(X \leq m) - P(X > m)) \geq 0.$$

Der Fall $a < m$ wird analog behandelt. □

9.15 Eine Studierendenstatistik

Betrachten wir eine Zahlenfolge $x_1, \ldots, x_n$, so können wir wie in obiger Definition ihren Median m einführen durch

$$m = \min\{x_i : |\{j : x_j \leq x_i\}| \geq \frac{n}{2}\}.$$

Dann gilt $m = med(X)$ für die Zufallsgröße X, die rein zufällig, also jeweils mit Wahrscheinlichkeit $1/n$, einen der Indizes i auswählt und dann den zugehörigen Zahlenwert x_i registriert.

Das arithmetische Mittel dieser Zahlenfolge ist dann ensprechend durch $E(X)$ gegeben.

Bei Examenskandidatinnen und - kandidaten seien nun folgende Studiensemesterzahlen registriert worden:

$$8,9,10,10,13,18,23.$$

Geben wir die 'mittlere' Semesterzahl durch das arithmetische Mittel an, so erhalten wir die Anzahl 13, geben wir sie jedoch durch den Median an, so verringert sie sich um 3 Semester auf 10. Beide Zahlen beschreiben also Studierrealität, können aber, plakativ benutzt, für sehr unterschiedliche Argumentationen herangezogen werden.

Dieses Beispiel wirft die Frage auf, wie groß die Differenz zwischen Erwartungswert und Median werden kann.

9.16 Satz

X sei eine quadratintegrierbare Zufallsgröße. Dann gilt:

$$|E(X) - med(X)| \leq \sqrt{Var(X)}.$$

Beweis:

Wir benutzen im Beweis, angewandt auf $Z = X - E(X)$, daß für integrierbare Zufallsgrößen Z gilt: $|E(Z)| \leq E(|Z|)$, siehe 8.14, und $E(|Z|) \leq \sqrt{E(Z^2)}$, denn mit der Cauchy-Schwarz-Ungleichung ist

$$E(|Z|) = E(|Z|1_\Omega) \leq \sqrt{E(Z^2)E(1_\Omega)} = \sqrt{E(Z^2)}.$$

Damit können wir unter Benutzung der Minimalitätseigenschaft des Medians folgern:

$$\begin{aligned}|E(X) - med(X)| &= |E(X - med(X))| \leq E(|X - med(X)|) \\ &\leq E(|X - E(X)|) \leq \sqrt{E((X - E(X))^2)} \\ &= \sqrt{Var(X)}.\end{aligned}$$

□

Unter Benutzung der gebräuchlichen Bezeichnungen μ, m und σ für Erwartungswert, Median und Streuung können wir diese Ungleichung prägnant schreiben als

$$|\mu - m| \leq \sigma.$$

Mit $g(x) = |x|$, bzw. $g(x) = x^2$ wurde im Beweis benutzt, daß gilt

$$g(E(X)) \leq E(g(X)).$$

Dies läßt sich allgemein auf konvexe Funktionen übertragen und ist Inhalt der folgenden oft benutzten Ungleichung:

9.17 Jensensche Ungleichung

Sei $I \subseteq \mathbb{R}$ ein Intervall. Sei $f : I \to \mathbb{R}$ konvex und $X : \Omega \to I$ integrierbare Zufallsgröße. Dann gilt:
$E(X) \in I$, $f(X)$ ist regulär und

$$f(E(X)) \leq E(f(X)).$$

Beweis:
Aus der Monotonie des Erwartungswerts folgt sofort $E(X) \in I$, wobei im Fall von unendlichen Intervallen die Integrierbarkeit von X heranzuziehen ist.

Sei nun

$$h(x) = f(E(X)) + (x - E(X))f'(E(X))$$

eine Tangente an f durch den Punkt $(E(X), f(E(X)))$. Sollte f dort nicht differenzierbar sein, so benutzen wir die rechtsseitige Ableitung.

Dann gilt

$$h(x) \leq f(x) \text{ für alle } x \in I.$$

Da $h(X)$ integrierbar ist, ergibt sich die Regularität von $f(X)$, denn es ist

$$E(f(X)^-) \leq E(h(X)^-) < \infty.$$

Weiter folgt

$$\begin{aligned} E(f(X)) &\geq E(h(X)) \\ &= E(f(E(X)) + (X - E(X))f'(E(X))) \\ &= f(E(X)) + f'(E(X))E(X - E(X)) \\ &= f(E(X)). \end{aligned}$$

□

Erwartungswert und Varianz gehören - als wichtigste Vertreter - der Gruppe der **Momente** einer Zufallsgröße an.

9.18 Definition

Sei X ein Zufallsgröße. Dann nennen wir - im Falle der Existenz der auftretenden Integrale - für $n \in \mathbb{N}$

- $E(X^n)$ *n-tes Moment,*
- $E(|X|^n)$ *n-tes absolutes Moment,*
- $E((X - E(X))^n)$ *n-tes zentriertes Moment.*

In dieser Terminologie ist $Var(X)$ das zweite zentrierte Moment. Das dritte zentrierte Moment wird als **Schiefe** von X bezeichnet:

9.19 Definition

Sei X eine Zufallsgröße. Die Abbildung

$$\psi_X : \mathbb{R} \to [0, \infty], \quad \psi_X(t) = E(e^{tX}) \text{ für alle } t \in \mathbb{R}$$

wird als **momenterzeugende Funktion** *bezeichnet.*

9.20 Zur Bedeutung der momenterzeugenden Funktion

Die Namensgebung der momenterzeugenden Funktion beruht darauf, daß wir mit ihrer Hilfe die Momente einer Verteilung bestimmen können:

Sei dazu definiert

$$D(\psi_X) = \{t \in \mathbb{R} : \psi_X(t) < \infty\}.$$

Wir werden in den Vertiefungen zeigen, daß für alle t im Innern von $D(\psi_X)$ gilt: ψ_X ist ∞-oft differenzierbar in t mit Ableitungen

$$\psi_X^{(n)}(t) = E(X^n e^{tX}).$$

Liegt insbesondere 0 im Innern von $D(\psi_X)$, so erhalten wir für alle $n \in \mathbb{N}$:

$$E(X^n) = \psi_X^{(n)}(0)$$

9.21 Beispiel

Sei X $Exp(\beta)$-verteilt. Dann gilt

$$\psi_X(t) = \int_0^\infty e^{tx} \beta e^{-\beta x}\, dx = \frac{\beta}{\beta - t} \text{ für } t < \beta.$$

Durch Ableiten ergibt sich dann

$$\begin{aligned} \psi_X^{(n)}(t) &= \frac{n!\,\beta}{(\beta - t)^{n+1}}, \\ E(X^n) &= \psi_X^{(n)}(0) = \frac{n!}{\beta^n}. \end{aligned}$$

Momenterzeugende Funktionen sind, wie wir im folgenden Beispiel sehen werden, sehr gut geeignet, um Rekursionen zu behandeln.

9.22 Das mittlere Laufzeitverhalten eines Algorithmus

Vorliegen mögen ein Tupel ω von n unterschiedliche Zahlen $\omega_1, \ldots, \omega_n$. Der folgende Algorithmus ermittelt das Maximum $m = \max_i \omega_i$ und den zugehörigen Index j:

$j := n; m := \omega_n; k := n - 1;$ [Initialisierung]

$1 : if\ k = 0$ then write (j, m)

else

if $\omega_k \leq m$ then goto 2

else

$j := k; m := \omega_k;$ [Austauschschritt]

$2 : k := k - 1;$

goto 1

Wir werden nun eine Laufzeitanalyse für diesen Algorithmus durchführen, indem wir die mittlere Anzahl der nötigen Austauschschritte bestimmen.

Da für diesen Algorithmus nur die Anordnung, jedoch nicht die absolute Größe der ω_i's von Bedeutung ist, können wir annehmen, daß ω eine Permutation der Zahlen $1, \ldots, n$ ist. Ferner sei jede Eingabe, also jede Permutation, als gleichwahrscheinlich angesehen. Wir betrachten damit als Grundraum

$$\Omega = \{\omega = (\omega_1, \ldots, \omega_n) : \omega \text{ Permutation von } 1, \ldots, n\},$$

versehen mit der Laplaceverteilung. Die Zufallsgröße $X(\omega)$ gebe in Abhängigkeit von der Eingabe die Anzahl der Austauschschritte bis zum Terminieren des Algorithmus an. Offensichtlich kann X Werte zwischen 0 und $n-1$ annehmen.

Unser Ziel ist die Bestimmung des Erwartungswerts von X. Da jedoch X hier durch einen Algorithmus beschrieben wird, ist zunächst eine mathematisch exakte Einführung von X als Abbildung nötig. Wir benutzen einen bzgl. n induktiven Zugang und schreiben dazu im folgenden in Abhängigkeit von der Größe der Eingabe Ω_n für die Menge aller Permutationen vom Umfang n, P_n für die zugehörige Laplaceverteilung, also $P_n(A) = |A|/n!$, und X_n für die uns interessierende Zufallsgröße.

Die folgende induktive Darstellung der X_n ist durch Betrachtung des Algorithmus leicht einzusehen:

$$X_1 = 0, \quad X_n(\omega) = \begin{cases} X_{n-1}(\tilde{\omega}) + 1 & , \text{falls } \omega_1 = n \\ X_{n-1}(\tilde{\omega}) & , \text{falls } \omega_1 \neq n \end{cases}$$

Dabei ist $\tilde{\omega}$ diejenige Permutation von $(1, \ldots, n-1)$, für die für alle $i, j \in \{1, \ldots, n-1\}$

$$\tilde{\omega}_i < \tilde{\omega}_j \text{ äquivalent ist zu } \omega_{i+1} < \omega_{j+1}.$$

Als Beispiel für den Übergang von ω zu $\tilde{\omega}$ sei betrachtet:

$$\begin{array}{cc} (5,3,2,1,4) & (4,3,2,1,5) \\ \downarrow & \downarrow \\ (3,2,1,4) & (3,2,1,4). \end{array}$$

Sei nun

$$p_n(k) = P_n(X_n = k).$$

Offensichtlich gilt

$$p_1(0) = 1, \; p_1(1) = 0.$$

Für $k = 0, \ldots, n-1$ und $n \geq 2$ ergibt sich mit $p_n(n) = 0,\ p_n(-1) = 0$

$$\begin{aligned}
p_n(k) &= P_n(\{\omega : X_n(\omega) = k,\ \omega_1 = n\}) + P_n(\{\omega : X_n(\omega) = k,\ \omega_1 \neq n\}) \\
&= \frac{|\{\omega : X_{n-1}(\tilde{\omega}) = k-1,\ \omega_1 = n\}|}{n!} + \frac{|\{\omega : X_{n-1}(\tilde{\omega}) = k,\ \omega_1 \neq n\}|}{n!} \\
&= \frac{1}{n}\frac{|\{\tilde{\omega} : X_{n-1}(\tilde{\omega}) = k-1\}|}{(n-1)!} + \frac{n-1}{n}\frac{|\{\tilde{\omega} : X_{n-1}(\tilde{\omega}) = k\}|}{(n-1)!} \\
&= \frac{1}{n}P_{n-1}(X_{n-1} = k-1) + \frac{n-1}{n}P_{n-1}(X_{n-1} = k) \\
&= \frac{1}{n}\,p_{n-1}(k-1) + \frac{n-1}{n}\,p_{n-1}(k).
\end{aligned}$$

Wir haben eine Rekursion für die $p_n(k)$ erhalten, die es natürlich erlaubt, diese mit einem Computer sehr schnell zu berechnen.

Um zu expliziten Resultaten zu gelangen, benutzen wir die momenterzeugende Funktion in der Form

$$\varphi_n(z) = \psi_{X_n}(\log(z)),$$

also

$$\varphi_n(z) = E(z^{X_n}) = \sum_{k=0}^{n-1} z^k P(X_n = k) = \sum_{k=0}^{n-1} z^k p_n(k),$$

wobei gilt

$$\varphi_n'(1) = \psi_{X_n}'(0) = E(X_n).$$

Es ist nun $\varphi_1(z) = 1$ und

$$\begin{aligned}
\varphi_n(z) &= \sum_{k=0}^{n-1} z^k p_n(k) \\
&= z\sum_{k=0}^{n-1} z^{k-1}\,\frac{1}{n}\,p_{n-1}(k-1) + \sum_{k=0}^{n-1} z^k \frac{n-1}{n}\,p_{n-1}(k) \\
&= \frac{z}{n}\,\varphi_{n-1}(z) + \frac{n-1}{n}\,\varphi_{n-1}(z) \\
&= \frac{z+n-1}{n}\,\varphi_{n-1}(z).
\end{aligned}$$

Es folgt damit

$$\varphi_n(z) = \frac{(z+n-1)(z+n-2)\cdots(z+1)}{n!},$$

ferner für die Ableitung unter Benutzung der obigen Rekursion

$$\varphi_n'(z) = \frac{1}{n}\,\varphi_{n-1}(z) + \frac{z}{n}\,\varphi_{n-1}'(z) + \frac{n-1}{n}\,\varphi_{n-1}'(z),$$

also

$$\varphi_n'(1) = \frac{1}{n} + \varphi_{n-1}'(1).$$

Mit $\varphi_1'(1) = 0$ ergibt sich

$$E(X_n) = \varphi_n'(1) = \frac{1}{n} + \frac{1}{n-1} + \ldots + \frac{1}{2}.$$

Unter Benutzung von

$$\int_1^n \frac{1}{x+1}\,dx \le \sum_{i=2}^n \frac{1}{i} \le \int_1^n \frac{1}{x}\,dx$$

erhalten wir die asymptotische Äquivalenz

$$E(X_n) \sim \log(n).$$

Wir werden nun einige Anwendungen der in diesem Kapitel behandelten Konzepte in der **Informationstheorie** kennenlernen.

9.23 Wahrscheinlichkeitstheoretische Grundlagen der Informationstheorie

Wir wollen einen formalen Rahmen für die Übertragung einer Zeichenfolge, z.B. eines deutschen Textes, angeben. Diese Zeichen seien Elemente einer endlichen Menge $\mathcal{X}$, die als **Alphabet** bezeichnet wird; so könnte $\mathcal{X} = \{a, b, c, \ldots, z\}$ sein.

X sei Zufallsvariable mit Werten in $\mathcal{X}$, und es sei $p(x) = P(X = x)$ für alle $x \in \mathcal{X}$. X beschreibt dabei das Auftreten der einzelnen Zeichen in einer Zeichenfolge. Es könnte sich dabei um das Vorkommen eines Buchstabens in einem deutschen Text handeln, und die zugehörigen Wahrscheinlichkeiten wären die in Frequenzwörterbüchern angegebenen relativen Häufigkeiten des Auftretens der einzelnen Buchstaben.

Es wird nun ein Maß für die Unbestimmtheit von X eingeführt:

9.24 Definition

Die **Entropie** *von X wird definiert als*

$$H(X) = E(-\log_2(p(X))) = -\sum_{x\in\mathcal{X}} p(x)\log_2(p(x)).$$

Dabei wird $0\log_2(0) = 0$ gesetzt.

Im Falle der Laplaceverteilung, also beim Vorliegen von

$$P(X = x) = \frac{1}{|\mathcal{X}|},$$

gilt

$$H(X) = -\sum_{x \in \mathcal{X}} \frac{1}{|\mathcal{X}|} \log_2(\frac{1}{|\mathcal{X}|}) = \log_2(|\mathcal{X}|).$$

Der folgende Satz entspricht der intuitiven Vorstellung, daß im Fall einer Laplace-Verteilung maximale Unbestimmtheit vorliegt.

9.25 Satz

Für jede Zufallsvariable mit Werten in $\mathcal{X}$ gilt

$$H(X) \leq \log_2(|\mathcal{X}|).$$

Beweis:
Ohne Einschränkung sei $p(x) > 0$ für alle $x \in \mathcal{X}$. Es gilt

$$\begin{aligned}
\log_2(|\mathcal{X}|) - H(X) &= -\sum_{x \in \mathcal{X}} p(x) \log_2(\frac{1}{|\mathcal{X}|}) - (-\sum_{x \in \mathcal{X}} p(x) \log_2(p(x))) \\
&= \sum_{x \in \mathcal{X}} p(x)(-\log_2(\frac{1}{|\mathcal{X}| p(x)})) \\
&\geq -\log_2(\sum_{x \in \mathcal{X}} p(x) \frac{1}{|\mathcal{X}| p(x)}) \\
&= -\log_2(1) = 0.
\end{aligned}$$

Die Jensensche Ungleichung wurde dabei angewandt auf $f = -\log_2$ und die Zufallsvariable $Z = \frac{1}{|\mathcal{X}| p(X)}$.

□

Die Zeichen des Alphabetes sollen über einen Übertragungskanal geschickt werden und zwar als binäre 0-1-Folgen. Dazu wird eine Kodierung $C(x)$ jedes Zeichens x als 0-1-Folge benötigt. Betrachten wir folgendes Beispiel mit $\mathcal{X} = \{a, b, c, d\}$:

$$\begin{aligned}
C(a) &= 0 & \tilde{C}(a) &= 0 \\
C(b) &= 10 & \tilde{C}(b) &= 01 \\
C(c) &= 110 & \tilde{C}(c) &= 010 \\
C(d) &= 111 & \tilde{C}(d) &= 1
\end{aligned}$$

Wir kodieren das Wort *abba*

mittels C :	mittels $\tilde{C}$:
0 1 0 1 0 0	0 0 1 0 1 0
a *b* *b* *a*	*a* ?

Die mit dem Code $\tilde{C}$ erzeugte Binärfolge ist nicht eindeutig dekodierbar, da 01010 aus unterschiedlichen Buchstabenfolgen entstanden sein kann, z.B. auch aus *adada*. Natürlich sind Codes wie C erwünscht, die eindeutig decodierbar sind und zwar so, daß die Decodierung während des Übertragungsvorgangs durchgeführt werden kann und nicht erst nach abgeschlossener Übertragung des gesamten Wortes.

9.26 Definition

Sei $W^n = \{0,1\}^n$ die Menge der Binärworte vom Umfang n, wobei $(\delta_1, \ldots, \delta_n)$ üblicherweise als $\delta_1 \cdots \delta_n$ geschrieben wird. Die Menge aller Binärworte ist definiert als

$$W = \bigcup_{n \in \mathbb{N}} W^n.$$

Ein **Code** *C ist eine Abbildung*

$$C : \mathcal{X} \to W.$$

Für $k \in \mathbb{N}$ wird dann

$$C^k : \mathcal{X}^k \longrightarrow W$$

definiert durch

$$C^k((x_1, \ldots, x_k)) = C(x_1)C(x_2)\cdots C(x_k).$$

Ein Code heißt **eindeutig decodierbar**, *falls C^k für alle $k \in \mathbb{N}$ injektiv ist. Ein Code C heißt* **präfixfrei**, *falls für beliebige $x, x' \in \mathcal{X}$ mit $x \neq x'$ kein $v \in W$ existiert mit der Eigenschaft*

$$C(x) = C(x')v,$$

d.h. kein Codewort ist Präfix eines anderen Codeworts.

Offensichtlich ist jeder präfixfreie Code eindeutig decodierbar. Im obigen Beispiel ist C präfixfrei und $\tilde{C}$ nicht eindeutig decodierbar. Praktisch sind nur präfixfreie Codes von Interesse.

Ein Wort $w \in W^n$ besitzt offenbar die Länge n, kurz $|w| = n$. Einem Code C wird zugeordnet

$$\ell_C : \mathcal{X} \to \mathbb{N}, \; \ell_C(x) = |C(x)|.$$

Zur Untersuchung der Länge von Codes dient die folgende **Ungleichung von Kraft-McMillan.**

9.27 Satz

C sei eindeutig codierbar. Dann gilt

$$\sum_{x\in\mathcal{X}} 2^{-\ell_C(x)} \leq 1.$$

Beweis:
Zu $k \in \mathbb{N}$ betrachten wir

$$\left(\sum_{x\in\mathcal{X}} 2^{-\ell_C(x)}\right)^k.$$

Sei $\ell^* = \max_{x\in\mathcal{X}} \ell_C(x)$. Wir berechnen

$$\begin{aligned}
\left(\sum_{x\in\mathcal{X}} 2^{-\ell_C(x)}\right)^k &= \sum_{(x_1,\ldots,x_k)\in\mathcal{X}^k} 2^{-(\ell_C(x_1)+\cdots+\ell_C(x_k))} \\
&= \sum_{(x_1,\ldots,x_k)\in\mathcal{X}^k} 2^{-\ell_{C^k}((x_1,\ldots,x_k))} = \sum_{m=1}^{k\ell^*} \sum_{\substack{(x_1,\ldots,x_k)\in\mathcal{X}^k,\\ \ell_{C^k}((x_1,\ldots,x_k))=m}} 2^{-m} \\
&\leq \sum_{m=1}^{k\ell^*} |W^m|\, 2^{-m} \\
&= k\ell^*,
\end{aligned}$$

wobei die Injektivität in die Abschätzung

$$|\{(x_1,\ldots,x_k) \in \mathcal{X}^k : \ell_{C^k}((x_1,\ldots,x_k)) = m\}| \leq |W^m|$$

eingegangen ist. Es folgt

$$\sum_{x\in\mathcal{X}} 2^{-\ell_C(x)} \leq (k\,\ell^*)^{\frac{1}{k}} \to 1$$

für $k \to \infty$.

□

Insbesondere gilt diese Ungleichung für präfixfreie Codes. Als Umkehrung kann im Rahmen der Codierungstheorie gezeigt werden: Ist $\ell : \mathcal{X} \to \mathbb{N}$ eine Abbildung, die die Bedingung $\sum_{x\in\mathcal{X}} 2^{-\ell(x)} \leq 1$ erfüllt, dann existiert ein präfixfreier Code mit $\ell_C = \ell$.

9.28 Satz

Für jeden eindeutig decodierbaren Code gilt

$$E(\ell_C(X)) \geq H(X).$$

Beweis:

Wir erhalten durch Anwendung der Jensenschen Ungleichung und der Ungleichung von Kraft-McMillan

$$\begin{aligned} E(l_C(X)) - H(X) &= \sum_{x\in\mathcal{X}} p(x)l_C(x) - (-\sum_{x\in\mathcal{X}} p(x)\log_2(p(x))) \\ &= \sum_{x\in\mathcal{X}} p(x)\log_2(2^{l_C(x)}) + \sum_{x\in\mathcal{X}} p(x)\log_2(p(x)) \\ &= \sum_{x\in\mathcal{X}} p(x)\log_2(2^{l_C(x)}p(x)) \\ &= \sum_{x\in\mathcal{X}} p(x)(-\log_2(2^{-l_C(x)}\frac{1}{p(x)})) \\ &\geq -\log_2(\sum_{x\in\mathcal{X}} p(x)2^{-l_C(x)}\frac{1}{p(x)}) \\ &= -\log_2(\sum_{x\in\mathcal{X}} 2^{-l_C(x)}) \geq 0. \end{aligned}$$

Damit folgt die Behauptung.

□

Dies kann so interpretiert werden, daß die minimal erwartete Anzahl der zum präfixfreien Codieren benötigten Bits die Entropie der Quelle X nicht unterschreiten kann. Setzen wir

$$\Lambda^*(X) = \min_{C \text{ präfixfrei}} E(\ell_C(X)),$$

so liefert der vorstehende Satz

$$\Lambda^*(X) \geq H(X).$$

Betrachten wir die Funktion

$$\ell(x) = \lceil -\log_2(p(x))\rceil$$

die nächstgrößere ganze Zahl zu $-\log_2(p(x))$, so gilt

$$\sum_{x\in\mathcal{X}} 2^{-l(x)} \leq 1.$$

Es folgt aus der im Anschluß an die Ungleichungung von Kraft-McMillan angegebenen Existenzaussage die Existenz eines präfixfreien Codes C^* mit $\ell_{C^*} = \lceil -\log_2(p(x)) \rceil$ und damit

$$E(\ell_{C^*}(X)) \leq H(X) + 1.$$

Wir erhalten insgesamt

$$H(X) \leq \Lambda^*(X) \leq H(X) + 1.$$

Erwähnt sei schließlich, daß der Huffman-Algorithmus einen Code mit minimaler erwarteter Länge liefert.

Vertiefungen

Wir werden in diesen Vertiefungen die Differenzierbarkeitsaussage über momenterzeugende Funktionen nachweisen.

9.29 Satz

Sei X eine Zufallsgröße mit momenterzeugender Funktion ψ_X. Sei $D = D(\psi_X) = \{t : \psi_X(t) < \infty\}$. Sei t_0 innerer Punkt von D. Dann ist ψ_X ∞-oft differenzierbar in t_0 mit Ableitungen

$$\psi_X^{(n)}(t_0) = \int X^n e^{t_0 X} \, dP.$$

Beweis:
Da t_0 innerer Punkt von D ist, existiert $\delta > 0$ mit der Eigenschaft

$$[t_0 - \delta, t_0 + \delta] \subseteq D.$$

Sei $(t_n)_n$ Folge in D mit $t_n \to t_0$, $|t_n - t_0| \leq \delta$. Wir führen einen induktiven Beweis und beginnen mit der ersten Ableitung. Es gilt

$$\begin{aligned} \frac{\psi_X(t_n) - \psi_X(t_0)}{t_n - t_0} &= \int \frac{e^{t_n X} - e^{t_0 X}}{t_n - t_0} \, dP \\ &= \int \frac{e^{(t_n - t_0)X} - 1}{t_n - t_0} e^{t_0 X} \, dP. \end{aligned}$$

Dabei haben wir die Konvergenz

$$\frac{e^{(t_n - t_0)X} - 1}{t_n - t_0} e^{t_0 X} \to X e^{t_0 X},$$

und die gewünschte Darstellung der ersten Ableitung folgt, falls die Vertauschung von Limesbildung und Integration zulässig ist. Wir wollen dazu den Satz von der dominierten Konvergenz 8.15(*ii*) anwenden. Dazu ist abzuschätzen

$$\begin{aligned}\left|\frac{e^{(t_n-t_0)X}-1}{t_n-t_0}\right| &= \left|\frac{\sum_{k=1}^{\infty}\frac{(t_n-t_0)^k X^k}{k!}}{t_n-t_0}\right| \le \sum_{k=1}^{\infty}\frac{|t_n-t_0|^{k-1}|X|^k}{k!}\\ &\le \frac{1}{\delta}\sum_{k=1}^{\infty}\frac{\delta^k|X|^k}{k!} \le \frac{1}{\delta}e^{\delta|X|}\\ &\le \frac{1}{\delta}\left(e^{\delta X}+e^{-\delta X}\right).\end{aligned}$$

Damit folgt

$$\left|\frac{e^{(t_n-t_0)X}-1}{t_n-t_0}e^{t_0X}\right| \le \frac{1}{\delta}(e^{(t_0+\delta)X}+e^{(t_0-\delta)X}).$$

Mit $t_0-\delta,\ t_0+\delta \in D$ ergibt sich die

$$\text{Integrierbarkeit von } \frac{1}{\delta}(e^{(t_0+\delta)X}+e^{(t_0-\delta)X}).$$

Also können wir den Satz über dominierte Konvergenz anwenden und erhalten

$$\frac{\psi_X(t_n)-\psi_X(t_0)}{t_n-t_0} = \int \frac{e^{t_nX}-e^{t_0X}}{t_n-t_0}\,dP \to \int e^{t_0X}X\,dP,$$

damit

$$\psi_X'(t_0) = \int Xe^{t_0X}\,dP.$$

Die allgemeine Aussage folgt nun durch Induktion. Sie möge gelten für ein $m \in \mathbb{N}$. Wir berechnen unter Benutzung dieser Annahme

$$\frac{\psi_X^{(m)}(t_n)-\psi_X^{(m)}(t_0)}{t_n-t_0} = \int X^m e^{t_0X}\frac{e^{(t_n-t_0)X}-1}{t_n-t_0}\,dP,$$

wobei gilt

$$\frac{e^{(t_n-t_0)X}-1}{t_n-t_0}X^m e^{t_0X} \to X^{m+1}e^{t_0X}.$$

Wie im Fall $n=1$ schätzen wir für $|t_n-t_0| \le \delta/2$ mit einer geeigneten von n unabhängigen Konstanten $0<C<\infty$ ab

$$\left|\frac{e^{(t_n-t_0)X}-1}{t_n-t_0}X^m e^{t_0X}\right| \le |X^m|e^{t_0X}\frac{1}{\delta/2}e^{\frac{\delta}{2}\cdot|X|}$$

$$\begin{aligned} &\leq \frac{2C}{\delta} e^{\frac{\delta}{2}|X|} e^{t_0 X} e^{\frac{\delta}{2}|X|} \\ &= \frac{2C}{\delta} e^{\delta|X|} e^{t_0 X} \\ &\leq \frac{2C}{\delta} (e^{(t_0+\delta)X} + e^{(t_0-\delta)X}), \end{aligned}$$

so daß die Aussage dann wie im Fall $m = 1$ folgt. □

Dieser Beweis beinhaltet die typische Argumentation, die benutzt wird, wenn Integration und Differentiation vertauscht werden sollen.

9.30 Korollar

Falls in der vorstehenden Situation 0 *innerer Punkt von* D *ist, so folgt für alle* $n \in \mathbb{N}$

$$EX^n = \psi_X^{(n)}(0).$$

Aufgaben

Aufgabe 9.1 Berechnen Sie die Varianz für binomial- und hypergeometrisch verteilte Zufallsgrößen.

Aufgabe 9.2 Eine Permutation $\omega = (\omega_1, \ldots, \omega_n)$ werde zufällig gemäß der Laplace-Verteilung auf der Menge aller Permutationen erzeugt. X sei die Zufallsvariable, die die Anzahl aller Fixpunkte der gewählten Permutation angibt, d.h. $X = |\{i : \omega_i = i\}|$, siehe Beispiel 3.3.

Bestimmen Sie die Varianz von X.

Aufgabe 9.3 Sei X eine Zufallsgröße mit Werten im endlichen Intervall $[a, b]$. Zeigen Sie $Var(X) \leq (b-a)^2/2$ und daß die Gleichheit dabei äquivalent ist zu $P(X = a) = P(X = b) = 1/2$.

Aufgabe 9.4 Sei X eine Zufallsgröße. Sei $g : [0, \infty) \to [0, \infty)$ monoton wachsend mit $g(x) > 0$ für alle $x > 0$. Zeigen Sie die Markov-Ungleichung

$$P(|X| \geq \epsilon) \leq \frac{E(g(|X|))}{g(\epsilon)} \text{ für alle } \epsilon > 0.$$

Aufgabe 9.5 Sei X eine quadratintegrierbare Zufallsgröße. Sei $\epsilon > 0$. Schätzen Sie $P((X - E(X) + y)^2 \geq (\epsilon + y)^2)$ für reelles y ab und beweisen Sie damit

$$P(X - E(X) \geq \epsilon) \leq \frac{Var(X)}{\epsilon^2 + Var(X)}.$$

Aufgabe 9.6 Sei X eine Zufallsgröße mit $E|X|^q < \infty$. Zeigen Sie für alle $0 < p < q$

$$(E|X|^p)^{\frac{1}{p}} \leq (E|X|^q)^{\frac{1}{q}}.$$

Aufgabe 9.7 Für eine Zufallsgröße X sei definiert $\text{ess sup}\, X = \inf\{t \in \mathbb{R} : P(X > t) = 0\}$. Zeigen Sie für eine Zufallsgröße X mit $\text{ess sup}\, |X| < \infty$:

$P(|X| \leq \text{ess sup}\, |X|) = 1$ und $\lim\limits_{p \to \infty} (E|X|^p)^{\frac{1}{p}} = \text{ess sup}\, |X|$.

Aufgabe 9.8 Sei X eine Zufallsvariable mit endlichem Wertebereich. Sei $Y = g(X)$ eine Funktion von X. Zeigen Sie, daß $H(Y) \leq H(X)$ für die Entropien gilt.

Aufgabe 9.9 Sei X eine Zufallsvariable mit Werten in der Menge $\mathcal{X} = \{1, \ldots, m\}$. Es gelte $P(X = x) > 0$ für alle $x \in \mathcal{X}$, und es sei definiert $\bar{F}(x) = P(X < x) + P(X = x)/2$ und $l(x) = \lfloor -\log_2(P(X = x)) \rfloor + 1$. Zu $x \in \mathcal{X}$ betrachten wir $\bar{F}(x)$ in Dualdarstellung und definieren das Codewort $C(x)$ als die $l(x)$ ersten Nachkommastellen von $\bar{F}(x)$.

(i) Zeigen Sie, daß der so definierte Code präfixfrei ist und daß gilt $El_C(X) \leq H(X) + 2$.

(ii) Es sei $\mathcal{X} = \{1, 2, 3, 4, 5\}$ und $P(X = 1) = P(X = 2) = 0{,}25$, $P(X = 3) = 0{,}2$, $P(X = 4) = P(X = 5) = 0{,}15$. Geben Sie den zugehörigen Code an.

Kapitel 10

Stochastische Unabhängigkeit

Wir haben das wechselseitige stochastische Nichtbeeinflussen zweier Ereignisse A und B durch den Begriff der stochastischen Unabhängigkeit modelliert - also durch das Vorliegen von

$$P(A \cap B) = P(A)P(B).$$

Sind nun A und B Ereignisse der Form

$$A = \{\omega : X_1(\omega) \in C\}, \ B = \{\omega : X_2(\omega) \in D\},$$

und benutzen wir die typische stochastische Notation $\{X_1 \in C, X_2 \in D\}$ für $\{\omega : X_1(\omega) \in C\} \cap \{\omega : X_2(\omega) \in D\}$, so können wir die stochastische Unabhängigkeit dieser Ereignisse schreiben als

$$P(X_1 \in C, X_2 \in D) = P(X_1 \in C)P(X_2 \in D).$$

Falls sämtliche Ereignisse dieser Form stochastisch unabhängig sind, so kennzeichnet dies das wechselseitige stochastische Nichtbeeinflussen von X_1 und X_2, und wir werden dann X_1 und X_2 **stochastisch unabhängig** nennen. Diese Überlegung führt zu der folgenden Definition:

10.1 Definition

$X_1, \ldots, X_n$ seien Zufallsvariablen, $X_i : \Omega \to \mathcal{X}_i$ für $i = 1, \ldots, n$, wobei auf $\mathcal{X}_i$ jeweils die σ-Algebra $\mathcal{C}_i$ vorliegen möge.

$X_1, \ldots, X_n$ werden als stochastisch unabhängig bezeichnet, falls für alle meßbaren $D_i \subseteq \mathcal{X}_i$, $i = 1, \ldots, n$, gilt

$$P(X_1 \in D_1, \ldots, X_n \in D_n) = \prod_{i=1}^{n} P(X_i \in D_i).$$

Zu beachten ist, daß obige Beziehung äquivalent geschrieben werden kann als

$$P(\bigcap_{i=1}^{n} X_i^{-1}(D_i)) = \prod_{i=1}^{n} P(X_i^{-1}(D_i)) \text{ für alle } D_i \in \mathcal{C}_i, i = 1, \ldots, n.$$

Beim Umgang mit stochastisch unabhängigen Zufallsvariablen werden häufig und meist ohne explizite Erwähnung die folgenden Aussagen benutzt:

10.2 Anmerkungen

Es seien $X_1, \ldots, X_n$ stochastisch unabhängige Zufallsvariablen, $X_i : \Omega \to \mathcal{X}_i$ für $i = 1, \ldots, n$.

(i) Sind $h_i : \mathcal{X}_i \to \mathcal{Y}_i$ meßbare Abbildungen für $i = 1, \ldots, n$, so sind

$$h_1(X_1), \ldots, h_n(X_n) \text{ stochastisch unabhängig,}$$

denn es gilt

$$\begin{aligned} & P(h_1(X_1) \in D_1, \ldots, h_n(X_n) \in D_n) \\ = \; & P(X_1 \in h_1^{-1}(D_1), \ldots, X_n \in h_n^{-1}(D_n)) \\ = \; & P(X_1 \in h_1^{-1}(D_1)) \cdots P(X_n \in h_n^{-1}(D_n)) \\ = \; & P(h_1(X_1) \in D_1) \cdots P(h_n(X_n) \in D_n). \end{aligned}$$

(ii) Ferner sind auch $X_{i_1}, \ldots, X_{i_m}$ stochastisch unabhängig für beliebige Teilmengen $J = \{j_1, \ldots, j_m\} \subseteq \{1, \ldots, n\}$. Es gilt nämlich

$$\begin{aligned} P(\bigcap_{j \in J} X_j^{-1}(D_j)) &= P(\bigcap_{j \in J} X_j^{-1}(D_j) \cap \bigcap_{j \in J^c} X_j^{-1}(\mathcal{X}_j)) \\ &= \prod_{j \in J} P(X_j^{-1}(D_j)) \prod_{j \in J^c} P(X_j^{-1}(\mathcal{X}_j)) \\ &= \prod_{j \in J} P(X_j^{-1}(D_j)), \end{aligned}$$

da $\prod_{j \in J^c} P(X_j^{-1}(\mathcal{X}_j)) = 1$ vorliegt.

Besonders einfach ist der Umgang mit stochastisch unabhängigen Zufallsvariablen, falls diese sämtlich diskrete Verteilungen besitzen.

10.3 Stochastische Unabhängigkeit im diskreten Fall

Falls sämtliche $\mathcal{X}_i$ abzählbar sind, so ist die stochastische Unabhängigkeit von $X_1, \ldots, X_n$ äquivalent zur Gültigkeit von

$$P(X_1 = x_1, \ldots, X_n = x_n) = \prod_{i=1}^{n} P(X_i = x_i) \text{ für alle } x_1 \in \mathcal{X}_1, \ldots, x_n \in \mathcal{X}_n .$$

Denn liegt dieses vor, so folgt für beliebige $D_i \subseteq \mathcal{X}_i$, $i = 1, \ldots, n$

$$\begin{aligned} P(X_1 \in D_1, \ldots, X_n \in D_n) &= \sum_{x_1 \in D_1, \ldots, x_n \in D_n} P(X_1 = x_1, \ldots, X_n = x_n) \\ &= \sum_{x_1 \in D_1, \ldots, x_n \in D_n} \prod_{i=1}^{n} P(X_i = x_i) \\ &= \prod_{i=1}^{n} \sum_{x_i \in D_i} P(X_i = x_i) \\ &= \prod_{i=1}^{n} P(X_i \in D_i). \end{aligned}$$

10.4 Beispiel

(i) Betrachten wir die Überprüfung von n gleichartigen Produkten, wobei die 0 für nicht ausreichende Qualität stehe und die 1 dafür, daß der zugrundegelegten Qualitätsnorm genügt wird, so liegt der Ergebnisraum $\Omega = \{0,1\}^n$ vor, und ein Element $\omega = (\omega_1, \ldots, \omega_n) \in \Omega$ beschreibt dann das Überprüfungsergebnis der n Produkte. Wie in 5.5 benutzen wir als zugehöriges Wahrscheinlichkeitsmaß die Bernoulli-Verteilung $Ber(n,p)$. Wir definieren Zufallsvariable

$$X_i : \Omega \to \{0,1\}, X_i(\omega) = \omega_i,$$

die das Ergebnis der i-ten Überprüfung angeben. Dann gilt gemäß 5.5

$$P(X_1 = \delta_1, \ldots, X_n = \delta_n) = \prod_{i=1}^{n} P(X_i = \delta_i)$$

für beliebige $\delta_i \in \{0,1\}$, so daß $X_1, \ldots, X_n$ stochastisch unabhängig und jeweils $B(1,p)$-verteilt sind. Bilden wir nun $\sum_{i=1}^{n} X_i$, so folgt gemäß 5.7 für jedes $k = 0, \ldots, n$

$$P(\sum_{i=1}^{n} X_i = k) = B(n,p)(k).$$

Wir erhalten damit, daß die Summe von n stochastisch unabhängigen $B(1,p)$-verteilten Zufallsvariablen $B(n,p)$-verteilt ist.

(*ii*) Die entsprechenden Aussagen ergeben sich natürlich auch bei Vorliegen des Ergebnisraums $\{1,\ldots,k\}^n$ und Benutzung der $Ber(n,p_1,\ldots,p_k)$-Verteilung, wobei nun bei jeder Überprüfung k verschiedene Qualitätsstufen möglich sind. Bilden wir für $j=1,\ldots,k$

$$X_i^j : \Omega \to \{0,1\},\ X_i^j(\omega) = 1_{\{j\}}(\omega_i),$$

so gibt X_i^j an, ob bei der i-ten Überprüfung das Ergebnis j eingetreten ist oder nicht. Dann ist $\sum_{i=1}^n X_i^j$ die Gesamtzahl der Überprüfungen mit Ergebnis j und $B(n,p_j)$-verteilt. Gehen wir über zu den Zufallsvektoren

$$X_i = (X_i^1,\ldots,X_i^k),\ i=1,\ldots,n,$$

so sind $X_1,\ldots,X_n$ stochastisch unabhängige Zufallsvektoren, und die Summe der X_i ist $M(n,k,p_1,\ldots,p_k)$-verteilt.

Die einfache Handhabung von stochastisch unabhängigen Zufallsvariablen mit diskreten Verteilungen zeigen auch die folgenden Rechnungen, in denen wir die Verteilung der Summe zweier solcher Zufallsvariablen bestimmen.

10.5 Summen von unabhängigen Zufallsvariablen im diskreten Fall

Sind X_1 und X_2 stochastisch unabhängige Zufallsvariablen mit Werten in abzählbaren $\mathcal{X}_1 \subseteq \mathbb{R}$ und $\mathcal{X}_2 \subseteq \mathbb{R}$, so nimmt X_1+X_2 Werte in der Menge $\{z = x_1+x_2 : x_1 \in \mathcal{X}_1, x_2 \in \mathcal{X}_2\}$ an, und es gilt für beliebiges z

$$\begin{aligned} P(X_1+X_2=z) &= \sum_{(x_1,x_2),\, x_1+x_2=z} P(X_1=x_1, X_2=x_2) \\ &= \sum_{(x_1,x_2),\, x_1+x_2=z} P(X_1=x_1)P(X_2=x_2). \end{aligned}$$

10.6 Beispiele

(*i*) An den Postämtern 1 und 2 werden die Anzahlen X_1 und X_2 der an einem Tag eintreffenden Kunden registriert. Es sei angenommen, daß X_1 und X_2 stochastisch unabhängige Poisson-verteilte Zufallsvariablen mit Parametern β und γ sind. Dann gilt für die Gesamtzahl der eintreffenden Kunden X_1+X_2 bei beliebigem $k=0,1,\ldots$

$$P(X_1+X_2=k) = \sum_{(i,j),\, i+j=k} P(X_1=i)P(X_2=j)$$

$$
\begin{aligned}
&= \sum_{(i,j),\, i+j=k} e^{-\beta}\frac{\beta^i}{i!}e^{-\gamma}\frac{\gamma^j}{j!} \\
&= e^{-(\beta+\gamma)}\frac{1}{k!}\sum_{i=0}^{k}\frac{k!}{i!(k-i)!}\beta^i\gamma^{k-i} \\
&= e^{-(\beta+\gamma)}\frac{1}{k!}(\beta+\gamma)^k.
\end{aligned}
$$

Die Summe von zwei stochastisch unabhängigen Poisson-verteilten Zufallsvariablen ist also wiederum Poisson-verteilt, wobei sich die Parameter addieren.

(*ii*) Bei einer Qualitätsüberprüfung einer großen Zahl von gleichartigen Produkten werden unabhängig voneinander zwei Stichproben durchgeführt, die eine vom Umfang m, die andere vom Umfang n. Die jeweilige Anzahl der registrierten defekten Stücke sei mit X_1 und X_2 bezeichnet. X_1 und X_2 seien als stochastisch unabhängig binomialverteilte Zufallsvariablen mit Parametern (m,p) und (n,p) angenommen. Dann erhalten wir für die Gesamtzahl der defekten Stücke X_1+X_2 für jedes $k=0,\ldots,m+n$

$$
\begin{aligned}
P(X_1+X_2=k) &= \sum_{i,j,\ i+j=k} P(X_1=i)P(X_2=j) \\
&= \sum_{i,j,\ i+j=k}\binom{m}{i}p^i(1-p)^{m-i}\binom{n}{j}p^j(1-p)^{n-j} \\
&= p^k(1-p)^{n+m-k}\sum_{i=0}^{k}\binom{m}{i}\binom{n}{k-i} \\
&= p^k(1-p)^{n+m-k}\binom{m+n}{k} \\
&= B(n+m,p)(\{k\}),
\end{aligned}
$$

wobei wir die kombinatorische Identität für Summen von Binomialkoffizienten aus 5.9 benutzt haben. Die Summe ist also wiederum binomialverteilt mit Parameter $(n+m,p)$. Natürlich folgt diese Aussage auch mit der Argumentation aus 10.4 (*i*).

10.7 Stochastische Unabhängigkeit im stetigen Fall

Es seien X_i, $i=1,\ldots,n$, Zufallsgrößen. Wir bilden den Zufallsvektor

$$X=(X_1,\ldots,X_n):\Omega\to\mathbb{R}^n,$$

siehe 7.14. Seine Verteilung P^X ist ein Wahrscheinlichkeitsmaß auf $(\mathbb{R}^n, \mathcal{B}^n)$. Für jedes $i = 1, \ldots, n$ besitze X_i die stetige Dichte f_i. Wir definieren

$$f : \mathbb{R}^n \to [0, \infty), \; f(x_1, \ldots, x_n) = \prod_{i=1}^{n} f_i(x_i).$$

Dies definiert eine Funktion, die auf einem n-dimensionalen Intervall stetig ist und außerhalb dieses Intervalls identisch 0 ist. Wir können also bei der Integration von f die üblichen Regeln für das mehrdimensionale Riemann-Integral anwenden, wobei dieses mit dem Integral bzgl. des n-dimensionalen Lebesgueschen Maßes übereinstimmt, siehe 8.20. Zunächst gilt

$$\int f(x_1, \ldots, x_n) \, dx_1 \ldots dx_n = 1,$$

so daß durch

$$W(B) = \int_B f(x_1, \ldots, x_n) \, dx_1 \ldots dx_n$$

ein Wahrscheinlichkeitsmaß auf $(\mathbb{R}^n, \mathcal{B}^n)$ definiert wird, das damit die Dichte f bzgl. des n-dimensionalen Lebesgueschen Maßes besitzt.

Sind nun X_i, $i = 1, \ldots, n$, stochastisch unabhängig, so gilt für beliebige Intervalle $I_1, \ldots, I_n$

$$\begin{aligned} P(X \in \times_{j=1}^n I_j) &= \prod_{j=1}^{n} P(X_j \in I_j) \\ &= \prod_{j=1}^{n} \int_{I_j} f_j(x_j) \, dx_j \\ &= \int_{\times_{j=1}^n I_j} f(x_1, \ldots, x_n) \, dx_1 \ldots dx_n \\ &= W(\times_{j=1}^n I_j). \end{aligned}$$

Dies liefert mit 6.3 $P^X = W$, so daß X die Dichte f besitzt.

Umgekehrt folgt mit entsprechender Argumentation, daß X_i, $i = 1, \ldots, n$, stochastisch unabhängig sind, falls bei X die Dichte f vorliegt.

Um mit der Begriffsbildung der stochastischen Unabhängigkeit für allgemeine Zufallsvariablen arbeiten zu können, benötigen wir noch einige zusätzliche maßtheoretische Überlegungen, die denjenigen bei der Einführung der k-dimensinalen Borelschen σ-Algebra entsprechen.

10.8 Definition

Es seien $(\mathcal{X}_i, \mathcal{C}_i)$, $i = 1, \ldots, n$, meßbare Räume. Dann wird das System der Rechteckmengen definiert durch

$$R(\mathcal{C}_1, \ldots, \mathcal{C}_n) = \{\times_{i=1}^n D_i : D_i \in \mathcal{C}_i, \text{ für } i = 1, \ldots, n\}.$$

Die Produkt-σ-Algebra wird definiert durch

$$\begin{aligned} \otimes_{i=1}^n \mathcal{C}_i &= \mathcal{C}_1 \otimes \mathcal{C}_2 \otimes \cdots \otimes \mathcal{C}_n \\ &= \sigma(R(\mathcal{C}_1, \ldots, \mathcal{C}_n)). \end{aligned}$$

Angemerkt sei, daß für $\mathcal{X}_i = \mathbb{R}$, $\mathcal{C}_i = \mathcal{B}$ gilt

$$\mathcal{B}^n = \mathcal{B} \otimes \cdots \otimes \mathcal{B}.$$

10.9 Satz

Es seien P_1, P_2 Wahrscheinlichkeitsmaße auf $\times_{i=1}^n \mathcal{X}_i$, versehen mit der Produkt-σ-Algebra. Es gelte

$$P_1(D) = P_2(D) \text{ für alle } D \in R(\mathcal{C}_1, \ldots, \mathcal{C}_n).$$

Dann folgt

$$P_1 = P_2.$$

Beweis:

Da $R(\mathcal{C}_1, \ldots, \mathcal{C}_n)$ ein $\cap$-stabiles Erzeugendensystem der Produkt-σ-Algebra ist, folgt dies direkt aus 6.3.

□

10.10 Produktmeßbare Zufallsvariable

Es seien $X_i : \Omega \to \mathcal{X}_i$ Abbildungen für $i = 1, \ldots, n$. Wir definieren

$$X = (X_1, \ldots, X_n) : \Omega \to \times_{i=1}^n \mathcal{X}_i.$$

Betrachten wir nun $\times_{i=1}^n \mathcal{X}_i$, versehen mit der Produkt-σ-Algebra, als meßbaren Raum, so folgt wie in 7.19, daß $X : \Omega \to \times_{i=1}^n \mathcal{X}_i$ genau dann meßbar ist, wenn sämtliche $X_i : \Omega \to \mathcal{X}_i$ für $i = 1, \ldots, n$ meßbar sind.

Haben wir nun ein solches meßbares $X = (X_1, \ldots, X_n) : \Omega \to \times_{i=1}^n \mathcal{X}_i$ gegeben, so liefert dessen Verteilung

$$P^X : \otimes_{i=1}^n \mathcal{C}_i \to [0,1] \text{ mit } P^X(C) = P(X \in C),$$

ein Wahrscheinlichkeitsmaß auf $\times_{i=1}^n \mathcal{X}_i$ versehen mit der Produkt-σ-Algebra. Ist weiter

$$f : \times_{i=1}^n \mathcal{X}_i \to \mathbb{R} \text{ meßbar,}$$

so ist $f(X)$ eine Zufallsgröße. Falls ihr Erwartungswert existiert, erhalten wir

$$E(f(X)) = E(f(X_1, \ldots, , X_n)) = \int f \, dP^X.$$

Ein wichtiges Hilfsmittel beim Umgang mit stochastisch unabhängigen Zufallsvariablen ist durch das folgende Resultat gegeben, das wir zunächst für den Fall zweier Zufallsvariablen behandeln wollen.

10.11 Satz von Fubini

Es seien X_1, X_2 stochastisch unabhängige Zufallsvariablen, $X_i : \Omega \to \mathcal{X}_i$, $i = 1, 2$. Es sei $f : \mathcal{X}_1 \times \mathcal{X}_2 \to \mathbb{R}$ meßbar und $f(X_1, X_2) : \Omega \to \mathbb{R}$ regulär. Dann gilt

$$\begin{aligned} E(f(X_1, X_2)) &= \int_{\mathcal{X}_1} \int_{\mathcal{X}_2} f(x_1, x_2) P^{X_2}(dx_2) P^{X_1}(dx_1) \\ &= \int_{\mathcal{X}_2} \int_{\mathcal{X}_1} f(x_1, x_2) P^{X_1}(dx_1) P^{X_2}(dx_2) \end{aligned}$$

Der Beweis dieses Resultats benutzt die Methode des Dynkin-Systems, siehe 6.20 - 6.24, und das Beweisprinzip für meßbare Abbildungen 8.23. Wir werden ihn in den Vertiefungen durchführen und uns hier auf seine Handhabung konzentrieren.

Der Satz von Fubini liefert uns die folgenden Möglichkeiten zur Berechnung von $E(f(X_1, X_2))$: Wir berechnen zunächst

$$\int_{\mathcal{X}_2} f(x_1, x_2) P^{X_2}(dx_2) \text{ für jedes } x_1 \in \mathcal{X}_1.$$

Dies liefert uns eine Funktion

$$x_1 \mapsto \int_{\mathcal{X}_2} f(x_1, x_2) P^{X_2}(dx_2),$$

die wir dann bzgl. der Verteilung P^{X_1} von X_1 zu integrieren haben. Ebenso liefert uns das Vorgehen in umgekehrter Reihenfolge den gewünschten Wert: Berechne zunächst

$$\int_{\mathcal{X}_1} f(x_1, x_2) P^{X_1}\,(dx_1) \text{ für jedes } x_2 \in \mathcal{X}_2$$

und integriere dann die so erhaltene Funktion bzgl. P^{X_2}. Als Anwendung erhalten wir Berechnungsformeln für Wahrscheinlichkeiten der Form $P((X_1, X_2) \in B) = P(\{\omega : (X_1(\omega), X_2(\omega)) \in B\})$.

10.12 Korollar

Es seien X_1, X_2 stochastisch unabhängige Zufallsvariablen, $X_i : \Omega \to \mathcal{X}_i$, $i = 1, 2$. $B \subseteq \mathcal{X}_1 \times \mathcal{X}_2$ sei meßbar. Dann gilt

$$\begin{aligned} P((X_1, X_2) \in B) &= \int_{\mathcal{X}_2} P^{X_1}(\{x_1 : (x_1, x_2) \in B\}) P^{X_2}\,(dx_2) \\ &= \int_{\mathcal{X}_1} P^{X_2}(\{x_2 : (x_1, x_2) \in B\}) P^{X_1}\,(dx_1). \end{aligned}$$

Unter Benutzung der Schreibweisen

$$P((X_1, x_2) \in B) \text{ für } P^{X_1}(\{x_1 : (x_1, x_2) \in B\})$$

und

$$P((x_1, X_2) \in B) \text{ für } P^{X_2}(\{x_2 : (x_1, x_2) \in B\})$$

ergibt sich also

$$\begin{aligned} P((X_1, X_2) \in B) &= \int_{\mathcal{X}_2} P((X_1, x_2) \in B)\; P^{X_2}\,(dx_2) \\ &= \int_{\mathcal{X}_1} P((x_1, X_2) \in B)\; P^{X_1}\,(dx_1). \end{aligned}$$

Beweis:

Aus dem Satz von Fubini folgt

$$\begin{aligned} P((X_1, X_2) \in B) &= E(1_B(X_1, X_2)) \\ &= \int_{\mathcal{X}_2} \int_{\mathcal{X}_1} 1_B(x_1, x_2) P^{X_1}\,(dx_1) P^{X_2}\,(dx_2) \\ &= \int_{\mathcal{X}_2} P^{X_1}(\{x_1 : (x_1, x_2) \in B\}) P^{X_2}\,(dx_2), \end{aligned}$$

denn für jedes $x_2 \in \mathcal{X}_2$ gilt offensichtlich

$$\int_{\mathcal{X}_1} 1_B(x_1, x_2) P^{X_1}\,(dx_1) = P^{X_1}(\{x_1 : (x_1, x_2) \in B\}).$$

Entsprechend ergibt sich die zweite Berechnungsvorschrift.

□

10.13 Summen von unabhängigen Zufallsgrößen - der allgemeine Fall

Betrachtet seien stochastisch unabhängige Zufallsgrößen X_1, X_2. Wir können nun leicht mit dem vorstehenden Resultat die Verteilung von $X_1 + X_2$ berechnen. Ist nämlich $D \subseteq \mathbb{R}$ meßbar und setzen wir $B = \{(x_1, x_2) : x_1 + x_2 \in D\}$, so folgt

$$\begin{aligned} P(X_1 + X_2 \in D) &= P((X_1, X_2) \in B) \\ &= \int_{\mathcal{X}_2} P((X_1, x_2) \in B) P^{X_2}(dx_2) \\ &= \int_{\mathcal{X}_1} P((x_1, X_2) \in B) P^{X_1}(dx_1). \end{aligned}$$

Setzen wir für $x \in \mathbb{R}$

$$D - x = \{z - x : \ z \in D\},$$

so erhalten wir

$$P(X_1 + X_2 \in D) = \int_{\mathcal{X}_2} P(X_1 \in D - x_2) P^{X_2}(dx_2) = \int_{\mathcal{X}_1} P(X_2 \in D - x_1) P^{X_1}(dx_1),$$

insbesondere erhalten wir die Verteilungsfunktion von $X_1 + X_2$ durch

$$P(X_1 + X_2 \leq t) = \int_{\mathcal{X}_2} P(X_1 \leq t - x_2) P^{X_2}(dx_2) = \int_{\mathcal{X}_1} P(X_2 \leq t - x_1) P^{X_1}(dx_1).$$

Das so erhaltene Wahrscheinlichkeitsmaß $P^{X_1+X_2}$ wird auch als **Faltung** der Wahrscheinlichkeitsmaße P^{X_1} und P^{X_2} bezeichnet:

$$P^{X_1+X_2} = P^{X_1} \star P^{X_2}.$$

Liegen stetige Dichten f^{X_1}, f^{X_2} vor, so ergibt sich

$$\begin{aligned} P(X_1 + X_2 \leq t) &= \int_{-\infty}^{\infty} \int_{-\infty}^{t-x_2} f^{X_1}(z)\, dz f^{X_2}(x_2)\, dx_2 \\ &= \int_{-\infty}^{\infty} \int_{-\infty}^{t} f^{X_1}(z - x_2) f^{X_2}(x_2)\, dz dx_2 \\ &= \int_{-\infty}^{t} \int_{-\infty}^{\infty} f^{X_1}(z - x_2) f^{X_2}(x_2)\, dx_2 dz. \end{aligned}$$

Die Dichte von $X_1 + X_2$ ergibt sich damit als

$$f^{X_1+X_2}(t) = \int_{-\infty}^{\infty} f^{X_1}(t - x_2) f^{X_2}(x_2)\, dx_2,$$

ebenso als

$$f^{X_1+X_2}(t) = \int_{-\infty}^{\infty} f^{X_2}(t - x_1) f^{X_1}(x_1)\, dx_1.$$

Wir haben diese Beziehung unter Benutzung der üblichen Rechenregeln für das Riemann-Integral hergeleitet. Benutzen wir die entsprechenden Regeln für die Integration bzgl. des Lebesgueschen Maßes, so erhalten wir dieselbe Beziehung auch im allgemeineren Fall des Vorliegens von Dichten bzgl. dieses Maßes.

10.14 Heiße und kalte Reserve

Wir betrachten ein technisches System bestehend aus einer Komponente K und einer gleichartigen Reservekomponente R. Fällt die Arbeitskomponente K aus, so soll die Reservekomponente R ihre Funktion übernehmen.

Wir sprechen von heißer Reserve, falls die Reservekomponente parallel zur Arbeitskomponente den gleichen Beanspruchungen ausgesetzt ist, und von kalter Reserve, falls sie während des Funktionierens der Arbeitskomponente keinen Beanspruchungen unterliegt und erst nach Ausfall eingesetzt wird.

Es seien X_K, X_R die zufälligen Lebensdauern von K bzw. R. Die Gesamtlebensdauer des Systems ist dann, unter Vernachlässigung von Umschaltzeiten, gegeben durch

$$\begin{aligned} X &= \max\{X_K, X_R\} && \text{bei heißer Reserve,} \\ \tilde{X} &= X_K + X_R && \text{bei kalter Reserve.} \end{aligned}$$

Unter der Annahme, daß X_K und X_R stochastisch unabhängig und jeweils $Exp(\beta)$-verteilt sind, sollen nun Verteilung und Erwartungswert der Lebensdauer des Systems bestimmt werden.

Im Fall heißer Reserve für X ergibt sich

$$\begin{aligned} P(X \leq t) &= P(X_K \leq t, X_R \leq t) \\ &= P(X_K \leq t) P(X_R \leq t) \\ &= (1 - e^{-\beta t})^2, \ t > 0, \end{aligned}$$

und durch Ableiten erhalten wir die Dichte von X als

$$f^X(t) = 2(1 - e^{-\beta t})\beta e^{-\beta t}, \ t > 0.$$

Für den Erwartungswert folgt

$$E(X) = \int x f^X(x)\, dx = \int_0^\infty 2x(1 - e^{-\beta x})\beta e^{-\beta x}\, dx = \frac{3}{2\beta}.$$

Im Fall kalter Reserve ergibt sich offensichtlich

$$E(\tilde{X}) = E(X_K) + E(X_R) = \frac{2}{\beta}.$$

Verteilungsfunktion und Dichte von $\tilde{X}$ können wir gemäß 10.13 berechnen. Es folgt

$$\begin{aligned} P(X_K + X_R \leq t) &= \int P(X_K \leq t - x_2) P^{X_R}(dx_2) \\ &= \int_0^t (1 - e^{-\beta(t-x_2)}) \beta e^{-\beta x_2}\, dx_2 \\ &= 1 - e^{-\beta t} - \beta t e^{-\beta t},\ t > 0, \end{aligned}$$

und für die Dichte ergibt sich durch Ableiten

$$f^{\tilde{X}}(t) = \beta^2 t e^{-\beta t},\ t > 0.$$

Dies zeigt insbesondere, daß die Summe von unabhängigen exponentialverteilten Zufallsgrößen keine Exponentialverteilung besitzt.

10.15 Beispiel

Es seien X_1, X_2 stochastisch unabhängig, X_1 $N(a, \sigma^2)$-verteilt, X_2 $N(b, \tau^2)$-verteilt. Wir berechnen die Dichte f von $X_1 + X_2$. Es gilt unter Anwendung der Berechnungsformel aus 10.13

$$\begin{aligned} f(t) &= \frac{1}{2\pi\sigma\tau} \int_{-\infty}^{\infty} e^{-\frac{(t-x-a)^2}{2\sigma^2} - \frac{(x-b)^2}{2\tau^2}}\, dx \\ &= \frac{1}{2\pi\sigma\tau} e^{-\frac{(t-a-b)^2}{2(\sigma^2+\tau^2)}} \int_{-\infty}^{\infty} e^{-\frac{\sigma^2+\tau^2}{2\sigma^2\tau^2}(y - \frac{\tau^2(t-a-b)}{\sigma^2+\tau^2})^2}\, dy \\ &= \frac{1}{2\pi\sigma\tau} e^{-\frac{(t-a-b)^2}{2(\sigma^2+\tau^2)}} \sqrt{2\pi \frac{\sigma^2\tau^2}{\sigma^2+\tau^2}} \\ &= \frac{1}{\sqrt{2\pi(\sigma^2+\tau^2)}} e^{-\frac{(t-(a+b))^2}{2(\sigma^2+\tau^2)}} \end{aligned}$$

Dabei benutzten wir die Umrechnung

$$\frac{(t-x-a)^2}{2\sigma^2} + \frac{(x-b)^2}{2\tau^2} = \frac{(t-a-b)^2}{2(\sigma^2+\tau^2)} + \frac{\sigma^2+\tau^2}{2\sigma^2\tau^2}(y - \frac{\tau^2(t-a-b)}{\sigma^2+\tau^2})^2$$

mit $y = x - b$.

Betrachten wir Produkte von Zufallsgrößen, so gilt im allgemeinen $E(XY) \neq E(X)E(Y)$. Dieses ist besonders augenfällig im Falle von $X = Y$ mit $E(X) = 0$, denn dann gilt $E(X)E(Y) = E(X)E(X) = 0$, aber $E(XY) = E(X^2)$. Hier ist natürlich die stochastische Unabhängigkeit in eklatanter Weise verletzt, und wir werden nun sehen, daß stochastische Unabhängigkeit die Multiplikativität des Erwartungswerts liefert.

10.16 Satz

(i) Es seien X_1, X_2 stochastisch unabhängig und integrierbar. Dann ist $X_1 X_2$ integrierbar, und es gilt

$$E(X_1X_2) = E(X_1)E(X_2), \quad Kov(X_1, X_2) = 0.$$

(ii) Es seien $X_1, \ldots, X_n$ stochastisch unabhängig und quadratintegrierbar. Dann gilt

$$Var(\sum_{i=1}^{n} X_i) = \sum_{i=1}^{n} Var(X_i)$$

Beweis:

(i) Unter Benutzung des Satzes von Fubini berechnen wir

$$\begin{aligned} E(|X_1X_2|) &= \int\int |x_1||x_2| P^{X_1}(dx_1)P^{X_2}(dx_2) \\ &= \int |x_2| \int |x_1| P^{X_1}(dx_1)P^{X_2}(dx_2) \\ &= E(|X_1|) \int |x_2| P^{X_2}(dx_2) = E(|X_1|)E(|X_2|) < \infty. \end{aligned}$$

Somit ist X_1X_2 integrierbar, und mit entsprechender Berechnung ergibt sich

$$E(X_1X_2) = E(X_1)E(X_2).$$

Wenden wir diese auf $X_1 - E(X_1)$ und $X_2 - E(X_2)$ an, so folgt

$$\begin{aligned} Kov(X_1, X_2) &= E((X_1 - E(X_1))(X_2 - E(X_2))) \\ &= E(X_1 - E(X_1))E(X_2 - E(X_2)) = 0. \end{aligned}$$

(ii) Mit (i) erhalten wir

$$Var(\sum_{i=1}^{n} X_i) = \sum_{i=1}^{n} Var(X_i) + \sum_{i \neq j} Kov(X_i, X_j) = \sum_{i=1}^{n} Var(X_i).$$

□

Der Satz von Fubini läßt sich leicht auf n Zufallsgrößen verallgemeinern.

10.17 Satz

Es seien $X_1, \ldots, X_n$ stochastisch unabhängige Zufallsvariablen, $X_i : \Omega \to \mathcal{X}_i$ für $i = 1, \ldots, n$. Es sei $f : \times_{i=1}^{n} \mathcal{X}_i \to \mathbb{R}$ meßbar, $f(X_1, \ldots, X_n)$ regulär. Dann gilt

$$\begin{aligned} & E(f(X_1, \ldots, X_n)) \\ = & \int_{\mathcal{X}_n} \cdots \int_{\mathcal{X}_2} \int_{\mathcal{X}_1} f(x_1, \ldots, x_n) P^{X_1}(dx_1) P^{X_2}(dx_2) \ldots P^{X_n}(dx_n) \\ = & \int_{\mathcal{X}_{i_n}} \cdots \int_{\mathcal{X}_{i_2}} \int_{\mathcal{X}_{i_1}} f(x_1, \ldots, x_n) P^{X_{i_1}} d(x_{i_1}) P^{X_{i_2}}(dx_{i_2}) \ldots P^{X_{i_n}}(dx_{i_n}) \end{aligned}$$

für jede Permutation $i_1, \ldots, i_n$ von $1, \ldots, n$.

Der Beweis wird in den Vertiefungen geführt werden.

Beim Umgang mit mehr als zwei stochastisch unabhängigen Zufallsvariablen wird oft und zumeist ohne explizite Erwähnung das folgende Resultat benutzt.

10.18 Lemma

Es seien $X_1, \ldots, X_n$ stochastisch unabhängige Zufallsvariablen.
Für $1 < i_1 < i_2 < \cdots < i_m = n$ seien definiert

$$Z_1 = (X_1, \ldots, X_{i_1}), Z_2 = (X_{i_1+1}, \ldots, X_{i_2}), \ldots, Z_m = (X_{i_{m-1}+1}, \ldots, X_n).$$

Dann sind $Z_1, \ldots, Z_m$ stochastisch unabhängig.

Diese Aussage ist vom anschaulichen Gehalt her evident und für Zufallsvariablen mit diskreten Verteilungen direkt nachrechenbar. Die allgemeine Herleitung wird in den Vertiefungen nachgeholt. Zur Illustration diene das folgende Beispiel mit $n = ml$ stochastisch unabhängigen Zufallsgrößen, für die dann auch $(X_1, \ldots, X_l), (X_{l+1}, \ldots, X_{2l}), \ldots, (X_{(m-1)l+1}, \ldots, X_{lm})$ stochastisch unabhängig sind und dann gemäß 10.2 auch

$$X_1 + \ldots + X_l, X_{l+1} + \ldots + X_{2l}, \ldots, X_{(m-1)l+1} + \ldots + X_{lm}$$

und ebenso

$$\max\{X_1, \ldots, X_l\}, \max\{X_{l+1}, \ldots, X_{2l}\}, \ldots, \max\{X_{(m-1)l+1}, \ldots, X_{ml}\}.$$

Der Begriff der stochastischen Unabhängigkeit läßt sich leicht auf beliebige Familien von Zufallsvariablen ausdehnen.

10.19 Definition

Eine Familie $(X_i)_{i \in I}$ von Zufallsvariablen heißt stochastisch unabhängig, falls für alle endlichen Teilmengen $J \subseteq I$ die Zufallsvariablen $X_j, j \in J$, stochastisch unabhängig sind.

10.20 Wartezeiten und geometrische Verteilung

Das Warten auf das Glück gehört zum menschlichen Leben. In mathematisch modellierbarer Form erfahren wir es bei Gesellschaftsspielen. Beim Mensch-ärgere-Dich-nicht-Spiel hilft uns erst die gewürfelte 6 weiter, beim Monopoly-Spiel der Pasch. Den stochastischen Aspekt solcher Situationen beschreiben wir durch eine

Folge $X_1, X_2, \ldots$ von stochastisch unabhängigen, $\{0,1\}$-wertigen Zufallsgrößen. Dabei gelte $P(X_n = 1) = p = 1 - P(X_n = 0), n \in \mathbb{N}$, für ein $p \in (0,1)$. Die 1 stehe dabei für das Eintreten des gewüschten Ergebnisses, z.B. für das Würfeln der 6 beim Mensch-ärgere-Dich-nicht-Spiel. Sei N die Anzahl der Versuche bis zum ersten Auftreten dieses Ergebnisses, also

$$N = \inf\{k : X_k = 1\}$$

mit der formalen Festlegung $\inf \emptyset = \infty$. Offensichtlich gilt $P(N = 1) = p$ und für $k \geq 2$

$$P(N = k) = P(X_1 = 0, \ldots, X_{k-1} = 0, X_k = 1) = (1-p)^{k-1}p,$$

ferner $P(N = \infty) = 0$.

Betrachten wir die Zufallsgröße T der vergeblichen Versuche, die wir zu warten haben, so ist

$$T = N - 1 \text{ mit } P(T = k) = (1-p)^k p,\ k = 0, 1, 2, \ldots$$

Die dadurch gegebene Wahrscheinlichkeitsverteilung auf $\{0, 1, 2, \ldots\}$ wird als **geometrische Verteilung** mit Parameter p bezeichnet. Zur Berechnung von Erwartungswert und Varianz benutzen wir die momenterzeugende Funktion $\psi_T(z) = Ee^{zT}$ in der Form $\varphi_T(z) = \psi_T(\log(z))$, siehe 9.19, 9.22. Sie ist gegeben durch

$$\varphi_T(z) = Ez^T = p\sum_{k=1}^{\infty} z^k (1-p)^k = \frac{p}{1 - z(1-p)},\ 0 < z < \frac{1}{1-p}.$$

Daraus erhalten wir, vgl. 9.20:

$$E(T) = \varphi'(1) = \frac{1-p}{p},\ E(T^2) - E(T) = \varphi''(1) = 2\frac{(1-p)^2}{p^2},\ Var(T) = \frac{1-p}{p^2}.$$

10.21 Eine unerwartete Wartezeit

In einer Telefonzentrale werde, beginnend mit einem Stichtag, täglich an den Geschäftstagen die Gesamtdauer der anfallenden Telefonate registriert. Dies liefert eine Folge von Zufallsgrößen $X_0, X_1, X_2, \ldots$. Sei

$$N = \inf\{k \in \mathbb{N} : X_k > X_0\}$$

die Wartezeit bis zum ersten Tag, an dem die anfallende Gesprächsdauer diejenige des Stichtags überschreitet, wie zuvor mit der Festlegung $\inf \emptyset = \infty$.

Wir wollen nun die Verteilung und den Erwartungswert von N bestimmen und machen dazu die folgenden Annahmen:

$X_0, X_1, X_2, \ldots$ seien stochastisch unabhängige Zufallsgrößen mit Werten in einem Intervall I, die jeweils die gleiche Verteilung besitzen mögen. Die gemeinsame Verteilungsfunktion F sei auf I stetig und streng monoton wachsend.

Bezeichnet F^{-1} die Inverse von F auf I, so folgt

$$P(F(X_i) \le t) = P(X_i \le F^{-1}(t)) = F(F^{-1}(t)) = t.$$

Die Zufallsgrößen $U_i = F(X_i)$, $i = 0, 1, 2, \ldots$ sind stochastisch unabhängig und jeweils $R(0,1)$-verteilt. Setzen wir $Z = \max\{U_1, \ldots, U_n\}$ für $n \in \mathbb{N}$, so folgt

$$\begin{aligned}
P(N > n) &= P(X_0 \ge \max\{X_1, \ldots, X_n\}) \\
&= P(F(X_0) \ge \max\{F(X_1), \ldots, F(X_n)\}) \\
&= P(U_0 \ge Z) \\
&= \int_0^1 P(Z \le x) P^{U_0}(dx), \\
&= \int_0^1 P(U_1 \le x) \cdots P(U_n \le x) P^{U_0}(dx) \\
&= \int_0^1 x^n \, dx = \frac{1}{n+1}.
\end{aligned}$$

Es folgt $P(N = \infty) = \lim P(N > n) = 0$ und für beliebiges $n \in \mathbb{N}$

$$\begin{aligned}
P(N = n) &= P(N \ge n) - P(N > n) \\
&= P(N > n-1) - P(N > n) \\
&= \frac{1}{n} - \frac{1}{n+1} = \frac{1}{n(n+1)}.
\end{aligned}$$

Für den Erwartungswert erhalten wir

$$E(N) = \sum_{n=1}^{\infty} n P(N = n) = \sum_{n=1}^{\infty} \frac{1}{n+1} = \infty.$$

Es ergibt sich das überraschende Resultat, daß die mittlere Wartezeit bis zum Überschreiten des Ergebnisses am Stichtag den Wert ∞ besitzt.

Familien von Zufallsgrößen, die sämtlich dieselbe Verteilung besitzen, treten häufig in der Wahrscheinlichkeitstheorie und der Statistik auf und werden **identisch verteilt** genannt.

10.22 Definition

Eine Familie $(X_i)_{i\in I}$ von Zufallsvariablen mit Werten in einem gemeinsamen Bildraum $\mathcal{X}$ wird als identisch verteilt bezeichnet, falls für alle $i, j \in I$ gilt

$$P^{X_i} = P^{X_j}.$$

Identisch verteilte Folgen dieser Art treten insbesondere bei Problemen der Erneuerung auf.

10.23 Erneuerungsprozesse

Betrachtet werde eine Komponente eines technischen Systems, die bei Ausfall durch eine gleichartige ersetzt, also erneuert wird. Die Lebensdauern der Komponenten werden modelliert als eine Folge $X_1, X_2, \dots$ von stochastisch unabhängigen, identisch verteilten Zufallsgrößen mit Werten in $(0, \infty)$, und wir bezeichnen den zugehörigen Prozeß der Partialsummen

$$S_0 = 0,\ S_n = \sum_{i=1}^{n} X_i \text{ als Erneuerungsprozeß.}$$

Für $t \geq 0$ gibt

$$N_t = \sup\{k : S_k \leq t\}$$

die Anzahl der Erneuerungen bis zum Zeitpunkt t an.

In einer anderen Interpretation sind die S_n die Zeitpunkte, zu denen Kunden ein Bedienungssystem aufsuchen und die X_n sind die zwischen den einzelnen Ankünften verstreichenden Zeiten, kurz als **Zwischenankunftszeiten** bezeichnet.

Wie in 6.17 und 6.18 beschrieben, sind für die Modellierung von Lebensdauern Exponentialverteilungen von besonderer Bedeutung.

10.24 Exponentialverteilung und Poissonprozeß

Seien $X_1, X_2, \dots$ stochastisch unabhängige, identisch-verteilte Zufallsgrößen, sämtlich exponentialverteilt mit Parameter $\beta > 0$, also mit der Dichte

$$f(x) = \beta e^{-\beta x}, \quad x > 0.$$

Wir betrachten den zugehörigen Erneuerungsprozeß und wollen die Verteilung von N_t, der Anzahl der Erneuerungen bis t, berechnen. Dazu zeigen wir zunächst

(i) $S_n = \sum_{i=1}^n X_i$ besitzt die Dichte

$$f^{S_n}(x) = \frac{\beta^n x^{n-1}}{(n-1)!} e^{-\beta x}, \quad x > 0.$$

Für $n = 1$ ist dieses gerade die Dichte der Exponentialverteilung.

Wir führen dazu einen Induktionsschluß durch:

Es ist $S_{n+1} = S_n + X_{n+1}$, wobei S_n und X_{n+1} stochastisch unabhängig sind. Daher gilt mit 10.13

$$\begin{aligned} f^{S_n+X_{n+1}}(z) &= \int_{\mathbb{R}} f^{S_n}(x) f^{X_{n+1}}(z-x)\, dx \\ &= \int_0^z \frac{\beta^n x^{n-1}}{(n-1)!} e^{-\beta x} \cdot \beta e^{-\beta(z-x)}\, dx \\ &= \int_0^z \frac{\beta^{n+1} x^{n-1}}{(n-1)!} e^{-\beta z}\, dx = \frac{\beta^{n+1}}{n!} z^n e^{-\beta z}. \end{aligned}$$

(ii) Wir berechnen nun $P(N_t = k)$. Für $k = 0$ ergibt sich sofort

$$P(N_t = 0) = P(X_1 > t) = e^{-\beta t}.$$

Für $k \in \mathbb{N}$ erhalten wir mit Anwendung des Satzes von Fubini

$$\begin{aligned} P(N_t = k) &= P(S_k \le t, S_{k+1} > t) \\ &= P(S_k \le t, S_k + X_{k+1} > t) \\ &= \int_0^t P(X_{k+1} > t - x) P^{S_k}(dx) \\ &= \int_0^t \int_{t-x}^{\infty} \beta e^{-\beta z}\, dz\, P^{S_k}(dx) \\ &= \int_0^t e^{-\beta(t-x)} \frac{\beta^k x^{k-1}}{(k-1)!} e^{-\beta x}\, dx \\ &= \frac{\beta^k}{k!} t^k e^{-\beta t} = \frac{(\beta t)^k}{k!} e^{-\beta t}. \end{aligned}$$

N_t ist also Poisson-verteilt mit Parameter βt, und damit gilt für die erwartete Anzahl von Erneuerungen bis t

$$E(N_t) = \beta t.$$

Mit höherem Aufwand kann gezeigt werden, daß für Zeitpunkte $0 < t_1 < t_2 < \ldots$ die Zufallsgrößen $N_{t_1}, N_{t_2} - N_{t_1}, N_{t_3} - N_{t_2}, \ldots$ stochastisch unabhängig sind.

Die Familie $(N_t)_t$ wird als **Poisson-Prozeß** bezeichnet.

10.25 Das Inspektionsparadoxon

Wir betrachten die Erneuerungen einer Komponente in einem technischen System, beschrieben durch einen Erneuerungsprozeß mit exponentialverteilten Lebensdauern. Das System werde zu einem festen Zeitpunkt t inspiziert. Dann beschreibt

$W_t = S_{N_t+1} - t$ die verbleibende Lebensdauer der in t aktiven Komponente.

Wir wollen nun die Verteilung und den Erwartungswert von W_t bestimmen. Da jede Komponente die mittlere Lebensdauer $E(X_n) = 1/\beta$ besitzt und die aktive Komponente schon eine gewisse Zeit ihrer Abnutzung unterworfen ist, ist eine naheliegende Vermutung die Gültigkeit von $E(W_t) < 1/\beta$; man könnte sogar vermuten $E(W_t) = 1/2\beta$. Tatsächlich ist diese Vermutung falsch, und die folgende Rechnung wird zeigen $E(W_t) = 1/\beta$. Dieses Phänomen wird als Inspektionsparadoxon bezeichnet. Begründet ist es in der Gedächtnislosigkeit der Exponentialverteilung, die ja besagt, daß die weitere Lebensdauer unabhängig von dem schon bestehenden Alter ist, also keine Alterung eintritt.

Die Verteilung von W_t ist zu bestimmen. Sei $z > 0$. Dann erhalten wir

$$\begin{aligned}
& P(W_t > z) \\
= \; & \sum_{n=0}^{\infty} P(N_t = n, W_t > z) \\
= \; & \sum_{n=0}^{\infty} P(S_n \leq t, S_{n+1} > t,\ S_{n+1} > t+z) \\
= \; & P(X_1 > t+z) + \sum_{n=1}^{\infty} P(S_n \leq t, S_n + X_{n+1} > t+z) \\
= \; & P(X_1 > t+z) + \sum_{n=1}^{\infty} \int_0^t \int_{t+z-s}^{\infty} \beta e^{-\beta x} \frac{\beta^n s^{n-1}}{(n-1)!} e^{-\beta s}\, dx\, ds \\
= \; & \int_{t+z}^{\infty} \beta e^{-\beta x}\, dx + \lim_{m \to \infty} \sum_{n=1}^{m} \int_0^t \int_{t+z-s}^{\infty} \beta e^{-\beta x} \frac{\beta^n s^{n-1}}{(n-1)!} e^{-\beta s}\, dx\, ds \\
= \; & e^{-\beta(t+z)} + \int_0^t \int_{t+z-s}^{\infty} \beta e^{-\beta x} \left(\sum_{n=1}^{\infty} \frac{\beta^n s^{n-1}}{(n-1)!} \right) e^{-\beta s}\, dx\, ds \\
= \; & e^{-\beta(t+z)} + \int_0^t \beta e^{-\beta(t+z-s)}\, ds \\
= \; & e^{-\beta z}.
\end{aligned}$$

W_t ist also exponentialverteilt mit Parameter β, und es ist

$$E(W_t) = \frac{1}{\beta}.$$

Vertiefungen

Die Beweise in diesen Vertiefungen benutzen in recht einfacher Weise die Methode des Dynkin-Systems, siehe 6.20 - 6.24, und das Beweisprinzip für meßbare Abbildungen 8.23. Wir beginnen mit dem Beweis des häufig benutzten technischen Resultats zur stochastischen Unabhängigkeit

10.26 Lemma

Es seien $X_1, \ldots, X_n$ stochastisch unabhängige Zufallsvariablen. Für $1 < i_1 < i_2 < \cdots < i_m = n$ seien definiert

$$Z_1 = (X_1, \ldots, X_{i_1}), Z_2 = (X_{i_1+1}, \ldots, X_{i_2}), \ldots, Z_m = (X_{i_{m-1}+1}, \ldots, X_n).$$

Dann sind $Z_1, \ldots, Z_m$ stochastisch unabhängig.

Beweis:
Wir setzen

$$\begin{aligned} \mathcal{A}(H) &= \{D_1 \in \otimes_{i=1}^{i_1} \mathcal{C}_i : P(Z_1 \in D_1, (Z_2, \ldots, Z_m) \in R) \\ &= P(Z_1 \in D_1) P((Z_2, \ldots, Z_m) \in R) \text{ für alle } R \in R(\mathcal{C}_{i_1+1}, \ldots, \mathcal{C}_n)\}. \end{aligned}$$

Aus der stochastischen Unabhängigkeit der $X_1, \ldots, X_n$ folgt direkt

$$R(\mathcal{C}_1, \ldots, \mathcal{C}_{i_1}) \subseteq \mathcal{A}(H).$$

Ferner ist $\mathcal{A}(H)$ offensichtlich ein Dynkin-System. Aus der $\cap$-Stabilität von $R(\mathcal{C}_1, \ldots, \mathcal{C}_{i_1})$ folgt dann mit 6.23

$$\mathcal{A}(H) = \sigma(R(\mathcal{C}_1, \ldots, \mathcal{C}_{i_1})) = \mathcal{C}_1 \otimes \ldots \otimes \mathcal{C}_{i_1}.$$

Wenden wir diesen Schluß sukzessive auf $Z_2, \ldots, Z_m$ an, so folgt schließlich

$$P(Z_1 \in D_1, \ldots, Z_m \in D_m) = P(Z_1 \in D_1) \cdots P(Z_m \in D_m)$$

für alle $D_1 \in \mathcal{C}_1 \otimes \ldots \otimes \mathcal{C}_{i_1}, \ldots, D_m \in \mathcal{C}_{i_{m-1}+1} \otimes \ldots \otimes \mathcal{C}_{i_n}$ und damit die behauptete stochastische Unabhängigkeit.

□

10.27 Satz von Fubini

Es seien X_1, X_2 stochastisch unabhängige Zufallsvariablen, $X_i : \Omega \to \mathcal{X}_i$, $i = 1, 2$. Es sei $f : \mathcal{X}_1 \times \mathcal{X}_2 \to \mathbb{R}$ meßbar und $f(X_1, X_2) : \Omega \to \mathbb{R}$ regulär. Dann gilt

$$\begin{aligned} E(f(X_1, X_2)) &= \int_{\mathcal{X}_1} \int_{\mathcal{X}_2} f(x_1, x_2) P^{X_2}(dx_2) P^{X_1}(dx_1) \\ &= \int_{\mathcal{X}_2} \int_{\mathcal{X}_1} f(x_1, x_2) P^{X_1}(dx_1) P^{X_2}(dx_2) \end{aligned}$$

Beweis:

Offensichtlich genügt es, die erste Gleichheit zu beweisen.

(a) Wir betrachten die Menge aller meßbaren Abbildungen $g : \mathcal{X}_1 \times \mathcal{X}_2 \to \mathbb{R}$, $g \geq 0$, für die folgende Aussage (H) gilt:

$$g(x_1, \cdot) : \mathcal{X}_2 \to [0, \infty) \text{ ist meßbar für alle } x_1 \in \mathcal{X}_1,$$

$$x_1 \mapsto \int_{\mathcal{X}_2} g(x_1, x_2) P^{X_2}(dx_2) \text{ ist meßbar,}$$

$$E(g(X_1, X_2)) = \int_{\mathcal{X}_1} \int_{\mathcal{X}_2} g(x_1, x_2) P^{X_2}(dx_2) P^{X_1}(dx_1).$$

Die dabei aufgeführten Meßbarkeitsaussagen erlauben es uns, die auftretenden Integrale zu bilden.

Wir werden nun zeigen, daß dies schon die Menge aller meßbaren Abbildungen $g : \mathcal{X}_1 \times \mathcal{X}_2 \to \mathbb{R}$, $g \geq 0$, liefert, also die Aussage (H) für sämtliche meßbaren Abbildungen $g : \mathcal{X}_1 \times \mathcal{X}_2 \to \mathbb{R}$, $g \geq 0$, gilt.

(b) Wir betrachten zunächst Indikatorfunktionen. Sei

$$\mathcal{A}(H) = \{B : B \in \mathcal{C}_1 \times \mathcal{C}_2, \ (H) \text{ gilt für } 1_B\}.$$

Für $B = D_1 \times D_2 \in R(\mathcal{C}_1, \mathcal{C}_2)$ gilt

$$1_B(x_1, \cdot) = 1_{D_1}(x_1) 1_{D_2}(\cdot),$$

$$\int_{\mathcal{X}_2} 1_B(x_1, x_2) P^{X_2}(dx_2) = 1_{D_1}(x_1) \int_{\mathcal{X}_2} 1_{D_2}(x_2) P^{X_2}(dx_2) = 1_{D_1}(x_1) P(X_2 \in D_2),$$

und schließlich

$$\int_{\mathcal{X}_1} \int_{\mathcal{X}_2} 1_B(x_1, x_2) P^{X_2}(dx_2) P^{X_1}(dx_1) = P(X_1 \in D_1) P(X_2 \in D_2).$$

Da andererseits

$$\begin{aligned} E(1_B(X_1,X_2)) &= E(1_{D_1}(X_1)1_{D_2}(X_2)) \\ &= P(X_1 \in D_1, X_2 \in D_2) = P(X_1 \in D_1)P(X_2 \in D_2) \end{aligned}$$

vorliegt, folgt damit $B = D_1 \times D_2 \in \mathcal{A}(H)$, also

$$R(\mathcal{C}_1, \mathcal{C}_2) \subseteq \mathcal{A}(H).$$

Ferner ist $\mathcal{A}(H)$ offensichtlich ein Dynkin-System. Aus der $\cap$-Stabilität von $R(\mathcal{C}_1, \mathcal{C}_2)$ folgt dann mit 6.23

$$\mathcal{A}(H) = \sigma(R(\mathcal{C}_1, \mathcal{C}_2)) = \mathcal{C}_1 \otimes \mathcal{C}_2.$$

Also gilt (H) für sämtliche Indikatorfunktionen von meßbaren Mengen.

(c) Gilt nun (H) für $g_1 \geq 0, g_2 \geq 0$, so folgt offensichtlich die Gültigkeit für $ag_1 + bg_2, a, b \in \mathbb{R}, a, b \geq 0$.

Liegt weiter eine Folge $0 \leq g_1 \leq g_2 \leq \ldots$ vor und ist $g = \lim_{n\to\infty} g_n$, so zeigt der Satz von der monotonen Konvergenz, daß aus der Gültigkeit von (H) für $g_1, g_2, \ldots$ die Gültigkeit für g folgt, vgl. den Beweis von 8.21. Mit dem Beweisprinzip für meßbare Abbildungen 8.23 ergibt sich die Gültigkeit von (H) für sämtliche meßbaren $g \geq 0$.

(d) Wir erhalten damit die Gleichheit

$$E(f^+(X_1,X_2)) = \int_{\mathcal{X}_1}\int_{\mathcal{X}_2} f^+(x_1,x_2)P^{X_2}(dx_2)P^{X_1}(dx_1)$$

und entsprechend

$$E(f^-(X_1,X_2)) = \int_{\mathcal{X}_1}\int_{\mathcal{X}_2} f^-(x_1,x_2)P^{X_2}(dx_2)P^{X_1}(dx_1)$$

für sämtliche meßbaren f. Die Definition des Integrals als Differenz der Integrale über Positiv- und Negativteil liefert dann allgemein die Behauptung. □

10.28 Anmerkungen

(*i*) Im Satz von Fubini ist das Integral über die Funktion

$$x_1 \mapsto \int_{\mathcal{X}_2} g(x_1,x_2)P^{X_2}(dx_2)$$

für $g \geq 0$ zu bilden. Diese Funktion kann nun den Wert $+\infty$ annehmen. Wir haben daher, um formal korrekt zu sein, unseren Integralbegriff auf meßbare Abbildungen mit Werten in $\mathbb{R} \cup \{-\infty, +\infty\}$ auszuweiten. Die Einführung des Integrals gemäß 8.10, 8.18 erlaubt dieses problemlos, und wir verzichten auf die explizite Darstellung.

(*ii*) Beim Übergang zu allgemeinem $f = f^+ - f^-$ schließen wir unter Benutzung des für $g \geq 0$ bewiesenen

$$\begin{aligned} E(f(X_1, X_2)) &= E(f^+(X_1, X_2)) - E(f^-(X_1, X_2)) \\ &= \int_{\mathcal{X}_1} \int_{\mathcal{X}_2} f^+(x_1, x_2) P^{X_2}(dx_2) P^{X_1}(dx_1) \\ &\quad - \int_{\mathcal{X}_1} \int_{\mathcal{X}_2} f^-(x_1, x_2) P^{X_2}(dx_2) P^{X_1}(dx_1) \\ &= \int_{\mathcal{X}_1} [\int_{\mathcal{X}_2} f^+(x_1, x_2) P^{X_2}(dx_2) \\ &\quad - \int_{\mathcal{X}_2} f^-(x_1, x_2) P^{X_2}(dx_2)] P^{X_1}(dx_1) \\ &= \int_{\mathcal{X}_1} \int_{\mathcal{X}_2} f(x_1, x_2) P^{X_2}(dx_2) P^{X_1}(dx_1). \end{aligned}$$

Dabei haben wir die Möglichkeit des Auftretens des undefinierten Ausdrucks $\infty - \infty$ zu beachten. Aus der vorausgesetzten Regularität von $f(X_1, X_2)$ folgt

$$P^{X_1}(\{x_1 : \int_{\mathcal{X}_2} f^+(x_1, x_2) P^{X_2}(dx_2) = \infty\}) = 0$$

oder

$$P^{X_1}(\{x_1 : \int_{\mathcal{X}_2} f^-(x_1, x_2) P^{X_2}(dx_2) = \infty\}) = 0.$$

Setzen wir

$$\mathcal{X}_1^* = \{x_1 : \int_{\mathcal{X}_2} f^+(x_1, x_2) P^{X_2}(dx_2) < \infty \text{ oder } \int_{\mathcal{X}_2} f^-(x_1, x_2) P^{X_2}(dx_2) < \infty\},$$

so gilt

$$P^{X_1}(\mathcal{X}_1^*) = 1.$$

Für $x_1 \in \mathcal{X}_1^*$ tritt also der undefinierte Ausdruck $\infty - \infty$ nicht auf. Da die übrigen Punkte eine Menge von Wahrscheinlichkeit 0 bilden, die keinen Beitrag zum Integral liefert, können wir obige Rechnung durch Ersetzen von $\mathcal{X}_1$ durch $\mathcal{X}_1^*$ formal korrekt durchführen. Auf die explizite Darstellung wird wiederum verzichtet.

Wir kommen nun zur Verallgemeinerung des Satzes von Fubini.

10.29 Satz

Es seien $X_1, \ldots, X_n$ stochastisch unabhängige Zufallsvariablen, $X_i : \Omega \to \mathcal{X}_i$ für $i = 1, \ldots, n$. Sei $f : \times_{i=1}^n \mathcal{X}_i \to \mathbb{R}$ meßbar, $f(X_1, \ldots, X_n)$ regulär. Dann gilt

$$\begin{aligned}
&E(f(X_1, \ldots, X_n)) \\
= &\int_{\mathcal{X}_n} \cdots \int_{\mathcal{X}_2} \int_{\mathcal{X}_1} f(x_1, \ldots, x_n) P^{X_1}(dx_1) P^{X_2}(dx_2) \ldots P^{X_n}(dx_n) \\
= &\int_{\mathcal{X}_{i_n}} \cdots \int_{\mathcal{X}_{i_2}} \int_{\mathcal{X}_{i_1}} f(x_1, \ldots, x_n) P^{X_{i_1}} d(x_{i_1}) P^{X_{i_2}}(dx_{i_2}) \ldots P^{X_{i_n}}(dx_{i_n})
\end{aligned}$$

für jede Permutation $i_1, \ldots, i_n$ von $1, \ldots, n$.

Beweis:

Da aus der stochastischen Unabhängigkeit von $X_1, \ldots, X_n$ auch diejenige von $X_{i_1}, \ldots, X_{i_n}$ für jede Permutation $i_1, \ldots, i_n$ von $1, \ldots, n$ folgt, genügt es, die erste Gleichheit zu zeigen. Dies geschieht durch Induktion.

Für den Induktionsschluß seien $X_1, \ldots, X_n, X_{n+1}$ stochastisch unabhängig. Wir setzen

$$X = (X_1, \ldots, X_n) : \Omega \to \times_{i=1}^n \mathcal{X}_i.$$

Dann sind X und X_{n+1} stochastisch unabhängig und Anwendung des Satzes von Fubini auf X und X_{n+1} ergibt unter Benutzung der Induktionsvoraussetzung

$$\begin{aligned}
&E(f(X_1, \ldots, X_{n+1})) = E(f(X, X_{n+1})) \\
= &\int_{\mathcal{X}_{n+1}} \int_{\mathcal{X}} f(x, x_{n+1}) P^X(dx)\; P^{X_{n+1}}(dx_{n+1}) \\
= &\int_{\mathcal{X}_{n+1}} \int_{\mathcal{X}_n} \cdots \int_{\mathcal{X}_1} f(x_1, \ldots, x_{n+1}) P^{X_1}(dx_1)\; P^{X_2}(dx_2) \cdots P^{X_{n+1}}(dx_{n+1}).
\end{aligned}$$

□

Wir verzichten auf die dem Satz von Fubini entsprechenden Anmerkungen zum möglichen Auftreten von $\infty - \infty$.

10.30 Produktwahrscheinlichkeitsmaße

$(\Omega_1, \mathcal{A}_1, P_1)$ und $(\Omega_2, \mathcal{A}_2, P_2)$ seien Wahrscheinlichkeitsräume. Dann wird das **Produktwahrscheinlichkeitsmaß**

$$P_1 \otimes P_2 : \mathcal{A}_1 \otimes \mathcal{A}_2 \to [0, 1]$$

definiert durch

$$P_1 \otimes P_2\,(B) = \int_{\Omega_2} P_1(\{\omega_1 : (\omega_1, \omega_2) \in B\}) P_2(d\omega_2).$$

Gemäß der Argumentation im Satz von Fubini ist die Abbildung $\omega_2 \mapsto P_1(\{\omega_1 : (\omega_1, \omega_2) \in B\})$ meßbar, so daß wir das vorstehende Integral bilden dürfen. Es ist sofort einzusehen, daß $P_1 \otimes P_2$ ein Wahrscheinlichkeitsmaß bildet und daß

$$P_1 \otimes P_2(A_1 \times A_2) = P_1(A_1)P_2(A_2)$$

für alle Rechteckmengen gilt. Gemäß des Eindeutigkeitssatzes 10.9 ist das Produktwahrscheinlichkeitsmaß durch diese Eigenschaft eindeutig bestimmt. Damit folgt auch

$$P_1 \otimes P_2\,(B) = \int_{\Omega_1} P_2(\{\omega_2 : (\omega_1, \omega_2) \in B\}) P_1(d\omega_1).$$

Integrale bzgl. des Produktwahrscheinlichkeitsmaßes werden entsprechend zum Satz von Fubini gemäß

$$\begin{aligned} \int f\, dP_1 \otimes P_2 &= \int_{\Omega_1} \int_{\Omega_2} f(x_1, x_2) P_2(d\omega_2) P_1(d\omega_1) \\ &= \int_{\Omega_2} \int_{\Omega_1} f(x_1, x_2) P_1(d\omega_1) P_2(d\omega_2) \end{aligned}$$

berechnet. Weiter können wir das n-fache Produktwahrscheinlichkeitsmaß, $n > 2$, induktiv definieren durch

$$\otimes_{i=1}^n P_i = (\otimes_{i=1}^{n-1} P_i) \otimes P_n.$$

Das n-fache Produktwahrscheinlichkeitsmaß erfüllt entsprechend

$$\otimes_{i=1}^n P_i\,(\times_{i=1}^n A_i) = \prod_{i=1}^n P_i(A_i)$$

für alle Rechteckmengen und ist durch diese Eigenschaft eindeutig bestimmt. Im Fall von $P_1 = P_2 = \ldots = P_n$ schreiben wir kurz

$$P^n = P \otimes \ldots \otimes P.$$

Ebenso können wir das Produkt von Maßen einführen, wobei die entsprechenden Rechenregeln des Satzes von Fubini gelten. Hier haben wir allerdings die technische Einschränkung zu machen, daß diese Maße σ-endlich sind, d.h. daß Ω abzählbare Vereinigung von Mengen endlichen Maßes ist. Das n-dimensionale Lebesguesche Maß ergibt sich dabei gerade als n-faches Produktmaß

$$\lambda^n = \lambda \otimes \ldots \otimes \lambda.$$

Wir können mit dieser Begriffsbildung die stochastische Unabhängigkeit umformulieren.

10.31 Satz

Es seien $X_1, \ldots, X_n$ Zufallsvariable, $X = (X_1, \ldots, X_n)$.

Dann sind äquivalent:

(i) $X_1, \ldots, X_n$ *sind stochastisch unabhängig.*
(ii) $P^X = \otimes_{i=1}^n P^{X_i}$.

Beweis:
Dies ergibt sich sofort aus der Eindeutigkeitsaussage 10.9.

□

10.32 Anmerkung

Wir können, in Verallgemeinerung von 10.17, die stochastische Unabhängigkeit beim Vorliegen von Dichten im allgemeinen Fall charakterisieren. Dazu seien Zufallsvariable $X_i : \Omega \to \mathcal{X}_i$, $i = 1, \ldots, n$ betrachtet. Jedes X_i möge die Dichte f_i bzgl. eines σ-endlichen Wahrscheinlichkeitsmaßes μ_i auf $\mathcal{X}_i$ besitzen, siehe 8.24. Wir definieren

$$f : \times_{i=1}^n \mathcal{X}_i \to [0, \infty), \; f(x_1, \ldots, x_n) = \prod_{i=1}^n f(x_i).$$

Dann können wir unter Benutzung von 10.9 wie in 10.7 beweisen, daß die folgenden beiden Aussagen äquivalent sind:

(i) $X_1, \ldots, X_n$ *sind stochastisch unabhängig.*
(ii) $X = (X_1, \ldots, X_n)$ *besitzt die Dichte* f *bzgl.* $\otimes_{i=1}^n \mu_i$.

Die Bildung der Verteilung einer Summe von unabhängigen Zufallsgrößen können wir ebenfalls in einem allgemeineren Rahmen behandeln.

10.33 Die Faltung

Seien P_1 und P_2 reelle Wahrscheinlichkeitsmaße. Für meßbares $B \subseteq \mathbb{R}$ definieren wir

$$P_1 \star P_2\,(B) = \int P_1(B - x_2) P_2(dx_2).$$

Es ist also gerade

$$P_1 \star P_2\,(B) = P_1 \otimes P_2\,(\{(x_1, x_2) : x_1 + x_2 \in B\}),$$

damit auch

$$P_1 \star P_2\ (B) = \int P_2(B - x_1) P_1(dx_1).$$

Es folgt sofort, daß $P_1 \star P_2$ ein reelles Wahrscheinlichkeitsmaß ist, das als **Faltung** von P_1 und P_2 bezeichnet wird. Sind also X_1 und X_2 stochastisch unabhängige Zufallsgrößen, so gilt

$$P^{X_1+X_2} = P^{X_1} \star P^{X_2}.$$

Aufgaben

Aufgabe 10.1 Seien X_1, X_2 stochastisch unabhängig und $Poi(\beta_1), Poi(\beta_2)$ verteilt. Bestimmen Sie $P(X_1 = k \mid X_1 + X_2 = n)$, $k = 0, 1 \ldots, n$.

Aufgabe 10.2 Seien $X_1, X_2, \ldots$ stochastisch unabhängig und identisch $Exp(\beta)$-verteilt. Bestimmen Sie für $n \in \mathbb{N}$ die Verteilung von $X_1 + \ldots + X_n$.

Aufgabe 10.3 Die Anzahl der Nachkommen bei einer Tiergattung sei durch eine $Poi(\beta)$-Verteilung modelliert. Mit Wahrscheinlichkeit p sei ein Nachkomme weiblich, mit Wahrscheinlichkeit $1 - p$ männlich, und dieses unabhängig von der Anzahl und dem Geschlecht der anderen Nachkommen. Sei X die Anzahl der weiblichen, Y diejenige der männlichen Nachkommen.

Bestimmen Sie Verteilung und Erwartungswert von X und Y. Sind X und Y stochastisch unabhängig?

Aufgabe 10.4 Drei Personen A, B und C betreten so gut wie gleichzeitig einen Friseursalon mit zwei Bedienungsstühlen, die beide gerade frei sind. A und B kommen sofort an die Reihe, C muß warten, bis einer der beiden bedient worden ist. Die jeweiligen Bedienungszeiten X, Y, Z von A, B, C seien stochastisch unabhängige, $Exp(\beta)$-verteilte Zufallsgrößen mit Parameter $\beta > 0$.

Bestimmen Sie die Wahrscheinlichkeit dafür, daß C nicht als letzter den Salon verläßt, ferner die erwartete Zeit, die C im Salon zubringt, und die erwartete Zeit, die verstreicht, bis alle drei den Salon wieder verlassen haben.

Aufgabe 10.5 Seien $X_1, \ldots, X_n$ stochastisch unabhängige Zufallsgrößen. Zeigen Sie:

(i) Aus $P(X_1 = X_2) = 1$ folgt $P(X_1 = a) = P(X_2 = a) = 1$ für ein $a \in \mathbb{R}$, insbesondere sind X_1 und X_2 fast sicher konstant.
(ii) $X_1 + \ldots + X_n$ ist genau dann fast sicher konstant, wenn sämtliche der X_i fast sicher konstant sind.

Aufgabe 10.6 Seien $X_1, \ldots, X_n$ stochastisch unabhängige, identisch verteilte Zufallsgrößen. Ordne $X_1, \ldots, X_n$ der Größe nach und schreibe $(X_{(1)}, \ldots, X_{(n)})$ für das geordnete Tupel, bei dem $X_{(1)} \leq \ldots \leq X_{(n)}$ gilt und das als Ordnungsstatistik bezeichnet wird.

Bestimmen Sie die Verteilungsfunktion von $X_{(k)}$ und, beim Vorliegen einer stetigen Dichte, ebenfalls die Dichte.

Aufgabe 10.7 Seien P_1, P_2 reelle Wahrscheinlichkeitsmaße mit stetigen Verteilungsfunktionen. Zeigen Sie

$$\int_{[a,b]} F_1 dP_2 + \int_{[a,b]} F_2 dP_1 = F_1(b)F_2(b) - F_1(a)F_2(a), \quad -\infty < a < b < \infty.$$

Aufgabe 10.8 Seien $X_n, n \in \mathbb{N}$, stochastisch unabhängige, identisch verteilte Zufallsvariablen mit $P(X_1 = 1) = p = 1 - P(X_1 = 0)$. Für $r = 1, 2, \ldots$ sei Y_r diejenige Zufallsvariable, die die Anzahl der Mißerfolge bis zum Eintreten des r-ten Erfolgs angibt.

Bestimmen Sie die Verteilung und den Erwartungswert von Y_r. Diese Verteilung wird als negative Binomialverteilung bezeichnet. Überlegen Sie sich, wodurch dieser Name motiviert ist.

Kapitel 11

Gesetze der großen Zahlen

Eine Brücke zwischen der mathematischen Wahrscheinlichkeitstheorie und dem alltäglichen Umgang mit Wahrscheinlichkeiten wird durch die Gesetze der großen Zahlen geschlagen. Wir haben die intuitive Vorstellung, daß bei einer großen Anzahl von Würfelwürfen jede der Zahlen mit ungefähr gleicher relativer Häufigkeit von 1/6 auftreten sollte und lassen uns bisweilen zu dem trügerischen Schluß verleiten, daß dann z.B. bei 3000 Würfen die 1 ungefähr 500-mal gewürfelt werden sollte. Wir wollen nun kennenlernen, wie die Wahrscheinlichkeitstheorie mit als **Gesetze der großen Zahlen** bekannten Resultaten diesen Fragestellungen nachgeht.

11.1 Relative Häufigkeiten beim Würfelwurf

Das wiederholte Würfeln sei modelliert durch eine Folge $X_1, X_2, \ldots$ von stochastisch unabhängigen Zufallsvariablen mit

$$P(X_i = j) = \frac{1}{6}, \; j = 1, \ldots, 6.$$

Sei definiert

$$h(\{1\}, n) = \frac{1}{n} |\{i \leq n: \; X_i = 1\}|,$$

die **relative Häufigkeit** des Auftretens der 1 unter den ersten n Würfen. $h(\{1\}, n)$ ist somit Zufallsgröße mit Werten in $[0, 1]$.

Wir erwarten, daß $h(\{1\}, n)$ für großes n nahe bei 1/6 liegt. Betrachten wir entsprechend

$$h(\{2, 4, 6\}, n) = \frac{1}{n} |\{i \leq n: \; X_i \in \{2, 4, 6\}\}|,$$

die relative Häufigkeit des Auftretens eines geraden Wurfs unter den ersten n Würfen, so sollte diese nahe bei 1/2 liegen.

In mathematischer Formulierung vermuten wir die Gültigkeit eines Grenzwertsatzes, der insbesondere die Konvergenz von $h(\{1\},n)$ gegen 1/6 und von $h(\{2,4,6\},n)$ gegen 1/2 liefert. In welchem Sinne können wir hier Konvergenz erwarten?

In 4.16 haben wir als Ergebnisraum für die unaufhörliche Wiederholung eines Würfelwurfs

$$\Omega = \{1,2,3,4,5,6\}^{\mathbb{N}}$$

betrachtet, so daß die Ergebnisse des i-ten Wurfs gegeben sind als

$$X_i(\omega) = \omega_i \text{ für } \omega = (\omega_1, \omega_2, \ldots) \in \Omega.$$

Für das Tupel $\omega' = (1,1,1,1,\ldots)$ gilt dann $h(\{1\},n)(\omega') = 1$ für alle n, also

$$\lim_{n\to\infty} h(\{1\},n)(\omega') \neq \frac{1}{6}.$$

Wir können also nicht erreichen, daß $h(\{1\},n)(\omega) \to 1/6$ für alle $\omega \in \Omega$ gilt und punktweise Konvergenz im Sinne des üblichen Konvergenzbegriffes der Analysis vorliegt.

In 4.16 hatten wir aber gesehen, daß das Ereignis, bis auf endlich viele Würfe ausschließlich 1 zu würfeln, die Wahrscheinlichkeit 0 besitzt. Dies legt die Vermutung nahe, daß das Ereignis bestehend aus denjenigen ω's, für die keine Konvergenz gegen 1/6 vorliegt, ebenfalls die Wahrscheinlichkeit 0 hat. Daß dieses tatsächlich wahr ist, wird sich als ein wesentliches Resultat unserer folgenden Überlegungen ergeben.

11.2 Relative Häufigkeiten

Es seien $Y_1, Y_2, \ldots$ Zufallsvariablen mit Werten in einem gemeisamen Bildraum $\mathcal{Y}$. Zu meßbarem $A \subseteq \mathcal{Y}$ wird definiert

$$h(A,n) = \frac{1}{n}|\{i \leq n : Y_i \in A\}|,$$

die **relative Häufigkeit** des Auftretens von Ergebnissen in A in den ersten n Durchführungen des durch $Y_1, Y_2, \ldots$ beschriebenen zufälligen Vorgangs. Dabei gilt

$$\begin{aligned} h(A,n) &= \frac{1}{n}|\{i \leq n : \; Y_i \in A\}| = \frac{1}{n}\sum_{i=1}^{n} 1_{\{Y_i \in A\}} \\ &= \frac{1}{n}\sum_{i=1}^{n} 1_A(Y_i) \end{aligned}$$

Mit $X_i = 1_A(Y_i) = 1_{\{Y_i \in A\}}$ für $i \in \mathbb{N}$ gilt also

$$h(A,n) = \frac{1}{n}\sum_{i=1}^{n} X_i.$$

Die Untersuchung von relativen Häufigkeiten führt also auf die Untersuchung von Mittelwerten von Zufallsgrößen. Erinnern wir uns an die Tschebyschev-Ungleichung, erhalten wir sofort das folgende Resultat, das als **schwaches Gesetz der großen Zahlen** bekannt ist.

11.3 Schwaches Gesetz der großen Zahlen

Es seien $X_1, X_2, \ldots$ stochastisch unabhängige, quadratintegrierbare Zufallsgrößen. Dann gilt für jedes $\epsilon > 0$

$$P(|\frac{1}{n}\sum_{i=1}^{n}(X_i - E(X_i))| \geq \epsilon) \leq \frac{1}{\epsilon^2 n^2}\sum_{i=1}^{n} Var(X_i) \text{ für alle } n \in \mathbb{N}.$$

Also folgt

$$P(|\frac{1}{n}\sum_{i=1}^{n}(X_i - E(X_i))| \geq \epsilon) \to 0, \text{ falls } \frac{1}{n^2}\sum_{i=1}^{n} Var(X_i) \to 0$$

für $n \to \infty$ vorliegt.

Beweis:
Mit der Tschebyschev-Ungleichung 9.4 und der Additivität der Varianz bei stochastischer Unabhängigkeit 10.16 ergibt sich

$$\begin{aligned} P(|\frac{1}{n}\sum_{i=1}^{n}(X_i - E(X_i))| \geq \epsilon) &\leq \frac{1}{\epsilon^2} Var(\frac{1}{n}\sum_{i=1}^{n}(X_i - E(X_i))) \\ &= \frac{1}{\epsilon^2 n^2}\sum_{i=1}^{n} Var(X_i), \end{aligned}$$

was auch sofort die zweite Aussage liefert. □

11.4 Anwendung auf relative Häufigkeiten

Es seien $Y_1, Y_2, \ldots$ stochastisch unabhängige und identisch verteilte Zufallsvariable mit Werten in $\mathcal{Y}$, ferner $A \subseteq \mathcal{Y}$ meßbar.
Mit $X_i = 1_A(Y_i) = 1_{\{Y_i \in A\}}$ für $i \in \mathbb{N}$ gilt dann

$$h(A,n) = \frac{1}{n}\sum_{i=1}^{n} X_i.$$

Dabei sind $X_1, X_2, \ldots$ stochastisch unabhängig und identisch verteilt. Setzen wir

$$W = P^{Y_1},$$

so gilt für alle $i \in \mathbb{N}$

$$\begin{aligned} E(X_i) &= P(Y_i \in A) = W(A), \\ Var(X_i) &= E(X_i{}^2) - (E(X_i))^2 = W(A) - W(A)^2 \\ &= W(A)(1 - W(A)). \end{aligned}$$

Aus dem schwachen Gesetz der großen Zahlen folgt also für jedes $\epsilon > 0$

$$\begin{aligned} P(|h(A,n) - W(A)| \geq \epsilon) &= P(|\frac{1}{n}\sum_{i=1}^{n}(X_i - E(X_i))| \geq \epsilon) \\ &\leq \frac{1}{\epsilon^2 n^2}\sum_{i=1}^{n} Var(X_i) \\ &= \frac{1}{\epsilon^2 n} W(A)(1 - W(A)) \to 0 \end{aligned}$$

für $n \to \infty$.

Wenden wir dieses Ergebnis auf den Würfelwurf an, so ergibt sich z.B. für jedes $\epsilon > 0$

$$P(|h(\{1\}, n) - \frac{1}{6}| \geq \epsilon) \to 0$$

für $n \to \infty$.

Dies besagt, daß der relative Anteil der Würfe, die eine 1 ergeben, bei einer großen Anzahl von Würfen mit hoher Wahrscheinlichkeit nahe bei 1/6 liegt. Wir können daraus aber nicht folgern, daß die absolute Anzahl der Würfe, die eine 1 ergeben, nahe bei $n/6$ liegt, daß also z.B. bei 6000 Würfen mit hoher Wahrscheinlichkeit die Anzahl der Würfe mit Ergebnis 1 ungefähr 1000 wäre. Das Gesetz der großen Zahlen besagt nur, daß die auftretende Differenz mit hoher Wahrscheinlichkeit klein im Vergleich zur Gesamtzahl n ist.

Die hier vorliegende Konvergenzart wird als **Konvergenz in Wahrscheinlichkeit** bezeichnet.

11.5 Definition

Es seien $Z, Z_1, Z_2, \ldots$ Zufallsgrößen. Dann wird definiert

$$Z_n \to Z \text{ in Wahrscheinlichkeit,}$$

falls für jedes $\epsilon > 0$ gilt:

$$P(|Z_n - Z| \geq \epsilon) \to 0 \text{ für } n \to \infty.$$

Im schwachen Gesetz der großen Zahlen haben wir also für eine Folge von stochastisch unabhängigen und quadratintegrierbaren Zufallsgrößen unter der Voraussetzung

$$\frac{1}{n}\sum_{i=1}^{n} Var(X_i) \to 0$$

gezeigt

$$\frac{1}{n}\sum_{i=1}^{n}(X_i - E(X_i)) \to 0 \text{ in Wahrscheinlichkeit.}$$

Es stellt sich die Frage, wie wir mit dieser Konvergenzart umgehen können. Der folgende Satz, den wir in den Vertiefungen beweisen werden, gibt dazu Auskunft.

11.6 Satz

Es seien $Z, Z_1, Z_2, \ldots$ Zufallsgrößen, für die $Z_n \to Z$ in Wahrscheinlichkeit vorliegt. Dann gilt für jede beschränkte, stetige Funktion $g : \mathbb{R} \to \mathbb{R}$

$$E(g(Z_n)) \to E(g(Z)).$$

Diese Aussage ist im allgemeinen nicht richtig für unbeschränktes stetiges g. Es lassen sich einfach Beispiele konstruieren so, daß gilt

$$Z_n \to 0 \text{ in Wahrscheinlichkeit, aber } E(Z_n) \to \infty.$$

Betrachten wir z.B. eine Folge von Zufallsgrößen $Y_1, Y_2, \ldots$, wobei jedes Y_n $R(0,1)$-verteilt ist. Definieren wir die Folge $Z_1, Z_2, \ldots$ durch

$$Z_n = n^2 1_{(0,1/n)}(Y_n),$$

so gilt

$$E(Z_n) = n, \text{ aber } P(|Z_n| > 0) = \frac{1}{n} \to 0.$$

Eine weitere Konvergenzart ist von großer Bedeutung in der Wahrscheinlichkeitstheorie.

11.7 Definition

$Z, Z_1, Z_2, \ldots$ seien Zufallsgrößen. Dann wird definiert:

$$Z_n \to Z \text{ fast sicher,}$$

falls gilt

$$P(\{\omega : Z_n(\omega) \to Z(\omega)\}) = 1,$$

d.h. $P(Z_n \to Z) = 1$.

$$(Z_n)_n \text{ konvergiert fast sicher,}$$

falls gilt

$$P(\{\omega : (Z_n(\omega))_n \text{ konvergiert }\}) = 1,$$

d.h. $P((Z_n)_n$ konvergiert$) = 1$.

In den Anfangsbemerkungen zu diesem Kapitel haben wir die Möglichkeit angesprochen, die Konvergenz der relativen Häufigkeiten mit Wahrscheinlichkeit 1 nachweisen zu können. Dies bedeutet also, fast sichere Konvergenz zu zeigen.

Damit wir mit dieser Konvergenzart arbeiten können, sind einige Vorbereitungen notwendig.

11.8 Anmerkungen

(*i*) Erinnert sei zunächst an die üblichen Konvergenzkriterien für reelle Zahlenfolgen. Seien $a, a_1, a_2, \ldots \in \mathbb{R}$. Dann gilt: $a_n \to a$ genau dann, wenn für alle $j \in \mathbb{N}$ ein $m \in \mathbb{N}$ existiert mit der Eigenschaft

$$\sup_{n \geq m} |a_n - a| \leq \frac{1}{j}.$$

$(a_n)_n$ konvergiert - wobei hier stets die Konvergenz in $\mathbb{R}$ gemeint ist - genau dann, wenn für alle $j \in \mathbb{N}$ ein $m \in \mathbb{N}$ existiert mit der Eigenschaft

$$\sup_{n \geq m} |a_n - a_m| \leq \frac{1}{j}.$$

(*ii*) Übersetzen wir dies in die Sprache der Mengen, so erhalten wir für Zufallsgrößen $Z, Z_1, Z_2, \ldots$

$$\{\omega : Z_n(\omega) \to Z(\omega)\} = \bigcap_{j \in \mathbb{N}} \bigcup_{m \in \mathbb{N}} \{\omega : \sup_{n \geq m} |Z_n(\omega) - Z(\omega)| \leq \frac{1}{j}\},$$

also in wahrscheinlichkeitstheoretischer Notation

$$\{Z_n \to Z\} = \bigcap_{j\in\mathbb{N}} \bigcup_{m\in\mathbb{N}} \{\sup_{n\geq m} |Z_n - Z| \leq \frac{1}{j}\}$$

und entsprechend

$$\{(Z_n)_n \text{ konvergiert }\} = \bigcap_{j\in\mathbb{N}} \bigcup_{m\in\mathbb{N}} \{\sup_{n\geq m} |Z_n - Z_m| \leq \frac{1}{j}\}.$$

Dies zeigt auch, daß die Mengen $\{Z_n \to Z\}$ und $\{(Z_n)_n$ konvergiert $\}$ meßbar sind, was in der Definition der fast sicheren Konvergenz stillschweigend vorausgesetzt wurde.

Nach diesen Vorbereitungen können wir die folgenden Kriterien für fast sichere Konvergenz nachweisen.

11.9 Satz

Es seien $Z, Z_1, Z_2, \ldots$ Zufallsgrößen.

(i) $Z_n \to Z$ fast sicher genau dann, wenn für jedes $\epsilon > 0$ gilt

$$P(\sup_{n\geq m} |Z_n - Z| > \epsilon) \to 0 \textit{ für } m \to \infty.$$

(ii) $(Z_n)_n$ konvergiert fast sicher genau dann, wenn für jedes $\epsilon > 0$ gilt

$$P(\sup_{n\geq m} |Z_n - Z_m| > \epsilon) \to 0 \textit{ für } m \to \infty.$$

Beweis:
(i) Gemäß 11.8 gilt, da eine in j fallende Mengenfolge vorliegt,

$$P(Z_n \to Z) = \lim_{j\to\infty} P\left(\bigcup_{m\in\mathbb{N}} \{\sup_{n\geq m} |Z_n - Z| \leq \frac{1}{j}\}\right).$$

Es folgt

$$Z_n \to Z \text{ fast sicher genau dann, wenn } P\left(\bigcup_{m\in\mathbb{N}} \{\sup_{n\geq m} |Z_n - Z| \leq \frac{1}{j}\}\right) = 1$$

für alle $j \in \mathbb{N}$ vorliegt, also bei

$$P\left(\bigcup_{m\in\mathbb{N}}\{\sup_{n\geq m}|Z_n - Z| \leq \epsilon\}\right) = 1 \text{ für alle } \epsilon > 0.$$

Da eine in m wachsende Mengenfolge vorliegt, gilt weiter

$$\begin{aligned} P\left(\bigcup_{m\in\mathbb{N}}\{\sup_{n\geq m}|Z_n - Z| \leq \epsilon\}\right) &= \lim_{m\to\infty} P\left(\{\sup_{n\geq m}|Z_n - Z| \leq \epsilon\}\right) \\ &= 1 - \lim_{m\to\infty} P\left(\{\sup_{n\geq m}|Z_n - Z| > \epsilon\}\right), \end{aligned}$$

womit die Behauptung (i) folgt.

(ii) wird entsprechend bewiesen.

□

11.10 Korollar

Es seien $Z, Z_1, Z_2, \ldots$ Zufallsgrößen.

(i) Gilt $Z_n \to Z$ fast sicher, so auch $Z_n \to Z$ in Wahrscheinlichkeit.

(ii) $\sum_{n\in\mathbb{N}} P(|Z_n - Z| > \epsilon) < \infty$ für alle $\epsilon > 0$ impliziert $Z_n \to Z$ fast sicher.

Beweis:
(i) Es gilt für jedes $\epsilon > 0$

$$P(|Z_m - Z| > \epsilon) \leq P(\sup_{n\geq m}|Z_n - Z| > \epsilon),$$

so daß die Behauptung aus 11.9 folgt.

(ii) Aus der Ungleichung

$$P(\sup_{n\geq m}|Z_n - Z| > \epsilon) \leq \sum_{n\geq m} P(|Z_n - Z| > \epsilon)$$

folgt die Behauptung wiederum mit 11.9.

□

Es lassen sich leicht Beispiele angeben, bei denen Konvergenz in Wahrscheinlichkeit, jedoch keine fast sichere Konvergenz vorliegt.

11.11 Beispiel

Seien $X_1, X_2, \ldots$ stochastisch unabhängige Zufallsgrößen mit Werten in $\{0,1\}$. Es gelte $P(X_n = 1) = 1/n = 1 - P(X_n = 0)$ für $n = 1, 2, \ldots$ Dann folgt für jedes $\epsilon > 0$

$$P(|X_n| \geq \epsilon) = P(X_n = 1) = 1/n,$$

so daß Konvergenz in Wahrscheinlichkeit vorliegt. Andererseits gilt

$$\sum_{n=1}^{\infty} P(X_n = 1) = \infty.$$

Da die Ereignisse $A_n = \{X_n = 1\}$, $n \in \mathbb{N}$, stochastisch unabhängig sind, folgt mit 4.15

$$P(\limsup A_n) = 1.$$

Ist nun $\omega \in \limsup A_n$, so ist $X_n(\omega) = 1$ für unendlich viele n, also

$$\limsup X_n(\omega) = 1.$$

Betrachten wir entsprechend $B_n = \{X_n = 0\}$, $n \in \mathbb{N}$, so gilt

$$P(\limsup B_n) = 1$$

und

$$\liminf X_n(\omega) = 0 \text{ für alle } \omega \in \limsup B_n.$$

Die Folge $(X_n)_n$ ist also nicht fast sicher konvergent.

11.12 Anmerkung

Im schwachen Gesetz der großen Zahlen haben wir gesehen, daß für stochastisch unabhängige, quadratintegrierbare Zufallsgrößen $X_1, X_2, \ldots$ aus

$$\frac{1}{n^2} \sum_{i=1}^{n} Var(X_i) \to 0$$

folgt

$$\frac{1}{n} \sum_{i=1}^{n} (X_i - E(X_i)) \to 0 \text{ in Wahrscheinlichkeit.}$$

Wir wollen nun ein einfaches Kriterium dafür finden, daß sogar

$$\frac{1}{n} \sum_{i=1}^{n} (X_i - E(X_i)) \to 0 \text{ fast sicher}$$

gilt. Wir können dabei im folgenden natürlich durch Übergang zu $X_n - E(X_n)$ stets annehmen, daß $E(X_n) = 0$ gilt. Ausgangspunkt unserer Überlegungen ist ein einfaches analytisches Resultat, bekannt als **Kroneckersches Lemma**.

11.13 Lemma

Es seien $a_1, a_2, \ldots$ reelle Zahlen. Sei $s_n = \sum_{i=1}^n a_i/i$, $n \in \mathbb{N}$. Falls $(s_n)_n$ konvergiert, so folgt

$$\frac{1}{n}\sum_{i=1}^n a_i \to 0.$$

Den Beweis werden wir in den Vertiefungen führen.

Wir sehen mit diesem Resultat, daß es zum Nachweis von

$$P(\frac{1}{n}\sum_{i=1}^n X_i \to 0) = 1$$

genügt,

$$P((\sum_{i=1}^n \frac{X_i}{i})_n \text{ konvergiert }) = 1$$

zu zeigen.

Wir wollen nun ein einfach nachprüfbares Kriterium für die Konvergenz von Summen von Zufallsgrößen herleiten. Dazu benötigen wir eine wesentliche Verschärfung der Tschebyschev-Ungleichung, die als **Kolmogorov-Ungleichung** bekannt ist.

11.14 Kolmogorov-Ungleichung

Es seien $X_1, X_2, \ldots, X_k$ stochastisch unabhängige, quadratintegrierbare Zufallsgrößen mit $EX_n = 0$, $n = 1, \ldots k$. Sei $S_n = \sum_{i=1}^n X_i, n = 1, \ldots, k$. Dann gilt für jedes $\epsilon > 0$

$$P(\max_{1\le n\le k} |S_n| \ge \epsilon) \le \frac{1}{\epsilon^2}\sum_{n=1}^k Var(X_n).$$

Beweis:
Wir setzen

$$A_1 = \{|S_1| \ge \epsilon\},\ A_n = \{|S_1| < \epsilon, \ldots, |S_{n-1}| < \epsilon, |S_n| \ge \epsilon\},\ n = 2, \ldots, k.$$

Dann sind diese Ereignisse paarweise disjunkt, und es gilt

$$\sum_{n=1}^k A_n = \{\max_{1\le n\le k} |S_n| \ge \epsilon\}.$$

Wir beachten weiter, daß für jedes n die Zufallsgrößen

$$1_{A_n} S_n \text{ und } S_k - S_n \text{ stochastisch unabhängig}$$

sind, da die erste nur von $X_1, \ldots, X_n$, die zweite nur von $X_{n+1}, \ldots, X_k$ abhängt. Damit erhalten wir für jedes n

$$E(1_{A_n} S_n(S_k - S_n)) = E(1_{A_n} S_n) E(S_k - S_n) = 0.$$

Es folgt dann mit den üblichen Rechenregeln für die Varianz

$$\begin{aligned}
\sum_{n=1}^{k} Var(X_n) &= E(S_k^2) \\
&\geq \sum_{n=1}^{k} E(1_{A_n} S_k^2) \\
&= \sum_{n=1}^{k} E(1_{A_n}(S_n + (S_k - S_n))^2) \\
&\geq \sum_{n=1}^{k} [E(1_{A_n} S_n^2) + 2E(1_{A_n} S_n (S_k - S_n))] \\
&\geq \sum_{n=1}^{k} \epsilon^2 P(A_n) \\
&= \epsilon^2 P(\max_{1 \leq n \leq k} |S_n| \geq \epsilon).
\end{aligned}$$

□

Wir kommen nun zum gewünschten Kriterium für das Vorliegen von fast sicherer Konvergenz.

11.15 Satz

Es seien $X_1, X_2, \ldots$ stochastisch unabhängige, quadratintegrierbare Zufallsgrößen mit $EX_n = 0$, $n \in \mathbb{N}$. Sei $S_n = \sum_{i=1}^{n} X_i, n \in \mathbb{N}$. Es gelte

$$\sum_{n=1}^{\infty} Var(X_n) < \infty.$$

Dann folgt

$$P((S_n)_n \textit{ konvergiert }) = 1.$$

Beweis:

Für $\epsilon > 0$, $m \in \mathbb{N}$ gilt mit Benutzung der Kolmogorov-Ungleichung und den üblichen Rechenregeln für die Varianz

$$P(\sup_{n \geq m} |S_n - S_m| > \epsilon) = P\left(\sup_{n \geq m+1} |\sum_{i=m+1}^{n} X_i| > \epsilon \right)$$

$$
\begin{aligned}
&= \lim_{k\to\infty} P\left(\sup_{k\geq n\geq m+1} |\sum_{i=m+1}^{n} X_i| > \epsilon\right) \\
&\leq \lim_{k\to\infty} \frac{1}{\epsilon^2} \sum_{i=m+1}^{k} Var(X_i) \\
&= \frac{1}{\epsilon^2} \sum_{i=m+1}^{\infty} Var(X_i).
\end{aligned}
$$

Nach Voraussetzung gilt

$$\sum_{i=m+1}^{\infty} Var(X_i) \to 0 \text{ für } m \to \infty,$$

so daß die Behauptung mit 11.9 folgt.

□

Wir erhalten nun leicht das folgende Resultat, das als **starkes Gesetz der großen Zahlen von Kolmogorov** bekannt ist.

11.16 Starkes Gesetz der großen Zahlen

Es seien $X_1, X_2, \ldots$ stochastisch unabhängige, quadratintegrierbare Zufallsgrößen. Es gelte

$$\sum_{n=1}^{\infty} \frac{Var(X_n)}{n^2} < \infty.$$

Dann folgt

$$\frac{1}{n}\sum_{i=1}^{n}(X_i - E(X_i)) \to 0 \textit{ fast sicher.}$$

Beweis:
Ohne Einschränkung sei $EX_i = 0$ für alle $i \in \mathbb{N}$ angenommen. Wir setzen

$$Y_i = \frac{X_i}{i} \text{ für } i \in \mathbb{N}.$$

Dann gilt

$$\sum_{n=1}^{\infty} Var(Y_n) = \sum_{n=1}^{\infty} \frac{Var(X_n)}{n^2} < \infty.$$

Sei weiter für $n \in \mathbb{N}$

$$S_n = \sum_{i=1}^{n} Y_i = \sum_{i=1}^{n} \frac{X_i}{i}.$$

Aus dem vorstehenden Satz ergibt sich

$$P((S_n)_n \text{ konvergiert }) = 1,$$

und durch Anwendung des Kroneckerschen Lemmas folgt

$$\frac{1}{n}\sum_{i=1}^{n} X_i \to 0 \text{ fast sicher.}$$

□

11.17 Anmerkungen

(*i*) Die Bedingung

$$\sum_{n=1}^{\infty} \frac{Var(X_n)}{n^2} < \infty$$

ist als **Kolmogorov-Kriterium** bekannt. Das Kolmogorov-Kriterium ist stets erfüllt, wenn die Folge der Varianzen beschränkt ist.

Unter Benutzung der Abschätzung

$$\frac{1}{n^2}\sum_{i=1}^{n} Var(X_i) \leq \frac{1}{n^2}\sum_{i=1}^{m} Var(X_i) + \sum_{i=m+1}^{n} \frac{Var(X_i)}{i^2}$$

ist sofort einzusehen, daß aus seiner Erfülltheit die im schwachen Gesetz der großen Zahlen benutzte Bedingung

$$\frac{1}{n^2}\sum_{i=1}^{n} Var(X_i) \to 0$$

folgt.

(*ii*) Seien nun $Y_1, Y_2, \ldots$ stochastisch unabhängige und identisch verteilte Zufallsvariable mit Werten in $\mathcal{Y}$, ferner $A \subseteq \mathcal{Y}$ meßbar. Wir betrachten die relativen Häufigkeiten

$$h(A, n) = \frac{1}{n}\sum_{i=1}^{n} 1_A(Y_i).$$

Das Kolmogorov-Kriterium ist erfüllt, und wir erhalten die gewünschte Konvergenz

$$h(A, n) \to P(Y_1 \in A) \text{ fast sicher.}$$

Der folgende Satz zeigt, daß im Fall von identischer Verteilung auf die Quadratintegrierbarkeit verzichtet werden kann.

11.18 Starkes Gesetz der großen Zahlen bei identischer Verteilung

Es seien $X_1, X_2, \ldots$ stochastisch unabhängige, integrierbare und identisch verteilte Zufallsgrößen. Sei $\mu = E(X_1)$. Dann gilt

$$\frac{1}{n}\sum_{i=1}^{n} X_i \to \mu \text{ fast sicher.}$$

Im Beweis wird dieses Resultat auf das starke Gesetz der großen Zahlen von Kolmogorov zurückgeführt. Mittels einer in der Wahrscheinlichkeitstheorie gebräuchlichen Stutzungstechnik wird zu Zufallsgrößen übergegangen, die das Kolmogorov-Kriterium erfüllen. Wir werden dies in den Vertiefungen ausführlich behandeln.

Vertiefungen

Ausgangspunkt unserer Überlegungen zum Nachweis des starken Gesetzes der großen Zahlen ist das Kroneckersche Lemma gewesen, dessen Beweis wir nun nachholen, wobei wir eine etwas allgemeinere Version darstellen wollen.

11.19 Lemma

Es seien $a_1, a_2, \ldots$ und $b_1, b_2, \ldots$ reelle Zahlen. Es gelte $0 < b_1 \leq b_2 \leq \ldots$ und $\lim_{n\to\infty} b_n = \infty$. Sei $s_n = \sum_{i=1}^{n} a_i/b_i$, $n \in \mathbb{N}$.

Falls $(s_n)_n$ konvergiert, so folgt

$$\frac{1}{b_n}\sum_{i=1}^{n} a_i \to 0.$$

Beweis:

Da $(s_n)_n$ konvergiert, existiert $s = \lim_{n\to\infty} s_n \in \mathbb{R}$. Wir benutzen nun, mit $b_0 = 0$, die einfach nachprüfbare Identität

$$\frac{1}{b_n}\sum_{i=1}^{n} a_i = s_n - \frac{1}{b_n}\sum_{i=1}^{n}(b_i - b_{i-1})s_{i-1}.$$

Aus $s = \lim_{n\to\infty} s_n$ folgt $s = \lim_{n\to\infty} \frac{1}{b_n}\sum_{i=1}^{n}(b_i - b_{i-1})s_{i-1}$, und damit

$$\lim_{n\to\infty} \frac{1}{b_n}\sum_{i=1}^{n} a_i = 0.$$

□

Mit diesem Lemma, angewandt auf $b_n = n$, konnten wir das starke Gesetz der großen Zahlen von Kolmogorov nachweisen. Wir wollen nun zeigen, wie daraus weiter das starke Gesetz der großen Zahlen für identisch verteilte Zufallsgrößen ohne die Voraussetzung der Quadratintegrierbarkeit hergeleitet werden kann, und werden dabei mit der **Stutzungsmethode** eine nützliche Beweistechnik der Wahrscheinlichkeitstheorie kennenlernen.

11.20 Starkes Gesetz der großen Zahlen bei identischer Verteilung

Es seien $X_1, X_2, \ldots$ stochastisch unabhängige, integrierbare und identisch verteilte Zufallsgrößen. Sei $\mu = EX_1$ der gemeinsame Erwartungswert. Dann gilt

$$\frac{1}{n}\sum_{i=1}^{n} X_i \to \mu \text{ fast sicher.}$$

Beweis:

Ohne Einschränkung sei $\mu = 0$ angenommen. Die Stutzungsmethode besteht nun in einem Übergang von den X_i zu geeignet beschränkten Y_i, für die dann die gewünschten Momente, hier die Varianzen, existieren. Wir definieren für alle $i \in \mathbb{N}$

$$Y_i = X_i 1_{\{|X_i| \leq i\}}.$$

(a) Zunächst wird das Kolmogorov-Kriterium für die Folge der Y_i nachgewiesen. Wir berechnen

$$\begin{aligned} Var(Y_i) &\leq E(Y_i^2) \\ &= \int_{\{|X_i| \leq i\}} |X_i|^2 \, dP \\ &= \int_{\{|X_1| \leq i\}} |X_1|^2 \, dP \\ &\leq \sum_{k=0}^{i-1} (k+1)^2 P(k < |X_1| \leq k+1). \end{aligned}$$

Daraus folgt

$$\begin{aligned} \sum_{i=1}^{\infty} \frac{Var(Y_i)}{i^2} &\leq \sum_{i=1}^{\infty} \frac{1}{i^2} \sum_{k=0}^{i-1} (k+1)^2 P(k < |X_1| \leq k+1) \\ &= \sum_{i=1}^{\infty} \sum_{k=0}^{i-1} \frac{1}{i^2} (k+1)^2 P(k < |X_1| \leq k+1) \\ &= \sum_{k=0}^{\infty} \sum_{i=k+1}^{\infty} \frac{1}{i^2} (k+1)^2 P(k < |X_1| \leq k+1) \end{aligned}$$

$$
\begin{aligned}
&= \sum_{k=0}^{\infty}(k+1)^2 P(k < |X_1| \le k+1)\left(\sum_{i=k+1}^{\infty}\frac{1}{i^2}\right) \\
&\le 2\sum_{k=0}^{\infty}(k+1)P(k < |X_1| \le k+1) \\
&= 2\sum_{k=0}^{\infty} kP(k < |X_1| \le k+1) + 2\sum_{k=0}^{\infty} P(k < |X_1| \le k+1) \\
&\le 2(E(|X_1|)+1) < \infty.
\end{aligned}
$$

Dabei haben wir die Ungleichung

$$
\sum_{i=k+1}^{\infty}\frac{1}{i^2} \le \frac{1}{(k+1)^2} + \sum_{i=k+2}^{\infty}\left(\frac{1}{i-1}-\frac{1}{i}\right) \le \frac{2}{k+1}
$$

benutzt.

(b) Anwendung des starken Gesetzes der großen Zahlen von Kolmogorov liefert

$$
\frac{1}{n}\sum_{i=1}^{n} Y_i - \frac{1}{n}\sum_{i=1}^{n} E(Y_i) \to 0 \text{ fast sicher.}
$$

Weiter gilt

$$
E(Y_n) = \int_{\{|X_n|\le n\}} X_n\,dP = \int_{\{|X_1|\le n\}} X_1\,dP \to \int X_1\,dP = 0.
$$

Daraus folgt

$$
\frac{1}{n}\sum_{i=1}^{n} E(Y_i) \to 0,
$$

und damit

$$
\frac{1}{n}\sum_{i=1}^{n} Y_i \to 0 \text{ fast sicher.}
$$

(c) Es verbleibt der Nachweis von

$$
\frac{1}{n}\sum_{i=1}^{n} X_i - \frac{1}{n}\sum_{i=1}^{n} Y_i \to 0 \text{ fast sicher.}
$$

Offensichtlich gilt

$$
\{\omega : \frac{1}{n}\sum_{i=1}^{n}(X_i(\omega) - Y_i(\omega)) \to 0\} \supseteq \bigcup_{k\in\mathbb{N}}\bigcap_{n\ge k}\{\omega : X_n(\omega) = Y_n(\omega)\}.
$$

Es genügt also zu zeigen

$$P(\liminf\{X_n = Y_n\}) = 1,$$

bzw.

$$P((\liminf\{X_n = Y_n\})^c) = P(\limsup\{X_n \neq Y_n\}) = 0.$$

Mit dem Lemma von Borel-Cantelli ist es hinreichend,

$$\sum_{n=1}^{\infty} P(X_n \neq Y_n) < \infty$$

herzuleiten. Dazu berechnen wir

$$\begin{aligned}
& \sum_{n=1}^{\infty} P(X_n \neq Y_n) = \sum_{n=1}^{\infty} P(|X_n| > n) = \sum_{n=1}^{\infty} P(|X_1| > n) \\
= & \sum_{n=1}^{\infty} \sum_{k=n}^{\infty} P(k < |X_1| \leq k+1) = \sum_{k=1}^{\infty} \sum_{n=1}^{k} P(k < |X_1| \leq k+1) \\
= & \sum_{k=1}^{\infty} k P(k < |X_1| \leq k+1) \leq E(|X_1|) < \infty.
\end{aligned}$$

□

Wir kommen schließlich zur bisher ohne Beweis angegebenen Eigenschaft der schwachen Konvergenz.

11.21 Satz

Es seien $Z, Z_1, Z_2, \ldots$ Zufallsgrößen, für die gilt $Z_n \to Z$ in Wahrscheinlichkeit. Dann folgt für jede beschränkte, stetige Funktion $g : \mathbb{R} \to \mathbb{R}$

$$E(g(Z_n)) \to E(g(Z)).$$

Beweis:

Sei $\epsilon > 0$. Da $P(|Z| > k) \to 0$ für $k \to \infty$ gilt, existiert ein $k \in \mathbb{N}$ mit

$$P(|Z| > k) \leq \epsilon.$$

Ferner folgt aus der vorausgesetzten Konvergenz in Wahrscheinlichkeit

$$\begin{aligned}
P(|Z_n| > k+1) &= P((|Z_n| - |Z|) + |Z| > k+1) \\
&\leq P(|Z_n| - |Z| > 1) + P(|Z| > k) \\
&\leq P(|Z_n - Z| > 1) + P(|Z| > k) \\
&\leq 2\epsilon \text{ für alle } n \geq n_0
\end{aligned}$$

mit geeignet gewähltem n_0. Sei

$$K = \{|Z| \leq k+1, |Z_n| \leq k+1\}, \text{ also } K^c = \{|Z| > k+1\} \cup \{|Z_n| > k+1\}.$$

Es folgt

$$\begin{aligned} & |\int g(Z_n)\,dP - \int g(Z)\,dP| \leq \int |g(Z_n) - g(Z)|\,dP \\ = & \int_K |g(Z_n) - g(Z)|\,dP + \int_{K^c} |g(Z_n) - g(Z)|\,dP \\ \leq & \int_K |g(Z_n) - g(Z)|\,dP + 2\sup|g|(P(|Z| > k+1) + P(|Z_n| > k+1)) \\ \leq & \int_K |g(Z_n) - g(Z)|\,dP + 6\epsilon \sup|g| \text{ für alle } n \geq n_0. \end{aligned}$$

Es bleibt zu betrachten:

$$\int_K |g(Z_n) - g(Z)|\,dP.$$

Wohlbekannt ist die gleichmäßige Stetigkeit von stetigen Funktionen auf kompakten Mengen. Diese liefert die Existenz von $\delta > 0$ so, daß für alle z, z' mit $|z| \leq k+1$, $|z'| \leq k+1$ gilt

$$|z - z'| \leq \delta \text{ impliziert } |g(z) - g(z')| \leq \epsilon.$$

Wir benutzen dies und erhalten

$$\begin{aligned} \int_K |g(Z_n) - g(Z)|\,dP &= \int_{K \cap \{|Z_n - Z| \geq \delta\}} |g(Z_n) - g(Z)|\,dP \\ &\quad + \int_{K \cap \{|Z_n - Z| < \delta\}} |g(Z_n) - g(Z)|\,dP \\ &\leq 2\sup|g|\, P(|Z_n - Z| \geq \delta) + \epsilon \\ &\leq 2\epsilon \text{ für alle } n \geq n_1 \end{aligned}$$

mit geeignet gewähltem n_1. Insgesamt folgt für $n \geq \max\{n_0, n_1\}$

$$\left|\int g(Z_n)\,dP - \int g(Z)\,dP\right| \leq 6\epsilon \sup|g| + 2\epsilon$$

und damit die Behauptung.

□

Aufgaben

Aufgabe 11.1 Sei Y_n die höchste gewürfelte Zahl bei n-maligem Würfeln. Zeigen Sie $Var(Y_n) \to 0$.

Aufgabe 11.2 Wiederholt werde eine Münze geworfen, so daß stochastisch unabhängige Zufallsvariablen $X_1, X_2, \ldots$ mit $P(X_n = 1) = 1/2 = P(X_n = 0)$ vorliegen. $X_n = 1$ bedeute, daß der n-te Wurf Kopf zeigt. Sie spielen nun folgendes Spiel: Vor jedem Münzwurf setzen Sie Ihr gesamtes Kapital auf Kopf. Gewinnen Sie, erhöht sich Ihr Kapital um 2/3 Ihres Einsatzes. Bei Verlust müssen Sie die Hälfte des Einsatzes abgeben und behalten die andere Hälfte als Einsatz für den neuen Münzwurf. Ihr Anfangskapital beträgt 1 Euro und mit C_n sei Ihr zufälliges Kapital nach n Münzwürfen bezeichnet.

Zeigen Sie: $\lim_{n\to\infty} EC_n = \infty$, aber $C_n \to 0$ in Wahrscheinlichkeit.

Aufgabe 11.3 Für Zufallsgrößen X, Y sei $d(X, Y) = E(|X - Y|/(1 + |X - Y|)$. Zeigen Sie:

(i) d erfüllt die Dreiecksungleichung.
(ii) $X_n \to X$ in Wahrscheinlichkeit $\Leftrightarrow d(X_n, X) \to 0$.

Aufgabe 11.4 Seien $Z, Z_1, Z_2, \ldots$ Zufallsgrößen. Es gelte $Z_n \leq Z_{n+1}$ für alle n. Zeigen Sie:

(i) $Z_n \to Z$ fast sicher $\Leftrightarrow Z_n \to Z$ in Wahrscheinlichkeit.

(ii) Für stochastisch unabhängige und identisch $R(0, a)$-verteilte Zufallsgrößen $X_1, X_2, \ldots$ gilt $Z_n = \max\{X_1, \ldots, X_n\} \to a$ fast sicher.

Aufgabe 11.5 Seien $Z, Z_1, Z_2, \ldots$ Zufallsgrößen. Es gelte $Z_n \to Z$ in Wahrscheinlichkeit.

Zeigen Sie, daß eine Teilfolge $(n_k)_k$ so existiert, daß gilt $Z_{n_k} \to Z$ fast sicher für $k \to \infty$.

Aufgabe 11.6 Sei $X_n, n \in \mathbb{N}$, eine Folge von stochastisch unabhängigen, identisch verteilten Zufallsgrößen. Es gelte $E(X_1^p) < \infty$ für ein $p > 0$.

Zeigen Sie $n^{-1/p} X_n \to 0$ fast sicher.

Aufgabe 11.7 Sei $X_n, n \in \mathbb{N}$, eine Folge von stochastisch unabhängigen, identisch verteilten Zufallsgrößen. Es gelte $E(|X|) = \infty$. Zeigen Sie:

(i) $P(|X_n| > n$ für unendlich viele $n) = 1$.

(ii) Für $S_n = \sum_{i=1}^n X_i$ gilt $\limsup |S_n|/n = \infty$ fast sicher.

Aufgabe 11.8 Sei $X_n, n \in \mathbb{N}$, eine Folge von stochastisch unabhängigen, identisch verteilten Zufallsgrößen mit Verteilungsfunktion F. Für $n \in \mathbb{N}$ ist die empirische Verteilungsfunktion definiert durch $F_n(t) = | \{i = 1, \ldots, n : X_i \leq t\} |$, $t \in \mathbb{R}$.

Zeigen Sie: $\sup_t |F_n(t) - F(t)| \to 0$ fast sicher.

Kapitel 12

Der zentrale Grenzwertsatz

Die Resultate, die in der Wahrscheinlichkeitstheorie als zentrale Grenzwertsätze bekannt sind, untersuchen Fragestellungen, wie Verteilungen, die sich bei Vorliegen einer großen Anzahl von beobachteten Zufallsgrößen auf komplizierte Weise zusammensetzen, durch einfache Verteilungen approximiert werden können, sehr häufig unter Benutzung der Normalverteilung.

12.1 Die Approximation von Binomialwahrscheinlichkeiten

Die Approximation von Binomialwahrscheinlichkeiten unter Benutzung der Normalverteilung wurde in den Vertiefungen zum Kapitel 5 untersucht. Dort ergab sich insbesondere das Resultat von de Moivre-Laplace, das besagt:

Für alle $a, b \in \mathbb{R}$, $a < b$, gilt

$$B(n,p)(\{k : np + a\sqrt{np(1-p)} < k \leq np + b\sqrt{np(1-p)}\}) \to \Phi(b) - \Phi(a)$$

für $n \to \infty$, wobei Φ die Verteilungsfunktion der Standardnormalverteilung bezeichnet.

Eine einfache Überlegung zeigt, daß dann auch für jedes $t \in \mathbb{R}$ gilt

$$B(n,p)(\{k : k \leq np + t\sqrt{np(1-p)}\}) \to \Phi(t)$$

für $n \to \infty$.

Ist nämlich $\epsilon > 0$, so wählen wir $a < t < b$ so, daß gilt $\Phi(b) - \Phi(a) > 1 - \epsilon$, also gemäß der vorliegenden Konvergenz auch

$$B(n,p)(\{k : np + a\sqrt{np(1-p)} < k \leq np + b\sqrt{np(1-p)}\}) > 1 - 2\epsilon$$

für hinreichend großes n und damit

$$\Phi(a) \leq \epsilon,\ B(n,p)(\{k : k \leq np + a\sqrt{np(1-p)}\} \leq 2\epsilon.$$

Es folgt

$$\begin{aligned} & |B(n,p)(\{k : k \leq np + t\sqrt{np(1-p)}\}) - \Phi(t)| \\ \leq\ & |B(n,p)(\{k : np + a\sqrt{np(1-p)} < k \leq np + t\sqrt{np(1-p)}\}) \\ & -(\Phi(t) - \Phi(a))| + B(n,p)(\{k : k \leq np + a\sqrt{np(1-p)}\}) + \Phi(a) \\ \leq\ & 4\epsilon \end{aligned}$$

für hinreichend großes n.

Sind nun $X_1, \ldots, X_n$ stochastisch unabhängige $B(1,p)$-verteilte Zufallsgrößen, die also jeweils die Werte 0 und 1 mit Wahrscheinlichkeiten p und $1-p$ annehmen, so ist gemäß 10.4

$$S_n = \sum_{i=1}^{n} X_i \quad B(n,p) - \text{verteilt.}$$

Schreiben wir

$$S_n^* = \frac{S_n - np}{\sqrt{np(1-p)}},$$

so gilt für jedes t

$$P(S_n^* \leq t) = B(n,p)(\{k : k \leq np + t\sqrt{np(1-p)}\}),$$

so daß aus dem Satz von de Moivre-Laplace folgt

$$P(S_n^* \leq t) \to \Phi(t) \text{ für alle } t \in \mathbb{R}.$$

Die Verteilungsfunktion von S_n^* konvergiert also gegen die Verteilungsfunktion der $N(0,1)$-Verteilung.

12.2 Anmerkung

Es liegt nun nahe, zusätzlich zu den uns schon bekannten Begriffen der Konvergenz in Wahrscheinlichkeit und der fast sicheren Konvergenz eine weitere Konvergenzart durch die Konvergenz der Verteilungsfunktionen einzuführen. Betrachten wir aber die trivialen Zufallsgrößen

$$Z = 0,\ Z_n = 1/n,\ n = 1, 2, \ldots,$$

so gilt

$$P(Z \leq 0) = 1, \text{ aber } P(Z_n \leq 0) = 0, \quad n = 1, 2, \ldots,$$

obwohl sogar gleichmäßige Konvergenz im Sinne der Analysis von Z_n gegen Z vorliegt.

Der folgende Satz zeigt uns, wie der gewünschte Konvergenzbegriff sinnvoll eingeführt werden kann.

12.3 Satz

$W, W_1, W_2, \ldots$ seien reelle Wahrscheinlichkeitsmaße mit Verteilungsfunktionen $F, F_1, F_2, \ldots$ Dann sind äquivalent:

(i) Für alle stetigen beschränkten Abbildungen $g : \mathbb{R} \to \mathbb{R}$ gilt

$$\lim_{n\to\infty} \int g \, dW_n = \int g \, dW.$$

(ii) Für alle Stetigkeitspunkte t von F gilt

$$\lim_{n\to\infty} F_n(t) = F(t),$$

also

$$\lim_{n\to\infty} W_n((-\infty, t]) = W((-\infty, t])$$

für alle $t \in \mathbb{R}$ mit der Eigenschaft $W(\{t\}) = 0$.

Den Beweis werden wir in den Vertiefungen führen.

Dieser Satz legt nun folgende Definition nahe.

12.4 Definition

$W, W_1, W_2, \ldots$ seien Wahrscheinlichkeitsmaße auf $\mathbb{R}$. Dann definieren wir

$$W_n \to W,$$

falls gilt

$$\lim_{n\to\infty} \int g \, dW_n = \int g \, dW$$

für alle stetigen beschränkten $g : \mathbb{R} \to \mathbb{R}$.

Sind $X, X_1, X_2, \ldots$ Zufallsgrößen, so definieren wir

$$X_n \to X \text{ in Verteilung,}$$

falls gilt

$$P^{X_n} \to P^X,$$

also

$$\lim_{n\to\infty} E(g(X_n)) = E(g(X))$$

für alle stetigen, beschränkten Funktionen $g : \mathbb{R} \to \mathbb{R}$.

Entsprechend ist

$$X_n \to W \text{ in Verteilung}$$

definiert durch

$$P^{X_n} \to W.$$

Gemäß 11.21 impliziert Konvergenz in Wahrscheinlichkeit die Konvergenz in Verteilung. Die Umkehrung gilt natürlich nicht. Ist z.B. X eine $N(0,1)$-verteilte Zufallsgröße, so konvergiert die alternierend definierte Folge $X, -X, X, -X, \ldots$ offensichtlich nicht in Wahrscheinlichkeit, jedoch liegt stets dieselbe Verteilung vor.

12.5 Anmerkung

Bei einer $B(n,p)$-verteilten Zufallsgröße $S_n = \sum_{i=1}^n X_i$ erhalten wir durch die Bildung

$$S_n^* = \frac{S_n - np}{\sqrt{np(1-p)}} = \frac{S_n - E(S_n)}{\sqrt{Var(S_n)}}$$

eine Zufallsgröße mit den Eigenschaften

$$E(S_n^*) = 0, \; Var(S_n^*) = 1,$$

so daß für diese Zufallsgröße Erwartungswert und Varianz mit den entsprechenden Größen bei der $N(0,1)$-Verteilung übereinstimmen. Der Satz von de Moivre-Laplace besagt in der Sprache unserer neuen Konvergenzart

$$S_n^* \to N(0,1) \text{ in Verteilung .}$$

Es ist ein sehr bemerkenswertes Resultat der Wahrscheinlichkeitstheorie, bekannt als **zentraler Grenzwertsatz**, daß diese Aussage nicht auf Binomialverteilungen beschränkt bleibt, sondern unter sehr allgemeinen Bedingungen gilt. Diese universelle Approximationsmöglichkeit durch die Normalverteilung begründet ihre herausgehobene Stellung in der Wahrscheinlichkeitstheorie. Wir beginnen mit einer Definition.

12.6 Definition

Es sei Z eine quadratintegrierbare Zufallsgröße mit $Var(Z) > 0$. Dann wird als **Standardisierte** *von Z definiert*

$$Z^* = \frac{Z - E(Z)}{\sqrt{Var(Z)}}.$$

Es gilt also

$$E(Z^*) = 0, \; Var(Z^*) = 1.$$

Sind $X_1, \ldots, X_n$ stochastisch unabhängige, quadratintegrierbare Zufallsgrößen mit Varianzen > 0, so ist

$$S_n^* = \frac{\sum_{i=1}^{n} (X_i - E(X_i))}{\sqrt{\sum_{i=1}^{n} Var(X_i)}},$$

und S_n^* wird als **standardisierte Summe** bezeichnet.

Durch Standardisierung erreichen wir also Übereinstimmung von Erwartungswert und Varianz mit den entsprechenden Größen bei der $N(0,1)$-Verteilung. Der zentrale Grenzwertsatz zeigt die Konvergenz in Verteilung standardisierter Summen gegen die $N(0,1)$-Verteilung. Es ist offensichtlich, daß ohne geeignete Standardisierung eine solche Konvergenz nicht vorliegen kann.

12.7 Zentraler Grenzwertsatz

Es seien $X_1, X_2, \ldots$ stochastisch unabhängige, identisch verteilte und quadratintegrierbare Zufallsgrößen mit $Var(X_i) = Var(X_1) > 0$. Dann gilt

$$S_n^* \to N(0,1) \text{ in Verteilung.}$$

Den aufwendigen Beweis werden wir in den Vertiefungen erbringen. Hier werden wir nur einige Überlegungen und Beispiele zur Anwendung dieses Satzes darstellen.

12.8 Zur Anwendung des zentralen Grenzwertsatzes

(i) Es seien $X_1, X_2, \ldots$ unabhängige, identisch verteilte Zufallsgrößen mit

$$E(X_i) = a, \ Var(X_i) = \sigma^2 > 0.$$

Dann gilt

$$S_n^* = \frac{\sum_{i=1}^{n} X_i - na}{\sigma\sqrt{n}},$$

und Anwendung des zentralen Grenzwertsatzes liefert die Approximation

$$P(\sum_{i=1}^{n} X_i \leq t\sigma\sqrt{n} + na) \approx \Phi(t),$$

also durch Umformung

$$P\left(\sum_{i=1}^{n} X_i \leq z\right) \approx \Phi\left(\frac{z - na}{\sigma\sqrt{n}}\right).$$

(ii) Sind $X_1, X_2, \ldots$ stochastisch unabhängig und jeweils $B(1,p)$-verteilt so ist $\sum_{i=1}^{n} X_i$ $B(n,p)$-verteilt und wir erhalten die Approximation

$$\begin{aligned} P(\sum_{i=1}^{n} X_i \leq k) &= B(n,p)(\{0, \ldots, k\}) \\ &\approx \Phi\left(\frac{k - np}{\sqrt{np(1-p)}}\right). \end{aligned}$$

Als Faustregel ist hier bekannt, daß unter der Bedingung $np(1-p) \geq 10$ schon praktisch brauchbare Approximationen vorliegen.

12.9 Die Macht entschlossener Minderheiten

Betrachtet sei ein Wahlvorgang mit einer großen Zahl n von Wählenden, die sich zwischen zwei Kandidaten A und B zu entscheiden haben. Nehmen wir an, daß eine kleine Zahl k von Wählern, unsere entschlossene Minderheit, ohne Abweichlerinnen und Abweichler für Kandidat A stimmt, der große Rest der Wähler aber unentschlossen ist und sich so verhält, als würden die Entscheidungen für A oder B unabhängig voneinander durch Münzwurf entstehen. Sei also $X_i = 1$ bei einer Entscheidung des i-ten Wählenden für Kandidat A, ansonsten 0, und wir nehmen an, daß für die Gruppe der Unentschlossenen die X_i's stochastisch unabhängig und identisch $B(1, 1/2)$-verteilt sind.

Kandidat A gewinnt dann die Wahl mit der Wahrscheinlichkeit

$$\begin{aligned} P(\sum_{i=1}^{n-k} X_i > n/2 - k) &= 1 - P(\sum_{i=1}^{n-k} X_i \leq n/2 - k) \\ &\approx 1 - \Phi\left(\frac{n/2 - k - (n-k)/2}{\sqrt{(n-k)/4}}\right). \end{aligned}$$

Betrachten wir das Zahlenbeispiel von $n = 1.000.000$ Wählenden und einer Minderheit von $k = 2.000$, gewinnt Kandidat A die Wahl mit der Wahrscheinlichkeit

$$\begin{aligned} P(\sum_{i=1}^{998.000} X_i > 498.000) &\approx 1 - \Phi\left(\frac{498.000 - 998.000/2}{\sqrt{998.000/4}}\right) \\ &\approx 1 - \Phi(-2,002) \approx 0,977, \end{aligned}$$

also mit einer auf den ersten Blick überraschend hohen Wahrscheinlichkeit.

Wir betrachten ein weiteres Beispiel, bei dem sich die Approximation von Binomialwahrscheinlichkeiten als nützlich erweist.

12.10 Überbuchungen

Eine Fluggesellschaft habe eine Kapazität von n Plätzen pro Tag. Hat eine Person einen Flug gebucht, so sei die Wahrscheinlichkeit p, daß sie erscheine, und $1 - p$, daß sie nicht erscheine. Die Letzteren werden als die *no-shows* bezeichnet. Nimmt also die Gesellschaft genau n Buchungen an, so ist der Erwartungswert der nach Abfertigung der gebuchten Passagiere noch freien Plätze gerade $n(1-p)$.

Da diese Vorgehensweise durch die entstehende Anzahl von nicht ausgenutzten Plätzen offensichtlich vom betriebswirtschaftlichen Standpunkt aus unbefriedigend ist, wird die Gesellschaft Überbuchungen vornehmen, also täglich eine Anzahl von N Buchungen, $N > n$, akzeptieren wollen. Allerdings hat das Zurückweisen von festgebuchten Passagieren unerfreuliche Konsequenzen, so daß folgende Vorgehensweise sinnvoll erscheint. Die Gesellschaft gibt sich einen kleinen numerischen Wert α vor, der von der Wahrscheinlichkeit, daß ein festgebuchter Passagier zurückgewiesen wird, nicht überschritten werden darf.

Sei also $X_i = 1$ bei einem Erscheinen bei der i-ten gebuchten Person und ansonsten $X_i = 0$. Wir nehmen an, daß die X_i's stochastisch unabhängig und identisch $B(1,p)$-verteilt sind. Die Wahrscheinlichkeit des Zurückweisens ist dann gegeben durch

$$P(\sum_{i=1}^{N} X_i > n) \approx 1 - \Phi\left(\frac{n - Np}{\sqrt{Np(1-p)}}\right).$$

Wir suchen N so, daß die Wahrscheinlichkeit des Zurückweisens ungefähr gleich dem vorgegebenen kleinen Wert α ist. Dazu benutzen wir den eindeutigen Wert u_α mit der Eigenschaft

$$1 - \Phi(u_\alpha) = \alpha$$

und erhalten N aus der approximativen Gleichung

$$u_\alpha \approx \frac{n - Np}{\sqrt{Np(1-p)}}.$$

Betrachten wir als numerische Werte $\alpha = 0,01$, $n = 1000$, $p = 0,9$, so ergibt sich $u_\alpha \approx 2,33$, wie aus geeigneten Tabellen ersichtlich, und damit als Wert für N unter Berücksichtigung der Ganzzahligkeit

$$N = 1086 \text{ mit erwarteter Anzahl von freien Plätzen } n - Np = 22,6,$$

was deutlich unter der erwarteten Anzahl von 100 freien Plätzen ohne Überbuchung liegt. Als erwartete Anzahl von festgebuchten, aber zurückgelassenen Personen ergibt sich

$$E((\sum_{i=1}^{N} X_i - n)^+) \leq 86 \cdot P(\sum_{i=1}^{N} X_i > n) \approx 86 \cdot 0,01 \leq 1.$$

Schon diese einfachen Rechnungen zeigen, daß Überbuchungen wirtschaftliche Vorteile für die Fluggesellschaft mit sich bringen – eine Erkenntnis, die allerdings kaum den Zorn zurückgewiesener Passagiere verringern dürfte.

Vertiefungen

Der folgende Satz zeigt, wie man mit dem Begriff der Verteilungskonvergenz umgeht, und liefert mit *(ii)* ein im folgenden Beweis des zentralen Grenzwertsatzes benutztes Kriterium.

12.11 Satz

$W, W_1, W_2, \ldots$ seien reelle Wahrscheinlichkeitsmaße mit Verteilungsfunktionen $F, F_1, F_2, \ldots$. Dann sind äquivalent:

(i) $W_n \to W$.

(ii) *Für alle stetigen beschränkten Abbildungen* $g : \mathbb{R} \to \mathbb{R}$, *für die* $\lim_{x\to\pm\infty} g(x)$ *existiert, gilt*

$$\lim_{n\to\infty} \int g \, dW_n = \int g \, dW.$$

(iii) *Für alle Stetigkeitspunkte* t *von* F *gilt*

$$\lim_{n\to\infty} F_n(t) = F(t),$$

also

$$\lim_{n\to\infty} W_n((-\infty, t]) = W((-\infty, t])$$

für alle $t \in \mathbb{R}$ *mit der Eigenschaft* $W(\{t\}) = 0$.

Beweis:

(i) impliziert *(ii)* gemäß unserer Definition der Konvergenz von Wahrscheinlichkeitsmaßen.

Gelte nun *(ii)*. Sei $t \in \mathbb{R}$ mit $W(\{t\}) = 0$. Wir approximieren $1_{(-\infty,t]}$ mittels der Funktionen $g_k : \mathbb{R} \to [0,1]$, definiert durch

$$g_k(s) = 1_{(-\infty,t]}(s) + k(t + 1/k - s)1_{(t,t+1/k)}(s),$$

d.h. $g_k(s) = 1$ für $s \leq t$, $g_k(s) = 0$ für $s \geq t + 1/k$ bei entsprechender linearer Verbindung zwischen t und $t + 1/k$.

Wir können *(ii)* auf jedes der g_k anwenden und erhalten

$$\lim_{n\to\infty} \int g_k \, dW_n = \int g_k \, dW.$$

Aus $g_k \geq 1_{(-\infty,t]}$ folgt

$$\limsup_{n\to\infty} W_n((-\infty, t]) \leq \limsup_{n\to\infty} \int g_k \, dW_n = \int g_k \, dW,$$

und mit $g_k(s) \to 1_{(-\infty,t]}(s)$ für alle $s \in \mathbb{R}$ dann weiter

$$\begin{aligned} \limsup_{n\to\infty} W_n((-\infty, t]) &\leq \lim_{k\to\infty} \int g_k \, dW \\ &= \int \lim_{k\to\infty} g_k \, dW = W((-\infty, t]). \end{aligned}$$

Es verbleibt der Nachweis von

$$\liminf_{n\to\infty} W_n((-\infty,t]) \geq W((-\infty,t]),$$

wobei dann $W(\{t\}) = 0$ benutzt werden wird. Wir approximieren nun $1_{(-\infty,t]}$ mittels der Funktionen $h_k : \mathbb{R} \to [0,1]$, definiert durch

$$h_k(s) = 1_{(-\infty,t-1/k]}(s) + k(t-s)1_{(t-1/k,t)}(s),$$

d.h. $h_k(s) = 1$ für $s \leq t - 1/k$, $h_k(s) = 0$ für $s \geq t$, bei entsprechender linearer Verbindung zwischen $t - 1/k$ und t.

Es folgt analog

$$\liminf_{n\to\infty} W_n((-\infty,t]) \geq \liminf_{n\to\infty} \int h_k \, dW_n = \int h_k \, dW,$$

und mit $h_k(s) \to 1_{(-\infty,t)}(s)$ für alle $s \in \mathbb{R}$

$$\liminf_{n\to\infty} W_n((-\infty,t]) \geq \lim_{k\to\infty} \int h_k \, dW = W((-\infty,t)) = W((-\infty,t]).$$

Sei nun *(iii)* vorausgesetzt. Zu zeigen ist, daß für alle stetigen beschränkten g gilt

$$\lim_{n\to\infty} \int g \, dW_n = \int g \, dW.$$

Die folgende Methode wird zum Nachweis benutzt:

Wir suchen Zufallsgrößen $Y, Y_1, Y_2, \ldots$ auf einem geeigneten Wahrscheinlichkeitsraum $(\Omega, \mathcal{A}, P)$ so, daß $W = P^Y$ und $W_n = P^{Y_n}$, $n = 1, 2, \ldots$ gilt und ferner für stetiges beschränktes g

$$\lim_{n\to\infty} E(g(Y_n)) = E(g(Y))$$

einfach nachweisbar ist. Durch

$$E(g(Y_n)) = \int g \, dW_n, \; E(g(Y)) = \int g \, dW$$

folgt dann sofort die Behauptung.

Sei dazu Z eine $R(0,1)$-verteilte Zufallsgröße, definiert auf einem geeigneten Wahrscheinlichkeitsraum. Z.B. sei $\Omega = (0,1)$, $P = \lambda_{(0,1)}$ und Z die Identität.

Zu den Verteilungsfunktionen $F, F_1, F_2, \ldots$ bilden wir die verallgemeinerten Inversen $F^{-1}, F_1^{-1}, F_2^{-1}, \ldots$ Wir definieren

$$Y = F^{-1}(Z),\ Y_n = F_n^{-1}(Z),\ n = 1, 2, \ldots$$

Dann gilt wie in 6.6

$$P^Y = W,\ P^{Y_n} = W_n,\ n = 1, 2, \ldots$$

Eine elementare analytische Überlegung zeigt:

$$F_n(t) \to F(t) \text{ für alle Stetigkeitspunkte } t \text{ von } F$$

impliziert

$$F_n^{-1}(z) \to F^{-1}(z) \text{ für alle Stetigkeitspunkte } z \text{ von } F^{-1}.$$

Sei nun $A = \{z : F^{-1} \text{ unstetig in } z\}$. Da F^{-1} monoton ist, ist A abzählbar, so daß folgt $P(Z \in A) = 0$. Für ω mit $Z(\omega) \notin A$ ergibt sich

$$Y_n(\omega) = F_n^{-1}(Z(\omega)) \to F^{-1}(Z(\omega)) = Y(\omega).$$

Dies liefert $Y_n \to Y$ fast sicher, also auch

$$E(g(Y_n)) \to E(g(Y)) \text{ für alle stetigen beschränkten } g,$$

siehe 11.21.

□

12.12 Anmerkung

Im Beweis hat sich folgende nützliche Tatsache über die Konvergenz in Verteilung ergeben: Es seien $Z, Z_1, Z_2, \ldots$ Zufallsgrößen so, daß gilt

$$Z_n \to Z \text{ in Verteilung.}$$

Dann existieren Zufallsgrößen $Y, Y_1, Y_2, \ldots$ mit den Eigenschaften

$$P^Y = P^Z,\ P^{Y_n} = P^{Z_n},\ n = 1, 2, \ldots \text{ und } Y_n \to Y \text{ fast sicher.}$$

Wir erbringen nun den Beweis des zentralen Grenzwertsatzes. Wir benutzen dazu eine recht einfache Beweistechnik, die als **Methode von Stein** bekannt ist.

12.13 Zentraler Grenzwertsatz

Es seien $X_1, X_2, \ldots$ stochastisch unabhängige, identisch verteilte und quadratintegrierbare Zufallsgrößen mit $Var(X_i) = Var(X_1) > 0$. Dann gilt

$$S_n^* \to N(0,1) \text{ in Verteilung.}$$

Beweis:

Nachgewiesen wird 12.11 (*ii*). Sei also $g : \mathbb{R} \to \mathbb{R}$ stetig, beschränkt so, daß $\lim\limits_{x \to \pm\infty} g(x)$ existiert; insbesondere ist g dann gleichmäßig stetig.

Zu zeigen ist

$$E(g(S_n^*)) = \int g \, dP^{S_n^*} \to \int g \, dN(0,1) = \int g(x)\varphi(x) \, dx$$

mit der Dichte φ der Standardnormalverteilung. Wir gehen über zu

$$f(x) = g(x) - \int g \, dN(0,1)$$

und haben zu zeigen

$$E(f(S_n^*)) \to 0.$$

Durch Betrachtung von $(X_i - E(X_i))/\sqrt{Var(X_i)}$ können wir im folgenden ohne Einschränkung $E(X_i) = 0$ und $Var(X_i) = 1$ annehmen. Dann ist

$$S_n^* = \frac{\sum\limits_{i=1}^{n} X_i}{\sqrt{n}} = \sqrt{n}\,\overline{X}_n$$

mit

$$\overline{X}_n = \frac{1}{n} \sum_{i=1}^{n} X_i.$$

Zu zeigen ist also

$$E(f(\sqrt{n}\,\overline{X}_n)) \to 0.$$

Bei der Methode von Stein suchen wir nun ein differenzierbares und gleichmäßig stetiges $h : \mathbb{R} \to \mathbb{R}$ mit der Eigenschaft

$$f(x) = h'(x) - xh(x).$$

Ein solches h wird geliefert durch

$$h(x) = \frac{\int\limits_{-\infty}^{x} f(y)\varphi(y) \, dy}{\varphi(x)}.$$

Die Beziehung $f(x) = h'(x) - xh(x)$ ergibt sich durch einfaches Nachrechnen. Zum Nachweis der gleichmäßigen Stetigkeit von h' genügt es zu zeigen, daß

$$\lim_{x\to\pm\infty} xh(x) \text{ existiert.}$$

Schreiben wir

$$xh(x) = \frac{\int_{-\infty}^{x} f(y)\varphi(y)\,dy}{\varphi(x)/x},$$

so folgt die Existenz dieses Grenzwerts mit der Regel von de l'Hospital aus der elementaren Analysis als Grenzwert des Quotienten aus der Ableitung des Zählers und der Ableitung des Nenners. Wir berechnen nun

$$\begin{aligned} E(f(\sqrt{n}\,\overline{X}_n)) &= E(h'(\sqrt{n}\,\overline{X}_n)) - E(\sqrt{n}\,\overline{X}_n h(\sqrt{n}\,\overline{X}_n)) \\ &= E(h'(\sqrt{n}\,\overline{X}_n)) - \frac{1}{\sqrt{n}}\sum_{i=1}^{n} E(X_i h(\sqrt{n}\,\overline{X}_n)) \\ &= E(h'(\sqrt{n}\,\overline{X}_n)) - \sqrt{n}E(X_1 h(\frac{X_1}{\sqrt{n}} + \frac{\sum_{i=2}^{n} X_i}{\sqrt{n}})). \end{aligned}$$

Dabei wurde benutzt, daß die Verteilungen von $(X_i, \overline{X}_n)$ für sämtliche i übereinstimmen, was aus der Voraussetzung der stochastischen Unabhängigkeit und identischen Verteilung der X_i's folgt. Sei für $n \in \mathbb{N}$

$$Z_n = \frac{\sum_{i=2}^{n} X_i}{\sqrt{n}}.$$

Eine Taylor-Entwicklung von h um Z_n ergibt

$$h(\frac{X_1}{\sqrt{n}} + Z_n) = h(Z_n) + h'(Z_n)\frac{X_1}{\sqrt{n}} + \left[h'(Z_n + \vartheta\,\frac{X_1}{\sqrt{n}}) - h'(Z_n)\right]\frac{X_1}{\sqrt{n}}$$

mit einer Zufallsgröße ϑ, $|\vartheta| \le 1$. Wir setzen

$$R_n = h'(Z_n + \vartheta\,\frac{X_1}{\sqrt{n}}) - h'(Z_n)$$

und erhalten unter Benutzung der stochastischen Unabhängigkeit von X_1 und Z_n

$$\begin{aligned} \sqrt{n}E(X_1 h(\frac{X_1}{\sqrt{n}} + \frac{\sum_{i=2}^{n} X_i}{\sqrt{n}})) &= \sqrt{n}E(X_1 h(Z_n)) + E(X_1^2 h'(Z_n)) \\ &\quad + E(X_1^2 R_n) \\ &= \sqrt{n}E(X_1)E(h(Z_n)) + E(X_1^2)E(h'(Z_n)) \\ &\quad + E(X_1^2 R_n) \\ &= E(h'(Z_n)) + E(X_1^2 R_n). \end{aligned}$$

Es folgt

$$E(f(S_n^*) = E(h'(\frac{X_1}{\sqrt{n}} + Z_n) - h'(Z_n)) - E(X_1^2(h'(\frac{\vartheta X_1}{\sqrt{n}} + Z_n) - h'(Z_n))).$$

Da h' gleichmäßig stetig und beschränkt ist, folgt die Behauptung aus

$$E(h'(\frac{X_1}{\sqrt{n}} + Z_n) - h'(Z_n)) \to 0 \text{ und } E(X_1^2(h'(\frac{\vartheta X_1}{\sqrt{n}} + Z_n) - h'(Z_n))) \to 0.$$

□

Aufgaben

Aufgabe 12.1 Seien $S_n, n \in \mathbb{N}$, jeweils $B(n, 1/2)$-verteilt. Seien $a_n \geq 0, n \in \mathbb{N}$, mit $a_n/\sqrt{n} \to \infty$. Zeigen Sie: $P(|S_n - n/2| \leq a_n) \to 1$.

Aufgabe 12.2 Es werde 6000-mal hintereinander gewürfelt. X gebe die Anzahl der dabei gewürfelten Einsen an. Berechnen Sie approximativ und - bei Vorliegen geeigneter Software - exakt $P(950 \leq X \leq 1050)$ und $P(X \geq 1100)$.

Aufgabe 12.3 Seien $W, W_1, W_2, \ldots$ reelle Wahrscheinlichkeitsmaße mit Verteilungsfunktionen $F, F_1, F_2, \ldots$ F sei stetig. Es gelte $W_n \to W$ in Verteilung.

Zeigen Sie: $\sup_t |F_n(t) - F(t)| \to 0$.

Aufgabe 12.4 Seien $Z_1, Z_2, \ldots$ Zufallsgrößen, $a \in \mathbb{R}$. Es gelte $Z_n \to a$ in Verteilung. Zeigen Sie: $Z_n \to a$ in Wahrscheinlichkeit.

Aufgabe 12.5 Seien $Y, Y_1, Y_2, \ldots, Z_1, Z_2, \ldots$ Zufallsgrößen, $a \in \mathbb{R}$. Es gelte $Y_n \to Y$ in Verteilung, $Z_n \to a$ in Verteilung.

Zeigen Sie: $Y_n + Z_n \to Y + a$ in Verteilung.

Aufgabe 12.6 Seien Y_n $Poi(n)$-verteilt für $n \in \mathbb{N}$. Zeigen Sie: $P(Y_n \leq n) \to 1/2$.

Aufgabe 12.7 Seien X_1, X_2 quadratintegrierbare, stochastisch unabhängige und identisch verteilte Zufallsgrößen mit $E(X_1^2) = 1$. $(X_1 + X_2)/\sqrt{2}$ habe dieselbe Verteilung wie X_1. Zeigen Sie, daß X_1 dann $N(0,1)$-verteilt ist.

Aufgabe 12.8 Seien $X_1, X_2, \ldots$ quadratintegrierbare, stochastisch unabhängige und identisch verteilte Zufallsgrößen mit Werten in einem Intervall I. Sei $a = E(X_1), \sigma^2 = Var(X_1) > 0$. Sei $f : I \to \mathbb{R}$ zweimal stetig differenzierbar. Es gelte $f'(a) > 0$ und $\sup_x |f''(x)| < \infty$. Zeigen Sie:

$$\frac{1}{\sigma f'(a)\sqrt{n}}(\sum_{i=1}^{n}(f(X_i) - f(a)) \to N(0,1) \text{ in Verteilung.}$$

Kapitel 13

Markov-Ketten

Bei den Gesetzen der großen Zahlen und beim zentralen Grenzwertsatz sind wir von Folgen $X_1, X_2, \ldots$ von stochastisch unabhängigen Zufallsgrößen ausgegangen. Bilden wir die zugehörigen Summen $S_n = \sum_{i-1}^{n} X_i$, so erhalten wir eine Folge $S_1, S_2, \ldots$ von Zufallsgrößen, die natürlich nicht mehr stochastisch unabhängig sind, denn die Größe von S_n beeinflußt wesentlich die Größe von $S_{n+1} = S_n + X_{n+1}$. Folgen mit stochastischen Abhängigkeiten dieser Art sollen in diesem Abschnitt untersucht werden. Die Indices $n = 0, 1, 2, \ldots$ werden wir oft als Zeitpunkte interpretieren, zu denen ein stochastischer Vorgang registriert wird, und der Index $n = 0$ entspricht in dieser Interpretation dem Anfangszeitpunkt für unseren stochastischen Vorgang. Die Art der Beeinflussung wird beschrieben durch bedingte Wahrscheinlichkeiten, wie wir sie in Kapitel 4 kennengelernt haben, hier in der Notation zugeschnitten auf die neuen Problemstellungen.

13.1 Notation

Es sei $(\Omega, \mathcal{A}, P)$ ein Wahrscheinlichkeitsraum, $Y : \Omega \to \mathcal{Y}$ eine Zufallsvariable mit Werten in einer abzählbaren Menge $\mathcal{Y}$.

Sei $y \in \mathcal{Y}$ mit $P(Y = y) > 0$. Dann ist - siehe 7.10 - für $A \in \mathcal{A}$ definiert

$$P(A \mid Y = y) = \frac{P(A \cap \{Y = y\})}{P(Y = y)}.$$

Wir sprechen von der bedingten Wahrscheinlichkeit von A gegeben $Y = y$. Für eine reguläre Zufallsgröße $X : \Omega \to \mathbb{R}$ wird definiert

$$E(X \mid Y = y) = \frac{1}{P(Y = y)} \int_{\{Y=y\}} X dP,$$

der bedingte Erwartungswert von X gegeben $Y = y$.

Diese Definition ist so nur für $y \in \mathcal{Y}$ mit $P(Y = y) > 0$ sinnvoll. Da wir hier von einer abzählbaren Menge $\mathcal{Y}$ ausgehen, gilt für $N = \{y : P(Y = y) = 0\}$ offensichtlich $P(N) = 0$, und die bedingte Wahrscheinlichkeit gegeben $Y = y$ und ebenso der bedingte Erwartungswert gegeben $Y = y$ sind für P^Y-fast alle y definiert. Bei den im folgenden auftretenden bedingten Wahrscheinlichkeiten und bedingten Erwartungswerten wird die Bedingung $P(Y = y) > 0$ daher nicht mehr explizit erwähnt sondern stillschweigend als gültig vorausgesetzt werden.

Ist $\mathcal{Y}$ nicht als abzählbar vorausgesetzt, so ist die Begriffsbildung gemäß 13.1 nicht mehr ausreichend. Ist z.B. Y eine Zufallsgröße mit stetiger Verteilung, so gilt $P(Y = y) = 0$ für alle y, und die Definition aus 13.1 ist nicht nutzbar. Wie wir auch in solchen Fällen bedingte Wahrscheinlichkeiten und bedingte Erwartungswerte gegeben $Y = y$ definieren können, wird in den Vertiefungen zu Kapitel 16 behandelt.

Ist $Y = (Y_1, \ldots, Y_n)$ ein Vektor von Zufallsvariablen, so schreiben wir

$$\begin{aligned} P(A \mid Y_1 = y_1, \ldots, Y_n = y_n) &= P(A \mid (Y_1, \ldots, Y_n) = (y_1, \ldots, y_n)), \\ E(X \mid Y_1 = y_n, \ldots, Y_n = y_n) &= E(X \mid (Y_1, \ldots, Y_n) = (y_1, \ldots, y_n)). \end{aligned}$$

Betrachten wir eine Folge $X_0, X_1, X_2, \ldots$ von Zufallsvariablen und die Indices als Zeitpunkte, so beschreiben die Wahrscheinlichkeiten

$$P(X_{m+1} = x_{m+1}, \ldots, X_{m+n} = x_{m+n} \mid X_0 = x_0, X_1 = x_1, \ldots, X_m = x_m)$$

für den als gegenwärtig angesehenen Zeitpunkt m die zukünftige stochastische Entwicklung, gegeben die Werte aus Vergangenheit und Gegenwart. Der einfachste Fall stochastischer Beeinflussung liegt vor, wenn die zukünftige Entwicklung nur von der Gegenwart abhängt und dieses gleichartig für jeden als Gegenwart variierenden Zeitpunkt m vorliegt. Eine Folge von Zufallsvariablen mit abzählbarem Wertebereich, die diese Eigenschaft besitzt, wird als **Markov-Kette** bezeichnet. Wir definieren formal:

13.2 Definition

Es sei $X_0, X_1, X_2, \ldots$ eine Folge von Zufallsvariablen mit Werten in einer abzählbaren Menge $\mathcal{Z}$. Diese Folge wird als Markov-Kette bezeichnet, falls für alle $n = 0, 1, 2, \ldots$ und $i, j, i_0, i_1, \ldots, i_{n-1} \in \mathcal{Z}$ gilt

$$P(X_{n+1} = j \mid X_0 = i_0, X_1 = i_1, \ldots, X_{n-1} = i_{n-1}, X_n = i) = p_{ij}$$

$$\textit{mit} \quad p_{ij} = P(X_1 = j \mid X_0 = i).$$

Die Menge $\mathcal{Z}$ wird **Zustandsraum** *genannt, die Elemente von $\mathcal{Z}$ Zustände der Markov-Kette. Die durch*

$$\mathbf{P} = [p_{ij}]_{i,j\in\mathcal{Z}} = [P(X_1 = j \mid X_0 = i)]_{i,j\in\mathcal{Z}}$$

definierte Matrix bezeichnen wir als **Übergangsmatrix** *der Markov-Kette, den stochastische Vektor*

$$\pi = (\pi_i)_{i\in\mathcal{Z}} = (P(X_0 = i))_{i\in\mathcal{Z}}$$

als **Startverteilung**.

Die Matrix $\mathbf{P}$ *erfüllt die Bedingungen*

$$p_{ij} \geq 0,\, i,j \in \mathcal{Z},\; \sum_{j\in\mathcal{Z}} p_{ij} = 1,\, i \in \mathcal{Z}.$$

Eine solche Matrix wird als **stochastische Matrix** *bezeichnet.*

Die Definition einer Markov-Kette besagt, daß die bedingte Verteilung von X_{n+1} gegeben $X_0 = i_0, \ldots, X_{n-1} = i_{n-1}, X_n = i$ nur von dem Wert i von X_n, also vom Zustand der Kette zum Zeitpunkt n abhängt und daß diese Abhängigkeit unabhängig von n ist. Wir betrachten p_{ij} als die Wahrscheinlichkeit, mit der die Kette vom Zustand i im nächsten Schritt in den Zustand j gelangt.

Aus dieser Definition ergibt sich, wie wir im anschließenden Satz nachweisen werden, die folgende gut interpretierbare Konsequenz:

Gegeben, daß die Markov-Kette zu einem Zeitpunkt m den Zustand i besitzt, ergibt sich die Wahrscheinlichkeit, im folgenden die Zustände $i_1, \ldots, i_n$ zu den Zeitpunkten $m+1, \ldots, m+n$ zu durchlaufen, also die Wahrscheinlichkeit des durch

$$i \to i_1 \to i_2 \to \ldots \to i_{n-1} \to i_n$$

anschaulich dargestellten Ereignisses, als

$$p_{ii_1} p_{i_1 i_2} \cdots p_{i_{n-1} i_n},$$

unabhängig vom Verhalten der Markov-Kette zu den Zeitpunkten $0, \ldots, m-1$ und unabhängig vom spezifischen Zeitpunkt m.

Wir leiten nun diese und weitere oft genutzte Folgerungen her. Wenden wir später eine dieser Aussagen an, so sprechen wir von der Anwendung der **Markov-Eigenschaft**.

13.3 Satz

Es sei $X_0, X_1, X_2, \ldots$ eine Markov-Kette. Dann gilt für Zeitpunkte $m, n = 1, 2, \ldots$, Zustände $i_0, i_1, \ldots$ und $C \subseteq \mathcal{Z}^m, D \subseteq \mathcal{Z}^n$:

$$(i)\quad P(X_1 = i_1, \ldots, X_n = i_n \mid X_0 = i_0) = p_{i_0 i_1} p_{i_1 i_2} \cdots p_{i_{n-1} i_n},$$
$$P(X_0 = i_0, X_1 = i_1, \ldots, X_n = i_n) = \pi_{i_0} p_{i_0 i_1} p_{i_1 i_2} \cdots p_{i_{n-1} i_n}.$$

$$(ii)\quad P(X_{m+1} = i_{m+1}, \ldots, X_{m+n} = i_{m+n} \mid X_0 = i_0, \ldots, X_m = i_m)$$
$$= p_{i_m i_{m+1}} p_{i_{m+1} i_{m+2}} \cdots p_{i_{m+n-1} i_{m+n}},$$
$$P((X_{m+1}, \ldots, X_{m+n}) \in D \mid X_0 = i_0, \ldots, X_m = i_m)$$
$$= P((X_1, \ldots, X_n) \in D \mid X_0 = i_m)$$

$$(iii)\quad P((X_{m+1}, \ldots, X_{m+n}) \in D \mid X_m = i_m, (X_0, \ldots, X_{m-1}) \in C)$$
$$= P((X_{m+1}, \ldots, X_{m+n}) \in D \mid X_m = i_m)$$
$$= P((X_1, \ldots, X_n) \in D \mid X_0 = i_m).$$

Beweis:

(i) Unter Benutzung von 4.3 und der definierenden Eigenschaft für eine Markov-Kette ergibt sich

$$\begin{aligned} P(X_1 = i_1, \ldots, X_n = i_n \mid X_0 = i_0) &= \prod_{l=1}^{n} P(X_l = i_l \mid X_0 = i_0, \ldots, X_{l-1} = i_{l-1}) \\ &= \prod_{l=1}^{n} p_{i_{l-1} i_l}, \end{aligned}$$

also die erste Gleichheit, aus der die zweite sofort folgt.

(ii) Dies erhalten wir entsprechend zu (i) gemäß

$$\begin{aligned} &P(X_{m+1} = i_{m+1}, \ldots, X_{m+n} = i_{m+n} \mid X_0 = i_0, \ldots, X_m = i_m) \\ = &\prod_{l=1}^{n} P(X_{m+l} = i_{m+l} \mid X_0 = i_0, \ldots, X_m = i_m, \ldots, X_{m+l-1} = i_{m+l-1}) \\ = &\ p_{i_m i_{m+1}} p_{i_{m+1} i_{m+2}} \cdots p_{i_{m+n-1} i_{m+n}}, \end{aligned}$$

wobei sich die zweite Gleichheit durch Summation über die Elemente von D ergibt.

(iii) Es genügt, die Aussage für einpunktiges $D = \{(i_{m+1}, \ldots, i_{m+n})\}$ nachzuweisen; der allgemeine Fall folgt wieder durch Summation. Wir berechnen

$$\begin{aligned} & \frac{P(X_m = i_m, X_{m+1} = i_{m+1}, \ldots, X_{m+n} = i_{m+m}, (X_0, \ldots, X_{m-1}) \in C)}{P(X_m = i_m, (X_0, \ldots, X_{m-1}) \in C)} \\ = & \frac{\sum_{(j_0,\ldots,j_{m-1}) \in C} \pi_{j_0} p_{j_0 j_1} \cdots p_{j_{m-1} i_m} p_{i_m i_{m+1}} \cdots p_{i_{m+n-1} i_{m+n}}}{\sum_{(j_0,\ldots,j_{m-1}) \in C} \pi_{j_0} p_{j_0 j_1} \cdots p_{j_{m-1} i_m}} \\ = & p_{i_m i_{m+1}} \cdots p_{i_{m+n-1} i_{m+n}}. \end{aligned}$$

Dies liefert die erste Gleichheit. Setzen wir $C = \mathcal{Z}^m$, so erhalten wir die zweite Gleichheit. □

Markov-Ketten werden oft unter Benutzung von Folgen von unabhängigen und identisch verteilten Zufallsvariablen als dynamische stochastische Systeme konstruiert.

13.4 Dynamische stochastische Systeme

(i) Betrachten wir zunächst eine Abbildung von einer Menge $\mathcal{Z}$ in sich selbst, $h : \mathcal{Z} \to \mathcal{Z}$. Die zum Startwert x_0 iterierte Folge

$$x_n = h(x_{n-1}), n = 1, 2, \ldots$$

wird als dynamisches System bezeichnet. Wir versehen ein solches System mit einer zusätzlichen stochastischen Komponente:

Sei dazu $Y_1, Y_2, \ldots$ eine Folge von stochastisch unabhängigen, identisch verteilten Zufallsvariablen mit Werten in $\mathcal{Y}$. Gegeben sei eine Abbildung

$$h : \mathcal{Z} \times \mathcal{Y} \to \mathcal{Z}.$$

Sei X_0 eine Zufallsvariable mit Werten in $\mathcal{Z}$, die den Start unseres Systems beschreibt und die als stochastisch unabhängig von der Folge $Y_1, Y_2, \ldots$ angenommen wird. Dann wird definiert

$$X_n = h(X_{n-1}, Y_n), n = 1, 2, \ldots$$

Für die folgenden Überlegungen setzen wir voraus, daß $\mathcal{Y}$ und $\mathcal{Z}$ abzählbar sind, und weisen nach, daß $X_0, X_1, X_2, \ldots$ eine Markov-Kette bildet.

Zu beachten ist dabei, daß $(X_0, \ldots, X_n)$ eine Funktion von $(X_0, Y_1, \ldots, Y_n)$ und somit stochastisch unabhängig von Y_{n+1} ist. Wir erhalten

$$\begin{aligned} & P(X_{n+1} = j \mid X_0 = i_0, \ldots, X_{n-1} = i_{n-1}, X_n = i) \\ = \; & P(h(X_n, Y_{n+1}) = j \mid X_0 = i_0, \ldots, X_{n-1} = i_{n-1}, X_n = i) \\ = \; & P(h(i, Y_{n+1}) = j \mid X_0 = i_0, \ldots, X_{n-1} = i_{n-1}, X_n = i) \\ = \; & P(h(i, Y_{n+1}) = j) \\ = \; & P(h(i, Y_1) = j). \end{aligned}$$

Als Übergangsmatrix ergibt sich

$$\mathbf{P} = [p_{ij}]_{i,j\in\mathcal{Z}} = [P(h(i,Y_1) = j)]_{i,j\in\mathcal{Z}}.$$

(ii) Bisweilen ist es nützlich, die Zufallsvariablen $Y_1, Y_2, \ldots$ vom Zustand des stochastischen dynamischen Systems abhängen zu lassen. Seien dazu für jedes $i \in \mathcal{Z}$ voneinander stochastisch unabhängige Folgen von stochastisch unabhängigen, identisch verteilten Zufallsvariablen $Y_1(i), Y_2(i), \ldots$ mit Wertebereich $\mathcal{Y}_i$ gegeben, deren Verteilungen nun von i abhängig sein können.

Für $h : (\bigcup_{i\in\mathcal{Z}} \{i\} \times \mathcal{Y}_i) \to \mathcal{Z}$ und Start X_0 wird definiert

$$X_n = h(X_{n-1}, Y_n(X_{n-1})), n = 1, 2, \ldots$$

Entsprechend zu *(i)* erhalten wir

$$\begin{aligned} & P(X_{n+1} = j \mid X_0 = i_0, \ldots, X_{n-1} = i_{n-1}, X_n = i) \\ = \; & P(h(X_n, Y_{n+1}(X_n)) = j \mid X_0 = i_0, \ldots, X_{n-1} = i_{n-1}, X_n = i) \\ = \; & P(h(i, Y_{n+1}(i)) = j \mid X_0 = i_0, \ldots, X_{n-1} = i_{n-1}, X_n = i) \\ = \; & P(h(i, Y_1(i)) = j) \end{aligned}$$

mit Übergangsmatrix

$$\mathbf{P} = [P(h(i, Y_1(i)) = j)]_{i,j\in\mathcal{Z}}.$$

13.5 Darstellung einer Markov-Kette als dynamisches stochastisches System

Sei $X_0, X_1, X_2, \ldots$ eine Markov-Kette. Wir zeigen nun, daß wir diese Kette durch ein stochastisches dynamisches System darstellen können, d.h. ein stochastisches dynamisches System so finden können, daß dieses die gleiche Startverteilung und die gleiche Übergangsmatrix besitzt. Dazu seien für $i \in \mathcal{Z}$ voneinander stochastisch unabhängige Folgen $Y_1(i), Y_2(i), \ldots$ von stochastisch unabhängigen, identisch verteilten Zufallsvariablen mit Wertebereich $\mathcal{Z}$ so gegeben, daß gilt

$$P(Y_n(i) = j) = p_{ij} \text{ für alle } i, j \in \mathcal{Z}, n = 1, 2, \ldots$$

Definieren wir
$$h : \mathcal{Z} \times \mathcal{Z} \to \mathcal{Z}, h(i,j) = j,$$
so liefern $X'_0, X'_1, X'_2, \ldots$, gegeben durch
$$X'_0 = X_0,\ X'_n = h(X_{n-1}, Y_n(X_{n-1})),$$
offensichtlich die gewünschte Darstellung, denn es gilt
$$\begin{aligned} P(X'_{n+1} = j \mid X'_n = i) &= P(h(i, Y_n(i)) = j) \\ &= P(Y_n(i) = j) = p_{ij}. \end{aligned}$$

13.6 Irrfahrten

(i) Sei $\mathcal{Y} = \{-1, 1\}, \mathcal{Z} = \mathbb{Z}$. Seien $Y_1, Y_2, \ldots$ stochastisch unabhängig, identisch verteilt und $\mathcal{Y}$-wertig mit $0 < p = P(Y_1 = 1) < 1$. Für die Funktion
$$h : \mathbb{Z} \times \{-1,1\} \to \mathbb{Z}, h(z,y) = z + y$$
ergibt sich für $X_n = h(X_{n-1}, Y_n)$
$$X_n = X_0 + Y_1 + \ldots + Y_n,\ n = 1, 2, \ldots$$
Diese Kette wird als Irrfahrt auf $\mathbb{Z}$ bezeichnet und interpretiert als die Bewegung eines Teilchens, das mit Wahrscheinlichkeit p einen Schritt nach rechts und mit Wahrscheinlichkeit $1-p$ einen Schritt nach links macht. Im Fall $p = 1/2$ sprechen wir von einer **symmetrischen Irrfahrt**.

Die Übergangsmatrix ist gegeben durch
$$p_{i,i+1} = p = 1 - p_{i,i-1},\ p_{i,j} = 0 \quad \text{für} \quad |\, i - j \,| > 1.$$
Entsprechend lassen sich Irrfahrten auf $\mathbb{Z}^d, d > 1$, einführen. Wir kommen darauf in 13.27 zurück.

(ii) Betrachte nun $a, b \in \mathbb{Z}$, $a < b$, und $\mathcal{Z} = \{a, a+1, \ldots, b-1, b\}$. Sei
$$h : \mathcal{Z} \times \{-1,1\} \to \mathcal{Z}$$
definiert durch
$$\begin{aligned} h(a,1) &= h(a,-1) = a,\ h(b,1) = h(b,-1) = b, \\ h(z,y) &= z + y,\ a < z < b,\ y \in \{-1,1\}. \end{aligned}$$
Hier startet das Teilchen zwischen a und b und verbleibt beim Erreichen von a in diesem Punkt; entsprechend geschieht dies beim Erreichen von b. Wir sprechen von **Absorption** in a bzw. b und von einer Irrfahrt mit Absorption.

Die Übergangsmatrix ist gegeben durch
$$p_{aa} = p_{bb} = 1,\ p_{i,i+1} = p = 1 - p_{i,i-1},\ a < i < b,\ p_{ij} = 0 \text{ für } |\, i - j \,| > 1.$$

13.7 Ein Multiprozessorsystem

Wir betrachten ein mathematisches Modell für ein Computersystem, bestehend aus N Prozessoren und M Speichermodulen, welche synchronisiert zusammenwirken. Zu Beginn eines Taktintervalls liegen Anfragen der N Prozessoren an die M Module vor. Wir beschreiben den Zustand des Systems durch ein Tupel

$$i = (i^{(1)}, \ldots, i^{(M)}),\ i^{(1)}, \ldots, i^{(M)} \in \{0, 1, \ldots, N\},\ \sum_{l=1}^{M} i^{(l)} = N.$$

Dieses gibt an, daß $i^{(1)}$ Anfragen für Modul $1, \ldots, i^{(M)}$ Anfragen für Modul M vorliegen.

Ein Modul bearbeitet pro Taktintervall eine Anfrage, falls eine solche vorhanden ist. Die Anzahl $a(i)$ der bearbeiteten Anfragen im Zustand i ist damit

$$a(i) = \mid \{l : i^{(l)} > 0\} \mid .$$

Prozessoren, deren Anfragen im Taktintervall bearbeitet worden sind, können zu Beginn des nächsten Taktintervalls eine neue Anfrage stellen, so daß der Zustand des Systems dann durch ein neues Tupel

$$j = (j^{(1)}, \ldots, j^{(M)}),\ j^{(1)}, \ldots, j^{(M)} \in \{0, 1, \ldots, N\},\ \sum_{l=1}^{M} j^{(l)} = N$$

beschrieben wird, wobei von den N Anfragen $a(i)$ neu gestellt sind, $N - a(i)$ aus dem vorherigen Taktintervall stammen.

Die Verteilung der $a = a(i)$ Anfragen geschehe so, daß jedem Modul die gleiche Wahrscheinlichkeit zukommt, eine solche Anfrage zu erhalten, also mittels einer multinomialverteilten Zufallsvariablen $Y(a)$ mit

$$P(Y(a) = (d^{(1)}, \ldots, d^{(M)})) = \frac{a!}{d^{(1)}! \cdots d^{(M)}!} M^{-a},$$
$$d^{(1)}, \ldots, d^{(M)} \in \{0, 1, \ldots, a\},\ \sum_{l=1}^{M} d^{(l)} = a,$$

siehe 5.8. Der neue Zustand j ergibt sich damit als

$$j = (j^{(1)}, \ldots, j^{(M)}) = (\max\{i^{(1)} - 1, 0\}, \ldots, \max\{i^{(M)} - 1, 0\}) + Y(a).$$

Das Multiprozessorsystem ergibt sich in der vorstehenden Beschreibung als stochastisches dynamisches System gemäß 13.5:

Der Zustandsraum ist gegeben durch

$$\mathcal{Z} = \{i = (i^{(1)}, \dots, i^{(M)}) : i^{(1)}, \dots, i^{(M)} \in \{0, 1, \dots, N\}, \sum_{l=1}^{M} i^{(l)} = N\}.$$

Die $Y_n(i)$ seien jeweils multinomialverteilt mit Wertebereich

$$\mathcal{Y}_i = \{(d^{(1)}, \dots, d^{(M)}) : d^{(1)}, \dots, d^{(M)} \in \{0, 1, \dots, N\}, \sum_{l=1}^{M} d^{(l)} = a(i)\}$$

und vorstehend beschriebener Verteilung zu $a = a(i)$. Die Funktion h ist definiert als

$$h(i, y) = (\max\{i^{(1)} - 1, 0\}, \dots, \max\{i^{(M)} - 1, 0\}) + y.$$

Zur Startvariablen X_0 wird das Multiprozessorsystem beschrieben durch

$$X_{n+1} = h(X_n, Y_{n+1}(X_n)).$$

Setzen wir für $i, j \in \mathcal{Z}$

$$d^{(l)} = j^{(l)} - \max\{i^{(l)} - 1, 0\}, l = 1, \dots, M,$$

so erhalten wir für die Übergangswahrscheinlichkeiten

$$p_{ij} = \frac{a(i)!}{d^{(1)}! \cdots d^{(M)}!} M^{-a(i)}, \text{ falls } d^{(1)}, \dots, d^{(M)} \geq 0, \sum_{l=1}^{M} d^{(l)} = a(i),$$

und $p_{ij} = 0$ andernfalls.

Ist das System im Zustand i, so werden beim Übergang zum nächsten Zustand $a(i)$ Abfragen erledigt und ebensoviele Prozessoren können anschließend aktiv sein, also im folgenden Taktintervall Abfragen tätigen.

Die erwartete Anzahl von erledigten Abfragen im Taktintervall n ist gegeben durch

$$\begin{aligned} E(a(X_n)) &= \sum_{i \in \mathcal{Z}} a(i) P(X_n = i) \\ &= \sum_{i \in \mathcal{Z}} a(i) \sum_{k \in \mathcal{Z}} P(X_n = i \mid X_0 = k) P(X_0 = k) \end{aligned}$$

Betrachten wir diese Größe als Maßzahl für das effektive Zusammenwirken der Systemkonfiguration in Abhängigkeit von N und M, so möchten wir sie natürlich nutzen, um die Effektivität solcher Kombinationen zu untersuchen. Würde allerdings diese Größe in n und der Startverteilung stark schwanken, so würden wir nicht zu einer praktisch interessanten Antwort kommen können.

Von größter Bedeutung für dieses Beispiel und insgesamt für die theoretische Analyse und praktische Anwendung von Markov-Ketten ist der Umstand, daß solch starke Schwankungen typischerweise nicht auftreten. Wir werden im folgenden sehen, daß eine Markov-Kette ein stabiles Verhalten besitzt und zwar in Hinblick auf die Abhängigkeit sowohl von n als auch von der Startverteilung. Dies wird präzisiert werden im Grenzwertsatz 13.14, der als Hauptresultat dieses Kapitels anzusehen ist und dessen Herleitung wir uns nun widmen werden. Dazu sind einige Vorbereitungen nötig.

13.8 Definition

Es sei $X_0, X_1, X_2, \ldots$ eine Markov-Kette. Dann wird die n-Schritt-Übergangsmatrix definiert als

$$\mathbf{P}(n) = [p_{ij}(n)]_{i,j \in \mathcal{Z}} = [P(X_n = j \mid X_0 = i)]_{i,j \in \mathcal{Z}}.$$

Offensichtlich gilt $\mathbf{P}(1) = \mathbf{P}$. Sämtliche $\mathbf{P}(n)$ erfüllen

$$p_{ij}(n) \geq 0,\ i,j \in \mathcal{Z},\ \sum_{j \in \mathcal{Z}} p_{ij}(n) = 1,\ i \in \mathcal{Z},$$

sind also stochastische Matrizen.

Nur in einfachen Situationen können explizite Formeln für die $\mathbf{P}(n)$ gefunden werden.

13.9 Beispiel

Wir betrachten die Irrfahrt auf $\mathbb{Z}$ gemäß 13.4. Mit stochastisch unabhängigen, identisch verteilten $Y_1, Y_2, \ldots, P(Y_i = 1) = p = 1 - P(Y_i = -1)$, gilt

$$\begin{aligned}
P(X_n = j \mid X_0 = i) &= P(i + Y_1 + \ldots + Y_n = j) \\
&= P(Y_1 + \ldots + Y_n = j - i) \\
&= P(|\{i \leq n : Y_i = 1\}| - |\{i \leq n : Y_i = -1\}| = j - i) \\
&= P(|\{i \leq n : Y_i = 1\}| = \frac{n + j - i}{2}).
\end{aligned}$$

Damit folgt

$$p_{ij}(n) = \binom{n}{\frac{n+j-i}{2}} p^{\frac{n+j-i}{2}} (1-p)^{\frac{n-j+i}{2}} \quad \text{für} \quad \frac{n+j-i}{2} \in \{0,1,\ldots,n\}$$

und $p_{ij}(n) = 0$ andernfalls.

Der folgende Satz, der eine einfache Anwendung der Markov-Eigenschaft darstellt, zeigt, daß die n-Schritt-Übergangsmatrix die n-fache Potenz der Übergangsmatrix bezüglich der Matrizenmultiplikation ist. Dabei ist für $\mathbf{P} = [p_{ij}]_{i,j\in\mathcal{Z}}$, $\mathbf{Q} = [q_{ij}]_{i,j\in\mathcal{Z}}$

$$\mathbf{PQ} = [\sum_{k\in\mathcal{Z}} p_{ik}q_{kj}]_{i,j\in\mathcal{Z}}$$

das Matrizenprodukt, das im Fall stochastischer Matrizen auch bei abzählbar-unendlichem $\mathcal{Z}$ wohldefiniert ist und wiederum eine stochastische Matrix liefert. Angemerkt sei, daß der Teil *(i)* als **Chapman-Kolmogorov-Gleichung** bekannt ist.

13.10 Satz

Es sei $X_0, X_1, X_2, \ldots$ eine Markov-Kette.

(i) Für $m, n = 1, 2, \ldots$ gilt

$$p_{ij}(m+n) = \sum_{k\in\mathcal{Z}} p_{ik}(m)p_{kj}(n) \text{ für alle } i,j \in \mathcal{Z}.$$

(ii)

$$\mathbf{P}(n) = \mathbf{P}^n \text{ für alle } n = 1, 2, \ldots$$

Beweis:

(i) Es gilt für $m, n = 1, 2, \ldots$

$$\begin{aligned} P(X_{m+n} = j \mid X_0 = i) &= \sum_{k\in\mathcal{Z}} P(X_{m+n} = j, X_m = k \mid X_0 = i) \\ &= \sum_{k\in\mathcal{Z}} P(X_{m+n} = j \mid X_m = k, X_0 = i) P(X_m = k \mid X_0 = i) \\ &= \sum_{k\in\mathcal{Z}} P(X_n = j \mid X_0 = k) P(X_m = k \mid X_0 = i), \end{aligned}$$

damit die Behauptung. Dabei haben wir für die letzte Gleichheit 13.3*(iii)* mit $D = \mathcal{Z}^{n-1} \times \{j\}$, $C = \{i\} \times \mathcal{Z}^{m-1}$ angewandt.

(ii) Gemäß (i) gilt für $n = 1, 2, \ldots$

$$\mathbf{P}(n+1) = \mathbf{P}\mathbf{P}(n),$$

und die Behauptung folgt mit Induktion. □

Die Gleichheit $\mathbf{P}(n) = \mathbf{P}^n$ zeigt, daß wir $\mathbf{P}(n)$ als n-fache Matrizenpotenz vorliegen haben. Zu numerisch gegebenem $\mathbf{P}$ können wir die numerischen Werte von $\mathbf{P}(n)$ mühelos unter Nutzung eines Computers berechnen; eine explizite formelmäßige Auswertung ist allerdings auch mit dieser Darstellung nur in einfachen Fällen möglich.

13.11 Beispiel

Sei $X_0, X_1, X_2, \ldots$ eine Kette mit zwei Zuständen 1 und 2. Seien $0 < p, q < 1$ und

$$\mathbf{P} = \begin{bmatrix} 1-p & p \\ q & 1-q \end{bmatrix}.$$

Induktiv können wir leicht nachweisen, daß gilt

$$(p+q)\mathbf{P}^n = \begin{bmatrix} q & p \\ q & p \end{bmatrix} + (1-p-q)^n \begin{bmatrix} p & -p \\ -q & q \end{bmatrix},$$

und dies liefert uns die explizite Gestalt der $p_{ij}(n)$, z.B.

$$\begin{aligned} p_{12}(n) &= \frac{p}{p+q} - \frac{p}{p+q}(1-p-q)^n, \\ p_{22}(n) &= \frac{p}{p+q} + \frac{q}{p+q}(1-p-q)^n. \end{aligned}$$

Es folgt

$$\lim_{n\to\infty} p_{12}(n) = \lim_{n\to\infty} p_{22}(n) = \lim_{n\to\infty} P(X_n = 2) = \frac{p}{p+q}$$

bei beliebiger Startverteilung, und entsprechend

$$\lim_{n\to\infty} p_{11}(n) = \lim_{n\to\infty} p_{21}(n) = \lim_{n\to\infty} P(X_n = 1) = \frac{q}{p+q}.$$

Darüber hinaus ist diese Konvergenz sogar exponentiell schnell, d.h. es existieren $c > 0, 0 < \delta < 1$ so, daß gilt

$$\left| p_{12}(n) - \frac{p}{p+q} \right| \leq c\delta^n,$$

mit den analogen Ungleichungen für die anderen Terme. Dabei ist $\delta = \mid 1-p-q \mid$. Wir erkennen an diesem Beispiel das schon in 13.5 angekündigte Stabilisierungsverhalten. Die n-Schritt-Übergangswahrscheinlichkeiten $p_{ij}(n), i, j = 1, 2$, konvergieren gegen Grenzwerte π_j^*, die unabhängig vom Startzustand i sind, und diese Konvergenz ist sogar exponentiell schnell.

Wir kommen nun zu dem Grenzwertsatz, der zeigt, daß ein solches Verhalten typisch für Markov-Ketten mit endlichem Zustandsraum ist. Um zu verdeutlichen, daß durch die Gleichheit $\mathbf{P}(n) = \mathbf{P}^n$ etliche Resultate über Markov-Ketten als Resultate über stochastische Matrizen formulierbar und beweisbar sind, wird der folgende Zugang gewählt:
Wir formulieren zunächst ein Resultat mit zugehörigem Korollar für solche Matrizen, das in den Vertiefungen bewiesen wird. Die stochastischen Konsequenzen werden anschließend dargestellt.

13.12 Satz

Es sei $\mathbf{P} = [p_{ij}]_{i,j\in\mathcal{Z}}$ eine stochastische Matrix mit endlichem $\mathcal{Z}$, $\mathbf{P}^n = [p_{ij}^{(n)}]_{i,j\in\mathcal{Z}}$ die n-fache Potenz für $n = 1, 2, \ldots$. Es existiere $m \in \mathbb{N}$ mit der Eigenschaft

$$p_{ij}^{(m)} > 0 \quad \text{für alle} \quad i, j \in \mathcal{Z}.$$

Dann gilt:

(i) Für alle $i, j \in \mathcal{Z}$ liegt für $n \to \infty$ exponentiell schnelle Konvergenz

$$p_{ij}^{(n)} \to \pi_j^*$$

mit von i unabhängigen π_j^* vor.

(ii) Es ist $\pi_j^* > 0$ für alle $j \in \mathcal{Z}$ und $\sum_{j\in\mathcal{Z}} \pi_j^* = 1$. Ferner ist $(\pi_j^*)_{j\in\mathcal{Z}}$ die eindeutige Lösung des folgenden Gleichungssystems für stochastische Vektoren π:

$$\sum_{k\in\mathcal{Z}} \pi_k p_{kj} = \pi_j, \; j \in \mathcal{Z},$$

vektoriell geschrieben als

$$\pi\mathbf{P} = \pi.$$

13.13 Korollar

Es sei $\mathbf{P} = [p_{ij}]_{i,j\in\mathcal{Z}}$ eine stochastische Matrix mit endlichem $\mathcal{Z}$. Dann existiert ein stochastischer Vektor π mit der Eigenschaft

$$\pi\mathbf{P} = \pi$$

Gemäß 13.10 gilt $\mathbf{P}(n) = \mathbf{P}^n$, d. h. $p_{ij}(n) = p_{ij}^{(n)}$ für alle $i, j \in \mathcal{Z}$. Wir werden im folgenden die Bezeichnungen $\mathbf{P}(n)$ und $p_{ij}(n)$ benutzen. Zur Umsetzung von 13.11 und 13.12 in die Sprache der Markov-Ketten beginnen wir mit folgender Begriffsbildung.

13.14 Die stationäre Verteilung

Es sei $X_0, X_1, X_2, \ldots$ eine Markov-Kette. Ein stochastischer Vektor $\pi = (\pi_j)_{j \in \mathcal{Z}}$ wird als stationäre Verteilung für die Markov-Kette bezeichnet, falls gilt

$$\pi\mathbf{P} = \pi$$

und damit

$$\pi\mathbf{P}(n) = \pi\mathbf{P}^n = \pi$$

für alle n.

Der Vektor π ist dabei als Zeilenvektor aufzufassen. Wird eine solche stationäre Verteilung π als Startverteilung der Markov-Kette benutzt, so gilt

$$P(X_n = i) = \pi_i \text{ für alle } i \in \mathcal{Z} \text{ und } n = 1, 2, \ldots$$

Betrachten wir die Einheitsmatrix als Übergangsmatrix der trivialen Markov-Kette, die in ihrem Anfangszustand verharrt, so ist jeder stochastische Vektor stationäre Verteilung; stationäre Verteilungen sind also i.a. nicht eindeutig bestimmt.

Die Übertragung von 13.12 und 13.13 liefert sofort folgenden wichtigen Satz, der als Ergodensatz bezeichnet wird.

13.15 Satz

Es sei $X_0, X_1, X_2, \ldots$ eine Markov-Kette mit endlichem Zustandsraum $\mathcal{Z}$. Dann gilt:

(i) Es existiert eine stationäre Verteilung.

(ii) Falls zusätzlich ein $m \in \mathbf{N}$ mit der Eigenschaft $p_{ij}(m) > 0$ für alle $i, j \in \mathcal{Z}$ existiert, so folgt:

Die stationäre Verteilung π^* ist eindeutig bestimmt und erfüllt $\pi_i^* > 0$ für alle $i \in \mathcal{Z}$. Für alle $i, j \in \mathcal{Z}$ liegt für $n \to \infty$ exponentiell schnelle Konvergenz

$$p_{ij}(n) \to \pi_j^* \quad \textit{und} \quad P(X_n = j) \to \pi_j^*$$

bei beliebiger Startverteilung vor.

Die Bedeutung dieses Satzes ist beträchtlich. Wollen wir einen Vorgang analysieren, der durch eine Markov-Kette beschrieben wird, so können wir - approximativ und unter den obigen Voraussetzungen - annehmen, daß die Zustände i mit den Wahrscheinlichkeiten π_i^* angenommen werden, und diese π_i^* können numerisch einfach durch Lösen des linearen Gleichungssystems $\pi^*\mathbf{P} = \pi^*$ bestimmt werden.

Die folgenden Begriffsbildungen können insbesondere zur Vereinfachung des Nachweises der Bedingung aus 13.15*(ii)* herangezogen werden.

13.16 Kommunizieren und Periodizität

Sind i, j Zustände einer Markov-Kette, so bezeichnen wir i, j als miteinander kommunizierend, falls $m, n \in \mathbb{N}$ existieren mit der Eigenschaft

$$p_{ij}(m) > 0, p_{ji}(n) > 0.$$

Falls sämtliche Zustände i, j miteinander kommunizieren, so bezeichnen wir die Markov-Kette als **irreduzibel**.

Die Periode eines Zustands i wird definiert als

$$d(i) = ggT(\{l \in \mathbb{N} : p_{ii}(l) > 0\}),$$

wobei ggT den größten gemeinsamen Teiler bezeichnet und wir die Festlegung $ggT(\emptyset) = \infty$ benutzen.

Ein Zustand i mit Periode $d(i) = 1$ heißt **aperiodisch**. *Sind sämtliche Zustände aperiodisch, so bezeichnen wir die Markov-Kette als aperiodisch. Ein offensichtliches Kriterium für Aperiodizität ist $p_{ii} > 0$ für alle $i \in \mathcal{Z}$.*

Ist z.B. $d(i) = 2$, so folgt

$$p_{ii}(l) = 0 \text{ für alle ungeraden } l.$$

Für die Irrfahrt auf $\mathbb{Z}$ gemäß 13.6 ist leicht einzusehen, daß jeder Zustand die Periode 2 besitzt, also das irrfahrende Teilchen nur in einer geraden Anzahl von Schritten in seine Ausgangsposition zurückkehren kann.

Das folgende Lemma zeigt, daß eine irreduzible Kette schon aperiodisch ist, falls ein Zustand als aperiodisch nachgewiesen werden kann.

13.17 Lemma

Es sei $X_0, X_1, X_2, \ldots$ eine Markov-Kette. Sind i, j Zustände, die miteinander kommunizieren, so gilt

$$d(i) = d(j).$$

Beweis:
Sei $p_{ij}(m) > 0$ und $p_{ji}(n) > 0$. Gemäß 13.10 gilt

$$p_{ii}(m+n) \geq p_{ij}(m)p_{ji}(n) > 0.$$

Sei ferner $p_{jj}(l) > 0$, damit

$$p_{ii}(m+l+n) \geq p_{ij}(m)p_{jj}(l)p_{ji}(n) > 0.$$

$d(i)$ ist also Teiler von $m+n$ und von $m+l+n$, damit Teiler von l für jedes l mit der Eigenschaft $p_{jj}(l) > 0$. Dies zeigt

$$d(i) \leq ggT(\{l \in \mathbb{N} : p_{jj}(l) > 0\}) = d(j).$$

Entsprechend erhalten wir $d(j) \leq d(i)$, so daß sich die Gleichheit ergibt. □

Der folgende Satz charakterisiert diejenigen Markov-Ketten, die der Bedingung aus 13.15(ii) genügen.

13.18 Satz

Es sei $X_0, X_1, X_2, \ldots$ eine Markov-Kette mit endlichem Zustandsraum $\mathcal{Z}$. Dann sind äquivalent:

(i) Die Markov-Kette ist irreduzibel und aperiodisch.

(ii) Es existiert ein $m \in \mathbb{N}$ mit der Eigenschaft

$$p_{ij}(m) > 0 \quad \textit{für alle} \quad i, j \in \mathcal{Z}.$$

Den Beweis dieses Satzes werden wir in den Vertiefungen durchführen.

13.19 Die Effizienz eines Multiprozessorensystems

Wir kommen zurück zum Multiprozessorensystem aus 13.7. Dabei wird der Zustand des Systems $i = (i^{(1)}, \ldots, i^{(M)})$ beschrieben durch die Verteilung der Anfragen der N Prozessoren auf die M Speichermodule. Der Nachfolgezustand $j = (j^{(1)}, \ldots, j^{(M)})$ ergibt sich durch die zufällige Aufteilung der durch Abarbeitung möglich werdenden Neuanfragen im Umfang von $a(i) = \mid \{l : i^{(l)} > 0\} \mid$ Anfragen auf die Speichermodule, was mittels einer Multinomialverteilung geschieht. Es ist hier offensichtlich, daß aus einem vorliegenden Zustand i jeder beliebige andere Zustand j in einer gewissen Anzahl von Schritten mit positiver Wahrscheinlichkeit entstehen kann, so daß diese Markov-Kette irreduzibel ist. Ferner ist $p_{ii} > 0$

für alle Zustände i, also die Markov-Kette aperiodisch. Wir können damit den Ergodensatz anwenden und das Multiprozessorensystem bzgl. seiner eindeutigen invarianten Verteilung π^* analysieren. Als Effizienzmaß in Abhängigkeit von N und M benutzen wir die erwartete Anzahl von erledigten Abfragen pro Taktintervall bzgl. der stationären Verteilung

$$e(N, M) = \sum_{i \in \mathcal{Z}} a(i)\pi_i^* = \lim_{n \to \infty} \sum_{i \in \mathcal{Z}} a(i) P(X_n = i).$$

Wollen wir dieses auswerten, so müssen wir π^* numerisch bestimmen. Es ergeben sich dabei z.B. für $N = 2, 3, 4, 5$:

$e(N, 5) = 1{,}800,\ 2{,}409,\ 2{,}863,\ 3{,}199$ und $e(N, 10) = 1{,}900,\ 2{,}701\ ,3{,}407,\ 4{,}025.$

In einem speziellen Fall stochastischer Matrizen läßt sich eine stationäre Verteilung sofort angeben.

13.20 Doppelt-stochastische Matrizen

Sei $\mathbf{P} = [p_{ij}]_{i,j \in \mathcal{Z}}$ *eine stochastische Matrix.* $\mathbf{P}$ *heißt doppelt-stochastisch, falls zusätzlich gilt*

$$\sum_{i \in \mathcal{Z}} p_{ij} = 1 \text{ für alle } j \in \mathcal{Z}.$$

Ist $\mathcal{Z}$ endlich, so ergibt sich sofort für den stochastischen Vektor $\pi_{\mathcal{Z}} = (\frac{1}{|\mathcal{Z}|}, \ldots, \frac{1}{|\mathcal{Z}|})$ die Gültigkeit von

$$\pi_{\mathcal{Z}} \mathbf{P} = \pi_{\mathcal{Z}},$$

so daß $\pi_{\mathcal{Z}}$ stets invariante Verteilung für eine Markov-Kette mit doppelt-stochastischer Übergangsmatrix ist. Anwendung findet dieses beim Kartenmischen.

13.21 Das Mischen von Karten

Ein Kartenspiel bestehe aus N Karten, wobei wir jede Karte mit einer Nummer versehen. Im Fall des Skatspiels ist $N = 32$, und wir könnten numerieren

$$\text{Karo-Sieben } = 1, \text{ Karo-Acht } = 2, \ldots, \text{ Kreuz-As } = 32,$$

im Fall des Bridgespiels ist $N = 52$, und eine Numerierung wäre

$$\text{Karo-Zwei } = 1, \text{ Karo-Drei } = 2, \ldots, \text{ Kreuz-As } = 52.$$

Ist es an uns zu mischen, so liegt das Kartenspiel in einem Stapel vor, der beschrieben wird durch eine Permutation

$$i = (i(1), i(2), \ldots, i(N)).$$

Diese gibt an, daß die Karte mit der Nummer $i(1)$ die oberste Karte des Stapels ist, diejenige mit der Nummer $i(N)$ zuunterst liegt und allgemein $i(l)$ die Nummer der an der l-ten Position befindlichen Karte ist. Unser Mischen verändert die Reihenfolge der Karten in diesem Stapel und führt zu einer neuen Permutation $j = (j(1), \ldots, j(N))$ der Karten.

Mischen - ohne betrügerische Absicht - kann mathematisch modelliert werden als die zufällige Auswahl einer Permutation $\sigma = (\sigma(1), \ldots, \sigma(N))$ durch den Mischenden. Die Karte an der Position l wird dabei durch das Mischen an die Position $\sigma(l)$ gebracht. Bezeichnen wir die inverse Permutation von σ durch σ^{-1}, d.h. es ist $\sigma(l) = m$ genau dann, wenn $\sigma^{-1}(m) = l$ ist, so wird die Reihenfolge nach dem Mischen beschrieben durch die Permutation

$$j = (i(\sigma^{-1}(1)), \ldots, i(\sigma^{-1}(N))).$$

Ist z.B. beim Skat $i(32) = 1$, so liegt die Karo-Sieben zuunterst; $\sigma(32) = 1$ bringt diese Karte nach oben auf den Stapel, so daß die oberste Karte nach dem Mischen die Nummer $j(1) = i(\sigma^{-1}(1)) = i(32) = 1$ trägt.

Eine Mischmethode kann in diesem Sinne beschrieben werden durch eine Wahrscheinlichkeitsverteilung auf der Menge aller Permutationen σ, das wiederholte Mischen nach dieser Methode als eine Folge von permutationswertigen Zufallsvariablen $Y_1, Y_2, \ldots$, die stochastisch unabhängig sind und jeweils die das einmalige Mischen beschreibende Wahrscheinlichkeitsverteilung besitzen. Beginnend mit einer Startreihenfolge X_0 ergibt sich die Reihenfolge im Kartenstapel nach dem n-ten Mischen als

$$X_n = X_{n-1} \circ Y_n^{-1},$$

wobei $\circ$ die Komposition von Permutationen wie oben bezeichnet.

Wir erhalten damit ein dynamisches stochastisches System, also eine Markov-Kette, mit Zustandsraum $\mathcal{Z} = \{$ Permutationen $\}$ und

$$h : \mathcal{Z} \times \mathcal{Z} \to \mathcal{Z},\ h(i, y) = i \circ y^{-1}.$$

Die Übergangsmatrix ist gegeben durch

$$p_{ij} = P(i \circ Y_1^{-1} = j) = P(Y_1 = j^{-1} \circ i).$$

Zu beachten ist dabei, daß diese Matrix $N!\, N!$ Einträge besitzt ($52! \approx 8{,}06 \cdot 10^{67}$), so daß von expliziten Darstellungen abzuraten ist.

Jedem Kartenspieler ist vertraut, daß - insbesondere im abgelaufenen Spiel glücklose - Mitspieler einmaligem Mischen mißtrauen, vielmehr auf wiederholtem Mischen bestehen und dabei auf bessere Karten hoffen.

Schwächen wir diese Hoffnung zum Wunsch ab, daß nach dem wiederholten Mischen approximativ jede Kartenreihenfolge im Stapel gleichwahrscheinlich ist, so kommen wir zur folgenden mathematischen Fragestellung: Gilt bei gegen ∞ strebender Anzahl n der Mischungswiederholungen

$$P(X_n = j) \to \frac{1}{|\mathcal{Z}|} \text{ für alle } j \in \mathcal{Z}?$$

Zur Beantwortung dieser Frage überlegen wir uns zunächst, daß die Übergangsmatrix $\mathbf{P}$ doppelt-stochastisch ist; es gilt nämlich für jedes $j \in \mathcal{Z}$

$$\sum_{i \in \mathcal{Z}} p_{ij} = \sum_{i \in \mathcal{Z}} P(Y_1 = j^{-1} \circ i) = \sum_{i \in \mathcal{Z}} P(Y_1 = i) = 1,$$

da mit i auch $j^{-1} \circ i$ die Menge aller Permutationen durchläuft.

13.20 zeigt, daß die Gleichverteilung $\pi_{\mathcal{Z}}$ auf $\mathcal{Z}$ invariante Verteilung ist und zwar bei beliebiger Mischmethode. Die bei gebräuchlichen Mischmethoden resultierenden Markov-Ketten können als irreduzibel und aperiodisch angesehen werden, so daß wir die gewünschte Aussage

$$P(X_n = j) \to \frac{1}{|\mathcal{Z}|} \text{ für alle } j \in \mathcal{Z}$$

aus 13.15 und 13.18 erhalten.

Die Untersuchung praktisch relevanter Mischmethoden ist mathematisch anspruchsvoll und kann im Rahmen dieser Einführung nicht geschehen. Wir begnügen uns im folgenden Beispiel mit einer Methode, die einfach behandelbar ist, allerdings bei tatsächlicher Anwendung die Freude am Kartenspielen stark beeinträchtigen würde.

13.22 Mischen durch Einfügen

Bei jedem Mischvorgang werde die zuoberst liegende Karte des Kartenstapels abgehoben und zufällig an eine Position im Stapel gesteckt. Alle N möglichen Positionen seien gleichwahrscheinlich; insbesondere gelangt damit die Karte mit Wahrscheinlichkeit $\frac{1}{N}$ wieder an ihre obere Position und die ursprüngliche Permutation bleibt erhalten, was die Aperiodizität der zugehörigen Markov-Kette sichert. Daß diese Kette auch irreduzibel ist, wird eine Konsequenz der folgenden Überlegungen sein.

Wir wollen untersuchen, wie oft mit dieser Methode gemischt werden muß, bis die Gleichwahrscheinlichkeit erreicht wird. Dazu verfolgen wir die Positionsänderungen der vor Beginn des Mischens an letzter Position befindlichen Karte, die wir uns markiert denken. Diese Karte bleibt solange an ihrer Position, bis zum ersten Mal eine Karte, etwa die Karte a, unter die markierte Karte gesteckt wird und die markierte Karte somit die vorletzte Position einnimmt. Dies geschehe zum zufälligen Zeitpunkt τ_1. Bezeichnet τ_2 den wiederum zufälligen Zeitpunkt, zu dem zuerst eine weitere Karte, etwa Karte b, unter die markierte Karte gesteckt wird, so befindet sich diese dann an drittletzter Stelle, und die möglichen Anordnungen ab und ba der einsortierten Karten sind gleichwahrscheinlich.

Dies gilt entsprechend für alle weiteren Karten, die hinter die markierte Karte gesteckt werden, so daß alle Anordnungen der Karten unter der markierten gleichwahrscheinlich sind.

Zum Zeitpunkt τ_{N-1}, zu dem sich zum ersten Mal $N-1$ Karten unter der markierten befinden, liegt diese zuoberst und wird zum Zeitpunkt $\tau = \tau_{N-1} + 1$ zufällig in den Stapel gesteckt. Da vor diesem Einstecken sämtliche Permutationen der übrigen Karten gleichwahrscheinlich sind, sind nach dem Einstecken sämtliche Permutationen aller Karten gleichwahrscheinlich und die Laplace-Verteilung liegt vor.

Bei sämtlichen weiteren Mischvorgängen bleibt die Laplace-Verteilung erhalten, so daß wir für die durch den Mischvorgang erzeugte Markov-Kette $X_0, X_1, X_2, \ldots$ erhalten haben

$$P(X_n = j \mid \tau = m) = \frac{1}{N!} \text{ für alle } n = m, m+1, \ldots, j \in \mathcal{Z}$$

und sämtliche möglichen Werte $m = N, N+1, \ldots$ von τ. Für $n \geq N$ folgt

$$\begin{aligned} P(X_n = j) &= \sum_{N \leq m \leq n} P(X_n = j \mid \tau = m) P(\tau = m) \\ &\quad + \sum_{m > n} P(X_n = j \mid \tau = m) P(\tau = m) \\ &= \frac{1}{N!} P(\tau \leq n) + P(X_n = j, \tau > n) \end{aligned}$$

und die Abschätzung

$$\begin{aligned} \left| P(X_n = j) - \frac{1}{N!} \right| &= \left| \sum_{m > n} \left(P(X_n = j \mid \tau = m) - \frac{1}{N!}\right) P(\tau = m) \right| \\ &\leq P(\tau > n). \end{aligned}$$

Entsprechend ergibt sich für $A \subseteq \mathcal{Z}$

$$| P(X_n \in A) - \frac{|A|}{N!} | \leq P(\tau > n).$$

Wir haben damit eine neue, interessante Möglichkeit gewonnen, die Konvergenz $P(X_n = j) \to \frac{1}{N!}$ direkt, also ohne Rückgriff auf Satz 13.15 zu untersuchen und zwar durch Untersuchung von $P(\tau > n)$. Dies ist in unserem Fall einfach:

Ist zu einem Zeitpunkt die markierte Karte an der i-ten Stelle von unten, so gibt es i Möglichkeiten, eine Karte dahinter einzusortieren. Damit ist die Wahrscheinlichkeit, daß die einzusteckende Karte in einem Mischungsvorgang hinter die markierte gelangt, gerade $\frac{i}{N}$, und die Wahrscheinlichkeit, daß dieses zum Zeitpunkt $\tau_i + m$ zum ersten Mal geschieht, ist

$$P(\tau_{i+1} - \tau_i = m) = (1 - \frac{i}{N})^{m-1} \frac{i}{N}, m = 1, 2, \ldots$$

Also liegen geometrische Wahrscheinlichkeitsverteilungen vor, vgl. 10.20; es sind $\tau_1, \tau_2 - \tau_1, \ldots, \tau_{N-1} - \tau_{N-2}$ und damit auch τ fast sicher endlich, so daß folgt $P(\tau > n) \to 0$ und damit auch $P(X_n = j) \to \frac{1}{N!}$. Als Erwartungswert erhalten wir

$$\begin{aligned} E\tau &= 1 + \sum_{i=1}^{N-1} \frac{N}{i} \\ &= N \sum_{i=1}^{N} \frac{1}{i} \sim N \log N, \end{aligned}$$

vgl. 9.22. Zur genaueren Analyse können wir die leicht einzusehende Tatsache nutzen, daß $\tau_1, \tau_2 - \tau_1, \ldots, \tau_{N-1} - \tau_{N-2}$ stochastisch unabhängig sind, und daraus schließen, daß sogar exponentiell schnelle Konvergenz $P(\tau > n) \to 0$ vorliegt.

Aus dem Ergodensatz können wir ein schwaches Gesetz der großen Zahlen für Markov-Ketten folgern:

13.23 Satz

Es sei $X_0, X_1, X_2, \ldots$ eine irreduzible, aperiodische Markov-Kette mit endlichem $\mathcal{Z}$. π^* sei die stationäre Verteilung. Sei $g : \mathcal{Z} \to \mathbb{R}$.
Dann gilt

$$\frac{1}{n+1} \sum_{m=0}^{n} g(X_m) \to \sum_{i \in \mathcal{Z}} \pi_i^* g(i) \quad \textit{in Wahrscheinlichkeit.}$$

Der Beweis benutzt die exponentiell schnelle Konvergenz aus 13.18. Er wird in den Vertiefungen durchgeführt werden. Es liegt sogar fast sichere Konvergenz vor, aber dieses starke Gesetz der großen Zahlen werden wir im Rahmen unserer Einführung in die Markov-Ketten nicht beweisen.

Wir wollen nun das Verhalten von Zuständen weiter untersuchen. Bisher haben wir absorbierende, kommunizierende, periodische und aperiodische Zustände kennengelernt. Betrachten wir nun eine Irrfahrt in $\mathbb{Z}$ und ein Teilchen, das seinen unsteten Weg in einem Startpunkt i beginnt. Wird es jemals zu seinem Startpunkt zurückfinden? Dies soll nun allgemein untersucht werden, und wir beginnen mit den zugehörigen Begriffsbildungen.

13.24 Rückkehrwahrscheinlichkeiten, Rekurrenz und Transienz

Sei $X_0, X_1, X_2, \ldots$ eine Markov-Kette. Für $i \in \mathcal{Z}$ wird definiert:

$$r_i = P(\bigcup_{n \in \mathbb{N}} \{X_n = i\} \mid X_0 = i),$$

die Wahrscheinlichkeit, daß die Markov-Kette, startend in i, nach i zurückkehrt,

$$u_i = P(\limsup \{X_n = i\} \mid X_0 = i),$$

die Wahrscheinlichkeit, daß die Markov-Kette, startend in i, unendlich-oft nach i zurückkehrt. Offensichtlich ist

$$u_i \leq r_i.$$

Ferner sei

$$g_i = \sum_{n \in \mathbb{N}} P(X_n = i \mid X_0 = i) = \sum_{n \in \mathbb{N}} p_{ii}(n).$$

Es ist $g_i = E(\sum_{n \in \mathbb{N}} 1_{\{X_n = i\}} \mid X_0 = i)$ und gibt die erwartete Anzahl von Besuchen in i an - bei Start in i. Das Borel-Cantelli-Lemma 3.6 zeigt:

$$g_i < \infty \text{ impliziert } u_i = 0.$$

Wir nennen

$$i \textbf{ rekurrent}, \text{ falls } r_i = 1,$$

$$i \textbf{ transient}, \text{ falls } r_i < 1$$

vorliegt.

Zur Untersuchung von Rekurrenz und Transienz dient der folgende Satz:

13.25 Satz

Es sei $X_0, X_1, X_2, \ldots$ eine Markov-Kette, $i \in \mathcal{Z}$.

(i)

$$1 - u_i = (1 - r_i) g_i,$$

wobei die Festsetzung $0 \cdot \infty = 0$ benutzt wird.

(ii) Es sind äquivalent:

$$i \text{ rekurrent}; \quad u_i = 1; \quad g_i = \infty.$$

(iii) Es sind äquivalent:

$$i \text{ transient}; \quad u_i = 0; \quad g_i < \infty.$$

Beweis:

(i) Wir führen ein

$$T = \sup\{n \geq 1 : X_n = i\}.$$

T kann dabei natürlich den Wert ∞ annehmen, und es sei $T = 0$, falls kein n mit $X_n = i$ existiert. Dann gilt

$$\{T = \infty\} = \limsup \{X_n = i\},$$

also

$$P(T < \infty \mid X_0 = i) = 1 - u_i.$$

Für $n \in \mathbb{N}$ berechnen wir unter Benutzung der Markov-Eigenschaft

$$\begin{aligned}
P(T = n \mid X_0 = i) &= P(X_n = i, X_m \neq i \text{ für alle } m > n \mid X_0 = i) \\
&= P(X_m \neq i \text{ für alle } m > n \mid X_n = i) P(X_n = i \mid X_0 = i) \\
&= P(X_m \neq i \text{ für alle } m \geq 1 \mid X_0 = i) p_{ii}(n) \\
&= (1 - r_i) p_{ii}(n).
\end{aligned}$$

Summation über n liefert mit obiger Festsetzung

$$P(T < \infty \mid X_0 = i) = (1 - r_i) \sum_{n \in \mathbb{N}} p_{ii}(n),$$

also *(i)*.

(ii) Ist $r_i = 1$, so folgt $u_i = 1$ mit *(i)*, daraus mit dem Borel-Cantelli-Lemma $g_i = \infty$ und daraus schließlich $r_i = 1$, wiederum mit *(i)*.

(iii) Entsprechend erhalten wir aus $r_i < 1$ mit *(i)* $g_i < \infty$, daraus mit dem Borel-Catelli-Lemma $u_i = 0$, woraus sich schließlich und wiederum mit *(i)* $r_i < 1$ ergibt. □

13.26 Anmerkung

Zur Interpretation dieses Satzes widmen wir uns der Aussage *(ii)*. Die Rekurrenz eines Zustands i besagt, daß die Markov-Kette mit Wahrscheinlichkeit 1 zu ihm zurückkehrt. Daraus folgt, daß dieses nicht nur einmal, sondern unendlich oft geschieht. Die Begründung dafür, ohne ein formales Argument wie in 13.25 heranzuziehen, liefert die Markov-Eigenschaft: Nach dem ersten Wiedererreichen des Zustands i vergißt die Kette ihre Vorgeschichte, verhält sich so, als würde sie neu in i starten, erreicht also wiederum durch Rekurrenz mit Wahrscheinlichkeit 1 den Zustand i. Dieses Verhalten wiederholt sich und führt dazu, daß die Kette den Zustand i unendlich-oft erreicht.

Der Nachweis der Rekurrenz eines Zustands i geschieht häufig unter Heranziehung des voranstehenden Satzes, indem gezeigt wird

$$\sum_{n \in \mathbb{N}} p_{ii}(n) = \infty.$$

Als typisches Beispiel dafür seien die Irrfahrten behandelt.

13.27 Rekurrenz bei Irrfahrten

(i) Betrachtet sei zunächst eine Irrfahrt auf $\mathbb{Z}$, gegeben durch

$$X_n = i + Y_1 + \cdots + Y_n,$$

wobei $Y_1, Y_2, \ldots$ stochastisch unabhängig und identisch verteilt sind mit $P(Y_i = 1) = p = 1 - P(Y_i = -1)$. Im Fall $p \neq \frac{1}{2}$ gilt nach dem starken Gesetz der großen Zahlen

$$|\, X_n \,| \to \infty \text{ mit Wahrscheinlichkeit 1,}$$

damit offensichtlich $u_i = 0$, so daß jeder Zustand i transient ist. Interessanter ist die Frage nach Rekurrenz oder Transienz im Fall $p = \frac{1}{2}$. Offensichtlich ist eine Rückkehr nur nach einer geraden Anzahl von Schritten möglich, und es müssen dabei gleichviele Bewegungen nach links und nach rechts erfolgt sein. Dies besagt $p_{ii}(2n-1) = 0$ und

$$p_{ii}(2n) = \left(\frac{1}{2}\right)^{2n} \binom{2n}{n} \quad \text{für} \quad n = 1, 2, \ldots$$

Die Stirling-Formel, siehe 5.14 und 5.15, zeigt

$$\binom{2n}{n} \left(\frac{1}{2}\right)^{n} \sim \frac{1}{\sqrt{\pi n}},$$

damit

$$\sum_{n \in \mathbb{N}} p_{ii}(n) = \infty,$$

so daß Rekurrenz vorliegt. Die Irrfahrt auf $\mathbb{Z}$ kehrt also mit Wahrscheinlichkeit 1 unendlich-oft zu ihrem Startpunkt zurück.

(ii) Seien nun die symmetrischen Irrfahrten auf $\mathbb{Z}^2$ und $\mathbb{Z}^3$ betrachtet. Im Fall $\mathbb{Z}^2$ bewege sich das Teilchen mit Wahrscheinlichkeit $\frac{1}{4}$ in jede der möglichen vier Richtungen, im Fall $\mathbb{Z}^3$ mit Wahrscheinlichkeit $\frac{1}{6}$ in jede der möglichen sechs Richtungen. Falls Abweichung von dieser Gleichverteilung vorliegt, so erhalten wir die Transienz sämtlicher Zustände mit dem Gesetz der großen Zahlen wie zuvor.

Eine Rückkehr ist nur nach einer geraden Anzahl von Schritten möglich, wobei jede Richtung und ihre Gegenrichtung jeweils gleich oft zu durchlaufen ist. Wir erhalten im Fall $\mathbb{Z}^2$

$$\begin{aligned}
p_{ii}(2n) &= \left(\frac{1}{4}\right)^{2n} \sum_{k=0}^{n} \binom{2n}{k}\binom{2n-k}{k}\binom{2n-2k}{n-k} \\
&= \left(\frac{1}{4}\right)^{2n} \sum_{k=0}^{n} \frac{(2n)!}{(k!)^2((n-k)!)^2} \\
&= \left(\frac{1}{4}\right)^{2n} \binom{2n}{n} \sum_{k=0}^{n} \binom{n}{k}^2 = \left(\frac{1}{4}\right)^{2n} \binom{2n}{n}^2.
\end{aligned}$$

Dabei ist zu beachten, daß $\sum_{k=0}^{n} \binom{n}{k}^2$ die Anzahl aller n-elementigen Teilmengen einer $2n$-elementigen Menge angibt, also gleich $\binom{2n}{n}$ ist. Für Dimension 2 ergibt sich somit gemäß *(i)*

$$p_{ii}(2n) \sim \frac{1}{\pi n}, \text{ also Rekurrenz.}$$

Für Dimension 3 ist entsprechend - mit Summation über $k_1, k_2, k_3 \geq 0$ mit $k_1 + k_2 + k_3 = n$ -

$$\begin{aligned}
p_{ii}(2n) &= \left(\frac{1}{6}\right)^{2n} \sum_{k_1,k_2,k_3} \frac{(2n)!}{(k_1!)^2(k_2!)^2(k_3!)^2} \\
&= \left(\frac{1}{2}\right)^{2n} \binom{2n}{n} \sum_{k_1,k_2,k_3} \left(3^{-n} \frac{n!}{k_1!k_2!k_3!}\right)^2 \\
&\leq \left(\frac{1}{2}\right)^{2n} \binom{2n}{n} \max_{k_1,k_2,k_3} 3^{-n} \frac{n!}{k_1!k_2!k_3!},
\end{aligned}$$

da $\sum_{k_1,k_2,k_3} 3^{-n} \frac{n!}{k_1!k_2!k_3!} = 1$ als Summe von Multinomialwahrscheinlichkeiten vorliegt. Für die Maximalstelle muß gelten $| k_i - k_j | \leq 1$, da bei $k_i \geq k_j + 2$ der Übergang zu $k_i - 1, k_j + 1$ den Multinomialkoeffizienten vergrößern würde; also ist $| k_i - \frac{n}{3} | \leq 1$. Benutzt man dieses und die Stirling-Formel, so ergibt sich leicht

$$p_{ii}(2n) \leq cn^{-\frac{3}{2}} \text{ für ein geeignetes } c > 0.$$

Daraus folgt

$$\sum_{n \in \mathbb{N}} p_{ii}(2n) < \infty, \text{ also Transienz.}$$

Aus der Transienz in Dimension 3 folgt sofort die Transienz für die entsprechenden Irrfahrten in höheren Dimensionen.

Eine populäre Veranschaulichung einer Irrfahrt zeigt uns ein betrunkener Passant, der sich in einem Straßengitter bewegt. Er wird gemäß unseres Rekurrenzresultats zu seinem Startpunkt zurückfinden, eventuell ohne diesen wiederzuerkennen. Kommt die dritte Dimension für einen höchst fiktiven betrunkenen Vogel hinzu, so ist die Rückkehr nicht mehr gesichert.

13.28 Anmerkung

Sind i und j Zustände, die miteinander kommunizieren, so sind entweder beide rekurrent oder beide transient. Zum Nachweis genügt es zu zeigen, daß beim Vorliegen der Kommunikation aus der Rekurrenz von i diejenige von j folgt:

Seien dazu $p_{ij}(n), p_{ji}(m) > 0$. Die Markov-Eigenschaft zeigt

$$p_{jj}(m + n + l) \geq p_{ji}(m) p_{ii}(l) p_{ij}(m),$$

so daß wir erhalten:

$$\sum_{l \in \mathbb{N}} p_{ii}(l) = \infty \text{ impliziert } \sum_{l \in \mathbb{N}} p_{jj}(l) = \infty.$$

Dieses liefert gemäß 13.25 die gewünschte Aussage.

13.29 Rekurrenz bei irreduziblen, aperiodischen Markov-Ketten

Es sei $X_0, X_1, X_2, \ldots$ eine irreduzible, aperiodische Markov-Kette mit endlichem Zustandsraum $\mathcal{Z}$. Der Ergodensatz 13.15 zeigt für jeden Zustand i

$$p_{ii}(n) \rightarrow \pi_i^* > 0.$$

Daraus folgt offensichtlich $\sum_{n \in \mathbb{N}} p_{ii}(n) = \infty$, also die Rekurrenz. Um zu einer weitergehenden Aussage zu gelangen, definieren wir

$$T_i = \inf \{n \in \mathbb{N} : X_n = i\}$$

als den ersten zufälligen Zeitpunkt $n \geq 1$, in dem die Kette i erreicht. Falls die Kette i stets fernbleibt, so setzen wir $T_i = \infty$, was der gebräuchlichen formalen Festlegung $\inf \phi = \infty$ entspricht. Rekurrenz von i besagt also

$$P(T_i < \infty \mid X_0 = i) = 1,$$

und es ist

$$E(T_i \mid X_0 = i) \text{ die erwartete Rückkehrzeit.}$$

Hier stellt sich die Frage, ob die erwartete Rückkehrzeit endlich ist und wie sie berechnet werden kann. Die Antwort darauf gibt das Resultat

$$E(T_i \mid X_0 = i) = \frac{1}{\pi_i^*} \text{ für jedes } i \in \mathcal{Z},$$

das wir in den Vertiefungen herleiten werden, siehe 13.36 und 13.37. Da im hier betrachteten Fall $\pi_i^* > 0$ für jedes $i \in \mathcal{Z}$ vorliegt, ist auch die erwartete Rückkehrzeit für jeden Zustand endlich.

Wir merken an, daß allgemein ein rekurrenter Zustand i mit der Eigenschaft $E(T_i \mid X_0 = i) < \infty$ als **positiv-rekurrent** bezeichnet wird, so daß im Fall einer irreduziblen, aperiodischen Markov-Kette mit endlichem $\mathcal{Z}$ sämtliche Zustände positiv-rekurrent sind.

Zum Abschluß dieses Kapitels, das als erste Einführung in die umfangreiche Theorie und Praxis der Markov-Ketten anzusehen ist, kehren wir zurück zu den absorbierenden Zuständen.

13.30 Absorptionswahrscheinlichkeiten

Sei i ein absorbierender Zustand einer Markov-Kette, also ein Zustand mit der Eigenschaft $p_{ii} = 1$. Es gilt dann

$$P(X_{m+n} = i \text{ für alle } n \mid X_m = i) = 1.$$

Erreicht die Markov-Kette diesen Zustand, so kann sie ihn nicht mehr verlassen; wir sprechen von Absorption in i. Die Wahrscheinlichkeiten

$$\alpha_j(i) = P(\bigcup_{n \geq 0} \{X_n = i\} \mid X_0 = j),$$

daß bei Start in j Absorption in i erfolgt, werden als Absorptionswahrscheinlichkeiten bezeichnet. Es gilt $\alpha_i(i) = 1$, und aus der Markov-Eigenschaft ergibt sich für $j \neq i$

$$\alpha_j(i) = \sum_k p_{jk}\alpha_k(i),$$

denn es ist

$$\begin{aligned}
\alpha_j(i) &= P(\bigcup_{n\geq 1} \{X_n = i\} \mid X_0 = j) \\
&= \sum_{k\in Z} P(\bigcup_{n\geq 1} \{X_n = i\} \mid X_1 = k)P(X_1 = k \mid X_0 = j) \\
&= \sum_{k\in Z} P(\bigcup_{n\geq 0} \{X_n = i\} \mid X_0 = k)p_{jk}.
\end{aligned}$$

In etlichen Fällen können wir daraus die Absorptionswahrscheinlichkeiten berechnen.

13.31 Beispiel

Wir betrachten die Irrfahrt auf $\{a, a+1, \ldots, b-1, b\}$ mit Absorption in a und b, siehe 13.6. Es ist dabei $p_{aa} = 1 = p_{bb}$ und $p_{i,i+1} = p = 1 - p_{i,i-1}$, $a < i < b$, für ein $0 < p < 1$. Gemäß 13.32 gilt für die Absorptionswahrscheinlichkeiten

$$\alpha_a(b) = 0, \ \alpha_b(b) = 1 \text{ und } \quad a_j(b) = p\alpha_{j+1}(b) + (1-p)\alpha_{j-1}(b), \ a < j < b,$$

mit dem entsprechenden Gleichungssystem für die $\alpha_j(a)$. Setzen wir zur Abkürzung $\alpha_n = \alpha_{a+n}(b), n = 0, 1, \ldots, N = b - a$, so gilt $\alpha_0 = 0$, $\alpha_N = 1$ und

$$p(\alpha_{n+1} - \alpha_n) = (1-p)(\alpha_n - \alpha_{n-1}), \ n = 1, \ldots, N-1.$$

Es folgt

$$\alpha_{n+1} - \alpha_n = \delta^n \alpha_1 \quad \text{mit} \quad \delta = \frac{1-p}{p},$$

daraus

$$\alpha_n = \sum_{l=0}^{n-1}(\alpha_{l+1} - \alpha_l) = \alpha_1 \sum_{l=0}^{n-1} \delta^l, n = 1, \ldots, N.$$

Im Fall $p = \frac{1}{2}$ ist $\delta = 1$, also

$$\alpha_n = n\delta_1 = \frac{n}{N}, \ n = 1, \ldots, N,$$

da $\alpha_N = 1$ vorliegt.

Im Fall $p \neq \frac{1}{2}$ ist $\delta \neq 1$, damit

$$\alpha_n = \frac{1-\delta^n}{1-\delta}\alpha_1 = \frac{1-\delta^n}{1-\delta^N}, \ n = 1, \ldots, N,$$

wiederum unter Nutzung von $\alpha_N = 1$. Damit haben wir die Absorptionswahrscheinlichkeiten $\alpha_j(b)$ explizit berechnet. Entsprechend ergibt sich für $\alpha'_n = \alpha_{a+n}(a)$

$$\alpha'_n = 1 - \frac{n}{N} \text{ für } p = \frac{1}{2},\ \alpha'_n = \frac{\delta^n - \delta^N}{1 - \delta^N} \text{ für } p \neq \frac{1}{2},\ n = 1, \ldots, N,$$

insbesondere also $\alpha_n + \alpha'_n = 1$.

Vertiefungen

Wir werden nun die ausstehenden Beweise erbringen.

13.32 Satz

Es sei $\mathbf{P} = [p_{ij}]_{i,j \in \mathcal{Z}}$ eine stochastische Matrix mit endlichem $\mathcal{Z}$, $\mathbf{P}^n = [p_{ij}^{(n)}]_{i,j \in \mathcal{Z}}$ die n-fache Potenz für $n = 1, 2, \ldots$ Es existiere $m \in \mathbb{N}$ mit der Eigenschaft

$$p_{ij}^{(m)} > 0 \text{ für alle } i, j \in \mathcal{Z}.$$

Dann gilt:

(i) Für alle $i, j \in \mathcal{Z}$ liegt für $n \to \infty$ exponentiell schnelle Konvergenz

$$p_{ij}^{(n)} \to \pi_j^*$$

mit von i unabhängigen π_j^* vor.

(ii) Es ist $\pi_j^* > 0$ für alle $j \in \mathcal{Z}$ und $\sum_{j \in \mathcal{Z}} \pi_j^* = 1$. Ferner ist $(\pi_j^*)_{j \in \mathcal{Z}}$ die eindeutige Lösung des folgenden Gleichungssystems für stochastische Vektoren π:

$$\sum_{k \in \mathcal{Z}} \pi_k p_{kj} = \pi_j,\ j \in \mathcal{Z},$$

vektoriell geschrieben als

$$\pi \mathbf{P} = \pi.$$

Beweis:
(i) Zu $j \in \mathcal{Z}$ sei $m_j^{(n)} = \min_i p_{ij}^{(n)}$, $M_j^{(n)} = \max_i p_{ij}^{(n)}$. Die Folge der $m_j^{(n)}, n = 1, 2, \ldots$, ist monoton wachsend, diejenige der $M_j^{(n)}, n = 1, 2, \ldots$, monoton fallend, denn es gilt

$$\begin{aligned} m_j^{(n+1)} &= \min_i \sum_{k \in \mathcal{Z}} p_{ik} p_{kj}^{(n)} \geq \sum_{k \in \mathcal{Z}} p_{ik} m_j^{(n)} = m_j^{(n)}, \\ M_j^{(n+1)} &= \max_i \sum_{k \in \mathcal{Z}} p_{ik} p_{kj}^{(n)} \leq \sum_{k \in \mathcal{Z}} p_{ik} M_j^{(n)} = M_j^{(n)}. \end{aligned}$$

Können wir nachweisen, daß $c > 0, 0 < \delta < 1$ existieren mit der Eigenschaft

$$M_j^{(n)} - m_j^{(n)} \leq c\delta^n, n = 1, 2, \ldots,$$

so folgt sofort die Behauptung. Zu diesem Nachweis nutzen wir die Voraussetzung an $\mathbf{P}$ und wählen $\varepsilon < 1$ mit der Eigenschaft

$$\min_{i,j} p_{ij}^{(m)} \geq \varepsilon > 0.$$

Für $n \in \mathbb{N}$ seien i_1 und i_2 Zustände so, daß gilt

$$M_j^{(m+n)} = p_{i_1 j}^{(m+n)}, m_j^{(m+n)} = p_{i_2 j}^{(m+n)}.$$

Damit ergibt sich

$$M_j^{(m+n)} - m_j^{(m+n)} = \sum_{k \in \mathcal{Z}} (p_{i_1 k}^{(m)} - p_{i_2 k}^{(m)}) p_{kj}^{(n)}.$$

Bezeichnen wir mit $\sum_{k,\geq}$ die Summation über diejenigen k, für die $p_{i_1 k}^{(m)} \geq p_{i_2 k}^{(m)}$ gilt, und mit $\sum_{k,<}$ die Summe über die übrigen k, so erhalten wir unter Benutzung von $\sum_{k \in \mathcal{Z}} p_{i_1 k}^{(m)} = 1 = \sum_{k \in \mathcal{Z}} p_{i_2 k}^{(m)}$ offensichtlich

$$\sum_{k,\geq} (p_{i_1 k}^{(m)} - p_{i_2 k}^{(m)}) = -\sum_{k,<} (p_{i_1 k}^{(m)} - p_{i_2 k}^{(m)}).$$

Wir können daher abschätzen

$$\begin{aligned} M_j^{(m+n)} - m_j^{(m+n)} &\leq \sum_{k,\geq} (p_{i_1 k}^{(m)} - p_{i_2 k}^{(m)}) M_j^{(n)} + \sum_{k,<} (p_{i_1 k}^{(m)} - p_{i_2 k}^{(m)}) m_j^{(n)} \\ &= \sum_{k,\geq} (p_{i_1 k}^{(m)} - p_{i_2 k}^{(m)})(M_j^{(n)} - m_j^{(n)}) \\ &\leq (1 - \varepsilon)(M_j^{(n)} - m_j^{(n)}), \end{aligned}$$

Anwendung für $n = lm$ zeigt mittels Induktion

$$M_j^{(lm)} - m_j^{(lm)} \leq (1 - \varepsilon)^l, l = 1, 2, \ldots$$

Setzen wir

$$c = \frac{1}{1 - \varepsilon}, \ \delta = (1 - \varepsilon)^{\frac{1}{m}},$$

so erhalten wir daraus die gewünschte Abschätzung

$$M_j^{(n)} - m_j^{(n)} \leq c\delta^n, n = 1, 2, \ldots,$$

wobei wir die Monotonie der Folgen $m_j^{(1)}, m_j^{(2)}, \ldots$ und $M_j^{(1)}, M_j^{(2)}, \ldots$ ausnutzen.

(ii) Aus der Monotonie der $m_j^{(n)}, n = 1, 2, \ldots$ folgt

$$\pi_j^* \geq \varepsilon > 0.$$

Weiter ergibt sich

$$\sum_{j \in \mathcal{Z}} \pi_j^* = \sum_{j \in \mathcal{Z}} \lim_{n \to \infty} p_{ij}^{(n)} = \lim_{n \to \infty} \sum_{j \in \mathcal{Z}} p_{ij}^{(n)} = 1,$$

und

$$\begin{aligned} \pi_j^* &= \lim_{n \to \infty} p_{ij}^{(n+1)} = \lim_{n \to \infty} \sum_{k \in \mathcal{Z}} p_{ik}^{(n)} p_{kj} \\ &= \sum_{k \in \mathcal{Z}} \lim_{n \to \infty} p_{ik}^{(n)} p_{kj} = \sum_{k \in \mathcal{Z}} \pi_k^* p_{kj}. \end{aligned}$$

Sei nun π ein stochastischer Vektor, der $\pi \mathbf{P} = \pi$ erfüllt. Dann folgt für jedes n

$$\pi \mathbf{P}^n = \pi,$$

also für $j \in \mathcal{Z}$ und $n \to \infty$

$$\pi_j = \sum_{k \in \mathcal{Z}} \pi_k p_{kj}^{(n)} \to (\sum_{k \in \mathcal{Z}} \pi_k) \pi_j^* = \pi_j^*,$$

damit $\pi_j = \pi_j^*$. □

13.33 Korollar

Es sei $\mathbf{P} = [p_{ij}]_{i,j \in \mathcal{Z}}$ eine stochastische Matrix mit endlichem Zustandsraum $\mathcal{Z}$. Dann existiert ein stochastischer Vektor π mit der Eigenschaft

$$\pi \mathbf{P} = \pi$$

Beweis:

Offensichtlich können wir eine Folge von stochastischen Matrizen $\mathbf{P}_1, \mathbf{P}_2, \ldots$ mit überall positiven Komponenten so finden, daß für $n \to \infty$ gilt

$$\mathbf{P}_n \to \mathbf{P},$$

wobei diese Konvergenz komponentenweise aufzufassen ist. Jedes $\mathbf{P}_n$ erfüllt die Voraussetzungen von 13.12 mit $m = 1$, so daß Lösungen π_n von

$$\pi_n \mathbf{P}_n = \pi_n$$

vorliegen. Da der Raum der stochastischen Vektoren kompakt ist, existieren eine konvergente Teilfolge $\pi_{k(n)}, n = 1, 2, \ldots$, und ein stochastischer Vektor π mit der Eigenschaft

$$\pi_{k(n)} \to \pi \quad \text{für} \quad n \to \infty.$$

Es folgt

$$\pi = \lim_{n\to\infty} \pi_{k(n)} = \lim_{n\to\infty} \pi_{k(n)} \mathbf{P}_{k(n)} = \pi P.$$

□

Der folgende Satz benutzt ein Resultat aus der Zahlentheorie über den größten gemeinsamen Teiler.

13.34 Satz

Es sei $X_0, X_1, X_2, \ldots$ eine Markov-Kette mit endlichem $\mathcal{Z}$. Dann sind äquivalent:

(i) Die Markov-Kette ist irreduzibel und aperiodisch.

(ii) Es existiert ein $m \in \mathbb{N}$ mit der Eigenschaft

$$p_{ij}(m) > 0 \textit{ für alle } i, j \in \mathcal{Z}.$$

Beweis:
Zunächst gelte (i). Da $\mathcal{Z}$ endlich ist, genügt es zu zeigen, daß für alle $i, j \in \mathcal{Z}$ ein $m_0 = m_0(i, j) \in \mathbb{N}$ mit der Eigenschaft $p_{ij}(m) > 0$ für alle $m \geq m_0$ existiert. Aufgrund der Irreduzibilität existiert $n \in \mathbb{N}$ mit $p_{ij}(n) > 0$; gemäß

$$p_{ij}(n + l) \geq p_{ij}(n) p_{jj}(l)$$

reicht es also aus, die Existenz von $l_0 = l_0(j)$ mit $p_{jj}(l) > 0$ für alle $l \geq l_0$ nachzuweisen. Sei dazu

$$D = \{l : p_{jj}(l) > 0\}.$$

Sind $l_1, l_2 \in D$, so folgt wegen $p_{jj}(l_1 + l_2) \geq p_{jj}(l_1) p_{jj}(l_2) > 0$ auch $l_1 + l_2 \in D$. Ferner ist aufgrund der Aperiodizität $ggT(D) = 1$. Eine elementare zahlentheoretische Schlußweise liefert daraus die Existenz von $l_0 \in \mathbb{N}$ mit der Eigenschaft $D \supseteq \{l : l \geq l_0\}$, also die gewünschte Aussage. Die Argumentation dafür verläuft wie folgt:

Da Aperiodizität, also $ggT(D) = 1$ vorliegt, existieren endlich viele $m_1, \ldots, m_n \in D$ mit $ggT(\{m_1, \ldots, m_n\}) = 1$. Eine grundlegende Aussage der Zahlentheorie über den größten gemeinsamen Teiler besagt, daß $y_1, \ldots, y_n \in \mathbb{Z}$ so existieren, daß gilt

$$\sum_{k=1}^{n} y_k m_k = ggT(\{m_1, \ldots, m_n\}) = 1.$$

Sei nun $c = \max\{| y_1 |, \ldots, | y_n |\}, l_0 = cm_1(m_1 + \ldots + m_n)$. Jede natürliche Zahl $l \geq l_0$ hat die Darstellung

$$l = l_0 + am_1 + b \sum_{k=1}^{n} y_k m_k$$

mit ganzen Zahlen $a \geq 0$ und $0 \leq b < m_1$. Es folgt $l = am_1 + \sum_{k=1}^{n} (cm_1 + by_k)m_k$. Nach Definition von c ist $cm_1 + by_k \in \mathbb{N}, k = 1, \ldots, n$, so daß wegen der Abgeschlossenheit bezüglich Addition von D das gewünschte $l \in D$ folgt.

Sei nun *(ii)* vorausgesetzt, so daß insbesondere Irreduzibilität vorliegt. Sei $i \in \mathcal{Z}$, also $p_{ii}(m) > 0$ gemäß *(ii)*. Für mindestens ein $j \in \mathcal{Z}$ ist $p_{ij} = p_{ij}(1) > 0$, und für solches j gilt nach Voraussetzung ebenfalls $p_{jj}(m) > 0$. Es folgt

$$p_{ii}(m+1) \geq p_{ij}(1)p_{jj}(m) > 0,$$

damit $\{m, m+1\} \subseteq \{l : p_{ii}(l) > 0\}$. Dies zeigt, daß i aperiodisch ist. □

Es folgt der Beweis des schwachen Gesetzes der großen Zahlen für Markov-Ketten.

13.35 Satz

Es sei $X_0, X_1, X_2, \ldots$ eine irreduzible, aperiodische Markov-Kette mit endlichem Zustandsraum $\mathcal{Z}$. π^* sei die stationäre Verteilung. Sei $g : \mathcal{Z} \to \mathbb{R}$.
Dann gilt

$$\frac{1}{n+1} \sum_{m=0}^{n} g(X_m) \to \sum_{i \in \mathcal{Z}} \pi_i^* g(i) \quad \textit{in Wahrscheinlichkeit.}$$

Beweis:

(a) Wir schreiben zunächst

$$\sum_{m=0}^{n} g(X_m) = \sum_{m=0}^{n} g(X_m) \sum_{i \in \mathcal{Z}} 1_{\{X_m = i\}} = \sum_{i \in \mathcal{Z}} g(i) \sum_{m=0}^{n} 1_{\{X_m = i\}},$$

damit

$$P(| \frac{1}{n+1} \sum_{m=0}^{n} g(X_m) - \sum_{i \in \mathcal{Z}} \pi_i^* g(i) | \geq \varepsilon)$$

$$= P(|\sum_{i\in\mathcal{Z}} g(i)(\frac{1}{m+1}\sum_{m=0}^{n} 1_{\{X_m=i\}} - \pi_i^*)| \geq \varepsilon)$$
$$\leq \sum_{i\in\mathcal{Z}, g(i)\neq 0} P(|\frac{1}{m+1}\sum_{m=0}^{n} 1_{\{X_m=i\}} - \pi_i^*| \geq \frac{\varepsilon}{|\mathcal{Z}||g(i)|}).$$

Es genügt also zu zeigen, daß für beliebiges $i \in \mathcal{Z}$ gilt

$$\frac{1}{n+1}\sum_{m=0}^{n} 1_{\{X_m=i\}} \to \pi_i^* \quad \text{in Wahrscheinlichkeit.}$$

(b) Sei $i \in \mathcal{Z}$ und zur Abkürzung $I_m = 1_{\{X_m=i\}}$. Dann gilt $E(I_m) = P(X_m = i)$ und für $l < m$

$$E(I_l I_m) = P(X_l = i, X_m = i) = P(X_l = i)p_{ii}(m-l).$$

Wir schätzen ab

$$P(|\frac{1}{n+1}\sum_{m=0}^{n} I_m - \pi_i^*| \geq \varepsilon)$$
$$\leq \frac{1}{(n+1)^2\varepsilon^2}E(\sum_{m=0}^{n}(I_m - \pi_i^*))^2$$
$$= \frac{1}{(n+1)^2\varepsilon^2}[\sum_{m=0}^{n} E((I_m - \pi_i^*)^2) + 2\sum_{0\leq l<m\leq n} E(I_l I_m - \pi_i^* I_l - \pi_i^* I_m + (\pi_i^*)^2)].$$

Offensichtlich ist die erste Summe $\leq n$, so daß es zum Nachweis der Konvergenz gegen 0 genügt, die zweite Summe durch cn nach oben zu beschränken. Dazu benutzen wir, daß gemäß 13.18 $c > 0, 0 < \delta < 1$ existieren mit der Eigenschaft

$$|P(X_l = i) - \pi_i^*| \leq c\delta^l, |p_{ii}(l) - \pi_i^*| \leq c\delta^l.$$

Es folgt für $l < m$

$$|E(I_l I_m - \pi_i^* I_l - \pi_i^* I_m + (\pi_i^*)^2)|$$
$$= |P(X_l = i)p_{ii}(m-l) - \pi_i^* P(X_l = i) - \pi_i^* P(X_m = i) + (\pi_i^*)^2|$$
$$= P(X_l = i)(p_{ii}(m-l) - \pi_i^*) + \pi_i^*(\pi_i^* - P(X_m = i))$$
$$\leq |p_{ii}(m-l) - \pi_i^*| + |\pi_i^* - P(X_m = i)|$$
$$\leq c\delta^{m-l} + c\delta^m \leq 2c\delta^{m-l}.$$

Es ergibt sich

$$\sum_{0\leq l<m\leq n}(I_l I_m - \pi_i^* I_l - \pi_i^* I_m + (\pi_i^*)^2) \leq 2c\sum_{m=0}^{n}\sum_{l=0}^{m}\delta^{m-l} \leq (2c\sum_{l=0}^{\infty}\delta^l)n.$$

□

Die folgenden beiden Resultate zeigen den Zusammenhang zwischen erwarteten Rückkehrzeiten und der stationären Verteilung.

13.36 Satz

Es sei $X_0, X_1, X_2, \ldots$ eine Markov-Kette. π sei stationäre Verteilung. Dann gilt für jeden Zustand i

$$\pi_i E(T_i \mid X_0 = i) = P(T_i < \infty),$$

wobei P die Wahrscheinlichkeit zur Startverteilung π bezeichnet.

Beweis:

Da die stationäre Verteilung π als Startverteilung benutzt wird, gilt für alle $m, n = 0, 1, 2, \ldots$ und $B \subseteq \mathcal{Z}^{n+1}$

$$P((X_m, X_{m+1}, \ldots, X_{m+n}) \in B) = P((X_0, \ldots, X_n) \in B).$$

Beachten wir

$$T_i = \sum_{m \geq 0} 1_{\{T_i > m\}},$$

so ergibt sich

$$\begin{aligned}
&\pi_i E(T_i \mid X_0 = i) \\
&= E(\sum_{m \geq 0} 1_{\{T_i > m, X_0 = i\}}) \\
&= \sum_{m \geq 0} P(X_0 = i, X_l \neq i \quad \text{für} \quad l = 1, \ldots, m) \\
&= \lim_{n \to \infty} \sum_{m=0}^{n-1} P(X_0 = i, X_l \neq i \quad \text{für} \quad l = 1, \ldots, m) \\
&= \lim_{n \to \infty} \sum_{m=0}^{n-1} P(X_{n-m} = i, X_l \neq i \quad \text{für} \quad l = n-m+1, \ldots, n)
\end{aligned}$$

unter Benutzung der Stationarität für die letzte Gleichheit. Dabei wird summiert über die Wahrscheinlichkeiten der paarweise disjunkten Ereignisse

$$A_m = \{X_{n-m} = i, X_l \neq i \quad \text{für} \quad l = n-m+1, \ldots, n\}, m = 0, \ldots, n-1,$$

wobei $A_0 = \{X_n = i\}$ zu beachten ist. Die Vereinigung dieser Ereignisse ist

$$\sum_{m=0}^{n-1} A_m = \{T_i \leq n\}.$$

Wir erhalten damit

$$\pi_i E(T_i \mid X_0 = i) = \lim_{n \to \infty} \sum_{m=0}^{n-1} P(A_m) = P(T_i < \infty).$$

□

Daraus können wir folgern:

13.37 Satz

Es sei $X_0, X_1, X_2, \ldots$ eine irreduzible, aperiodische Markov-Kette mit endlichem $\mathcal{Z}$. π^* sei die stationäre Verteilung. Dann gilt für jeden Zustand i

$$E(T_i \mid X_0 = i) = \frac{1}{\pi_i^*} < \infty.$$

Beweis:
Der vorstehende Satz zeigt, daß wir $P(T_i < \infty) = 1$ nachzuweisen haben, wobei wir die Wahrscheinlichkeit P bezüglich der Startverteilung π^* bilden. Für beliebige $m, n \in \mathbb{N}$ und $D \subseteq \mathcal{Z}^n$ ergibt sich unter Benutzung der Markov-Eigenschaft und des Ergodensatzes

$$\begin{aligned}
& \mid P((X_1, \ldots, X_n) \in D) - P((X_{m+1}, \ldots, X_{m+n}) \in D \mid X_0 = i) \mid \\
= & \mid \sum_i (P((X_1, \ldots, X_n) \in D \mid X_0 = j)\pi_j^* \\
& -P((X_{m+1}, \ldots, X_{m+n}) \in D \mid X_m = j) P(X_m = j \mid X_0 = i)) \mid \\
= & \mid \sum_j P((X_1, \ldots, X_n) \in D \mid X_0 = j)(\pi_j^* - p_{ij}(m)) \mid \\
\leq & \sum_j \mid \pi_j^* - p_{ij}(m) \mid \to 0
\end{aligned}$$

für $m \to \infty$, und damit auch für $D \subseteq \mathcal{Z}^\infty$

$$\mid P((X_1, X_2, \ldots) \in D) - P((X_{m+1}, X_{m+2}, \ldots) \in D \mid X_0 = i) \mid \to 0.$$

Aus der Rekurrenz von i folgt unter Benutzung von 13.25 und obiger Aussage

$$\begin{aligned}
1 &= P(\limsup \{X_m = i\} \mid X_0 = i) = \lim_{m \to \infty} P(\bigcup_{m \geq m+1} \{X_n = i\} \mid X_0 = i) \\
&= P(\bigcup_{n \geq 1} \{X_n = i\}) = P(T_i < \infty).
\end{aligned}$$

□

Aufgaben

Aufgabe 13.1 Seien $X_0, X_1, \ldots$ stochastisch unabhängig und identisch verteilt mit Werten in $\{0, 1, \ldots\}$. Seien $S_n = \sum_{i=0}^n X_i$ und $M_n = \max\{X_0, \ldots, X_n\}$, $\hat{M}_n = \max\{S_0, \ldots, S_n\}$, $n = 0, 1, \ldots$

Untersuchen Sie, ob die M_n und die $\hat{M}_n$ eine Markov-Kette bilden und geben Sie gegebenenfalls die Übergangsmatrix an.

Aufgabe 13.2 Sei $X_0, X_1, \ldots$ eine Markov-Kette. Sei f eine Abbildung vom Zustandsraum in eine weitere abzählbare Menge.

(i) Finden Sie ein Beispiel, in dem die $f(X_n)$ keine Markov-Kette bilden.
(ii) Finden Sie Bedingungen an f so, daß die Markov-Eigenschaft erhalten bleibt.

Aufgabe 13.3 Aus einer Gesamtheit von N Kugeln, die mit den Zahlen $1, \ldots, N$ numeriert sind, werde mit Zurücklegen gezogen. Es bezeichne X_n die Anzahl der unterschiedlichen Zahlen, die in den ersten n Ziehungen registriert werden, wobei $X_0 = 0$ sei.

(i) Zeigen Sie, daß die X_n eine Markov-Kette bilden und bestimmen Sie die Übergangsmatrix.
(ii) Untersuchen Sie die Eigenschaften der Zustände dieser Kette.

Aufgabe 13.4 Zwei Gefäße A und B enthalten jeweils N Kugeln. Von den insgesamt $2N$ Kugeln seien $2r$ rot und $2(N-r)$ schwarz. Zu den Zeitpunkten $1, 2, \ldots$ wird zufällig eine Kugel aus A und aus B gezogen und in dem jeweils anderen Gefäß plaziert. Sei $X_n, n = 0, 1, \ldots$, die Anzahl der roten Kugeln in A vor dem $n+1$-ten Austausch. Dieses Modell ist zur Beschreibung der Vermischung von Flüssigkeiten benutzt worden.

(i) Zeigen Sie, daß die X_n eine irreduzible und aperiodische Markov-Kette bilden.
(ii) Bestimmen Sie die stationäre Verteilung.

Aufgabe 13.5 Die Felder des Schachbretts seien die Zustände einer Markov-Kette, die durch die zufällige Bewegung der Dame auf dem Schachbrett entsteht. Dabei seien keine weiteren Figuren auf dem Brett, und wir wählen jeden regelkonformen Zug mit gleicher Wahrscheinlichkeit - eine Dame kann vertikal, horizontal oder diagonal über beliebig viele Felder bewegt werden.

Bestimmen Sie die stationäre Verteilung. Behandeln Sie das entsprechende Problem für einen Springer.

Aufgabe 13.6 Sei i Zustand einer Markov-Kette. Zeigen Sie: Falls ein Zustand j derart existiert, daß j von i erreicht werden kann, aber i nicht von j, so ist i transient.

Aufgabe 13.7 Betrachtet sei eine Markov-Kette mit Zustandsraum $\{0, 1, 2, \ldots\}$, deren Übergangsmatrix der Bedingung $p_{i,i-1} = 1$ für alle $i > 0$ genügt. Zeigen Sie, daß 0 ein rekurrenter Zustand ist.

Aufgabe 13.8 Sei $X_0, X_1, X_2, \ldots$ eine Markov-Kette, i rekurrenter Startzustand. Sei $T_1 = \inf\{n \geq 1 : X_n = i\}$ und $T_k = \inf\{n > T_{k-1} : X_n = i\}$ für $k > 1$. Zeigen Sie, daß $T_1, T_2 - T_1, \ldots$ stochastisch unabhängig und identisch verteilt sind.

Kapitel 14

Die statistische Modellbildung

Wir wollen in diesem Kapitel den Übergang von der Wahrscheinlichkeitstheorie zur Statistik kennenlernen. Nun kann die Statistik als eigenständige Wissenschaft aufgefaßt werden, bestehend aus etlichen Teildisziplinen, die jeweils deutlich unterschiedliche Affinitäten zur Mathematik und insbesondere zur Wahrscheinlichkeitstheorie besitzen. Betrachten wir Statistik in einer ersten Einteilung als die Wissenschaft von Datenerhebung, von Datenorganisation und -repräsentation und schließlich von Dateninterpretation und -auswertung, so können wir die unterschiedlichen Aspekte und Problemfelder leicht erkennen:

Bei Wahlprognosen versuchen Meinungsforschungsinstitute durch Befragung einer recht kleinen Zahl von Wahlberechtigten das Wahlverhalten der um vieles größeren Gesamtbevölkerung vorherzusagen. Wie nun die Befragtengruppe mit dem Ziel der Repräsentativität auszuwählen ist, gehört in das Problemfeld der Datenerhebung und liefert eine Fragestellung, die der Soziologie näher stehen dürfte als der Mathematik.

Das Speichern von Daten über ihre Internetnutzung bei Millionen von Individuen wird in der öffentlichen Diskussion sehr kritisch begleitet; Schlagzeilen sprechen vom Ende der Privatsphäre und vom gläsernen Konsumenten. Hier wird automatisch eine höchst umfangreiche, zunächst wenig geordnete Datenmenge erstellt, für die sich das Problem der Organisation und Repräsentation stellt. Erst eine geeignete Strukturierung macht eine Weiterverarbeitung gemäß unterschiedlicher Zielrichtungen wie z.B. der Erstellung von Käuferprofilen möglich. Die Bearbeitung von derartigen Problemen ist als ein Arbeitsfeld der Informatik anzusehen. Die anschließende statistische Auswertung solcher außerordentlich umfangreicher Datenmengen wird heute als **Data Mining** bezeichnet.

Eine Firmenabteilung, die vor der Frage steht, ob ein neues Produkt auf dem Markt eingeführt werden soll, wird zunächst Datenerhebung und Datenorganisation durchzuführen haben, oft verbunden mit einer graphisch attraktiven Repräsentation der gewonnenen Daten, um die Aufmerksamkeit des Firmenvorstands zu gewinnen. Zur rationalen Entscheidungsfindung sind nun diese Daten auszuwerten, die Risiken möglicher Aktionen sind zu untersuchen und schließlich sollte daraus eine Entscheidung gewonnen werden.

Das Gewinnen von Schlußfolgerungen und Entscheidungen aus zufallsabhängigen Daten und die Risikobewertung von Aktionen beschreibt dasjenige Gebiet der Statistik, das als Teilgebiet der angewandten Mathematik angesehen werden kann. Es wird als **schließende Statistik** bezeichnet, oft auch als **mathematische Statistik**, und dieses Teilgebiet der Statistik ist Inhalt der folgenden Kapitel.

Wir beginnen mit einem Beispiel.

14.1 Eine klinische Studie

Eine klinische Studie zur Erprobung eines neuen Mittels gegen Kopfschmerzen könnte, stark vereinfacht beschrieben, in folgender Weise verlaufen. Nach einer vorklinischen Phase, die insbesondere eine gewissenhafte Untersuchung des möglichen Auftretens von Nebenwirkungen zu beinhalten hat, wird eine gewisse Anzahl n von Kopfschmerzpatienten unter standardisierten Bedingungen mit diesem Medikament behandelt. Am Ende eines Behandlungszeitraumes ist von den Teilnehmern dieser klinischen Studie die Frage zu beantworten, ob sie eine wesentliche Erleichterung ihrer Beschwerden im Behandlungszeitraum erfahren haben oder ob dieses nicht der Fall gewesen sei.

Ein essentielles Ergebnis der Studie besteht dann aus diesen Antworten und läßt sich beschreiben durch ein Tupel $(x_1, \ldots, x_n) \in \{0,1\}^n$, wobei $x_i = 1$ sei, falls der i-te Patient das Erfahren einer wesentlichen Erleichterung zu Protokoll gibt. Andernfalls sei $x_i = 0$.

Es wird nun zur Modellierung angenommen, daß die x_i's Realisierungen von stochastisch unabhängigen und identisch verteilten Zufallsvariablen

$$X_1, \ldots, X_n \text{ mit Werten in } \{0,1\}$$

sind, wobei gilt

$$P(X_i = 1) = 1 - P(X_i = 0) = \theta, \; i = 1, \ldots, n,$$

für ein $\theta \in (0,1)$.

Der Parameter θ kann als die Wahrscheinlichkeit interpretiert werden, daß ein zufällig ausgewählter Patient wesentliche Erleichterung durch das zu erprobende Medikament erfährt, und liefert damit eine Maßzahl für die Güte des Medikaments. Natürlich ist dieser Parameter θ als unbekannt anzusehen, denn durch die klinische Studie sollen die Aussagen zur Güte dieses Medikaments ja erst gewonnen werden. Wir können also nicht mehr von einem festen Wahrscheinlichkeitsmaß P ausgehen, sondern haben dieses mit dem Index θ als P_θ zu parametrisieren. Wie aus den vorhergehenden Kapiteln wohlbekannt, wird auch hier die Gestalt des zugrundeliegenden Wahrscheinlichkeitsraumes nicht explizit angegeben.

In dieser präziseren Notation liegen zur Modellbildung eine Familie $(P_\theta)_{\theta \in (0,1)}$ von Wahrscheinlichkeitsmaßen und stochastisch unabhängige und identisch verteilte Zufallsvariablen $X_1, \ldots, X_n$ mit Werten in $\{0,1\}$ so vor, daß gilt

$$P_\theta(X_i = 1) = 1 - P_\theta(X_i = 0) = \theta,\ i = 1, \ldots, n,$$

für jedes $\theta \in (0,1)$.

Wir nehmen dabei an, daß die Behandlungsgüte des Medikaments durch den Parameter θ charakterisiert wird und wir diesen Parameter a priori nicht kennen. Vielmehr soll die Durchführung der klinischen Studie dazu dienen, Aussagen über die Güte, also über den tatsächlichen Parameter, der oft als **wahrer Parameter** bezeichnet wird, zu gewinnen. Solche Aussagen könnten darin bestehen, einen Schätzwert für θ anzugeben oder eine Antwort auf die Frage, ob θ einen gewissen vorgegebenen Wert θ_0 übersteigt.

Wir fassen hier die Antwortergebnisse zusammen zur **Stichprobe** $x = (x_1, \ldots, x_n)$, die betrachtet wird als Wert einer Zufallsvariablen

$$X = (X_1, \ldots, X_n) \text{ mit Werten in } \{0,1\}^n.$$

Die Anzahl n der einzelnen Ergebnisse in der Stichprobe wird **Stichprobenumfang** genannt. Wir bezeichnen weiter die Verteilung von X bezüglich P_θ mit

$$W_\theta = P_\theta^X$$

und erhalten damit für jedes θ ein Wahrscheinlichkeitsmaß auf dem Ergebnisraum $\{0,1\}^n$, der als **Stichprobenraum** bezeichnet wird. Dabei gilt

$$\begin{aligned} W_\theta(\{x\}) &= P_\theta(X = x) \\ &= P_\theta(X_1 = x_1, X_2 = x_2, \ldots, X_n = x_n) \end{aligned}$$

$$\begin{aligned} &= \prod_{i=1}^{n} P_\theta(X_i = x_i) \\ &= \theta^{|\{i:x_i=1\}|}\,(1-\theta)^{|\{i:x_i=0\}|} \\ &= \theta^{\sum_{i=1}^n x_i}(1-\theta)^{n-\sum_{i=1}^n x_i} \end{aligned}$$

für $x = (x_1, \ldots, x_n)$.

Oft wird eine solche Studie in folgender Weise ergänzt: Zusätzlich zu den n mit dem Medikament behandelten Patienten wird eine weitere Anzahl m von Kopfschmerzpatienten unter entsprechend standardisierten Bedingungen mit einem **Placebopräparat** behandelt, das zum Medikament der Studie aussehensgleich ist, jedoch keine Wirkstoffe enthält. Diese Gruppe wird als **Kontrollgruppe** bezeichnet. Jedem der $m+n$ Patienten sei nicht bekannt, ob er zur Gruppe der mit dem Medikament Behandelten oder zur Kontrollgruppe gehört. Liegt auch dem behandelnden Arzt diese Information nicht vor, so sprechen wir von einer **Doppeltblindstudie**, bei der bestehende Vormeinungen des Arztes über die Wirksamkeit des Medikaments die Studie nicht ohne weiteres beeinflussen können. Das Ergebnis in der Kontrollgruppe wird dann beschrieben durch ein entsprechendes Tupel $(y_1, \ldots, y_m) \in \{0,1\}^m$, wobei die y_i's Realisierungen von stochastisch unabhängigen und identisch verteilten Zufallsvariablen

$$Y_1, \ldots, Y_m \text{ mit Werten in } \{0,1\}$$

sind, für deren Verteilung gilt

$$P(Y_i = 1) = 1 - P(Y_i = 0) = \theta_2, \ i = 1, \ldots, m,$$

für ein $\theta_2 \in (0,1)$.

Der Parameter θ_2, wiederum als unbekannt angesehen, beschreibt dabei die Wirksamkeit des Placebopräparats, wobei nunmehr der Wirksamkeitsparameter des Medikaments mit θ_1 bezeichnet sei.

Eine naheliegende statistische Fragestellung ist diejenige, ob das Medikament dem Placebopräparat überlegen ist, ob also $\theta_1 > \theta_2$ gilt, was als Mindestanforderung an das Medikament zu sehen ist.

Wir fassen die Gesamtheit der Beobachtungsergebnisse zusammen zur Stichprobe $x = (x_1, \ldots, x_n, y_1, \ldots, y_m)$, die betrachtet wird als Wert der Zufallsvariablen

$$X = (X_1, \ldots, X_n, Y_1, \ldots, Y_m) \text{ mit Werten in } \{0,1\}^n \times \{0,1\}^m.$$

Für die Verteilung von X ist zusätzlich die Abhängigkeit von $\theta_2 \in (0,1)$ durch einen Index darzustellen, und wir schreiben $P_{(\theta_1,\theta_2)}$ mit unbekanntem $(\theta_1, \theta_2) \in (0,1)^2$. Die Verteilung von X bezüglich $P_{(\theta_1,\theta_2)}$ sei bezeichnet mit

$$W_{(\theta_1,\theta_2)} = P^X_{(\theta_1,\theta_2)}.$$

Sie ist damit für jedes (θ_1, θ_2) ein Wahrscheinlichkeitsmaß auf $\{0,1\}^n \times \{0,1\}^m$, gegeben durch

$$\begin{aligned}
W_{(\theta_1,\theta_2)}(\{x\}) &= P_{(\theta_1,\theta_2)}(X = x) \\
&= P_{(\theta_1,\theta_2)}(X_1 = x_1, \ldots, X_n = x_n, Y_1 = y_1, \ldots, Y_m = y_m) \\
&= \prod_{i=1}^n P_{(\theta_1,\theta_2)}(X_i = x_i) \prod_{j=1}^m P_{(\theta_1,\theta_2)}(Y_j = y_j) \\
&= \theta_1^{|\{i:x_i=1\}|} (1-\theta_1)^{|\{i:x_i=0\}|} \theta_2^{|\{j:y_j=1\}|} (1-\theta_2)^{|\{j:y_j=0\}|} \\
&= \theta_1^{\sum_{i=1}^n x_i} (1-\theta_1)^{n-\sum_{i=1}^n x_i} \theta_2^{\sum_{j=1}^m y_j} (1-\theta_2)^{m-\sum_{j=1}^m y_j}
\end{aligned}$$

für $x = (x_1, \ldots, x_n, y_1, \ldots, y_m)$.

Gehen wir über zu der abstrakten Konstellation, die diesem Beispiel zu eigen ist, so erhalten wir die allgemeine mathematische Struktur, die statistischen Fragestellungen zugrundeliegt und die wir als **statistisches Experiment** bezeichnen wollen.

14.2 Das statistische Experiment

Ein statistisches Experiment $\mathcal{E}$ ist gegeben durch eine Zufallsvariable X mit Werten in $\mathcal{X}$, eine Menge Θ und eine Familie von Wahrscheinlichkeitsmaßen auf $\mathcal{X}$

$$(W_\theta)_{\theta \in \Theta} = (P^X_\theta)_{\theta \in \Theta}.$$

(i) $\mathcal{X}$ ist die Menge der möglichen Beobachtungswerte und wird als **Stichprobenraum** bezeichnet. Die möglichen Werte $x \in \mathcal{X}$ werden **Stichproben** genannt.

(ii) Die beobachteten Stichproben $x \in \mathcal{X}$ ergeben sich als Realisierungen $X(\omega)$ der zugrundeliegenden Zufallsvariablen X.

(iii) Θ enthält die unbekannten Parameter, von denen die Verteilung von X abhängt, und wird als **Parameterraum** bezeichnet.

(*iv*) $(P_\theta^X)_{\theta\in\Theta}$ gibt die Familie der möglichen Verteilungen an, wobei wir ebenso die abkürzende Bezeichnung

$$W_\theta = P_\theta^X$$

wählen. Wir bezeichnen diese Familie auch als **Verteilungsannahme**.

Zu beachten ist dabei, daß wir X als Zufallsvariable $X : \Omega \to \mathcal{X}$ und die P_θ als Wahrscheinlichkeitsmaße auf diesem Ω betrachten, daß wir aber diese Objekte nicht explizit angegeben, sondern nur - wie schon aus der Wahrscheinlichkeitstheorie vertraut - den Stichprobenraum und die darauf möglichen Verteilungen $P_\theta^X = W_\theta$ von X spezifizieren. Auf $\mathcal{X}$ liegt dabei natürlich eine geeignete σ-Algebra vor. Wir sprechen dann von einem statistischen Experiment zur Beobachtung von X und schreiben kurz

$$\mathcal{E} = (\mathcal{X}, (W_\theta)_{\theta\in\Theta})$$

ohne explizite Aufführung von X.

14.3 Erläuterung

Im Beispiel 14.1 erhalten wir im Falle des Vorliegens einer Kontrollgruppe

$$\mathcal{X} = \{0,1\}^n \times \{0,1\}^m, \ \Theta = (0,1) \times (0,1).$$

Die Verteilungsannahme ist gegeben durch

$$P_\theta(X = x) = \theta_1^{\sum_{i=1}^n x_i}(1-\theta_1)^{n-\sum_{i=1}^n x_i}\theta_2^{\sum_{j=1}^m y_j}(1-\theta_2)^{m-\sum_{j=1}^m y_j}$$

für $\theta = (\theta_1, \theta_2) \in \Theta$ und $x = (x_1, \ldots, x_n, y_1, \ldots, y_m) \in \mathcal{X}$.

Eine alternative Modellierung erhalten wir, wenn wir als Grundlage der statistischen Auswertung nur die Anzahl der in den beiden Gruppen jeweils registrierten Heilungserfolge, natürlich zusammen mit den Gruppengrößen, benutzen wollen. Dann erhalten wir als Stichprobe ein Paar

$$(n_1, n_2) \in \{0,1,\ldots,n\} \times \{0,1,\ldots,m\},$$

also als Stichprobenraum

$$\mathcal{X} = \{0,1,\ldots,n\} \times \{0,1,\ldots,m\}.$$

Der unbekannte Parameter ist weiterhin durch $(\theta_1, \theta_2) \in \Theta = (0,1) \times (0,1)$ gegeben.

Wie sieht in dieser abgeänderten Modellierung die Verteilungsannahme aus?

Die Stichprobe ist nunmehr Realisierung des Paars der Zufallsgrößen

$$N_1 = \sum_{i=1}^{n} X_i \text{ und } N_2 = \sum_{j=1}^{m} Y_j.$$

Dabei sind N_1 und N_2 stochastisch unabhängig und $B(n, \theta_1)$- bzw. $B(m, \theta_2)$-verteilt mit unbekannten θ_1 und θ_2. In dieser abgeänderten Modellierung beobachten wir also

$$X = (N_1, N_2),$$

und die Verteilungsannahme ist gegeben durch

$$\begin{aligned} P_\theta(X = x) &= P_\theta(N_1 = n_1, N_2 = n_2) = P_{\theta_1}(N_1 = n_1)\, P_{\theta_2}(N_2 = n_2) \\ &= \binom{n}{n_1} \theta_1^{n_1} (1-\theta_1)^{n-n_1} \binom{m}{n_2} \theta_2^{n_2} (1-\theta_2)^{m-n_2} \end{aligned}$$

für $\theta = (\theta_1, \theta_2) \in \Theta$ und $x = (n_1, n_2) \in \{0, 1, \ldots, n\} \times \{0, 1, \ldots, m\}$.

Als weiteres Beispiel betrachten wir ein Problem der Qualitätskontrolle.

14.4 Eine Lebensdauerüberprüfung

Bei der neuaufgenommenen Serienproduktion eines Speicherchips sei die Lebensdauer der produzierten Chips unter spezifischen Extrembedingungen zu überprüfen. Dabei wird eine Anzahl n der Produkte unter diesen Extrembedingungen eingesetzt, und es wird jeweils die Lebensdauer registriert. Das Resultat dieser Qualitätsuntersuchung läßt sich dann angeben als ein Tupel $x = (x_1, \ldots, x_n) \in (0, \infty)^n$, so daß als Stichprobenraum $\mathcal{X} = (0, \infty)^n$ vorliegt. Wir betrachten dabei die x_i's als Realisierungen von stochastisch unabhängigen und identisch verteilten X_i's und erhalten somit unsere Stichprobe als Realisierung einer Zufallsvariablen

$$X = (X_1, \ldots, X_n) \text{ mit Werten in } (0, \infty)^n.$$

Die Annahme der stochastischen Unabhängigkeit ist so zu interpretieren, daß sich die Ausfallzeiten der einzelnen überprüften Chips nicht gegenseitig beeinflussen. Die Annahme der identischen Verteilung beschreibt die Gleichartigkeit der erzeugten Produkte. Beide Annahmen sind sicherlich bei üblichen industriellen Produktions- und Überprüfungsprozessen zumindest näherungsweise gerechtfertigt.

Um zu einem statistischen Experiment zu gelangen, haben wir die möglichen Verteilungen für diese Problemstellung festzulegen. Dazu machen wir die in Anwendungen dieser Art oft gemachte Annahme, daß die Lebensdauern eine Exponentialverteilung besitzen, siehe 6.16 und 6.17, daß also jedes X_i die Dichte

$$\theta e^{-\theta x},\ x > 0,\ \text{mit unbekanntem } \theta \in (0,\infty)$$

besitzt, wobei für jeden überprüften Chip, also für jedes i dasselbe θ vorliegt. Als Parameterraum erhalten wir damit $\Theta = (0, \infty)$.

Gemäß 10.7 besitzt $X = (X_1, \ldots, X_n)$ die stetige Dichte

$$f_\theta(x) = \prod_{i=1}^{n} \theta e^{-\theta x_i} = \theta^n e^{-\theta \sum_{i=1}^{n} x_i}$$

für $\theta \in \Theta$ und $x = (x_1, \ldots, x_n) \in \mathcal{X} = (0,\infty)^n$, wobei es sich um die Dichte bzgl. des n-dimensionalen Lebesgueschen Maßes handelt.

Diese Dichte bestimmt eindeutig die Verteilung $W_\theta = P_\theta^X$ zu jedem unbekannten Parameter θ und liefert damit die Verteilungsannahme.

Naheliegende statistische Aufgabestellungen bestehen darin, einen Schätzwert für die erwartete Lebensdauer zu gewinnen oder die Frage zu beantworten, ob eine gewisse Mindestlebensdauer erreicht wird.

Wie in diesem Beispiel werden wir im folgenden oft die Verteilungsannahme durch Angabe von Dichten spezifizieren.

14.5 Meßreihen

Bei einer neuen Metallegierung soll durch eine Meßreihe die Temperatur bestimmt werden, bei der Supraleitung einsetzt. Dazu wird bei n Proben unter standardisierten Versuchsbedingungen diese Temperatur festgestellt, so daß sich als Meßreihe ein Tupel $x = (x_1, \ldots, x_n) \in \mathbb{R}^n$ ergibt, also als Stichprobenraum $\mathcal{X} = \mathbb{R}^n$ benutzt werden kann. Bedingt durch zufällige Verunreinigungen und Unregelmäßigkeiten in den Legierungsproben, ebenso wie durch etwaige geringfügige Schwankungen in den Versuchsbedingungen und Meßapparaturen sind zufällige

Abweichungen in der Meßreihe zu erwarten. Die x_i's werden daher als Realisierungen von n stochastisch unabhängigen und identisch verteilten Zufallsgrößen

$$X_1, \ldots, X_n \text{ mit Werten in } \mathbb{R} \text{ angenommen,}$$

so daß sich die Stichprobe x als Realisierung von $X = (X_1, \ldots, X_n)$ ergibt.

Die Annahme von stochastischer Unabhängigkeit und identischer Verteilung entspricht dabei der fast selbstverständlichen Forderung an physikalische Meßvorgänge, daß die einzelnen Messungen sich gegenseitig nicht beeinflussen und unter gleichartigen Bedingungen stattfinden sollten. Wir schreiben nun für die i-te Messung

$$X_i = a + \varepsilon_i \; .$$

Dabei gibt a den tatsächlichen und zunächst als unbekannt anzusehenden Temperaturwert an, bei dem Supraleitung in der Legierung auftritt, und ε_i die zufällige Abweichung von dieser physikalischen Materialkonstanten a bei der i-ten Messung. Dabei wird angenommen, daß die Verteilung der Messungsschwankungen unabhängig von a ist.

Die angenommene stochastische Unabhängigkeit und identische Verteilung der $X_1, \ldots, X_n$ liefert die entsprechenden Eigenschaften für die $\varepsilon_1, \ldots, \varepsilon_n$. Ein sinnvoller Meßvorgang sollte keine systematisch verzerrenden Fehler beinhalten, was mathematisch als

$$E(\varepsilon_i) = 0 \, , \; i = 1, \ldots, n \; ,$$

interpretiert werden kann. Eine oft gemachte Annahme ist diejenige, daß Normalverteilungen vorliegen, also jedes

$$\varepsilon_i \;\; N(0, \sigma^2) - \text{verteilt ist, } i = 1, \ldots, n.$$

Wir sprechen dabei von einem **Modell mit normalverteilten Fehlern**.

$X_1, \ldots, X_n$ sind dann jeweils $N(a, \sigma^2)$-verteilt. Der zu messende Wert $a \in \mathbb{R}$ ist als unbekannter Parameter anzusehen, und nehmen wir weiter σ^2, die Maßzahl für die möglichen Schwankungen in der Meßreihe, als unbekannt an, so ergibt sich der Parameterraum $\Theta = \mathbb{R} \times (0, \infty)$.

$X = (X_1, \ldots, X_n)$ besitzt die stetige Dichte

$$\begin{aligned} f_\theta(x) &= \prod_{i=1}^{n} \frac{1}{\sqrt{2\pi\sigma^2}} \, e^{-\frac{(x_i - a)^2}{2\sigma^2}} \\ &= \left(\frac{1}{\sqrt{2\pi\sigma^2}}\right)^n e^{-\frac{1}{2\sigma^2} \sum\limits_{i=1}^{n} (x_i - a)^2} \end{aligned}$$

für $\theta = (a, \sigma^2) \in \Theta$ und $x = (x_1, \ldots, x_n) \in \mathbb{R}^n$.

Nehmen wir bei einer solchen Meßreihe zusätzlich an, daß die Varianz bekannt ist, so erhalten wir als Parameterraum $\Theta = \mathbb{R}$ und in der Dichte ist der unbekannte Parameter σ^2 durch den nunmehr als bekannt angesehenen Wert σ_0^2 zu ersetzen.

In einem solchen Modell wird natürlich ein Schätzwert für a gesucht werden.

Aufgaben

Aufgabe 14.1 Bei einer frisch eingetroffenen Sendung von $N = 10.000$ Ananasfrüchten soll durch die Entnahme einer Stichprobe von $n = 100$ Früchten auf die Anzahl der durch Faulstellen unverkäuflichen Früchte in der Gesamtsendung geschlossen werden. Bilden Sie ein Ihnen geeignet erscheinendes statistisches Experiment dazu.

Aufgabe 14.2 Bei einer Landtagswahl stehen - neben etlichen als chancenlos angesehenen Gruppierungen - sechs Parteien zur Wahl. Ein Meinungsforschungsinstitut soll eine Wahlprognose erstellen. Bilden Sie ein Ihnen geeignet erscheinendes statistisches Experiment dazu.

Aufgabe 14.3 An einer unfallträchtigen Straßenkreuzung sind mit dem Ziel der Verkehrsberuhigung umfangreiche Baumaßnahmen durchgeführt worden. Zur Überprüfung der Wirksamkeit dieser Maßnahmen werden die im Jahr nach Abschluß des Umbaus registrierten Unfallzahlen verglichen mit denjenigen vor Beginn des Umbaus. Bilden Sie ein Ihnen geeignet erscheinendes statistisches Experiment dazu.

Aufgabe 14.4 Zur Untersuchung der Wirkung einer Schlankheitsdiät wird das Gewicht von Personen, die sich dieser unterwerfen, vor Beginn und ein Jahr nach Abschluß der Diät registriert. Bilden Sie ein Ihnen geeignet erscheinendes statistisches Experiment dazu.

Kapitel 15

Statistisches Entscheiden

Aufgabe der schließenden Statistik ist es, aus erhobenen Stichproben, also aus zufallsabhängigen Daten, Schlußfolgerungen abzuleiten und Entscheidungen zu gewinnen und schließlich die mit solchen Entscheidungen verbundenen Unsicherheiten und Risiken zu bewerten. Wir beginnen mit einer formalen Beschreibung des statistischen Entscheidens.

15.1 Definition

Zu einem statistischen Experiment sei eine Menge D gegeben - die Menge aller möglichen Entscheidungen, die als **Entscheidungsraum** *bezeichnet wird. Eine* **Entscheidungsfunktion** *ist eine meßbare Abbildung*

$$\delta : \mathcal{X} \to D,$$

wobei auf D eine geeignete σ-Algebra vorliegen möge.

Dies hat folgende Interpretation:

Bei Beobachtung der Stichprobe x wählt der Entscheidungsträger, im folgenden als **Statistiker** bezeichnet, die Entscheidung $\delta(x)$. Diese abstrakte Begriffsbildung soll anhand der Situationen aus 14.1 und 14.4 erläutert werden.

15.2 Statistisches Entscheiden in einer klinischen Studie

In der klinischen Studie aus 14.1 betrachten wir stochastisch unabhängige Zufallsvariablen

$$X_1, \dots, X_n, \text{ jeweils } B(1, \theta_1) \text{ - verteilt,}$$

$$Y_1, \dots, Y_m, \text{ jeweils } B(1, \theta_2) \text{ - verteilt,}$$

bei unbekanntem $\theta = (\theta_1, \theta_2) \in (0,1) \times (0,1)$, wobei θ_1 die Heilungsrate des Medikaments, θ_2 diejenige des Placebopräparats ist.

Die im Rahmen einer solchen Studie anfallenden statistischen Aufgabenstellungen sollen nun als statistisches Entscheiden in dem von uns eingeführten Sinn betrachtet werden.

Problemstellung 1:

Schätze die unbekannte Heilungsrate θ_1 des Medikaments!

Hierzu werden offensichtlich die Resultate in der Kontrollgruppe nicht benötigt, so daß wir nur die x_i's zu berücksichtigen haben. **Stichprobenraum** ist dann $\{0,1\}^n$, und die Entscheidung besteht in der Wahl eines Schätzwerts für θ_1, so daß wir als Entscheidungsraum $D = [0,1]$ wählen können. Entscheidungsfunktionen sind also Abbildungen

$$\delta : \{0,1\}^n \to [0,1].$$

Eine sinnvolle Entscheidungsfunktion ist offensichtlich durch den relativen Anteil der registrierten Heilungen

$$\delta(x) = \overline{x}_n = \frac{x_1 + \cdots + x_n}{n}$$

gegeben. Obwohl wir beim Aufstellen des statistischen Experiments die unrealistischen Parameterwerte $\theta_1 = 0$ und $\theta_1 = 1$ unberücksichtigt gelassen haben, so können diese doch als Wert $\delta(x)$ auftreten, und zwar in den recht unrealistischen Fällen $x_1 = \ldots = x_n = 0$, bzw. $x_1 = \ldots = x_n = 1$. Dies ist der Grund für die Wahl des Entscheidungsraums $[0,1]$, anstelle von $(0,1)$.

Entsprechend läßt sich das Problem der Schätzung der unbekannten Heilungsrate θ_2 des Placebopräparats beschreiben, wobei hier nur die y_j's zu berücksichtigen sind und eine sinnvolle Entscheidungsfunktion durch

$$\delta(y) = \overline{y}_m = \frac{y_1 + \cdots + y_m}{m}$$

gegeben ist.

Von unterschiedlicher Natur ist die folgende Aufgabenstellung.

Problemstellung 2:

Zu beantworten sei die Frage, ob das Medikament dem Placebopräparat überlegen ist. Dazu haben wir natürlich sowohl die x_i's als auch die y_j's heranzuziehen und benutzen als Stichprobenraum $\mathcal{X} = \{0,1\}^n \times \{0,1\}^m$. Der Entscheidungsraum benötigt bei dieser Fragestellung nur zwei Elemente – das eine Element steht für Bejahung der gestellten Frage, das andere für die Verneinung. Es ist hier üblich, als Entscheidungsraum $D = \{0,1\}$ zu wählen, wobei die 1 die Aussage repräsentiert, daß eine bessere Güte beim Medikament als beim Placebopräparat vorliegt, die 0 die Aussage, daß ersteres nicht der Fall ist.

Entscheidungsfunktionen sind dann Abbildungen

$$\delta : \{0,1\}^n \times \{0,1\}^m \to \{0,1\}.$$

Folgende Vorschrift liefert eine denkbare Entscheidungsfunktion. Wähle ein $c \geq 0$ und definiere

$$\delta(x_1,\ldots,x_n,y_1\ldots,y_m) = 1, \text{ falls } \overline{x}_n \geq \overline{y}_m + c \text{ gilt,}$$

$$\text{andernfalls } \delta(x_1,\ldots,x_n,y_1\ldots,y_m) = 0,$$

für ein geeignet zu wählendes $c \geq 0$, wobei sich in 21.17 herausstellen wird, daß dieses c stichprobenabhängig zu wählen ist.

Wir benutzen also als Entscheidung die Antwort, daß das Medikament dem Placebopräparat überlegen ist, falls die mittlere Heilungsrate beim Medikament deutlich größer als beim Placebopräparat ist. Der Grad der Deutlichkeit, auch als **Signifikanz** bezeichnet, wird durch die Größe von c reguliert. Je größer wir c wählen, desto vorsichtiger sind wir bei unserer Entscheidung für die Überlegenheit des Medikaments.

15.3 Statistisches Entscheiden bei einer Lebensdauerüberprüfung

In der Lebensdauerüberprüfung aus 14.4 betrachten wir stochastisch unabhängige Zufallsgrößen

$$X_1,\ldots,X_n, \text{ jeweils } Exp(\theta) \text{ - verteilt}$$

mit unbekanntem $\theta \in (0,\infty)$.

Wir können nun entsprechende Aufgabenstellungen zum vorstehenden Beispiel formulieren:

Problemstellung 1:

Schätze die mittlere Lebensdauer unter den spezifizierten Extremalbedingungen. Diese mittlere Lebensdauer ist aufgrund der Annahme von Exponentialverteilungen als $1/\theta$ gegeben.

Stichprobenraum ist hier $(0,\infty)^n$, und die Entscheidung besteht in der Wahl eines Schätzwerts für $1/\theta$, so daß wir als Entscheidungsraum $D = (0,\infty)$ wählen können. Entscheidungsfunktionen sind also meßbare Abbildungen

$$\delta : (0,\infty)^n \to (0,\infty).$$

Eine sinnvolle Entscheidungsfunktion ist offensichtlich gegeben durch den Mittelwert der beobachteten Lebensdauern

$$\delta(x) = \overline{x}_n = \frac{x_1 + \cdots + x_n}{n} .$$

Problemstellung 2:

Die produzierende Firma will damit werben, daß der produzierte Chip unter diesen Extremalbedingungen eine mittlere Lebensdauer von zumindest γ_0 Zeiteinheiten besitzt. Als Entscheidungsraum ergibt sich damit wie in 15.2 $D = \{0,1\}$, und Entscheidungsfunktionen sind meßbare Abbildungen

$$\delta : (0,\infty)^n \to \{0,1\}.$$

Wählen wir ein $c \geq 0$ und definieren

$$\delta(x_1,\ldots,x_n) = 1, \text{ falls } \overline{x}_n \geq \gamma_0 + c \text{ gilt,}$$

$$\text{andernfalls } \delta(x_1,\ldots,x_n) = 0,$$

so erhalten wir als Entscheidung die Antwort, daß die erwartete Lebensdauer ausreichend groß ist, falls der Mittelwert der beobachteten Lebensdauern signifikant größer als als die geforderte Mindestdauer γ_0 ist. Je größer c ist, desto zurückhaltender sind wir damit, diese Aussage zu treffen.

Betrachten wir die in diesen Beispielen angeführten Problemstellungen, so stellt sich sofort die Frage, wie wir denn zu Bewertung und Auswahl von geeigneten Entscheidungsfunktionen gelangen können. Dies sollte sicherlich in einem formalen Rahmen stattfinden und muß mehr beinhalten als nur die Heranziehung von Plausibilitätskriterien.

Wir führen nun einen geeigneten Begriffsapparat ein, der die formale Bewertung von Entscheidungsfunktionen ermöglicht.

15.4 Verlustfunktion

Gegeben seien ein statistisches Experiment und ein Entscheidungsraum D. Eine **Verlustfunktion** *ist eine Abbildung*

$$L : \Theta \times D \to [0, \infty].$$

Dabei liefert $L(\theta, d)$ die quantitative Bewertung des Fehlers bei Wahl der Entscheidung d und bei Vorliegen des Parameters θ, und dieser Wert wird im folgenden als **Verlust** bezeichnet. Angenommen ist stets, daß sämtliche Abbildungen $L(\theta, \cdot) : D \to [0, \infty]$ meßbar sind, was zur Bildung von Erwartungswerten benötigt wird.

Sei nun eine Entscheidungsfunktion δ durch den Statistiker gewählt worden. Ergibt sich die Stichprobe x, so benutzt dieser die Entscheidung $\delta(x)$ mit resultierendem Verlust

$$L(\theta, \delta(x)).$$

Natürlich hat die Auswahl der Entscheidungsfunktion vor der Erhebung der Stichprobe zu geschehen, da andernfalls Manipulationen vielfältigster Art möglich wären und keine seriöse statistische Ausage gewonnen werden könnte. Der Wert $L(\theta, \delta(x))$ kann also nicht zur Wahl einer geeigneten Entscheidungsfunktion benutzt werden, da er zum Zeitpunkt dieser Auswahl bei seriöser statistischer Auswertung noch nicht vorliegt. Wir gehen daher durch Erwartungswertbildung zu einer von x unabhängigen Maßzahl für die Güte einer Entscheidungsfunktion über.

15.5 Risiko und Riskofunktion

Das **Risiko** *einer Entscheidungsfunktion δ bei Vorliegen des Parameters θ ist definiert durch*

$$\begin{aligned} R(\theta, \delta) &= \int_{\mathcal{X}} L(\theta, \delta(x))\, W_\theta(dx) \\ &= \int_\Omega L(\theta, \delta(X))\, dP_\theta \\ &= E_\theta(L(\theta, \delta(X))). \end{aligned}$$

Die Funktion

$$R(\cdot, \delta) : \Theta \to [0, \infty]$$

wird als **Risikofunktion** *von δ bezeichnet.*

Das Risiko $R(\theta, \delta)$ gibt also den erwarteten Verlust bei Wahl der Entscheidungsfunktion δ und bei Vorliegen des Parameters θ an.

Weiter ist zu beachten, daß wir den unbekannten Parameter nicht kennen. Als Maßstab für die Güte von Entscheidungsfunktionen können wir also nicht einen einzelnen Wert $R(\theta, \delta)$ benutzen, sondern wir müssen die Gesamtheit aller möglichen Werte, d.h. die Risikofunktion $R(\cdot, \delta)$ heranziehen. Diese Funktion liefert uns ein mathematisches Objekt, das es uns erlaubt, Entscheidungsverfahren quantitativ zu vergleichen. Natürlich wird der Statistiker weitere Kriterien zur Auswahl einer statistischen Entscheidung zu benutzen haben. Erwähnt seien nur Kriterien wie die einfache Auswertbarkeit, Verfügbarkeit durch vorhandene statistische Software, Akzeptanz im Anwendungsbereich. Jedoch liefert dieser mathematische Begriff der Güte eine wesentliche Richtschnur zur Auswahl von Entscheidungsfunktionen.

Wir wollen nun anhand des Beispiels 15.1 gebräuchliche Verlustfunktionen angeben.

15.6 Zur Wahl von Verlustfunktionen

(i) Betrachten wir zunächst das Problem der Schätzung der Heilungsrate θ des untersuchten Medikaments. Die Verlustfunktion sollte die Abweichung des Schätzwerts vom wahren Parameter widerspiegeln. Eine gebräuchliche Verlustfunktion ist die **quadratische Verlustfunktion**

$$L(\theta, d) = (\theta - d)^2.$$

Dann ergibt sich als Risiko

$$R(\theta, \delta) = \int (\theta - \delta(x))^2 \, W_\theta(dx) = E_\theta((\theta - \delta(X))^2).$$

Im entsprechenden Problem der Schätzung der Lebensdauer gemäß 14.4 ist $1/\theta$ zu schätzen mit dem Verlust $L(\theta, d) = (1/\theta - d)^2$.

(ii) Wir kommen nun zum Problem, daß wir zu entscheiden haben, ob beim Medikament eine höhere Heilungsrate als beim Placebopräparat vorliegt, d.h. ob $\theta_1 > \theta_2$ gilt. Setzen wir bei Fehlentscheidung einen Verlust der Höhe 1 an, bei richtiger Entscheidung einen solchen der Höhe 0, so erhalten wir die Verlustfunktion als

$$L(\theta, 1) \;=\; \begin{cases} 0 & \text{für } \theta_1 > \theta_2, \\ 1 & \text{für } \theta_1 \leq \theta_2, \end{cases}$$

$$L(\theta,0) = \begin{cases} 0 & \text{für } \theta_1 \leq \theta_2, \\ 1 & \text{für } \theta_1 > \theta_2, \end{cases}$$

zu $\theta = (\theta_1, \theta_2)$.

Diese Verlustfunktion wird als **Neyman-Pearson-Verlustfunktion** bezeichnet. Als Risiko ergibt sich

$$R(\theta,\delta) = \begin{cases} W_\theta(\delta = 1) = P_\theta(\delta(X) = 1) & \text{für } \theta_1 \leq \theta_2, \\ W_\theta(\delta = 0) = P_\theta(\delta(X) = 0) & \text{für } \theta_1 > \theta_2, \end{cases}$$

also die Wahrscheinlichkeit einer Fehlentscheidung.

Die beiden hier angesprochenen Problemfelder (i) und (ii) sind von herausragender Bedeutung in der Mathematischen Statistik, so daß wir die zugrundeliegende Struktur formal einführen wollen.

15.7 Das Schätzproblem

Wir betrachten dabei die allgemeine Situation, die dem Problemfeld (i) zugrundeliegt. Zu einem statistischen Experiment seien gegeben:

- $\gamma : \Theta \to \mathbb{R}$, wobei $\gamma(\theta)$ den zu schätzenden Wert bei Vorliegen des Parameters θ angibt,

- der Entscheidungsraum $D = \mathbb{R}$,

- die Verlustfunktion L gegeben durch

  $$L(\theta, d) = \ell(|\gamma(\theta) - d|),$$

  wobei ℓ eine monoton wachsende Abbildung $\ell : [0,\infty) \to [0,\infty)$ mit $\ell(0) = 0$ ist. Gebräuchlich ist $\ell(x) = x^2$, die quadratische Verlustfunktion, aber auch $\ell(x) = x$ wird benutzt.

Entscheidungsfunktionen sind meßbare Abbildungen

$$\delta : \mathcal{X} \to \mathbb{R}$$

mit dem Risiko

$$R(\theta,\delta) = \int \ell(|\gamma(\theta) - \delta(x)|)\, W_\theta(dx) = E_\theta(\ell(|\gamma(\theta) - \delta(X)|)).$$

Sie werden als **Schätzer**, bzw. **Schätzfunktionen** bezeichnet und im weiteren mit kleinen lateinischen Buchstaben $g, h, \ldots$ benannt. Wir benutzen hier als Entscheidungsraum gleich den gesamten $\mathbb{R}$, da wir jede Schätzfunktion mit Werten in einer meßbaren Teilmenge von $\mathbb{R}$ natürlich als Schätzfunktion mit Werten in $\mathbb{R}$ auffassen können.

Ein solches statistisches Problem wird im folgenden als **Schätzproblem** bezeichnet werden. Wir werden uns ausführlich mit Schätzproblemen in den Kapiteln 17 bis 19 beschäftigen.

Natürlich kann ein solches Schätzproblem entsprechend für zu schätzende Werte $\gamma(\theta) \in \mathbb{R}^k$ unter Benutzung des euklidischen Abstands, bzw. für $\gamma(\theta) \in D$ für einen allgemeinen mit einem Abstandsbegriff versehenen Raum D formuliert werden.

15.8 Das Testproblem

Wir betrachten nun die allgemeine Situation, die zu dem Problemfeld 2 aus 15.2 gehört. Zu einem statistischen Experiment seien gegeben:

- $H, K \subseteq \Theta$ mit $H \cap K = \emptyset$, wobei H als **Hypothese**, K als **Alternative** bezeichnet werden,
- der Entscheidungsraum $D = \{0, 1\}$,
- die Neyman-Pearson-Verlustfunktion L, definiert durch

$$L(\theta,1) = \begin{cases} 0 & \text{für } \theta \in K \\ 1 & \text{für } \theta \in H \end{cases}$$

$$L(\theta,0) = \begin{cases} 0 & \text{für } \theta \in H \\ 1 & \text{für } \theta \in K \end{cases}$$

Die Entscheidung 0 ist also die Entscheidung für das Vorliegen von H, 1 diejenige für das Vorliegen von K. Angemerkt sei, daß in 15.2

$$H = \{(\theta_1, \theta_2) : \theta_1 \leq \theta_2\}, \; K = \{(\theta_1, \theta_2) : \theta_1 > \theta_2\}$$

vorliegt und in 15.3

$$H = \{\theta : 1/\theta \leq \gamma_0\}, \; K = \{\theta : 1/\theta > \gamma_0\}.$$

Entscheidungsfunktionen sind meßbare Abbildungen

$$\delta : \mathcal{X} \to \{0,1\}$$

mit dem Risiko

$$R(\theta,\delta) = \begin{cases} W_\theta(\delta = 1) = P_\theta(\delta(X) = 1) & \text{für } \theta \in H \\ W_\theta(\delta = 0) = P_\theta(\delta(X) = 0) & \text{für } \theta \in K \end{cases}$$

Das Risiko ist somit die Wahrscheinlichkeit für eine Fehlentscheidung. Solche Entscheidungsfunktionen werden im folgenden als **Tests** bezeichnet und, der Konvention folgend, mit kleinen griechischen Buchstaben $\phi, \psi, \ldots$ benannt. Statistische Problemstellungen dieser Art werden als **Testprobleme** bezeichnet, und ihre Behandlung wird Inhalt der Kapitel 20 und 21 sein.

In statistischen Problemen der vorstehend beschriebenen Art suchen wir nach Entscheidungsfunktionen, die in Bezug auf ihre Güte gewisse Optimalitätseigenschaften besitzen. Ein solches Optimalitätskriterium wird in der folgenden Definition angegeben.

15.9 Gleichmäßig beste Entscheidungsfunktionen

Betrachtet sei ein statistisches Experiment mit zugehörigem Entscheidungsraum D und Verlustfunktion L. Es bezeichne $\mathcal{F}$ die Menge aller Entscheidungsfunktionen δ.

Sei $\mathcal{K} \subseteq \mathcal{F}$. Eine Entscheidungsfunktion δ^* heißt **gleichmäßig beste Entscheidungsfunktion** *in $\mathcal{K}$, falls gilt:*

$$\delta^* \in \mathcal{K} \textit{ und } R(\theta,\delta^*) \leq R(\theta,\delta) \textit{ für alle } \delta \in \mathcal{K} \textit{ und alle } \theta \in \Theta.$$

Es ist eine interessante und wichtige Aufgabe der Mathematischen Statistik, anwendungsrelevante Teilmengen $\mathcal{K}$ von $\mathcal{F}$ zu finden, für die gleichmäßig beste Entscheidungsfunktionen existieren und berechnet werden können, und wir werden dieser Aufgabe in den folgenden Kapiteln nachgehen. Wählen wir zunächst naiv $\mathcal{K} = \mathcal{F}$, so existieren nur in trivialen Fällen gleichmäßig beste Entscheidungsfunktionen für diesen Fall. Das folgende Beispiel zeigt den Grund für dieses Phänomen auf.

15.10 Beispiel

Betrachtet sei die Lebensdauerüberprüfung aus 15.3. Wir beobachten also stochastisch unabhängige Zufallsgrößen $X_1, \ldots, X_n$, die jeweils $Exp(\theta)$ - verteilt sind mit unbekanntem $\theta \in (0, \infty)$.

Zu schätzen sei die mittlere Lebensdauer $1/\theta = \gamma(\theta)$ bei quadratischer Verlustfuntion. Wir wollen nun zeigen, daß es keinen gleichmäßig besten Schätzer in $\mathcal{F}$ gibt. Sei dazu für $a \in (0, \infty)$ der Schätzer h_a definiert durch

$$h_a \equiv a.$$

Dies ist offensichtlich ein unsinniger Schätzer, denn unabhängig von den Beobachtungswerten postuliert h_a stets die Lebensdauer a. Für das Risiko gilt

$$R(\theta, h_a) = (1/\theta - a)^2,$$

insbesondere also

$$R(\theta, h_{1/\theta}) = 0 \text{ für jedes } \theta.$$

Wäre also h^* ein gleichmäßig bester Schätzer in $\mathcal{F}$, so würde folgen

$$R(\theta, h^*) \leq R(\theta, h_{1/\theta}) = 0 \text{ für alle } \theta,$$

also

$$R(\theta, h^*) = 0 \text{ für alle } \theta.$$

Ein solcher Schätzer, der stets die richtige Entscheidung trifft, kann aber natürlich nicht existieren. Formal kann dies so eingesehen werden: Wäre h^* ein solcher Schätzer, so würde folgen

$$\int (1/\theta - h^*(x))^2 \theta e^{-\theta x} dx = 0$$

für alle θ. Da der Integrand ≥ 0 ist, ergäbe sich daraus, daß für jedes θ der Integrand außerhalb einer Menge von Lebesgueschem Maße 0 gleich 0 zu sein hat. Betrachtet man z.B. $\theta = 1$ und $\theta = 2$ so wäre

$$\lambda(\{x : h^*(x) \neq 1\}) = 0 \text{ und } \lambda(\{x : h^*(x) \neq 1/2\}) = 0$$

und damit

$$\infty = \lambda(\{x : h^*(x) = 1\}) \leq \lambda(\{x : h^*(x) \neq 1/2\}) = 0,$$

was offensichtlich unmöglich ist.

Vertiefungen

In den vorstehenden Ausführungen haben wir den Standpunkt der statistischen Entscheidungstheorie dargelegt, die als Ordnungsprinzip für die Behandlung statistischer Probleme angesehen werden kann und klare mathematische Begriffsbildungen zur Untersuchung und Auswahl statistischer Verfahren liefert. Als weitere Optimalitätskriterien sind in der statistischen Entscheidungstheorie das Minimax-Kriterium und das Bayes-Kriterium gebräuchlich.

15.11 Minimax-Verfahren

Eine Entscheidungsfunktion δ^* wird als **Minimax-Verfahren** *bezeichnet, falls gilt*

$$\sup_{\theta\in\Theta} R(\theta,\delta^*) \leq \sup_{\theta\in\Theta} R(\theta,\delta) \quad \textit{für alle } \delta \in \mathcal{F}.$$

Beim Minimax-Kriterium betrachten wir zu jeder Entscheidungsfunktion das maximal mögliche Risiko und suchen dieses durch eine geeignete Entscheidungsfunktion zu minimieren.

15.12 Bayes-Verfahren

Es sei ein Wahrscheinlichkeitsmaß ξ auf Θ gegeben, das als **a-priori-Verteilung** *bezeichnet wird. Zu $\delta \in \mathcal{F}$ wird*

$$r_\xi(\delta) = \int_\Theta R(\theta,\delta)\, \xi(d\theta)$$

als **Bayes-Risiko** *von δ zu ξ bezeichnet*

Eine Entscheidungsfunktion δ^* wird als **Bayes-Verfahren** *zu ξ bezeichnet, falls gilt*

$$r_\xi(\delta^*) \leq r_\xi(\delta) \quad \textit{für alle } \delta \in \mathcal{F}.$$

Dabei wird angenommen, daß auf Θ eine geeignete σ-Algebra so vorliegt, daß ξ ein Wahrscheinlichkeitsmaß auf dieser σ-Algebra ist und $R(\cdot,\delta)$ für jedes δ meßbar ist.

Die a-priori-Verteilung ξ wird so interpretiert, daß sie die Vorkenntnisse des Statistikers über das Auftreten des unbekannten Parameters repräsentiert. Ob und wie eine solche a-priori-Verteilung gewählt werden kann, ist Inhalt von bisweilen recht kontroversen Diskussionen in der statistischen Wissenschaft.

Die Gedankenwelt der statistischen Entscheidungstheorie ist derjenigen der Spieltheorie nahe.

15.13 Das Zwei-Personen-Nullsummenspiel

Ein **Zwei-Personen-Nullsummenspiel** *ist ein Tripel* (A, B, G), *wobei* A, B *Mengen sind und* G *eine Abbildung,*

$$G : A \times B \to [-\infty, \infty].$$

Wir betrachten dies als Spiel zwischen zwei Spielern, wobei A die Menge der Strategien von Spieler 1, B diejenige der Strategien von Spieler 2 beschreibt. G wird als Auszahlungsfuntion bezeichnet, und es ist $G(a, b)$ der Gewinn von Spieler 1 und gleichzeitig der Verlust von Spieler 2 bei Wahl der Strategien $a \in A$ und $b \in B$. Letztere Eigenschaft führt zu der Bezeichnung Nullsummenspiel.

Wir können damit ein statistisches Entscheidungsproblem als Zwei-Personen-Nullsummenspiel auffassen. Spieler 1 ist der Opponent des Statistikers, oft als Natur bezeichnet, mit Strategienmenge Θ, Spieler 2 der Statistiker mit Strategienmenge $\mathcal{F}$. Auszahlungsfunktion ist die Risikofunktion R.

In der Spieltheorie wird das Konzept vom **Gleichgewichtspunkt** als ein Modell für rationale Konfliktlösung eingeführt.

15.14 Gleichgewichtspunkte

Ein Paar von Strategien $(a^*, b^*) \in A \times B$ *heißt Gleichgewichtspunkt, falls gilt*

$$G(a, b^*) \leq G(a^*, b^*) \leq G(a^*, b) \text{ für alle } (a, b) \in A \times B.$$

Benutzt dabei Spieler 1 die Strategie a^*, so sollte Spieler 2 die Strategie b^* benutzen, da ihm keine andere Strategie einen geringeren Verlust liefert. Entsprechend sollte bei Benutzung von b^* durch Spieler 2 der erste Spieler die Strategie a^* wählen, da ihm keine andere Strategie einen größeren Gewinn erbringt.

15.15 Lemma

(a^*, b^*) *ist genau dann ein Gleichgewichtspunkt, wenn gilt*

(i) $\inf_{b \in B} G(a^*, b) = \sup_{a \in A} \inf_{b \in B} G(a, b),$

(ii) $\sup_{a\in A} G(a,b^*) = \inf_{b\in B} \sup_{a\in A} G(a,b)$,

(iii) $\sup_{a\in A} \inf_{b\in B} G(a,b) = \inf_{b\in B} \sup_{a\in A} G(a,b)$.

Beweis:
Wir merken zunächst an, daß offensichtlich gilt

$$\sup_{a\in A} \inf_{b\in B} G(a,b) \leq \inf_{b\in B} \sup_{a\in A} G(a,b).$$

Sei nun (a^*, b^*) ein Gleichgewichtspunkt. Es folgt

$$\sup_{a\in A} \inf_{b\in B} G(a,b) \geq \inf_{b\in B} G(a^*,b) = G(a^*,b^*) = \sup_{a\in A} G(a,b^*) \geq \inf_{b\in B} \sup_{a\in A} G(a,b).$$

Gemäß der vorgestellten Anmerkung gilt dabei stets die Gleichheit, woraus (i) – (iii) folgen.

Umgekehrt ergibt sich aus (i) – (iii) für beliebige a', b'

$$\begin{aligned} G(a',b^*) &\leq \sup_{a\in A} G(a,b^*) = \inf_{b\in B} \sup_{a\in A} G(a,b) \\ &= \sup_{a\in A} \inf_{b\in B} G(a,b) = \inf_{b\in B} G(a^*,b) \leq G(a^*,b') \end{aligned}$$

und damit die Gleichgewichtspunkteigenschaft. □

Betrachten wir ein statistisches Entscheidungsproblem als Zwei-Personen-Nullsummenspiel, so erfüllt ein Minimaxverfahren des Statistikers die Bedingung (ii) aus vorstehender Aussage für dieses Spiel.

15.16 Matrixspiele

Als Matrixspiele werden solche Spiele bezeichnet, bei denen die Strategienmengen beider Spieler endliche Mengen sind und sämtliche Auszahlungen endlich sind. In diesem Fall kann die Auszahlungsfunktion als Matrix $[G(a,b)]_{a\in A, b\in B}$ angegeben werden, was die Namensgebung erklärt. Als Beispiel sei das aus Kindheitstagen wohlbekannte Spiel Stein-Schere-Papier betrachtet, bei dem die Auszahlungsfunktion die folgende Matrixgestalt besitzt:

$A \setminus B$	Stein	Schere	Papier
Stein	0	1	-1
Schere	-1	0	1
Papier	1	-1	0

In diesem Spiel gilt

$$\sup_{a\in A}\inf_{b\in B} G(a,b) = -1, \quad \inf_{b\in B}\sup_{a\in A} G(a,b) = 1,$$

so daß kein Gleichgewichtspunkt existiert. Tatsächlich ist dieses typisch für Matrixspiele, bei denen üblicherweise

$$\sup_{a\in A}\inf_{b\in B} G(a,b) < \inf_{b\in B}\sup_{a\in A} G(a,b)$$

gilt. Die folgende Vorgehensweise führt zum Auftreten von Gleichgewichtspunkten.

15.17 Die gemischte Erweiterung

Betrachtet sei ein Zwei-Personen-Nullsummenspiel (A, B, G). Auf A und B mögen geeignete σ-Algebren vorliegen so, daß G meßbar ist. Als **gemischte Erweiterung** zu (A, B, G) bezeichnen wir dann das Spiel mit den Strategienmengen

$$A^\circ = \{\text{ Wahrscheinlichkeitsmaße auf } A\},$$

$$B^\circ = \{\text{ Wahrscheinlichkeitsmaße auf } B\}$$

und der Auszahlungsfunktion

$$G^\circ(P,Q) = \int\int G(a,b)P(da)Q(db) = \int\int G(a,b)Q(db)P(da).$$

Strategien in dieser Erweiterung werden als gemischte Strategien bezeichnet. Natürlich kann jede Strategie des Ausgangsspiels als gemischte Strategie betrachtet werden und zwar als dasjenige Wahrscheinlichkeitsmaß, das dieser Strategie Wahrscheinlichkeit 1 zuordnet.

Betrachten wir das statistische Entscheidungsproblem als Spiel, so ist eine a-priori-Verteilung als gemischte Strategie für den Spieler *Natur* anzusehen und ein zugehöriges Bayes-Verfahren als optimale Strategie für den Spieler *Statistiker* bzgl. dieser gemischten Strategie des ersten Spielers.

Betrachten wir Matrixspiele, so ergibt sich

$$G^\circ(P,Q) = \sum_{a\in A, b\in B} G(a,b)\, P(\{a\})\, Q(\{b\}),$$

und gemischte Strategien haben die folgende Interpretation: Benutzt der erste Spieler die Strategie P, so führt er ein zusätzliches Zufallsexperiment durch, das ihm die möglichen Strategien a des Ausgangsspiels mit Wahrscheinlichkeit $P(\{a\})$

liefert, und benutzt dann die resultierende Strategie. Betrachten wir im Stein-Schere-Papier-Spiel die Strategie P^* gegeben durch

$$P^*(\{\text{Stein}\}) = P^*(\{\text{Schere}\}) = P^*(\{\text{Papier}\}) = \frac{1}{3}.$$

Wir können diese Strategie so realisieren, daß wir einen Würfel werfen. Falls 1 oder 2 geworfen wird, so benutzen wir die Strategie *Stein*, im Falle von 3 oder 4 die Strategie *Schere* und schließlich im Fall von 5 oder 6 die Strategie *Papier*. Benutzt der zweite Spieler dieselbe Strategie $Q^* = P^*$, so gilt offensichtlich für beliebige gemischte Strategien P, Q

$$G^\circ(P, Q^*) = G^\circ(P^*, Q^*) = G^\circ(P^*, Q) = 0.$$

Wir haben also in der gemischten Erweiterung einen Gleichgewichtspunkt gefunden. Daß dieser die Auszahlung 0 liefert, ist nicht verwunderlich, da beide Spieler identische Rollen spielen.

Wir werden zum Abschluß dieses Kapitels zeigen, daß bei Matrixspielen die gemischte Erweiterung stets Gleichgewichtspunkte besitzt.

15.18 Satz

Es sei (A, B, G) ein Matrixspiel. Dann besitzt die gemischte Erweiterung $(A^\circ, B^\circ, G^\circ)$ einen Gleichgewichtspunkt.

Beweis:

A und B sind endliche Mengen, und ohne Einschränkung können wir $A = \{1, \ldots, m\}$ und $B = \{1, \ldots, n\}$ annehmen. Die Strategienmengen A° und B° können als kompakte und konvexe Teilmengen des $\mathbb{R}^m$, bzw. des $\mathbb{R}^n$ aufgefaßt werden, indem wir Wahrscheinlichkeitsmaße auf endlichen Mengen mit ihren stochastischen Vektoren identifizieren. Als Abbildungen auf diesen Teilmengen des $\mathbb{R}^m$, bzw. des $\mathbb{R}^n$ sind dann

$$G^\circ(\cdot, Q) : A^\circ \to \mathbb{R}, G^\circ(P, \cdot) : B^\circ \to \mathbb{R}$$

für beliebige P, Q stetig und linear. Ebenso sind die Abbildungen

$$\inf_{Q \in B^\circ} G^\circ(\cdot, Q) : A^\circ \to \mathbb{R}, \sup_{P \in A^\circ} G^\circ(P, \cdot) : B^\circ \to \mathbb{R}$$

stetig, denn es gilt

$$\inf_{Q \in B^\circ} G^\circ(\cdot, Q) = \min_{b \in B} G^\circ(\cdot, b), \sup_{P \in A^\circ} G^\circ(P, \cdot) = \max_{a \in A} G^\circ(a, \cdot).$$

Da stetige Funktionen auf kompakten Mengen ihre Extremalwerte annehmen, existieren P^*, Q^* so, daß gilt

$$\inf_{Q\in B^\circ} G^\circ(P^*,Q) = \sup_{P\in A^\circ} \inf_{Q\in B^\circ} G^\circ(P,Q),$$

$$\sup_{P\in A^\circ} G^\circ(P,Q^*) = \inf_{Q\in B^\circ} \sup_{P\in A^\circ} G^\circ(P,Q).$$

Dies zeigt, daß die Bedingungen (i) und (ii) aus Lemma 15.15 für die gemischte Erweiterung erfüllt sind. Es verbleibt noch zu zeigen

$$\sup_{P\in A^\circ} \inf_{Q\in B^\circ} G^\circ(P,Q) = \inf_{Q\in B^\circ} \sup_{P\in A^\circ} G^\circ(P,Q).$$

Sei dazu

$$\gamma < \inf_{Q\in B^\circ} \sup_{P\in A^\circ} G^\circ(P,Q).$$

Wir setzen

$$S = \{(G^\circ(a,Q))_{a=1,\dots,m} : Q \in B^\circ\} \subseteq \mathbb{R}^m.$$

S ist kompakt und konvex, und es gilt

$$\gamma < \max_{i=1,\dots,m} s_i \text{ für alle } (s_1,\dots,s_m) \in S.$$

Sei ferner

$$U = \{(u_1,\dots,u_m) \in \mathbb{R}^m : \max_{i=1,\dots,m} u_i \leq \gamma\}.$$

Offensichtlich ist $S \cap U = \emptyset$, und aus dem Satz von der trennenden Hyperebene folgt die Existenz von $(p'_1,\dots,p'_m) \in \mathbb{R}^m$, $(p'_1,\dots,p'_m) \neq (0,\dots,0)$, und $\alpha \in \mathbb{R}$ so, daß gilt

$$\sum_{i=1}^m p'_i u_i \leq \alpha \leq \sum_{i=1}^m p'_i s_i \text{ für alle } (u_1,\dots,u_m) \in U,\ (s_1,\dots,s_m) \in S.$$

Falls eines der p'_i negativ wäre, könnte diese Ungleichung nicht für alle Elemente von U Gültigkeit besitzen, so daß folgt

$$p'_i \geq 0 \text{ für alle } i = 1,\dots,m.$$

Ohne Einschränkung können wir dann

$$\sum_{i=1}^m p'_i = 1$$

annehmen. Aus $(\gamma,\dots,\gamma) \in U$ folgt weiter

$$\alpha \geq \gamma.$$

Sei nun $P' \in A^\circ$ das zum stochastischen Vektor $(p'_1, \ldots, p'_m)$ gehörende Wahrscheinlichkeitsmaß. Nach Definition von S ergibt sich für alle $Q \in B^\circ$

$$G^\circ(P', Q) = \sum_{i=1}^{m} p'_i G^\circ(i, Q) \geq \alpha \geq \gamma.$$

Wir erhalten

$$\sup_{P \in A^\circ} \inf_{Q \in B^\circ} G^\circ(P, Q) \geq \inf_{Q \in B^\circ} G^\circ(P', Q) \geq \gamma.$$

Da diese Ungleichung für beliebiges $\gamma < \inf_{Q \in B^\circ} \sup_{P \in A^\circ} G^\circ(P, Q)$ gilt, folgt

$$\sup_{P \in A^\circ} \inf_{Q \in B^\circ} G^\circ(P, Q) \geq \inf_{Q \in B^\circ} \sup_{P \in A^\circ} G^\circ(P, Q)$$

und damit die Behauptung. □

Aufgaben

Aufgabe 15.1 Ein Batteriehersteller bringt eine neue Batterie auf den Markt, welche nach eigenem Bekunden durchschnittlich 25 % länger hält als handelsübliche Batterien. Dies heißt bei Verwendung in einem Kassettenrecorder eine mittlere Lebensdauer von 10 statt der (laut Händlerangabe) sonst üblichen 8 Stunden. Eine Verbraucherorganisation will diese Behauptung statistisch untersuchen mittels eines Dauertests von 100 dieser neuartigen Batterien in Kassettenrecordern. Geben Sie ein zugehöriges statistisches Experiment, einen Entscheidungsraum, eine Verlustfunktion sowie einen sinnvoll erscheinenden Test an.

Aufgabe 15.2 Betrachtet sei ein statistisches Experiment $(\mathcal{X}, (\mathcal{W}_\theta)_{\theta \in \Theta})$ zum Testen von H und K. Zeigen Sie, daß folgende Aussagen äquivalent sind:

(i) Es existiert ein gleichmäßig bester Test.
(ii) Es existiert eine meßbare Menge $A \subseteq \mathcal{X}$ so, daß $W_\theta(A) = 1$ für alle $\theta \in H$ und $W_\theta(A) = 0$ für alle $\theta \in K$ gilt.

Aufgabe 15.3 König Priamos von Troja stellt seinen Hofmathematiker auf die Probe. Dazu pflanzt er in seinem Garten, vom Mathematiker unbeobachtet, einen oder zwei Bäume. Anschließend fragt er den Mathematiker nach der Anzahl der gepflanzten Bäume. Gibt der Mathematiker eine falsche Antwort, so muss er doppelt so viele Golddrachmen bezahlen wie Bäume gepflanzt worden sind. In seiner Not wendet er sich an das Orakel von Delphi und fragt, wieviele Bäume König Priamos wohl gepflanzt haben möge. Erfahrungsgemäß gibt das Orakel mit Wahrscheinlichkeit 3/4 die richtige Antwort.

Geben Sie ein statistisches Experiment, einen Entscheidungsraum und eine Verlustfunktion an und helfen Sie dem Hofmathematiker.

Aufgabe 15.4 Beobachtet seien stochastisch unabhängige, identisch verteilte Zufallsgrößen $X_1, \cdots, X_n$ mit einer von einem unbekanntem $\theta \in \Theta$ abhängenden Verteilung. Es gelte $E_\theta X_1^2 < \infty$ für alle θ. Zu schätzen sei $\gamma(\theta) = E_\theta(X_1)$ bei quadratischer Verlustfunktion.

Bestimmen Sie in $\mathcal{K} = \{\delta : E_\theta(\delta(X)) = \gamma(\theta)$ für alle θ, δ linear$\}$ eine gleichmäßig beste Schätzfunktion.

Aufgabe 15.5 Beobachtet seien stochastisch unabhängige, identisch verteilte Zufallsgrößen $X_1, \cdots, X_n$ mit unbekannter Verteilung W. Zu einer resultierenden Stichprobe $x = (x_1, \cdots, x_n) \in \mathbb{R}^n$ ist die empirische Verteilung $W_n(x)$ gegeben durch $W_n(x)(B) = \sum_{i=1}^n 1_B(x_i)/n, B \in \mathcal{B}$. Das Substitutionsprinzip in der Statistik schlägt vor, daß eine von der unbekannten Verteilung W abhängige Größe $\gamma(W)$ durch $\gamma(W_n(x))$ geschätzt wird.

Bestimmen Sie diesen Schätzer für die folgenden zu schätzenden Werte:
$E_W(X_1)$, $Var_W(X_1)$, $P_W(X_1 \in B)$, $\inf\{t \in \mathbb{R} : P_W(X_1 \leq t) \geq \alpha\}, \alpha \in (0,1)$.

Aufgabe 15.6 Beobachtet seien stochastisch unabhängige $R(0,\theta)$-verteilte Zufallsgrößen $X_1, \ldots, X_n$ mit unbekanntem $\theta \in (0, \infty)$. Zu schätzen sei $\gamma(\theta) = \theta$ bei quadratischer Verlustfunktion.

(i) Bestimmen Sie einen gleichmäßig besten Schätzer θ in $\mathcal{K}$ gemäß Aufgabe 15.5 und dessen Risiko.
(ii) Bestimmen Sie einen Schätzer δ der Form $c \max\{x_1, \ldots, x_n\}$ mit der Eigenschaft $E_\theta(\delta(X)) = \theta$ für alle θ und dessen Risiko.
(iii) Vergleichen Sie die Risiken in (i) und (ii).

Aufgabe 15.7 Sei $(\mathcal{X}, (\mathcal{W}_\theta)_{\theta \in \Theta})$ ein statistisches Experiment. Sei $(\xi_n)_{n \in \mathbb{N}}$ eine Folge von a-priori Verteilungen auf Θ so, daß die Folge der zugehörigen Bayes-Risiken r_n gegen ein r konvergiert. Sei δ^* eine Entscheidungsfunktion mit der Eigenschaft $\sup_{\vartheta \in \Theta} R(\vartheta, \delta^*) = r$.

Zeigen Sie, daß δ^* ein Minimax-Verfahren ist.

Kapitel 16

Zur Struktur statistischer Experimente

Um im Rahmen der Ausführungen des Kapitels 15 optimale Entscheidungsfunktionen gewinnen zu können, müssen wir uns genauer mit der Struktur statistischer Experimente beschäftigen, und das wird Inhalt dieses Kapitels sein. In 14.1 und 14.3 haben wir statistische Experimente mit endlichem Stichprobenraum $\mathcal{X}$ kennengelernt. Die Verteilungen W_θ sind dabei eindeutig durch die Wahrscheinlichkeiten $W_\theta(\{x\})$ bestimmt. In 14.4 und 14.5 liegt $\mathcal{X} = \mathbb{R}^n$ vor, und die Verteilungen sind durch die stetigen Dichten $f_\theta(x)$ gegeben. Wir wollen nun im ersten Fall, in dem $\mathcal{X}$ endlich oder abzählbar-unendlich ist, von **diskreten statistischen Experimenten**, im zweiten Fall von **stetigen statistischen Experimenten** sprechen.

Die folgende sehr nützliche Begriffsbildung erlaubt es uns oft, diese statistischen Experimente von auf den ersten Blick recht unterschiedlichem Typ mit einheitlichen Methoden zu untersuchen.

16.1 Reguläre statistische Experimente

Betrachtet werde ein statistisches Experiment $\mathcal{E}$. Es seien $f_\theta : \mathcal{X} \to [0, \infty)$ meßbare Abbildungen für jedes $\theta \in \Theta$.

Wir bezeichnen $\mathcal{E} = (\mathcal{X}, (W_\theta)_{\theta\in\Theta})$ als **reguläres statistisches Experiment mit Dichten** $(f_\theta)_{\theta\in\Theta}$, falls gilt:

Es existiert ein Maß μ auf $\mathcal{X}$ so, daß für jedes $\theta \in \Theta$ gilt:

$$W_\theta(A) = \int_A f_\theta \, d\mu \quad \text{für alle meßbaren} \quad A \subseteq \mathcal{X} ,$$

d.h.

$$f_\theta = \frac{dW_\theta}{d\mu}$$

gemäß 8.24. Leicht einzusehen ist, daß diese Eigenschaft in natürlicher Weise bei diskreten und stetigen statistischen Experimenten vorliegt.

16.2 Regularität von diskreten und stetigen statistischen Experimenten

Beginnen wir mit einem diskreten statistischen Experiment. Für jedes $A \subseteq \mathcal{X}$ gilt

$$W_\theta(A) = \sum_{x \in A} W_\theta(\{x\}) .$$

Wir setzen

$$f_\theta(x) = W_\theta(\{x\}) \ , \ x \in \mathcal{X} ,$$

und betrachten das Maß μ auf $\mathcal{X}$, das jeder Teilmenge die Anzahl seiner Elemente zuordnet gemäß

$$\mu(A) = |A| .$$

Dann gilt $\mu(\{x\}) = 1$ für jedes x, und es ist

$$\begin{aligned} W_\theta(A) &= \sum_{x \in A} W_\theta(\{x\}) \, \mu(\{x\}) \\ &= \sum_{x \in A} f_\theta(x) \, \mu(\{x\}) \\ &= \int_A f_\theta \, d\mu . \end{aligned}$$

Im Fall eines stetigen statistischen Experiments mit Stichprobenraum $\mathcal{X} = \mathbb{R}$ haben wir stetige Dichten $f_\theta : \mathbb{R} \to [0, \infty)$ mit der Eigenschaft

$$\begin{aligned} W_\theta(A) &= \int_A f_\theta(x) \, dx \\ &= \int_A f_\theta(x) \, \lambda(dx) \end{aligned}$$

für alle meßbaren $A \subseteq \mathbb{R}$. Wir benutzen also diese vorliegenden Dichten f_θ und dazu $\mu = \lambda$, das Lebesguesche Maß.

Von besonderer Bedeutung und Nützlichkeit sind reguläre statistische Experimente, bei denen die Dichten eine Exponentialgestalt besitzen.

16.3 Exponentialfamilien

Eine Familie von Wahrscheinlichkeitsmaßen $(W_\theta)_{\theta\in\Theta}$ in einem regulären statistischen Experiment wird als k-parametrige **Exponentialfamilie** bezeichnet, falls die Dichten f_θ für jedes $\theta \in \Theta$ die folgende Gestalt besitzen:

$$f_\theta(x) = C(\theta)\; e^{\sum\limits_{j=1}^{k} Q_j(\theta)T_j(x)}\; h(x),\; x \in \mathcal{X},$$

mit Abbildungen

$$\begin{aligned} C &: \Theta \to [0,\infty), \quad Q_j : \Theta \to \mathbb{R}\,,\; j = 1,\ldots,k, \\ h &: \mathcal{X} \to [0,\infty), \quad T_j : \mathcal{X} \to \mathbb{R}\,,\; j = 1,\ldots,k. \end{aligned}$$

Anzumerken ist, daß h und $T_1,\ldots,T_k$ natürlich als meßbar angenommen werden und daß sowohl k als auch die auftretenden Abbildungen nicht eindeutig bestimmt sind, sich aber in den von uns betrachteten Beispielen auf natürliche Weise ergeben.

16.4 Beispiele

(i) Im Beispiel 14.1 liegt $\mathcal{X} = \{0,1\}^n$ vor, und für $x = (x_1,\ldots,x_n)$ und $\theta \in (0,1)$ ist

$$\begin{aligned} f_\theta(x) &= W_\theta(\{x\}) \\ &= \theta^{\sum\limits_{i=1}^{n} x_i}\,(1-\theta)^{n-\sum\limits_{i=1}^{n} x_i} \\ &= (1-\theta)^n \left(\frac{\theta}{1-\theta}\right)^{\sum\limits_{i=1}^{n} x_i} \\ &= (1-\theta)^n\, e^{\log(\frac{\theta}{1-\theta})\sum\limits_{i=1}^{n} x_i}\,. \end{aligned}$$

Wir erhalten damit eine 1-parametrige Exponentialfamilie mit

$$C(\theta) = (1-\theta)^n,\ Q_1(\theta) = \log(\frac{\theta}{1-\theta}),\ h(x) = 1, T_1(x) = \sum_{i=1}^n x_i.$$

(*ii*) Im Beispiel 14.5 ist $\mathcal{X} = \mathbb{R}^n$, und für $x = (x_1, \ldots, x_n)$ und $\theta = (a, \sigma^2) \in \mathbb{R} \times (0, \infty)$ liegt vor

$$\begin{aligned} f_\theta(x) &= (\frac{1}{\sqrt{2\pi\sigma^2}})^n\ e^{-\frac{1}{2\sigma^2}\sum_{i=1}^n (x_i-a)^2} \\ &= (\frac{1}{\sqrt{2\pi\sigma^2}})^n\ e^{-\frac{na^2}{2\sigma^2}}\ e^{\frac{a}{\sigma^2}\sum_{i=1}^n x_i}\ e^{-\frac{1}{2\sigma^2}\sum_{i=1}^n x_i^2}. \end{aligned}$$

Es ergibt sich damit eine 2-parametrige Exponentialfamilie mit

$$C(\theta) = (\frac{1}{\sqrt{2\pi\sigma^2}})^n\ e^{-\frac{na^2}{2\sigma^2}},\ Q_1(\theta) = \frac{a}{\sigma^2},\ Q_2(\theta) = -\frac{1}{2\sigma^2},$$

$$h(x) = 1,\ T_1(x) = \sum_{i=1}^n x_i,\ T_2(x) = \sum_{i=1}^n x_i^2.$$

Entsprechend erhalten wir, daß auch bei den anderen in Kapitel 14 angeführten Beispielen Exponentialfamilien auftreten.

Bei Exponentialfamilien gilt

$$\{x : f_\theta(x) = 0\} = \{x : h(x) = 0\},$$

so daß diese Menge unabhängig von θ ist. Typische Experimente, bei denen keine Exponentialfamilie vorliegt, sind solche, für die $\{x : f_\theta(x) = 0\}$ abhängig von θ ist. Dies tritt auch im folgenden Beispiel auf.

16.5 Qualitätskontrolle

Bei einer Qualitätsüberprüfung einer Sendung von N gleichartigen Produkten wird dieser Sendung eine Stichprobe von geringerem Umfang n entnommen, falls der Aufwand, die gesamte Sendung zu überprüfen, zu groß erscheint. In dieser Stichprobe wird die Anzahl der Produkte ermittelt, die der zugrundegelegten Qualitätsnorm nicht genügen und im folgenden kurz als defekt bezeichnet seien. Aus dieser Zahl der registrierten defekten Stücke in der Stichprobe soll auf die Anzahl θ der defekten Stücke in der gesamten Sendung geschlossen werden. Es liegt damit ein statistisches Experiment mit Stichprobenraum $\mathcal{X} = \{0, 1, \ldots, n\}$ und Parameterraum $\Theta = \{0, 1, \ldots, N\}$ vor. Wie in 5.10 hergeleitet, modellieren wir bei einer solchen Qualitätskontolle unter Benutzung der hypergeometrischen Verteilung. Wir erhalten damit als mögliche Verteilungen

$$W_\theta = H(N, \theta, n),\ \theta = 0, 1, \ldots, N,$$

also

$$W_\theta(\{x\}) = \frac{\binom{\theta}{x}\binom{N-\theta}{n-x}}{\binom{N}{n}}$$

mit

$$W_\theta(\{x\}) = 0 \text{ für } x > \theta \text{ oder } n - x > N - \theta.$$

Die Menge

$$\{x : W_\theta(\{x\}) = 0\} = \{x :\ x > \theta \text{ oder } x < n - N + \theta\}$$

hängt somit von θ ab, so daß die Familie der hypergeometrischen Verteilungen $H(N, \theta, n)_{\theta=0,1,\ldots,N}$ keine Exponentialfamilie bildet.

16.6 Die n-fache Wiederholung

Wie schon in den vorstehenden Beispielen beschrieben, ergibt sich die beobachtete Stichprobe $(x_1, \ldots, x_n)$ oft aus Realisierungen $x_1, \ldots, x_n$ von stochastisch unabhängigen, identisch verteilten Zufallsvariablen $X_1, \ldots, X_n$.

Sei nun $\mathcal{E} = (\mathcal{X}, (W_\theta)_{\theta\in\Theta})$ das zur Beobachtung von jeweils einer der Zufallsvariablen X_i gehörige statistische Experiment mit $W_\theta = P_\theta^{X_i}$ für $i = 1, \ldots, n$, wobei aufgrund der identischen Verteilung für jedes i dasselbe Experiment $\mathcal{E}$ vorliegt.

Das zur Beobachtung von $X = (X_1, \ldots, X_n)$ gehörende Experiment ist dann gegeben durch den Stichprobenraum $\mathcal{X}^n$ und die Verteilungsannahme

$$W_\theta^n = P_\theta^{(X_1,\ldots,X_n)}\ ,\ \theta \in \Theta\ .$$

Wir bezeichnen

$$\mathcal{E}^n = (\mathcal{X}^n\ ,\ (W_\theta^n)_{\theta\in\Theta})$$

als **n-fache Wiederholung** zu $\mathcal{E}$.

Im Beispiel 14.5 liegt in dieser Terminologie die n-fache Versuchswiederholung zu

$$\mathcal{E} = \left(\mathbb{R},\ (N(a,\sigma^2))_{(a,\sigma^2)\in\mathbb{R}\times(0,\infty)}\right)$$

vor.

16.7 Die n-fache Wiederholung regulärer Experimente

Es sei $\mathcal{E}$ ein reguläres statistisches Experiment mit Dichten $(f_\theta)_{\theta\in\Theta}$.

Betrachten wir die n-fache Wiederholung, so ergeben sich für $x = (x_1, \ldots, x_n)$ die Dichten als

$$f_\theta^n(x) = \prod_{i=1}^n f_\theta(x_i).$$

Im Fall eines diskreten Experiments liegt auch bei der n-fachen Wiederholung ein diskretes Experiment vor, und es gilt für $x = (x_1, \ldots, x_n)$

$$\begin{aligned} f_\theta^n(x) &= W_\theta^n(\{x\}) = P_\theta(X_1 = x_1, \ldots, X_n = x_n) \\ &= \prod_{i=1}^n P_\theta(X_i = x_i) = \prod_{i=1}^n W_\theta(\{x_i\}) \\ &= \prod_{i=1}^n f_\theta(x_i)\ . \end{aligned}$$

Im Fall eines stetigen Experiments mit $\mathcal{X} = \mathbb{R}$ liefert auch die n-fache Wiederholung ein stetiges Experiment mit Dichten

$$f_\theta^n(x) = \prod_{i=1}^n f_\theta(x_i)$$

bzgl. des n-dimensionalen Lebesguemaßes λ^n, siehe 10.7.

Ebenso ergibt sich unter Benutzung des Satzes von Fubini die Produktdarstellung der Dichte bei allgemeinen regulären Experimenten, siehe 10.32 in den Vertiefungen zu Kapitel 10.

Besonders einfach stellt sich die n-fache Wiederholung bei Exponentialfamilien dar, und dieses liefert schon einen ersten Eindruck von ihrer Nützlichkeit.

Besitzt f_θ die Gestalt

$$f_\theta = C(\theta)\ e^{\sum_{j=1}^k Q_j(\theta)T_j}\ h\ ,$$

so ergibt sich für $x = (x_1, \ldots, x_n)$

$$f_\theta^n(x) = C(\theta)^n \, e^{\sum_{j=1}^{k} Q_j(\theta) \sum_{i=1}^{n} T_j(x_i)} \prod_{i=1}^{n} h(x_i).$$

Liegt also beim Ausgangsexperiment eine k-parametrige Exponentialfamilie vor, so trifft dies auch bei der n-fachen Wiederholung zu und zwar mit demselben Parameter k – unabhängig davon, wie groß n ist.

Die Q_j's bleiben dabei unverändert, und die T_j's werden zu T_j^n mit

$$T_j^n(x) = \sum_{i=1}^{n} T_j(x_i).$$

16.8 Datenreduktion

In statistischen Problemen wird oft sehr komplexes Datenmaterial auftreten, z.B. in Form einer Stichprobe $x = (x_1, \ldots, x_n)$ mit sehr großem Stichprobenumfang n. Es stellt sich dann die Frage, wie wir irrelevante Information aussondern können, um so zu einem besseren Verständnis der statistischen Situation zu gelangen. Mathematisch formal geschieht dieser Vorgang durch Anwendung einer Abbildung T auf die beobachtete Stichprobe, was uns das durch T reduzierte Datenmaterial $T(x)$ liefert. Eine solche Abbildung wird in der Wissenschaft von der Statistik - und von heutiger Betrachtungsweise als etwas unglücklich einzuschätzen - ebenfalls als **Statistik** bezeichnet:
Sei $\mathcal{Y}$ eine weitere Menge, versehen mit einer geeigneten σ-Algebra.

Eine meßbare Abbildung

$$T : \mathcal{X} \to \mathcal{Y}$$

wird als Statistik auf dem Stichprobenraum bezeichnet. Die Benutzung des durch eine Statistik T reduzierten Datenmaterials ist so zu interpretieren, daß der Statistiker zur Entscheidungsfindung nicht die ursprüngliche Stichprobe x, sondern nur den Wert $T(x) = y$ heranzieht.

Wir haben uns nun zu überlegen, für welche Statistiken T bei ihrer Anwendung keine relevante Information verlorengeht und wie dieses im mathematischen Modell zu formalisieren ist. Wir beginnen mit einem Beispiel, bei dem die Analyse recht naheliegend ist.

16.9 Beispiel

In der klinischen Studie aus 14.1 ist die Stichprobe ein n-Tupel $x = (x_1, \ldots, x_n) \in \{0,1\}^n$.

$$T(x) = \sum_{i=1}^{n} x_i$$

gibt die Gesamtzahl der Patienten, die wesentliche Erleichterung durch das Medikament erfahren haben. Die zusätzliche Information in der Ausgangsstichprobe besteht nur darin, daß die Reihenfolge, in der sich Verbesserung und Nichtverbesserung bei der Untersuchung der Patienten ergeben haben, aufgeführt wird. Es liegt intuitiv nahe, als relevante Information den Wert $T(x) = \sum_{i=1}^{n} x_i$ anzusehen und als zusätzliche irrelevante Information die Reihenfolge der einzelnen Untersuchungsergebnisse.

Im Doppeltblindversuch liegt als Stichprobe $x = (x_1, \ldots, x_n, y_1 \ldots, y_m)$ vor, wobei die y_j's die Ergebnisse der Placebobehandlungen angeben. Entsprechend den vorstehenden Überlegungen sollte die relevante Information durch

$$T(x) = (\sum_{i=1}^{n} x_i \, , \, \sum_{j=1}^{m} y_j)$$

gegeben sein. Um zu einer mathematischen Formalisierung zu gelangen, betrachten wir die Dichten, die in diesem Beispiel vorliegen.

Im ersten Fall gilt

$$f_\theta(x) = \theta^{\sum_{i=1}^{n} x_i} (1-\theta)^{n - \sum_{i=1}^{n} x_i} \quad ,$$

im zweiten Fall

$$f_\theta(x) = \theta_1^{\sum_{i=1}^{n} x_i} (1-\theta_1)^{n - \sum_{i=1}^{n} x_i} \theta_2^{\sum_{j=1}^{m} y_j} (1-\theta_2)^{m - \sum_{j=1}^{m} y_j} \quad .$$

Wir sehen also, daß die Dichten sich als Funktion der die relevante Information beinhaltenden Statistik darstellen.

Wir wollen eine solche Datenreduktion als **suffizient** bezeichnen und gelangen damit zur folgenden Definition.

16.10 Suffiziente Statistiken

Es sei $(\mathcal{X}, (W_\theta)_{\theta\in\Theta})$ *ein reguläres statistisches Experiment. Eine Statistik* $T : \mathcal{X} \to \mathcal{Y}$ *heißt suffizient, falls gilt:*

Für jedes $\theta \in \Theta$ *besitzen die Dichten die Darstellung*

$$f_\theta(x) = g_\theta(T(x))\, h(x),\ x \in \mathcal{X},$$

mit meßbaren Abbildungen $g_\theta : \mathcal{Y} \to [0,\infty)$, $h : \mathcal{X} \to [0,\infty)$.

Natürlich sind suffiziente Statistiken nicht eindeutig, wie die Darstellung

$$f_\theta(x) = g_\theta(q^{-1}(q(T(x))))\ h(x) = g'_\theta(T'(x))\ h(x)$$

mit invertierbarem $q : \mathcal{Y} \to \mathcal{Y}'$ und $g'_\theta = g_\theta \circ q^{-1}$, $T' = q \circ T$ zeigt.

16.11 Beispiel

Gemäß 15.6 liegen im Fall der n-fachen Versuchswiederholung bei einer k-parametrigen Exponentialfamilie die Dichten

$$f^n_\theta(x) = C(\theta)^n\ e^{\sum\limits_{j=1}^{k} q_j(\theta)\ \sum\limits_{i=1}^{n} T_j(x_i)}\ \prod_{i=1}^{n} h(x_i)^n$$

vor. Es ist also

$$T(x) = (\sum_{i=1}^{n} T_1(x_i), \ldots, \sum_{i=1}^{n} T_k(x_i))$$

eine suffiziente Statistik der Dimension k, wobei k unabhängig von dem Stichprobenumfang n ist.

Liegt insbesondere, wie im Beispiel 16.4(*ii*), $W_\theta = N(a,\sigma^2)$ vor mit $\theta = (a,\sigma^2) \in \mathbb{R} \times (0,\infty)$, so ist

$$T(x) = (\sum_{i=1}^{n} x_i\ ,\ \sum_{i=1}^{n} x_i^2)$$

suffizient. Auch im Fall einer sehr großen Stichprobe $(x_1, \ldots, x_n)$ z.B. vom Umfang $n = 1.000.000$ führt die suffiziente Datenreduktion auf nur noch zwei Zahlenwerte.

Daß tatsächlich diese Definition der Suffizienz die Beibehaltung der statistisch relevanten Information im inhaltlichen Sinn liefert, wird sich im weiteren Verlauf dieses Textes zeigen. Eine erste Erläuterung dazu liefert die folgende Aussage 16.13, die wir zunächst durch ein Beispiel motivieren wollen.

16.12 Beispiel

Wir betrachten die klinische Studie mit der suffizienten Statistik $T(x) = \sum_{i=1}^{n} x_i$.

Um festzustellen, ob zusätzliche Information über θ in der gesamten Stichprobe vorliegt, falls der Wert von T bekannt ist, berechnen wir für $x = (x_1, \ldots, x_n) \in \{0,1\}^n$, $y \in \{0,1,\ldots,n\}$

$$P_\theta(X = x \mid \sum_{i=1}^{n} X_i = y) = \frac{P_\theta(X = x, \sum_{i=1}^{n} X_i = y)}{P_\theta(\sum_{i=1}^{n} X_i = y)} .$$

Im Fall $\sum_{i=1}^{n} x_i \neq y$ ist der Zähler offensichtlich $= 0$. Falls $\sum_{i=1}^{n} x_i = y$ vorliegt, so ergibt sich

$$\begin{aligned} P_\theta\Big(X = x \mid \sum_{i=1}^{n} X_i = y\Big) &= \frac{P_\theta(X = x)}{P_\theta(\sum_{i=1}^{n} X_i = y)} \\ &= \frac{\theta^y(1-\theta)^{n-y}}{\binom{n}{y}\theta^y(1-\theta)^{n-y}} \\ &= \frac{1}{\binom{n}{y}} . \end{aligned}$$

Die bedingte Wahrscheinlichkeit, daß die Stichprobe x vorliegt, gegeben den Wert von T, ist also unabhängig vom unbekannten Parameter θ. Wir können dies so interpretieren, daß die zusätzliche Kenntnis von x über den Wert y von T hinaus keine weitere Information über θ liefert.

Tatsächlich trifft dieses Phänomen ganz allgemein bei suffizienten Statistiken auf, und wir beweisen dies im folgenden Satz für diskrete statistische Experimente. Es sei noch angemerkt, daß gemäß unserer Schreibweise $W_\theta = P_\theta^X$ gilt

$$P_\theta(X = x \mid T(X) = y) = W_\theta(\{x\} \mid T = y),$$

wobei wir im folgenden Satz die zweite Darstellung benutzen.

16.13 Satz

Es sei $(\mathcal{X}, (W_\theta)_{\theta\in\Theta})$ ein diskretes statistisches Experiment mit Dichten $f_\theta(x) = W_\theta(\{x\})$ der Form

$$f_\theta(x) = g_\theta(T(x))h(x),\ x \in \mathcal{X},\ \theta \in \Theta,$$

für eine suffiziente Statistik $T : \mathcal{X} \to \mathcal{Y}$.

Dann gilt für jedes $\theta \in \Theta$ und $y \in \mathcal{Y}$ mit $W_\theta(T = y) > 0$:

$$\begin{aligned} W_\theta(\{x\} \,|\, T = y) &= \frac{h(x)}{\sum\limits_{x', T(x')=y} h(x')} \text{ für } T(x) = y, \\ W_\theta(\{x\} \,|\, T = y) &= 0 \text{ für } T(x) \neq y. \end{aligned}$$

Beweis:
Wir beachten zunächst, daß aus $W_\theta(T = y) = \sum\limits_{x', T(x')=y} g_\theta(T(x'))h(x') > 0$ folgt

$$\sum_{x', T(x')=y} h(x') > 0\ .$$

Es gilt weiter gemäß der Definition der bedingten Wahrscheinlichkeit

$$W_\theta(\{x\} \,|\, T = y) = \frac{W_\theta(\{x\} \cap \{x' : T(x') = y\})}{W_\theta(T = y)}\ .$$

Offensichtlich ist der Zähler $= 0$, falls $T(x) \neq y$ vorliegt. Im Fall von $T(x) = y$ folgt

$$\begin{aligned} W_\theta(\{x\} \,|\, T = y) &= \frac{W_\theta(\{x\})}{W_\theta(T = y)} \\ &= \frac{g_\theta(T(x))h(x)}{\sum\limits_{x', T(x')=y} g_\theta(T(x'))h(x')} \\ &= \frac{g_\theta(y)h(x)}{\sum\limits_{x', T(x')=y} g_\theta(y)h(x')} \\ &= \frac{h(x)}{\sum\limits_{x', T(x')=y} h(x')}, \end{aligned}$$

damit die Behauptung. □

16.14 Anmerkung

Wir definieren

$$W(\{x\}\,|\,T=y) = \frac{h(x)}{\sum\limits_{x',T(x')=y} h(x')},$$

falls $T(x) = y$ und $\sum\limits_{x',T(x')=y} h(x') > 0$ vorliegt und $W(\{x\}\,|\,T=y) = 0$ anderenfalls. Dann gilt für jedes θ

$$W(\{x\}\,|\,T=y) = W_\theta(\{x\}\,|\,T=y) \text{ für alle } y \text{ mit } W_\theta(\{x\}\,|\,T=y) > 0.$$

Wir können dies so formulieren, daß die bedingte Wahrscheinlichkeit des Vorliegens von x, gegeben die Beobachtung von T, unabhängig vom Parameter θ ist.

Um dieses Phänomen in allgemeinen regulären Experimenten untersuchen zu können, benötigen wir ein weitergehendes wahrscheinlichkeitstheoretisches Konzept und zwar dasjenige der allgemeinen bedingten Wahrscheinlichkeit, bzw. des allgemeinen bedingten Erwartungswertes. Wir behandeln dieses Themenfeld in den Vertiefungen zu diesem Kapitel.

Vertiefungen

Um uns mit dem Suffizienzbegriff vertraut zu machen, haben wir

$$W_\theta(\{x\}|T=y) = \frac{W_\theta(\{x\} \cap \{T=y\})}{W_\theta(T=y)}$$

berechnet. Dieser Quotient von Wahrscheinlichkeiten ist nur sinnvoll, falls gilt $W_\theta(T=y) > 0$. Es stellt sich daher das Problem, eine der elementaren bedingten Wahrscheinlichkeit entsprechende allgemeine Begriffsbildung zu finden, die dann auch im Fall stetiger Experimente herangezogen werden kann.

Eine solche mathematische Begriffsbildung liegt vor und wird als **bedingter Erwartungswert**, bzw. **allgemeine bedingte Wahrscheinlichkeit** bezeichnet. Dieses Konzept soll hier kurz entwickelt werden. Zugrundegelegt sei im folgenden ein Wahrscheinlichkeitsraum $(\Omega, \mathcal{A}, P)$, so daß wir die Situation der Statistik vorübergehend verlassen.

16.15 Definition

Sei $\mathcal{G} \subset \mathcal{A}$ Unter-σ-Algebra, $X : \Omega \to \mathbb{R}$ integrierbare Zufallsgröße. Eine Zufallsgröße $Z : \Omega \to \mathbb{R}$ mit den Eigenschaften

(i) Z ist $\mathcal{G}$-meßbar,

(ii) $\int_G Z\,dP = \int_G X\,dP$ für alle $G \in \mathcal{G}$,

wird als Version des bedingten Erwartungswerts von X unter $\mathcal{G}$ bezeichnet, kurz und weniger präzis auch als bedingter Erwartungswert von X unter $\mathcal{G}$. Wir schreiben dafür prägnant

$$Z = \mathrm{E}(X|\mathcal{G}).$$

Für $A \in \mathcal{A}$ wird

$$P(A|\mathcal{G}) = \mathrm{E}(1_A|\mathcal{G})$$

als bedingte Wahrscheinlichkeit von A unter $\mathcal{G}$ bezeichnet

Daß diese Begriffsbildung tatsächlich das Gewünschte erbringt, ist nicht offensichtlich, hat sich aber in der Entwicklung von Wahrscheinlichkeitstheorie und Statistik eindrucksvoll gezeigt.

16.16 Satz

Sei $\mathcal{G} \subset \mathcal{A}$ Unter-σ-Algebra, $X : \Omega \to \mathbb{R}$ integrierbare Zufallsgröße. Dann gilt:

(i) $E(X|\mathcal{G})$ existiert,
d.h. es existiert eine Zufallsgröße Z mit den Eigenschaften 16.15 (i) und (ii).

(ii) $E(X|\mathcal{G})$ ist fast sicher eindeutig,
d.h. sind Z und Z' Versionen des bedingten Erwartungswerts von X unter $\mathcal{G}$, so folgt

$$P(Z = Z') = 1.$$

Beweis:
(*i*) Der Beweis der Existenz kommt nicht ohne weitergehende Hilfsmittel aus. Wir greifen hier auf Grundkenntnisse aus der Funktionalanalysis zurück:

Sei X zunächst beschränkt. Dann ist $X \in L_2$, wobei L_2 den Raum der quadratintegrierbaren Funktionen bezeichnet. Der Raum $L_2(\mathcal{G})$ bezeichne den abgeschlossenen Unterraum derjenigen quadratintegrierbaren Funktionen, die zusätzlich meßbar bzgl. $\mathcal{G}$ sind. Wir können dann die Projektion auf diesen Unterraum betrachten und definieren

$$Z = \text{Projektion von } X \text{ auf } L_2(\mathcal{G}).$$

Z erfüllt gemäß Definition die Bedingung 16.15(i) und nach wohlbekannten Eigenschaften der Projektionsabbildung ebenfalls (ii).

Die Existenz für allgemeines X folgt aus dem üblichen Erweiterungsprozeß:

Für Zufallsgrößen $X \geq 0$ haben wir die Darstellung $X = \sup_{n\in\mathbb{N}} X_n$ mit beschränkten X_n, die $0 \leq X_1 \leq X_2 \ldots$ erfüllen. Zu jedem X_n liege die Projektion Z_n vor. $Z = \sup_{n\in\mathbb{N}} Z_n$ hat dann die gewünschten Eigenschaften 16.15(i) und (ii). Für allgemeines X benutzen wir schließlich die Zerlegung in Positivteil und Negativteil.

(ii) Seien Z und Z' Versionen des bedingten Erwartungswerts von X unter $\mathcal{G}$. Es gilt für $G = \{Z > Z'\} \in \mathcal{G}$

$$\int_{\{Z>Z'\}} (Z - Z')\, dP = \int_{\{Z>Z'\}} (X - X)\, dP = 0,$$

also $P(Z > Z') = 0$, da $Z - Z' > 0$ auf $\{Z > Z'\}$ vorliegt. Entsprechend folgt $P(Z < Z') = 0$. □

Die Eindeutigkeitsaussage (ii) rechtfertigt die Kurzschreibweise $Z = \mathrm{E}(X|\mathcal{G})$.

16.17 Eigenschaften des bedingten Erwartungswertes

Wir wollen nun einige Eigenschaften des bedingten Erwartungswerts notieren. Dazu seien X, X_1, X_2 integrierbare Zufallsgrößen und $\mathcal{G} \subset \mathcal{A}$ Unter-σ-Algebra.

(i)

$$E(E(X|\mathcal{G})) = E(X)$$

Wegen $\Omega \in \mathcal{G}$ ergibt sich dies aus

$$E(X) = \int_\Omega X\, dP = \int_\Omega E(X|\mathcal{G})\, dP = E(E(X|\mathcal{G})).$$

(ii)

$$\mathrm{E}(\alpha X_1 + \beta X_2|\mathcal{G}) = \alpha\mathrm{E}(X_1|\mathcal{G}) + \beta\mathrm{E}(X_2|\mathcal{G}) \text{ für alle } \alpha, \beta \in \mathbb{R}.$$

Wir wollen diese Aussage, die unsere Kurzschreibweise benutzt, zur Verdeutlichung ausführlich angeben: Sind Z_1 und Z_2 Versionen der bedingten Erwartungswerte von X_1 und X_2 unter $\mathcal{G}$, so ist $\alpha Z_1 + \beta Z_2$ Version des bedingten Erwartungswerts von $\alpha X_1 + \beta X_2$ unter $\mathcal{G}$. Die Gültigkeit dieser Aussage (ii) folgt sofort aus der Linearität des Integrals.

(*iii*)

$$X_1 \leq X_2 \text{ impliziert } E(X_1|\mathcal{G}) \leq E(X_2|\mathcal{G}).$$

Entsprechend zu (*ii*) lautet hier die ausführliche Darstellung dieser Aussage: Es sei $X_1 \leq X_2$. Sind Z_1 und Z_2 Versionen der bedingten Erwartungswerte von X_1 und X_2 unter $\mathcal{G}$, so gilt $P(Z_1 \leq Z_2) = 1$.

Zum Nachweis betrachten wir

$$G = \{Z_1 > Z_2\} \in \mathcal{G}.$$

Es folgt

$$\int_G (Z_1 - Z_2)dP = \int_G (X_1 - X_2)dP \leq 0.$$

Da $Z_1 - Z_2 > 0$ auf G vorliegt, ergibt sich daraus das gewünschte Ergebnis $P(Z_1 > Z_2) = 0$.

(*iv*)

$$\int hXdP = \int hE(X|\mathcal{G})dP \text{ für jede } \mathcal{G}\text{-meßbare Zufallsgröße } h$$

so, daß hX regulär ist. Für die Herleitung beachten wir, daß diese Ausage für $h = 1_G$, $G \in \mathcal{G}$, gemäß der Definition des bedingten Erwartungswerts gültig ist. Der allgemeine Fall ergibt sich daraus durch den üblichen Erweiterungsprozeß, und wir verzichten auf die explizite Darstellung.

(*v*)

$$E(hX|\mathcal{G}) = hE(X|\mathcal{G}) \text{ für jede } \mathcal{G}\text{-meßbare beschränkte Zufallsgröße } h.$$

Zunächst merken wir an, daß $hE(X|\mathcal{G})$ $\mathcal{G}$-meßbar ist. Weiter ist zu zeigen, daß für jedes $G \in \mathcal{G}$ gilt

$$\int_G hXdP = \int_G hE(X|\mathcal{G})dP,$$

doch dieses ergibt sich sofort durch Anwendung von (*iv*) auf $1_G h$.

Wir haben hier in (*iv*) und (*v*) in Darstellung und Nachweis die Kurzschreibweise benutzt und werden dies im weiteren zumeist ebenso halten.

16.18 Jensensche Ungleichung für bedingte Erwartungswerte

Es sei $I \subseteq \mathbb{R}$ ein offenes Intervall. Sei $X : \Omega \to I$ integrierbare Zufallsgröße und

$f : I \to \mathbb{R}$ konvex so, daß $f(X)$ integrierbar ist. Dann ist $E(X|\mathcal{G})$ Zufallsgröße mit Werten in I, und es gilt

$$f(E(X|\mathcal{G})) \leq E(f(X)|\mathcal{G}).$$

Beweis:

Im Vergleich zur einfachen Jensenschen Ungleichung für Erwartungswerte 9.17 müssen wir hier etwas sorgfältiger argumentieren. Die Aussage, daß $E(X|\mathcal{G})$ Zufallsgröße mit Werten in I ist, bedeutet ausführlich, daß für jede Version Z dieses bedingten Erwartungswerts $P(Z \in I) = 1$ gilt. Schreiben wir $I = (a, b)$ mit $-\infty \leq a < b \leq +\infty$, so ist also zu zeigen $P(Z > a) = 1$ und $P(Z < b) = 1$. Wir werden dies hier exemplarisch nur für $P(Z > a)$ mit endlichem a durchführen.

Betrachte $\{Z \leq a\} \in \mathcal{G}$. Es gilt

$$0 \geq \int_{\{Z \leq a\}} (Z - a) dP = \int_{\{Z \leq a\}} (X - a) dP.$$

Da $X - a > 0$ vorliegt, zeigt dies $P(Z \leq a) = 0$, also $P(Z > a) = 1$.

Wir benutzen für den Nachweis der Ungleichung die elementare Aussage, daß jede konvexe Funktion auf einem offenen Intervall stetig ist und als Supremum aller seiner Stützgeraden, also der Tangenten in den Punkten $(x, f(x)), x \in I$, dargestellt werden kann. Die Stetigkeit zeigt dabei, daß es genügt, nur die Tangenten zu den Punkten x aus einer abzählbaren dichten Teilmenge heranzuziehen. Wir erhalten damit die Existenz zweier Folgen von reellen Zahlen $(\alpha_n)_n$ und $(\beta_n)_n$ so, daß gilt

$$f(x) = \sup_n (\alpha_n x + \beta_n) \text{ für alle } x \in I.$$

Unter Benutzung von 16.17(*ii*) und (*iii*) folgt

$$E(f(X)|\mathcal{G}) \geq \sup_n (\alpha_n E(X|\mathcal{G}) + \beta_n) = f(E(X|\mathcal{G})).$$

16.19 Bedingen unter einer Zufallsvariablen

Wir betrachten nun eine weitere Zufallsvariable

$$Y : \Omega \to \mathcal{Y},$$

wobei $\mathcal{Y}$ mit einer geeigneten σ-Algebra versehen sei. Zu Y gehört die σ-Algebra

$$\sigma(Y) = \{Y^{-1}(B) : B \subseteq \mathcal{Y} \text{ meßbar}\}.$$

Dies ist eine Unter-σ-Algebra von $\mathcal{G}$, und wir können für eine integrierbare Zufallsgröße X definieren

$$E(X|Y) = E(X|\sigma(Y)),$$

was uns eine $\sigma(Y)$-meßbare Zufallsvariable liefert. Wir bezeichnen diese als **bedingten Erwartungswert von X unter Y.**

Wir nutzen nun das Resultat aus, daß wir zu einer $\sigma(Y)$-meßbaren Zufallsgröße h eine meßbare Abbildung

$$\eta : \mathcal{Y} \to \mathbb{R}$$

so finden können, daß gilt

$$h = \eta(Y).$$

Zur Begründung sei angemerkt, daß dieses für h der Form $1_{Y^{-1}(B)}$ gemäß $1_{Y^{-1}(B)} = 1_B(Y)$ gilt und für allgemeines h mit dem üblichen Erweiterungsprozeß folgt. Angewandt auf $h = E(X|Y)$ erhalten wir die Existenz von $\eta : \mathcal{Y} \to \mathbb{R}$ mit der Eigenschaft

$$E(X|Y) = \eta(Y).$$

Es folgt

$$\int_B \eta(y) P^Y(dy) = \int_{Y^{-1}(B)} \eta(Y) dP = \int_{Y^{-1}(B)} X dP \text{ für alle meßbaren } B \subseteq \mathcal{Y}.$$

16.20 Der faktorisierte bedingte Erwartungswert

Wir bezeichnen allgemein eine meßbare Abbildung $\eta : \mathcal{Y} \to \mathbb{R}$, für die gilt

$$\int_B \eta(y) P^Y(dy) = \int_{Y^{-1}(B)} X dP \text{ für alle meßbaren } B \subseteq \mathcal{Y},$$

als Version des faktorisierten bedingten Erwartungwerts von X unter Y, kurz und weniger präzis als faktorisierten bedingten Erwartungwert von X unter Y, und wir schreiben

$$\eta(y) = E(X|Y = y) \text{ für alle } y \in \mathcal{Y}.$$

Liegen zwei Versionen η und η' vor, so erhalten wir wie in 16.16

$$P^Y(\eta = \eta') = 1.$$

Wie beim bedingten Erwartungswert liegen also auch beim faktorisierten bedingten Erwartungswert Existenz und Eindeutigkeit vor, und wir können auch die entsprechenden Aussagen zu 16.17 nachweisen. Ebenso schreiben wir für $A \in \mathcal{A}$

$$P(A|Y = y) = \mathrm{E}(1_A|Y = y).$$

Ist η eine Version des faktorisierten bedingten Erwartungwerts von X unter Y, so ergibt sich sofort, daß $\eta(Y)$ eine Version des bedingten Erwartungwerts von X unter Y ist.

16.21 Der faktorisierte bedingte Erwartungswert im diskreten Fall

Wir betrachten eine integrierbare Zufallsgröße X und eine weitere Zufallsvariable Y mit abzählbarem Bildbereich $\mathcal{Y}$, wobei $P(Y = y) > 0$ für alle $y \in \mathcal{Y}$ angenommen sei. Dann erhalten wir den faktorisierten bedingten Erwartungswert durch

$$E(X|Y = y) = \frac{\int_{\{Y=y\}} X dP}{P(Y = y)}, \; y \in \mathcal{Y}.$$

Zum Nachweis berechnen wir für $B \subseteq \mathcal{Y}$

$$\int_B \frac{\int_{\{Y=y\}} X dP}{P(Y = y)} P^Y(dy) = \sum_{y \in B} \frac{\int_{\{Y=y\}} X dP}{P(Y = y)} P(Y = y) = \int_{Y^{-1}(B)} X dP.$$

In dem Fall $P(Y = y) > 0$ für alle $y \in \mathcal{Y}$ existiert tatsächlich nur eine Version des faktorisierten bedingten Erwartungswerts. Falls $P(Y = y) = 0$ auftreten kann, so können wir für solche y-Werte den faktorisierten bedingten Erwartungswert beliebig festlegen, solange wir für $P(Y = y) > 0$ bei der obigen Festlegung bleiben. Zur Begründung haben wir nur zu beachten, daß im Fall eines abzählbaren $\mathcal{Y}$ gilt $P(Y \in \{y' : P(Y = y') = 0\}) = 0$.

Im Rahmen dieser neuen Begriffsbildung können wir den Suffizienzbegriff vertieft beleuchten und kehren zurück zur Statistik, wobei wir bedingte Erwartungswerte bzgl. W_θ bilden werden. Zunächst merken wir an, daß die Aussage von Satz 16.13 folgende Interpretation besitzt: Im Fall eines diskreten Experiments mit einer suffizienten Statistik $T : \mathcal{X} \to \mathcal{Y}$ existiert eine Abbildung $\eta : \mathcal{Y} \to \mathbb{R}$ so, daß diese Abbildung eine Version des faktorisierten bedingten Erwartungswerts $W_\theta(\{x\}|T = y)$ für alle $\theta \in \Theta$ ist, also in unserer Kurzschreibweise

$$\eta(y) = W_\theta(\{x\}|T = y), \; y \in \mathcal{Y}, \text{ für alle } \theta \in \Theta.$$

Es handelt sich dabei um die Abbildung

$$\eta(y) = \frac{h(x)}{\sum_{x', T(x')=y} h(x')},$$

falls $T(x) = y$ und $\sum_{x', T(x')=y} h(x') \neq 0$ vorliegen, und $\eta(y) = 0$ anderenfalls. Übergang zu $\eta(T)$ ergibt

$$\eta(T) = W_\theta(\{x\}|T) \text{ für alle } \theta \in \Theta.$$

Wir wollen nun zeigen, daß ein entsprechendes Resultat in allgemeinen regulären Experimenten gültig ist.

16.22 Satz

Es sei $(\mathcal{X}, (W_\theta)_{\theta\in\Theta})$ ein reguläres statistisches Experiment mit Dichten

$$f_\theta(x) = g_\theta(T(x))h(x), x \in \mathcal{X}, \theta \in \Theta$$

für eine suffiziente Statistik $T : \mathcal{X} \to \mathcal{Y}$.

Sei $g : \mathcal{X} \to \mathbb{R}$ meßbar und integrierbar bzgl. W_θ für jedes $\theta \in \Theta$. Dann existiert eine bzgl. $\sigma(T)$ meßbare Abbildung $g' : \mathcal{X} \to \mathbb{R}$ mit der Eigenschaft

$$g' = E_{W_\theta}(g \mid T) \text{ für alle } \theta \in \Theta.$$

Beweis:

Wir führen hier den Beweis nur unter der zusätzlichen Voraussetzung

$$f_\theta > 0 \text{ für alle } \theta \in \Theta.$$

Der allgemeine Fall erfordert über diesen Text hinausgehende maßtheoretische Kenntnisse.

Wir wählen $\theta_0 \in \Theta$. Sei

$$g' = E_{W_{\theta_0}}(g \mid T)$$

eine Version des bedingten Erwartungswerts von g unter $\sigma(T)$. Wir beachten zunächst, daß für jedes $\theta_0 \in \Theta$ und meßbares A gilt

$$W_\theta(A) = \int_A f_\theta d\mu = \int_A \frac{f_\theta}{f_{\theta_0}} f_{\theta_0} d\mu = \int_A \frac{f_\theta}{f_{\theta_0}} dW_{\theta_0},$$

also

$$\frac{dW_\theta}{dW_{\theta_0}} = \frac{f_\theta}{f_{\theta_0}}.$$

Für $G \in \sigma(T)$ und $\theta_0 \in \Theta$ folgt unter Ausnutzung der Eigenschaft 16.17(iv) des bedingten Erwartungswerts

$$\begin{aligned}
\int_G g' dW_\theta &= \int_G E_{W_{\theta_0}}(g \mid T) dW_\theta \\
&= \int_G E_{W_{\theta_0}}(g \mid T) \frac{f_\theta}{f_{\theta_0}} dW_{\theta_0} \\
&= \int_G E_{W_{\theta_0}}(g \mid T) \frac{g_\theta(T)}{g_{\theta_0}(T)} dW_{\theta_0}
\end{aligned}$$

$$\begin{aligned} &= \int_G g \frac{g_\theta(T)}{g_{\theta_0}(T)} dW_{\theta_0} \\ &= \int_G g \frac{f_\theta(T)}{f_{\theta_0}(T)} dW_{\theta_0} \\ &= \int_G g dW_\theta. \end{aligned}$$

Damit ergibt sich das gewünschte Resultat. □

16.23 Anmerkung

Wir schreiben hier

$$g' = E(g \mid T)$$

für die von θ unabhängige Version sämtlicher bedingten Erwartungswerte $E_{W_{\theta_0}}(g \mid T), \theta \in \Theta$.

Aufgaben

Aufgabe 16.1 In einem Gefäß befinde sich eine unbekannte Anzahl θ von Kugeln, die von 1 bis θ numeriert seien. Zur Bestimmung der unbekannten Anzahl werde n-mal eine Kugel gezogen, deren Nummer registriert und wieder zurückgelegt.

Geben Sie ein statistisches Experiment zur Bestimmung der unbekannten Anzahl an. Zeigen Sie durch Ausrechnen der bedingten Wahrscheinlichkeiten, daß die durch $T(x_1, \ldots, x_n) = \max\{x_1, \ldots, x_n\}$ definierte Statistik suffizient ist.

Aufgabe 16.2 Beobachtet seien stochastisch unabhängige $Poi(\theta)$-verteilte Zufallsgrößen $X_1, \ldots, X_n$ mit unbekanntem $\theta \in (0, \infty)$. Zeigen Sie durch Ausrechnen der bedingten Wahrscheinlichkeiten, daß die durch $T(x) = \sum_{i \leq n} x_i$ definierte Statistik suffizient ist.

Aufgabe 16.3 Produkte seien unabhängig voneinander mit Wahrscheinlichkeit p schadhaft. In einer Sendung vom Umfang N bezeichne Y die Anzahl von schadhaften Produkten in dieser Sendung. Aus dieser Sendung werde eine Stichprobe vom Umfang n entnommen, und X gebe die Anzahl der schadhaften Produkte in dieser Stichprobe an.

Bestimmen Sie $P(X = x|Y = y)$ und $P(Y = y|X = x)$.

Aufgabe 16.4 Ein Biologen-Team will in einem See den Bestand θ einer bestimmten Fischart schätzen. Dazu fängt es zunächst k Fische dieser Art, markiert sie und setzt sie wieder im See aus. Nach einem gewissen Zeitraum beginnt das

Team erneut, Exemplare dieser Art zu fangen, zu notieren, ob sie eine Markierung aufweisen oder nicht, und anschließend freizusetzen. Das Team fährt in der beschriebenen Weise solange fort, bis es m_0 markierte Fische gefangen hat. Es hat also als Beobachtungsmaterial die zufällige Anzahl N von dazu nötigen Fängen zur Verfügung, außerdem das Tupel $(Y_1, \ldots, Y_N)$, wobei $Y_i = 1$ oder 0 bei Vorliegen bzw. Nichtvorliegen einer Markierung des i-ten Fisches ist.

(i) Geben Sie das zugehörige statistische Experiment an.
(ii) Bestimmen Sie die Verteilung von $T(n, y_1, \ldots, y_n) = n - m_0$ unter W_θ.
(iii) Zeigen Sie, daß T eine suffiziente Statistik ist.

Aufgabe 16.5 Geben Sie Beispiele von regulären Experimenten an, bei denen keine Exponentialfamilien vorliegen.

Aufgabe 16.6 Seien $X_1, \ldots, X_n$ stochastisch unabhängige, identisch verteilte Zufallsgrößen mit unbekannter Dichte bzgl. des Lebesgueschen Maßes. Zeigen Sie, daß die durch das geordnete Tupel $T(x_1, \ldots, x_n) = (x_{(1)}, \ldots, x_{(n)})$ definierte Ordnungsstatistik, siehe Aufgabe 10.6, suffizient ist.

Aufgabe 16.7 Seien $X_1, \ldots, X_n$ stochastisch unabhängige, identisch verteilte und integrierbare Zufallsgrößen, $S_n = \sum_{i \leq n} X_i$. Zeigen Sie $E(X_1|S_n) = S_n/n$.

Aufgabe 16.8 Seien X, Y Zufallsvariablen mit Werten in $\mathcal{X}, \mathcal{Y}$. (X, Y) besitze die Dichte f bzgl. $\mu \otimes \nu$ für σ-endliche Maße μ, ν. Zeigen Sie:

(i) X besitzt die Dichte $x \mapsto f^X(x) = \int_{\mathcal{Y}} f(x, y)\nu(dy)$.
(ii) Setzen wir $f(y|x) = f(x, y)/f^X(x)$ mit beliebiger meßbarer Festsetzung für $f^X(x) = 0$, so gilt $\int_{\mathcal{Y}} g(y)f(y|x)\nu(dy) = E(g(Y)|X = x)$ für integrierbares $g(Y), g : \mathcal{Y} \to \mathbb{R}$.
Daher wird $y \mapsto f(y|x)$ als bedingte Dichte von Y gegeben $X = x$ bezeichnet.

Kapitel 17

Optimale Schätzer

Wir wollen in diesem Kapitel das Problem des optimalen Schätzens im Rahmen des in 15.7 formal eingeführten Schätzproblems behandeln. Zugrundegelegt wird dabei die quadratische Verlustfunktion, die mit verschiedenen Variationen die in der Statistik bei weitem populärste Verlustfunktion ist. Diese Popularität liegt zum einen an der intuitiv gut interpretierbaren Form des Risikos und der Eingängigkeit der resultierenden Verfahren, zum anderen an der einfacheren mathematischen Behandlung gegenüber anderen Verlustfunktionen.

17.1 Das Schätzproblem bei quadratischer Verlustfunktion

Betrachtet wird ein statistisches Experiment $(\mathcal{X}, (W_\theta)_{\theta\in\Theta})$. Zu schätzen sei der Wert $\gamma(\theta)$ für eine gegebene Funktion $\gamma : \Theta \to \mathbb{R}$.
Der Entscheidungsraum ist $D = \mathbb{R}$, und Schätzer sind meßbare Abbildungen $g : \mathcal{X} \to \mathbb{R}$. Benutzt werde die quadratische Verlustfunktion $L(\theta, d) = (\gamma(\theta) - d)^2$.
Als Risiko eines Schätzers g liegt damit vor

$$R(\theta, g) = \int_{\mathcal{X}} (\gamma(\theta) - g(x))^2 \, W_\theta(dx) = E_\theta([\gamma(\theta) - g(X)]^2).$$

Eine einfache Rechnung zeigt, daß wir das Risiko in der Form

$$\begin{aligned} R(\theta, g) &= E_\theta([(\gamma(\theta) - E_\theta(g(X))) - (E_\theta(g(X)) - g(X))]^2) \\ &= [\gamma(\theta) - E_\theta(g(X))]^2 + Var_\theta(g(X)) \end{aligned}$$

schreiben können. Der im ersten Ausdruck auftretende Term

$$\gamma(\theta) - E_\theta(g(X))$$

ist eine Maßzahl für den systematischen Fehler, der bei Benutzung des Schätzers g und Vorliegen des Parameters θ auftritt, und wird, die Terminologie der englischen Sprache benutzend, als **Bias** bezeichnet. Der zweite Term ist die uns wohlbekannte Maßzahl für die Variation des Schätzers um seinen Erwartungswert.

Diese Darstellung des Risikos führt zu den folgenden beiden Forderungen an einen Schätzer:

- kein systematischer Fehler,
- möglichst geringe Variation.

Wir wollen diese Forderungen nun genauer untersuchen, wobei wir in diesem Kapitel stets ein Schätzproblem mit quadratischer Verlustfunktion zugrundelegen wollen.

17.2 Erwartungstreue Schätzer

Ein Schätzer g wird als erwartungstreu bezeichnet, falls gilt

$$E_\theta(g(X)) = \gamma(\theta) \text{ für alle } \theta \in \Theta.$$

Erwartungstreue eines Schätzers bedeutet also Verschwinden des systematischen Fehlers für alle möglichen unbekannten Parameterwerte. Für einen erwartungstreuen Schätzer gilt dann

$$R(\theta, g) = Var_\theta(g(X)).$$

Daß erwartungstreue Schätzungen in natürlicher Weise auftreten, zeigen die folgenden Beispiele.

17.3 Das Stichprobenmittel

Es liege ein statistisches Modell zur Beobachtung von stochastisch unabhängigen und identisch verteilten Zufallsgrößen $X_1, \ldots, X_n$ mit jeweils endlichem Erwartungswert vor. Zu schätzen sei dieser unbekannte Erwartungswert, also

$$\gamma(\theta) = E_\theta(X_1).$$

Der Schätzer

$$g(x_1, \ldots, x_n) = \frac{1}{n} \sum_{i=1}^{n} x_i = \overline{x}_n$$

wird als **Stichprobenmittel** bezeichnet. Die in der statistischen Literatur für das Stichprobenmittel übliche Bezeichnungsweise ist das angeführte $\overline{x}_n$, und entsprechend wird $\overline{X}_n$ benutzt. Das Stichprobenmittel ist ein erwartungstreuer Schätzer für den unbekannten Mittelwert, denn es gilt fur jedes θ

$$E_\theta(\overline{X}_n) = E_\theta(\frac{1}{n} \sum_{i=1}^{n} X_i) = \frac{1}{n} \sum_{i=1}^{n} E_\theta(X_i) = E_\theta(X_1).$$

Für das Risiko ergibt sich

$$R(\theta, g) = Var_\theta(\frac{1}{n}\sum_{i=1}^n X_i) = \frac{1}{n}Var_\theta(X_1).$$

17.4 Die Stichprobenvarianz

Wir betrachten wiederum ein statistisches Modell zur Beobachtung von stochastisch unabhängigen und identisch verteilten Zufallsgrößen $X_1, \ldots, X_n$, wobei nun die Varianz als stets endlich angenommen sei. Zu schätzen sei diese unbekannte Varianz, also

$$\gamma(\theta) = Var_\theta(X_1).$$

Der Schätzer

$$g(x_1, \ldots, x_n) = \frac{1}{n-1}\sum_{i=1}^n (x_i - \overline{x}_n)^2 = s_n^2$$

wird als **Stichprobenvarianz** bezeichnet. Eine gebräuchliche Bezeichnungsweise für die Stichprobenvarianz ist das angegebene s_n^2 und entsprechend S_n^2 für $g(X_1, \ldots, X_n)$.

Die Stichprobenvarianz ist ein erwartungstreuer Schätzer für die unbekannten Varianz, und dies liefert den Grund für das Auftreten des Faktors $\frac{1}{n-1}$ und nicht des zunächst natürlicher erscheinenden Faktors $\frac{1}{n}$. Wir berechnen

$$\begin{aligned} s_n^2 &= \frac{1}{n-1}\sum_{i=1}^n (x_i - \overline{x}_i)^2 \\ &= \frac{1}{n-1}\sum_{i=1}^n x_i^2 - \frac{2}{n-1}\overline{x}_n \sum_{i=1}^n x_i + \frac{n}{n-1}\overline{x}_n^2 \\ &= \frac{1}{n-1}\sum_{i=1}^n x_i^2 - \frac{n}{n-1}\overline{x}_n^2 \\ &= \frac{1}{n-1}\sum_{i=1}^n x_i^2 - \frac{1}{n(n-1)}\sum_{i=1}^n x_i^2 - \frac{1}{n(n-1)}\sum_{i\neq j} x_i x_j \\ &= \frac{1}{n}\sum_{i=1}^n x_i^2 - \frac{1}{n(n-1)}\sum_{i\neq j} x_i x_j \end{aligned}$$

und erhalten damit

$$\begin{aligned} E_\theta(S_n^2) &= \frac{1}{n}\sum_{i=1}^n E_\theta(X_i^2) - \frac{1}{n(n-1)}\sum_{i\neq j} E_\theta(X_i)E_\theta(X_j) \\ &= E_\theta(X_1^2) - E_\theta(X_1)^2 \\ &= Var_\theta(X_1). \end{aligned}$$

Bezeichnen wir mit $\mathcal{F}$ die Gesamtheit aller Schätzer, so haben wir mit dem typischen Beispiel 15.9 eingesehen, daß in nicht-trivialen Situationen kein gleichmäßig bester Schätzer in $\mathcal{F}$ existieren kann. Unsere Argumenation beruhte darauf, daß zu $\mathcal{F}$ die offensichtlich unsinnigen Schätzer gehören, die sich ohne Berücksichtigung des Datenmaterials für einen festen Wert des Parameterraums als Schätzwert entscheiden. Natürlich sind solche Schätzer nicht erwartungstreu, so daß wir mit 15.9 kein Gegenbeispiel gegen die Existenz von gleichmäßig besten Schätzern in der Teilmenge $\mathcal{K}$ aller erwartungstreuen Schätzer vorliegen haben. Tatsächlich lassen sich in einer Vielzahl von interessanten Problemen **gleichmäßig beste erwartungstreue Schätzer**, d.h. gleichmäßig beste Schätzer in der Teilmenge $\mathcal{K}$ der erwartungstreuen Schätzer herleiten. Wie dieses geschehen kann, soll im folgenden erläutert werden.

17.5 Gleichmäßig beste erwartungstreue Schätzer

Ein Schätzer g^* wird als gleichmäßig bester erwartungstreuer Schätzer bezeichnet, falls gilt:

(i) g^* ist erwartungstreu.

(ii) Für alle erwartungstreuen Schätzer g gilt

$$R(\theta, g^*) \leq R(\theta, g) \text{ für alle } \theta \in \Theta.$$

Die in (*ii*) angegebene Optimalitätsbedingung kann wegen der Übereinstimmung von Risiko und Varianz bei Erwartungstreue auch formuliert werden als

$$Var_\theta(g^*(X)) \leq Var_\theta(g(X))$$

für alle erwartungstreuen Schätzer g und alle $\theta \in \Theta$.

Die systematische Suche nach gleichmäßig besten erwartungstreuen Schätzern ist dann möglich, wenn eine suffiziente Statistik T vorliegt, also die Dichten die Gestalt

$$f_\theta(x) = g_\theta(T(x))h(x)$$

für eine Statistik $T : \mathcal{X} \to \mathcal{Y}$ besitzen. Übergang zu der durch eine suffiziente Statistik reduzierten Stichprobe sollte ja – bei aller Vereinfachung – die für statistische Entscheidungen relevante Information im Datenmaterial erhalten. Daß dieser Sachverhalt bei einem Schätzproblem tatsächlich vorliegt, zeigt der folgende Satz.

17.6 Satz

Betrachtet werde ein Schätzproblem bei quadratischer Verlustfunktion. Es sei $T : \mathcal{X} \to \mathcal{Y}$ suffiziente Statistik. Dann gilt:

Für jeden erwartungstreuen Schätzer g existiert ein erwartungstreuer Schätzer g' der Form $g' = \eta(T)$, $\eta : \mathcal{Y} \to \mathbb{R}$, mit der Eigenschaft

$$R(\theta, g') \leq R(\theta, g) \text{ für alle } \theta \in \Theta.$$

Beweis:

Wir wollen hier nur den Beweis im Fall eines diskreten Experiments durchführen. Der allgemeine Fall wird in den Vertiefungen zu diesem Kapitel behandelt werden.

Sei also $T : \mathcal{X} \to \mathcal{Y}$ suffizient, wobei $\mathcal{X}$ und $\mathcal{Y}$ abzählbar seien und zusätzlich $h > 0$ angenommen sei. Da $W_\theta(h = 0) = 0$ für alle θ gilt, kann letzteres ohne Einschränkung angenommen werden. Für $y \in \mathcal{Y}$ benutzen wir die in 16.14 eingeführten Funktion $W(\{x\}|T = y)$, für die gilt:

$$W(\{x\} \mid T = y) = W_\theta(\{x\} \mid T = y) \text{ für alle } \theta \text{ mit } W_\theta(T = y) > 0.$$

Betrachten wir das durch

$$W(A \mid T = y) = \sum_{x \in A} W(\{x\} \mid T = y)$$

definierte Wahrscheinlichkeitsmaß, so gilt

$$W(\{x : T(x) = y\} \mid T = y) = 1.$$

Sei nun g erwartungstreuer Schätzer. Wir definieren

$$E(g \mid T = y) = \int g(x) W(dx \mid T = y) = \sum_{x, T(x) = y} g(x) W(\{x\} \mid T = y)$$

und setzen

$$\eta(y) = E(g \mid T = y), \ g'(x) = \eta(T(x)).$$

Wir wollen zunächst zeigen, daß g' ebenfalls erwartungstreu ist. Dazu berechnen wir für $\theta \in \Theta$

$$\begin{aligned} E_\theta(g'(X)) &= \int \eta(T(x)) W_\theta(dx) \\ &= \sum_{y \in \mathcal{Y}} \int_{\{x : T(x) = y\}} \eta(y) W_\theta(dx) \end{aligned}$$

$$
\begin{aligned}
&= \sum_{y\in\mathcal{Y}} \eta(y) W_\theta(T=y) \\
&= \sum_{y\in\mathcal{Y}} \int g(x) W(dx \mid T=y) W_\theta(T=y) \\
&= \sum_{y, W_\theta(T=y)>0} \ \sum_{x, T(x)=y} g(x) W(\{x\} \mid T=y) W_\theta(T=y) \\
&= \sum_{y, W_\theta(T=y)>0} \ \sum_{x, T(x)=y} g(x) W_\theta(\{x\} \mid T=y) W_\theta(T=y) \\
&= \int g(x) W_\theta(dx) \ = \ E_\theta(g(X)).
\end{aligned}
$$

Zum Nachweis von $R(\theta, g') \leq R(\theta, g)$ benutzen wir die Jensensche Ungleichung, siehe 9.17, 16.18, die, angewandt auf die konvexe Funktion $(g(x) - \gamma(\theta))^2$, zeigt

$$
\int (g(x) - \gamma(\theta))^2 W(dx \mid T=y) \geq \left(\int g(x) W(dx \mid T=y) - \gamma(\theta)\right)^2.
$$

Damit erhalten wir

$$
\begin{aligned}
R(\theta, g) &= \int (g(x) - \gamma(\theta))^2 W_\theta(dx) \\
&= \sum_{y\in\mathcal{Y}} \int_{\{x:T(x)=y\}} (g(x) - \gamma(\theta))^2 W_\theta(dx) \\
&= \sum_{y, W_\theta(T=y)>0} \ \sum_{x, T(x)=y} (g(x) - \gamma(\theta))^2 W_\theta(\{x\} \mid T=y) W_\theta(T=y) \\
&= \sum_{y, W_\theta(T=y)>0} \ \sum_{x, T(x)=y} (g(x) - \gamma(\theta))^2 W(\{x\} \mid T=y) W_\theta(T=y) \\
&= \sum_{y\in\mathcal{Y}} \int (g(x) - \gamma(\theta))^2 W(dx \mid T=y) W_\theta(T=y) \\
&\geq \sum_{y\in\mathcal{Y}} \left(\int g(x) W(dx \mid T=y) - \gamma(\theta)\right)^2 W_\theta(T=y) \\
&= \sum_{y\in\mathcal{Y}} (\eta(y) - \gamma(\theta))^2 W_\theta(T=y) \\
&= \int (\eta(T(x)) - \gamma(\theta))^2 W_\theta(dx) \ = \ R(\theta, g').
\end{aligned}
$$

□

17.7 Anmerkungen

(*i*) Die Aussage des Satzes bleibt gültig bei Verlustfunktionen L, für die $L(\theta, \cdot)$ konvex für jedes $\theta \in \Theta$ ist, da in diesem Fall weiterhin die Jensensche Ungleichung benutzt werden kann.

(ii) Wir haben die Aussage des Satzes als Existenzaussage formuliert. Tatsächlich ist der Beweis konstruktiv und zeigt, wie wir den Schätzer g' mittels der Berechnung von $E(g \mid T = y)$ explizit angeben können. Wir wollen dieses g' als **Verbesserung** von g bezeichnen.

17.8 Beispiel

Wir betrachten das Problem der Schätzung des unbekannten Güteparameters $\theta \in (0,1)$ bei einem Medikament. Es liegen dabei stochastisch unabhängige, identisch verteilte Zufallsvariablen mit Werten in $\{0,1\}$ vor und

$$P_\theta(X_i = 1) = \theta = 1 - P_\theta(X_i = 0),$$

siehe 14.1. Wir betrachten den wenig sinnvollen Schätzer

$$g(x_1, \dots, x_n) = x_1.$$

g ist erwartungstreu, denn es gilt

$$E_\theta(g(X)) = E_\theta(X_1) = \theta.$$

Wir wollen nun den im vorstehenden Beweis benutzten Konstruktionsvorgang explizit durchführen. Gemäß 16.9 ist

$$T(x_1, \dots, x_n) = \sum_{i=1}^{n} x_i$$

eine suffiziente Statistik, und es gilt für die von θ unabhängige bedingte Wahrscheinlichkeit

$$W(\{x\} \mid T = y) = \frac{1}{\binom{n}{y}} \text{ für } \sum_{i=1}^{n} x_i = y.$$

Im Falle von $\sum_{i=1}^{n} x_i \neq y$ ist die bedingte Wahrscheinlichkeit natürlich 0. Wir wollen nun die Verbesserung g' von g berechnen. Es ergibt sich $\eta(y) = E(g \mid T = y)$ als

$$\begin{aligned} E(g \mid T = y) &= \sum_{x \in \{0,1\}^n} g(x) W(\{x\} \mid T = y) \\ &= \sum_{x, \sum_{i=1}^{n} x_i = y} x_1 \frac{1}{\binom{n}{y}} \end{aligned}$$

$$= \frac{1}{\binom{n}{y}} \mid \{(x_2, \ldots, x_n) \in \{0,1\}^{n-1} : \sum_{i=2}^{n} x_i = y - 1\} \mid$$

$$= \frac{1}{\binom{n}{y}} \binom{n-1}{y-1} = \frac{y}{n}.$$

Damit folgt

$$g'(x) = \eta(T(x)) = \frac{1}{n} \sum_{i=1}^{n} x_i = \overline{x}_n,$$

also liefert die Verbesserung das Stichprobenmittel. Mit einer einfachen zusätzlichen Überlegung können wir zeigen, daß $\overline{x}_n$ sogar gleichmäßig bester erwartungstreuer Schätzer ist. Betrachten wir einen weiteren erwartungstreuen Schätzer der Form $\eta'(T(x))$. Dann folgt

$$E_\theta(\eta(T(X)) - \eta'(T(X))) = 0 \text{ für alle } \theta \in (0,1),$$

damit

$$\sum_{k=0}^{n} (\eta(k) - \eta'(k)) \theta^k (1-\theta)^{n-k} \binom{n}{k} = 0 \text{ für alle } \theta \in (0,1),$$

also

$$\sum_{k=0}^{n} (\eta(k) - \eta'(k)) (\frac{\theta}{1-\theta})^k \binom{n}{k} = 0 \text{ für alle } \theta \in (0,1).$$

Die vorstehende Funktion, aufgefaßt als Polynom in der Variablen $\frac{\theta}{1-\theta} \in (0,\infty)$, ist identisch Null, so daß nach dem Identitätssatz für Polynome sämtliche Koeffizienten ebenfalls Null sein müssen. Dies zeigt aber, daß η und η' gleich sind und damit auch die beiden resultierenden Schätzer $\eta(T)$ und $\eta'(T)$. Es gibt also nur einen erwartungstreuen Schätzer der Form $\eta(T)$, und dieser ist durch

$$\eta(T(x)) = \overline{x}_n$$

gegeben. Der Konstruktionsvorgang aus Satz 17.6 führt also, unabhängig vom erwartungstreuen Ausgangsschätzer, stets zum Stichprobenmittel, so daß dieses gleichmäßig bester erwartungstreuer Schätzer ist.

Dieses Beispiel zeigt einen verblüffend einfachen Zugang zum Erhalt von gleichmäßig besten erwartungstreuen Schätzern auf. Liegt eine suffiziente Statistik T so vor, daß es überhaupt nur einen erwartungstreuen Schätzer der Form $\eta(T)$ gibt, so ist dieser schon gleichmäßig bester erwartungstreuer Schätzer. Diese Situation ist nicht so speziell, wie vermutet werden könnte, sondern tritt insbesondere bei Exponentialfamilien in der Regel auf. Statistiken, die dieser Eindeutigkeitsaussage genügen, werden als **vollständig** bezeichnet. Bei der Definition dieses Begriffes ist noch darauf zu achten, daß Abänderungen auf Mengen von Wahrscheinlichkeit 0 weder Erwartungswert noch Risiko verändern, so daß Eindeutigkeit nur als Übereinstimmung mit Wahrscheinlichkeit 1 verstanden werden kann.

17.9 Vollständige Statistiken

Es sei $(\mathcal{X}, (W_\theta)_{\theta\in\Theta})$ ein statistisches Experiment. $T : \mathcal{X} \to \mathcal{Y}$ sei eine Statistik.

Dann wird T als vollständig bezeichnet, falls gilt:
Für jedes meßbare $\eta : \mathcal{Y} \to \mathbb{R}$ mit der Eigenschaft

$$\int \eta(T) dW_\theta = 0 \text{ für alle } \theta \in \Theta$$

folgt

$$W_\theta(\eta(T) = 0) = 1 \text{ für alle } \theta \in \Theta.$$

Unter Benutzung der Verteilungen W_θ^T können wir Vollständigkeit auch so formulieren:

$$\int \eta dW_\theta^T = 0 \text{ für alle } \theta \in \Theta$$

impliziert

$$W_\theta^T(\eta = 0) = 1 \text{ für alle } \theta \in \Theta.$$

Bevor wir uns mit dem Vorliegen von Vollständigkeit bei Exponentialfamilien beschäftigen wollen, sei zunächst das schon inhaltlich beschriebene Resultat, das uns sehr einfach gleichmäßig beste erwartungstreue Schätzer liefert, auch formal angegeben. Bekannt ist dieses Resultat als **Satz von Lehmann - Scheffé**.

17.10 Satz

Betrachtet sei ein Schätzproblem zum Schätzen von $\gamma(\theta)$ bei quadratischer Verlustfunktion. Es sei $T : \mathcal{X} \to \mathcal{Y}$ suffiziente und vollständige Statistik. g^* sei ein erwartungstreuer Schätzer der Form $g^* = \eta^*(T)$.

Dann ist g^* gleichmäßig bester erwartungstreuer Schätzer.

Beweis:

Sei g ein weiterer erwartungstreuer Schätzer. Gemäß 17.6 existiert ein erwartungstreuer Schätzer der Form $\eta(T)$ mit der Eigenschaft

$$R(\theta, \eta(T)) \leq R(\theta, g) \text{ für alle } \theta \in \Theta.$$

Erwartungstreue liefert

$$\int \eta(T)dW_\theta = \gamma(\theta) = \int \eta^*(T)dW_\theta \text{ für alle } \theta \in \Theta,$$

also

$$\int (\eta - \eta^*)(T)dW_\theta = 0 \text{ für alle } \theta \in \Theta.$$

Mit der Vollständigkeit von T folgt

$$W_\theta(\eta(T) = \eta^*(T)) = 1 \text{ für alle } \theta \in \Theta,$$

und daraus erhalten wir

$$R(\theta, g^*) = R(\theta, \eta^*(T)) = R(\theta, \eta(T)) \leq R(\theta, g) \text{ für alle } \theta \in \Theta.$$

□

17.11 Anmerkung

Die praktischen Konsequenzen zur Gewinnung von Schätzfunktionen bei Vorliegen einer vollständigen und suffizienten Statistik $T : \mathcal{X} \to \mathcal{Y}$ sind einfach beschrieben:

Ist $\gamma(\theta)$ zu schätzen, so suchen wir ein meßbares $\eta : \mathcal{Y} \to \mathbb{R}$ so, daß $\eta(T)$ erwartungstreu ist. Wir haben also η mit der Eigenschaft

$$\int \eta(T)dW_\theta = \int \eta dW_\theta^T = \gamma(\theta) \text{ für alle } \theta \in \Theta$$

zu bestimmen, wobei dem konkreten statistischen Experiment angepaßte Methoden heranzuziehen sind. Zum einen können wir versuchen, ein solches η direkt zu bestimmen. Andererseites können wir auch einen erwartungstreuen Schätzer $g : \mathcal{X} \to \mathbb{R}$ suchen und dann $\eta(y) = E(g \mid T = y)$ berechnen, wie wir dies in Beispiel 17.8 durchgeführt haben. Bevor wir weitere Beispiele behandeln, soll die Frage der Vollständigkeit bei Exponentialfamilien, die für die Anwendbarkeit der entwickelten Theorie von entscheidender Bedeutung ist, mit dem folgenden Resultat geklärt werden.

17.12 Satz

Betrachtet sei ein statistisches Experiment $(\mathcal{X}, (W_\theta)_{\theta\in\Theta})$. $(W_\theta)_{\theta\in\Theta}$ sei Exponentialfamilie mit Dichten der Form

$$f_\theta(x) = C(\theta)e^{\sum_{i=1}^{k} Q_i(\theta)T_i(x)} h(x).$$

Enthält $\{(Q_1(\theta), \ldots, Q_k(\theta)) : \theta \in \Theta\} \subseteq \mathbb{R}^k$ ein offenes, nichtleeres Intervall, so ist die Statistik $T = (T_1, \ldots, T_k) : \mathcal{X} \to \mathbb{R}^k$ vollständig.

Beweis:

Wir werden den Beweis hier nur für den Fall führen, daß ein diskretes Experiment vorliegt und jedes der T_i Werte in $\{0, 1, 2, \ldots\}$ annimmt; der allgemeine Fall wird in den Vertiefungen zu diesem Abschnitt behandelt werden.

Sei also $\eta : \{0, 1, 2, \ldots\}^k \to \mathbb{R}$ eine meßbare Abbildung mit der Eigenschaft

$$\int \eta(T) dW_\theta = 0 \text{ für alle } \theta \in \Theta.$$

In unserer speziellen Situation, in der die Dichten $f_\theta(x)$ gerade die diskreten Wahrscheinlichkeiten $W_\theta(\{x\})$ sind, besagt dieses

$$\sum_{x \in \mathcal{X}} \eta(T(x)) C(\theta) e^{\sum\limits_{i=1}^{k} Q_i(\theta) T_i(x)} h(x) = 0 \text{ für alle } \theta \in \Theta.$$

Definieren wir ein Maß ν auf dem Bildraum $\{0, 1, 2, \ldots\}^k$ von $T = (T_1, \ldots, T_k)$ durch

$$\nu(\{y\}) = \sum_{x, T(x) = y} h(x),$$

so folgt

$$\sum_{y = (t_1, \ldots, t_k)} \eta(y) \nu(\{y\}) \prod_{i=1}^{k} z_i^{t_i} = 0$$

für alle $z = (z_1, \ldots, z_k) \in \{(e^{Q_1(\theta)}, \ldots, e^{Q_k(\theta)}) : \theta \in \Theta\}$. Da der Bereich der z-Werte ein offenes, nichtleeres Intervall enthält, folgt aus dem Identitätssatz für Potenzreihen, daß sämtliche Koeffizienten identisch Null sind, daß also gilt

$$\eta(y) \nu(\{y\}) = 0 \text{ für alle } y.$$

Setzen wir

$$N = \{y : \nu(\{y\}) = 0\},$$

so folgt

$$\eta(y) = 0 \text{ für alle } y \notin N.$$

Schließlich gilt für alle $\theta \in \Theta$

$$W_\theta(T \in N) = \sum_{y \in N} \sum_{x, T(x) = y} f_\theta(x) = 0,$$

denn aus $\nu(\{y\}) = 0$ folgt für alle x mit $T(x) = y$ zunächst $h(x) = 0$, und damit $f_\theta(x) = 0$. Insgesamt ergibt sich

$$W_\theta^T(\eta = 0) = 1 \text{ für alle } \theta \in \Theta.$$

□

17.13 Optimale Schätzungen bei Normalverteilungen

Betrachten wir die Schätzung einer physikalischen Konstanten in einem Modell mit normalverteilten Beobachtungsfehler, siehe 14.5. Unsere Beobachtungen sind stochastisch unabhängige $N(a,\sigma^2)$-verteilte Zufallsgrößen $X_1,\ldots,X_n$ mit unbekanntem Parmeter $\theta = (a,\sigma^2) \in \Theta = \mathbb{R} \times (0,\infty)$. a ist dabei der unbekannte Wert der zu messenden Konstanten, σ^2 ist die unbekannte Varianz, also Maßzahl für die Schwankungen in den Messungen. Für die Dichten gilt:

$$\begin{aligned} f_\theta(x_1,\ldots,x_n) &= (\frac{1}{\sqrt{2\pi\sigma^2}})^n e^{-\frac{1}{2\sigma^2}\sum_{i=1}^n (x_i-a)^2} \\ &= (\frac{1}{\sqrt{2\pi\sigma^2}})^n e^{-\frac{na^2}{2\sigma^2}} e^{-\frac{1}{2\sigma^2}\sum_{i=1}^n x_i^2} e^{\frac{a}{\sigma^2}\sum_{i=1}^n x_i}. \end{aligned}$$

Wir wissen gemäß 16.11, daß

$$T(x_1,\ldots,x_n) = (T_1(x_1,\ldots,x_n), T_2(x_1,\ldots,x_n)) = (\sum_{i=1}^n x_i, \sum_{i=1}^n x_i^2)$$

eine suffiziente Statistik ist. Unser Resultat 17.12 besagt, daß T auch vollständig ist, denn mit $Q_1(\theta) = \frac{a}{\sigma^2}, Q_2(\theta) = -\frac{1}{2\sigma^2}$ ergibt sich

$$\{(Q_1(\theta), Q_2(\theta)) : \theta = (a,\sigma^2) \in \mathbb{R} \times (0,\infty)\} = \mathbb{R} \times (-\infty, 0).$$

Mit dem Satz von Lehmann-Scheffé und der Erwartungstreue von Stichprobenmittel $\overline{x}_n$ und Stichprobenvarianz s_n^2 folgt, daß

$$\overline{x}_n = \frac{1}{n}\sum_{i=1}^n x_i = \frac{T_1(x)}{n}$$

gleichmäßig bester erwartungstreuer Schätzer für den Wert a der Konstanten und

$$\begin{aligned} s_n^2 &= \frac{1}{n-1}\sum_{i=1}^n (x_i - \overline{x}_n)^2 \\ &= \frac{1}{n-1}(\sum_{i=1}^n x_i^2 - \frac{1}{n}(\sum_{i=1}^n x_i)^2) = \frac{1}{n-1}(T_2(x) - \frac{1}{n}T_1(x)^2) \end{aligned}$$

gleichmäßig bester erwartungstreuer Schätzer für die Maßzahl σ^2 der Messungsschwankungen ist.

17.14 Schätzungen bei Poissonverteilungen

Um in einem Callcenter Aussagen über die Auslastung zu gewinnen, sollen die Anzahlen der täglich eintreffenden Kundenanrufe statistisch ausgewertet werden. Wir nehmen dabei an, daß die Anzahl der an einem Tag eintreffenden Anrufe poissonverteilt ist, was die übliche Modellierung in Situationen dieser Art darstellt. Betrachten wir diese zufälligen Anzahlen an n Tagen, so kommen wir zum statistischen Experiment der Beobachtung von stochastisch unabhängigen und jeweils $Poi(\theta)$-verteilte Zufallsgrößen $X_1, \ldots, X_n$ mit unbekanntem Parameter $\theta \in \Theta = (0, \infty)$. Der Stichprobenraum ist dabei $\mathcal{X} = \{0, 1, 2, \ldots\}^n$. Als Dichten liegen

$$f_\theta(x_1, \ldots, x_n) = P_\theta(X_1 = x_1, \ldots, X_n = x_n) = e^{-n\theta} \frac{\theta^{\sum_{i=1}^n x_i}}{x_1! \cdots x_n!}$$

vor. Wir sehen daraus sofort, daß

$$T : \mathcal{X} \to \{0, 1, 2, \ldots\},\ T(x_1, \ldots, x_n) = \sum_{i=1}^n x_i,$$

eine suffiziente und vollständige Statistik ist. Betrachten wir zunächst das Problem des Schätzens von θ. Da $E_\theta(X_i) = \theta$ gilt, zeigt der Satz von Lehmann-Scheffé, daß das Stichprobenmittel

$$\overline{x}_n = \frac{1}{n} \sum_{i=1}^n x_i = \frac{T(x)}{n}$$

gleichmäßig bester erwartungstreuer Schätzer für θ ist.

Untersuchen wir nun das Problem, für ein allgemeines $\gamma(\theta)$ einen gleichmäßig besten erwartungstreuen Schätzer zu finden. Wir haben also ein

$$\eta : \{0, 1, 2, \ldots\} \to \mathbb{R}$$

so zu finden, daß gilt

$$\int \eta dW_\theta^T = \gamma(\theta) \text{ für alle } \theta \in \Theta.$$

Wir beachten nun, daß gemäß 10.6 gilt

$$W_\theta^T = P_\theta^{\sum_{i=1}^n X_i} = Poi(n\theta).$$

Das gewünschte η hat also zu erfüllen

$$\sum_{k=0}^{\infty} \eta(k) \frac{n^k}{k!} \theta^k = e^{n\theta} \gamma(\theta).$$

Ein solches η existiert genau dann, wenn γ eine Potenzreihe ist, und kann in diesem Fall durch Koeffizientenvergleich ermittelt werden. Wir wollen dies an einem Beispiel durchführen. Zu schätzen sei die Wahrscheinlichkeit, daß höchstens k_0 tägliche Kundenanrufe eintreffen, also

$$\gamma(\theta) = P_\theta(X_1 \leq k_0) = \sum_{j=0}^{k_0} P_\theta(X_1 = j).$$

Haben wir ein geeignetes η_j für

$$\gamma_j(\theta) = P_\theta(X_1 = j) = e^{-\theta} \frac{\theta^j}{j!}$$

erhalten, so ergibt sich das gewünschte η durch Summation als

$$\eta = \sum_{j=0}^{k_0} \eta_j.$$

Zu betrachten ist also das Gleichungssystem

$$\begin{aligned}
\sum_{k=0}^{\infty} \eta_j(k) \frac{n^k}{k!} \theta^k &= e^{(n-1)\theta} \frac{\theta^j}{j!} \\
&= \sum_{k=0}^{\infty} \frac{(n-1)^k}{k! j!} \theta^{k+j} \\
&= \sum_{k=j}^{\infty} \frac{(n-1)^{k-j}}{(k-j)! j!} \theta^k.
\end{aligned}$$

Koeffizientenvergleich liefert $\eta(k) = 0$ für $k < j$, und

$$\eta_j(k) = \frac{k!(n-1)^{k-j}}{(k-j)! j! n^k} \text{ für } k \geq j.$$

Als gleichmäßig besten Schätzer für $P_\theta(X_1 = j)$ erhalten wir dann bei Beobachtung der Stichprobe $x = (x_1, \ldots, x_n)$

$$\eta_j(\sum_{i=1}^{n} x_i).$$

17.15 Schätzbare Parameterfunktionen

Wir bezeichnen in einem statistischen Experiment eine Parameterfunktion $\gamma : \Theta \to \mathbb{R}$ als **schätzbar**, falls ein erwartungstreuer Schätzer für γ existiert. Das Beispiel der Poissonverteilungen zeigt, daß diese Forderung nicht von beliebigen Parameterfunktionen erfüllt wird, sondern das die schätzbaren Parameterfunktionen bei dieser Verteilungsfamilie gerade die Potenzreihen sind.

Vertiefungen

Wir wollen in den Vertiefungen einige Resultate, die wir bisher nur für diskrete Experimente nachgewiesen haben, allgemein herleiten.

17.16 Verbesserung eines Schätzers bei Suffizienz - der allgemeine Fall

Gegeben seien ein statistisches Experiment $(\mathcal{X}, (W_\theta)_{\theta\in\Theta})$ und eine suffiziente Statistik $T : \mathcal{X} \to \mathcal{Y}$. Weiter liege eine meßbare Abbildung

$$g : \mathcal{X} \to \mathbb{R} \text{ mit } E_\theta \mid g \mid < \infty \text{ für alle } \theta \in \Theta$$

vor. In 16.22 haben wir nachgewiesen, daß $E_{W_\theta}(g \mid T)$ unabhängig von θ ist. Dies bedeutet präzis die Existenz einer bzgl. $\sigma(T)$ meßbaren Abbildung $E(g \mid T) : \mathcal{X} \to \mathbb{R}$ mit der Eigenschaft

$$E(g \mid T) = E_{W_\theta}(g \mid T) \text{ für alle } \theta \in \Theta.$$

Wir merken noch an, daß $E(g \mid T)$ die Darstellung

$$E(g \mid T) = \eta(T)$$

für ein meßbares $\eta : \mathcal{Y} \to \mathbb{R}$ besitzt.

Ist also g ein Schätzer, so können wir den neuen Schätzer

$$g' = E(g \mid T)$$

bilden. Ist g erwartungstreu, so auch g', denn es gilt für alle $\theta \in \Theta$

$$\gamma(\theta) = \int g dW_\theta = \int E_{W_\theta}(g \mid T) dW_\theta = \int E(g|T) dW_\theta = \int g dW_\theta.$$

Wenn wir noch zeigen können, daß g' tatsächlich eine Verbesserung von g liefert im Sinne von

$$R(\theta, g') \leq R(\theta, g) \text{ für alle } \theta \in \Theta,$$

so haben wir den Beweis von Satz 17.6 im allgemeinen Fall erbracht. Dies folgt aber wie im diskreten Fall aus der Jensenschen Ungleichung für bedingte Erwartungswerte 16.18, denn es gilt:

$$\begin{aligned} R(\theta, g') &= \int (\gamma(\theta) - E(g \mid T))^2 dW_\theta = \int (\gamma(\theta) - E_{W_\theta}(g \mid T))^2 dW_\theta \\ &\leq \int E_{W_\theta}((\gamma(\theta) - g)^2 \mid T) dW_\theta = \int (\gamma(\theta) - g)^2 dW_\theta = R(\theta, g). \end{aligned}$$

17.17 Satz von Lehmann-Scheffé - der allgemeine Fall

Ist $T : \mathcal{X} \to \mathcal{Y}$ eine suffiziente Statistik, so haben wir, wie vorstehend diskutiert, allgemein den Verbesserungsprozeß durch Bildung von $E(g \mid T)$ zur Verfügung. Der Beweis des Satzes von Lehmann-Scheffé ist damit durchführbar, und wir erhalten allgemein für Schätzprobleme mit quadratischer Verlustfunktion bei Vorliegen einer vollständigen und suffizienten Satistik T:

Ist g^* ein erwartungstreuer Schätzer der Form $g^* = \eta^*(T)$, so ist g^* gleichmäßig bester erwartungstreuer Schätzer.

Kommen wir nun zum Resultat über Vollständigkeit bei Exponenentialfamilien, daß wir bisher nur im diskreten Fall nachgewiesen haben:

17.18 Satz

Betrachtet sei ein statististisches Experiment $(\mathcal{X}, (W_\theta)_{\theta \in \Theta})$. $(W_\theta)_{\theta \in \Theta}$ sei Exponentialfamilie mit Dichten der Form

$$f_\theta(x) = C(\theta) e^{\sum_{i=1}^{k} Q_i(\theta) T_i(x)} h(x).$$

Enthält $\{(Q_1(\theta), \ldots, Q_k(\theta)) : \theta \in \Theta\} \subseteq \mathbb{R}^k$ ein offenes, nichtleeres Intervall, so ist die Statistik $T = (T_1, \ldots, T_k) : \mathcal{X} \to \mathbb{R}^k$ vollständig.

Beweis:

Sei $\eta : \mathcal{X} \to \mathbb{R}$ eine meßbare Abbildung mit der Eigenschaft

$$\int \eta(T) dW_\theta = 0 \text{ für alle } \theta \in \Theta.$$

Unter Benutzung der Dichten, die bzgl. eines Maßes μ vorliegen mögen, besagt dies

$$\int \eta(x) e^{\sum_{i=1}^{k} z_i T_i(x)} h(x)\mu(dx) = 0 \text{ für alle } z \in \{(Q_1(\theta), \ldots, Q_k(\theta)) : \theta \in \Theta\}.$$

Betrachtet seien das Maß ν, gegeben durch

$$\nu(A) = \int_A h d\mu,$$

und ferner die Maße ν_1, ν_2 auf $\mathbb{R}^k$, gegeben durch

$$\nu_1(B) = \int_B \eta^+ d\nu^T, \ \nu_2(B) = \int_B \eta^- d\nu^T.$$

Dann erhalten wir

$$\int e^{\sum_{i=1}^{k} z_i t_i} \nu_1(dt) = \int e^{\sum_{i=1}^{k} z_i t_i} \nu_2(dt)$$

für alle $z \in \{(Q_1(\theta), \ldots, Q_k(\theta)) : \theta \in \Theta\}$. Da die Menge der möglichen z-Werte ein offenes, nichtleeres Intervall enthält, folgt mit einem bekannten Resultat der Fourieranalyse die Gleichheit

$$\nu_1 = \nu_2,$$

und damit weiter

$$\nu^T(\{t : \eta^+(t) \neq \eta^-(t)\} = 0.$$

Dies können wir schreiben als

$$0 = \int | \eta^+(t) - \eta^-(t) | \nu^T(dt) = \int | \eta^+(T(x)) - \eta^-(T(x)) | h(x)\mu(dx),$$

woraus folgt

$$\mu(\{x : (\eta^+(T(x)) - \eta^-(T(x)))h(x) \neq 0\}) = 0,$$

also auch

$$W_\theta(\{x : (\eta^+(T(x)) - \eta^-(T(x)))h(x) \neq 0\}) = 0.$$

Ferner liegt vor

$$W_\theta(\{x : h(x) = 0\}) = \int_{\{x:h(x)=0\}} f_\theta d\mu = 0,$$

also

$$W_\theta(\{x : h(x) \neq 0\}) = 1.$$

Damit ergibt sich

$$W_\theta(\{x : \eta^+(T(x)) = \eta^-(T(x))\}) = 1,$$

also die gewünschte Aussage

$$W_\theta(\{x : \eta(T(x)) = 0\}) = 1.$$

□

Aufgaben

Aufgabe 17.1 Ein Marktforschungsinstitut möchte den Zusammenhang zwischen *Alter* und *Anzahl von Kinobesuchen* ermitteln. Dazu wird die mögliche Anzahl von Kinobesuchen pro Monat in J Anzahlgruppen $1, \dots, J$ disjunkt unterteilt, und es werden I disjunkte Altersgruppen $1, \dots, I$ gebildet. Sei $\hat{I} := \{1, \dots, I\}$ und $\hat{J} := \{1, \dots, J\}$. In einer Umfrage werden n zufällig ausgewählte Personen unabhängig voneinander nach ihrem Alter und der Anzahl von Kinobesuchen pro Monat befragt. Als Ergebnis der Befragung ergeben sich stochastisch unabhängige, identisch verteilte Zufallsvariablen $X_1, \dots, X_n$, wobei $X_m = (Y_m, Z_m)$ ist und Y_m die Altersgruppe, Z_m die Anzahlgruppe der m-ten befragten Person ist. Es sei $P_\theta(X_1 = (i,j)) = \theta_{ij}$ bei unbekanntem $\theta \in \Theta = \{(\theta_{ij})_{(i,j)\in\hat{I}\times\hat{J}} \mid \sum_{i,j} \theta_{ij} = 1, 0 < \theta_{ij} < 1 \text{ für alle } (i,j) \in \hat{I} \times \hat{J}\}$.

(i) Geben Sie das zugehörige statistische Experiment an.
(ii) Sei $T_{ij} : \mathcal{X} \to \{0, \dots, n\}$ die Anzahl der Befragten der Altersgruppe i, deren Anzahl von Kinobesuchen pro Monat in der Anzahlgruppe j liegt, und $T = (T_{ij})_{(i,j)\in\hat{I}\times\hat{J}}$. Zeigen Sie, daß T eine vollständige und suffiziente Statistik für das Experiment ist.
(iii) Bestimmen Sie die Verteilung von T bzgl. W_θ sowie einen gleichmäßig besten erwartungstreuen Schätzer für θ_{ij}.

Aufgabe 17.2 Beobachtet seien stochastisch unabhängige, $R(0,\theta)$-verteilte Zufallsgrößen $X_1, \dots, X_n$ mit unbekanntem $\theta \in (0, \infty)$.

Zeigen Sie, daß die durch $T(x_1, \dots, x_n) = \max\{x_1, \dots, x_n\}$ definierte Statistik suffizient und vollständig ist und geben Sie einen gleichmäßig besten erwartungstreuen Schätzer für θ an.

Aufgabe 17.3 Ein neues Biologen-Team will den Bestand θ einer bestimmten Fischart in einem See schätzen, vgl. Aufgabe 16.4. Dazu fängt es zunächst k Fische dieser Art, markiert sie und setzt sie wieder im See aus. Nach einiger Zeit fängt es erneut r Fische derselben Art und registriert die Anzahl X der markierten Exemplare.

Zeigen Sie, daß in diesem Experiment kein erwartungstreuer Schätzer für θ existiert.

Aufgabe 17.4 Zeigen Sie, daß das Biologen-Team aus Aufgabe 16.4 in einer besseren Lage ist und finden Sie einen gleichmäßig besten erwartungstreuen Schätzer für θ.

Aufgabe 17.5 In einer Sendung vom Umfang N bezeichne θ die unbekannte Anzahl schadhafter Stücke. Es werde eine Stichprobe vom Umfang n entnommen. Finden Sie einen gleichmäßig besten erwartungstreuen Schätzer für θ.

Aufgabe 17.6 Ein Industriebetrieb möchte für den Vertrieb eines Produktes dessen Mindestlebensdauer angeben. Dazu werden n Produkte unabhängig voneinander getestet und deren Lebensdauern $X_1, \ldots, X_n$ registriert. Es werde angenommen, daß die Verteilung der X_i durch die Dichte $f_{(\beta,\theta)}(x) = \beta e^{-\beta(x-\theta)} 1_{(\theta,\infty)}(x)$ gegeben ist, wobei $\beta > 0$ bekannt sei und $\theta > 0$ die unbekannte Mindestlebensdauer angibt. Zeigen Sie:

$g_1(x_1, \ldots, x_n) = \min\{x_1, \ldots, x_n\} - 1/(n\beta)$, $g_2(x_1, \ldots, x_n) = \frac{1}{n}(x_1 + \cdots + x_n) - 1/\beta$ sind erwartungstreue Schätzfunktion, und für $n \geq 2$ gilt $R(\vartheta, g_1) < R(\vartheta, g_2)$ für alle θ.

Aufgabe 17.7 Beobachtet sei eine $B(n, \theta)$-verteilte Zufallsgröße mit unbekanntem $\theta \in (0, 1)$. Zeigen Sie, daß $\gamma(\theta) = \theta/(1 - \theta)$ nicht erwartungstreu schätzbar ist.

Kapitel 18

Das lineare Modell

Die Messung einer physikalischen Materialkonstanten wie in 14.5 beschrieben führt auf eine Meßreihe der Form

$$X_i = a + \varepsilon_i, \ i = 1, \ldots, n,$$

wobei a die zu ermittelnde Materialkonstante ist. Über die Messungsschwankungen ε_i, $i = 1, \ldots, n$, oft auch als **Meßfehler** bezeichnet, haben wir einige plausible Annahmen gemacht:

Sie bilden eine Folge stochastisch unabhängiger, identisch verteilter Zufallsgrößen mit $E(\varepsilon_i) = 0$, was interpretiert werden kann als gegenseitige Nichtbeeinflussung der Messungen, Gleichartigkeit in den Meßbedingungen und Abwesenheit von systematischen Fehlern. Weiterhin wird die Verteilung der Messungsschwankungen als unabhängig von der zu schätzenden Materialkonstanten a angenommen.

Die beobachtete Zufallsvariable ergibt sich also durch additive Überlagerung des zu ermittelnden Werts mit zufälligen Messungsschwankungen. Modelle dieses Typs sind von herausragender Bedeutung in der angewandten Statistik und werden als **lineare Modelle** bezeichnet. Bevor wir die allgemeine Definition geben, betrachten wir einen in den Anwendungen besonders häufig auftretenden Typ solcher Modelle.

18.1 Lineare Regression

Regressionsmodelle dienen zur Beschreibung von statistischen Situationen, bei denen die beobachteten Werte teils zufallsabhängig, teils durch Kontrollparameter gesteuert sind. Wird die Abhängigkeit von den Kontrollparametern durch eine lineare Funktion modelliert, so sprechen wir von **linearer Regression**.

Wir wollen dies mit einem Beispiel aus der unternehmerischen Praxis illustrieren. Ein Unternehmen will den Zusammenhang zwischen dem Absatz seines Instantkaffeeprodukts Mocchoclux und den Werbeaufwendungen für besagtes Mocchoclux untersuchen. Dazu werden in monatlichen Perioden jeweils Werbeaufwendungen k_i und Absatz x_i pro Periode registriert. Es möge sich in $n = 10$ Perioden folgende Datenreihe ergeben, wobei die Perioden nicht chronologisch, sondern geordnet nach der Höhe des Werbeaufwands auftreten. Die k_i's und x_i's seien dabei in Vielfachen von 100.000 Euro mit Rundung angegeben.

k_i	0,8	0,8	1,1	1,2	1,3	1,3	1,5	1,6	2,0	2,1
x_i	6,4	6,1	6,8	6,7	7,6	7,9	9,5	8,4	9,2	9,0

Sehen wir diese Datenreihe an, so erscheint folgende Modellierung sinnvoll: Mit gewissen Schwankungen, die zunächst, d. h. ohne eine wesentlich detailliertere Marktanalyse, als zufallsabhängig angesehen werden, steigt der Umsatz mit den Werbeaufwendungen an und zwar so, daß ein linearer Anstieg im betrachteten Bereich eine gute Annäherung an die realen Gegebenheiten liefern sollte. Wir machen damit den Ansatz

$$x_i = \theta_1 + \theta_2\, k_i + \text{ zufällige Schwankung}, \; i = 1, \ldots, n.$$

Wir betrachten also ein statistisches Experiment der Beobachtung von n Zufallsgrößen

$$\begin{aligned} X_1 &= \theta_1 + \theta_2\, k_1 + \varepsilon_1, \\ &\vdots \\ X_n &= \theta_1 + \theta_2\, k_n + \varepsilon_n\,. \end{aligned}$$

Die Werte für den Werbeaufwand k_i wollen wir hier als Kontrollparameter verstehen, die den Umsatz in linearer Form beeinflussen, wobei zusätzlich zufallsabhängige Schwankungen ε_i eintreten. Wie im Meßreihenmodell werde dabei angenommen, daß diese Schwankungen die Eigenschaften von gegenseitiger Nichtbeeinflussung, Gleichartigkeit und Abwesenheit von systematischen Verzerrungen besitzen und daß ihre Verteilung unabhängig von θ_1 und θ_2 ist. Natürlich sind diese Annahmen als Vereinfachung zu den tatsächlichen Gegebenheiten zu sehen, die z.B. saisonale Effekte beinhalten könnten.

Der Zusammenhang zwischen Werbeaufwendungen und Umsatz von Mocchoclux wird in unserem Modell beschrieben durch die beiden Parameter θ_1 und θ_2, die somit aus unserer Stichprobe der x_i's zusammen mit den k_i's zu schätzen sind. Die erhaltenen Schätzwerte können dann Auskunft über die Wirksamkeit der Werbemaßnahmen liefern und insbesondere zur Planung strategischer Maßnahmen im Werbebereich und zu Umsatzprognosen benutzt werden.

An dieser Stelle ist ein Wort der Vorsicht angebracht: Wenn wir ein lineares Regressionsmodell der Form

$$X_i = \theta_1 + \theta_2 k_i + \varepsilon_i, \; i = 1, \ldots, n,$$

zur Modellierung einer Datenerhebung benutzen, so erhalten wir unter Ausnutzung von $E(\varepsilon_i) = 0$ durch Erwartungswertbildung

$$E(X_i) = \theta_1 + \theta_2 k_i, \; i = 1, \ldots, n.$$

Dies besagt jedoch in vielen, insbesondere ökonomischen Anwendungsgebieten nicht, daß wir einen streng gültigen linearen Zusammenhang postulieren, der die Qualität eines Naturgesetzes besitzt. Vielmehr sagen wir nur, daß ein solches Modell die beobachteten Daten in sinnvoller Weise beschreibt und damit zu Analyse- und Prognosezwecken herangezogen werden kann.

Zur **multiplen linearen Regression** gelangen wir, wenn wir mehrdimensionale Kontrollparameter benutzen. So könnten wir bei den Mocchocluxdaten den Werbeaufwand getrennt nach Werbung in Printmedien, Radiowerbung und Fernsehwerbung aufführen und erhielten einen dreidimensionalen Kontrollparameter (k_1^i, k_2^i, k_3^i) mit dem multiplen linearen Regressionsmodell

$$X_i = \theta_1 + \theta_1^2 k_1^i + \theta_2^2 k_2^i + \theta_3^2 k_3^i + \varepsilon_i, \; i = 1, \ldots, n.$$

Stichprobenerhebungen, die - zumindest in sinnvoller Näherung - durch ein lineares Regressionsmodell beschrieben werden können, treten in sehr unterschiedlichen Anwendungsbereichen auf. Sei es in der Landwirtschaft, wenn der Ertrag einer Nutzpflanzensorte in Abhängigkeit von der Menge des ausgebrachten Düngemittels betrachtet wird, sei es bei einer chemischen Synthese, bei der die Menge der synthetisierten Substanz in Abhängigkeit von Druck und Temperatur untersucht wird, sei es bei einer industriellen Studie, bei der der Benzinverbrauch eines Motors in Abhängigkeit von der erbrachten Leistung gemessen wird.

Angemerkt sei, daß die Kontrollparameterwerte als **Regressoren** und die Stichprobenwerte als **Regressanden** bezeichnet werden. In der linearen Regressionsanalyse wird also nach linearen Zusammenhängen zwischen Regressoren und Regressanden gesucht. Suchen wir nach nichtlinearen, also z. B. durch Quadratfunktionen gegebenen Zusammenhängen, so kommen wir zu Problemen der nichtlinearen Regression, die mathematisch entsprechend den Problemen der linearen Regression behandelt werden können.

18.2 Kleinste-Quadrat-Schätzung bei linearer Regression

Wir bleiben bei der Mocchocluxwerbung und haben uns zu überlegen, wie wir aus der vorliegenden Stichprobe und den Kontrollparametern eine geeignete Schätzung für θ_1 und θ_2 gewinnen können. Betrachten wir die Werbeaufwand-Umsatz-Ebene, kurz k-x-Ebene, so liefert jedes Paar (θ_1, θ_2) eine Gerade $(k, \theta_1 + \theta_2 k)$ in dieser Ebene, die Abschnittshöhe θ_1 und Steigung θ_2 besitzt. Wir suchen nun eine solche Gerade, die die Punkte (k_i, x_i) für $i = 1, \dots, n$ bestmöglich repräsentiert. Bestmöglich wird hier im Sinne der üblicherweise benutzten **Methode der kleinsten Quadrate** verstanden und bedeutet Minimierung der Summe der quadratischen Abstände der Punkte x_i von den Werten $\theta_1 + \theta_2 k_i$ der zu bestimmenden Gerade.

Dies besagt, daß wir in Abhängigkeit von der beobachteten Stichprobe $x = (x_1, ..., x_n)$ die Schätzwerte $\hat{\theta}_1(x)$, $\hat{\theta}_2(x)$ so zu wählen haben, daß gilt:

$$\sum_{i=1}^{n}(x_i - (\hat{\theta}_1(x) + \hat{\theta}_2(x)k_i))^2 = \inf_{(\theta_1,\theta_2)\in\mathbb{R}^2} \sum_{i=1}^{n}(x_i - (\theta_1 + \theta_2 k_i))^2 .$$

Minimalstellen $\hat{\theta}_1(x)$, $\hat{\theta}_2(x)$ müssen die Gleichungen

$$\begin{aligned} \frac{\partial}{\partial\theta_1} \sum_{i=1}^{n} (x_i - \theta_1 - \theta_2\, k_i)^2 &= 0, \\ \frac{\partial}{\partial\theta_2} \sum_{i=1}^{n} (x_i - \theta_1 - \theta_2\, k_i)^2 &= 0 \end{aligned}$$

erfüllen, also

$$\begin{aligned} \sum_{i=1}^{n} (x_i - \theta_1 - \theta_2\, k_i) &= 0\,, \\ \sum_{i=1}^{n} k_i(x_i - \theta_1 - \theta_2\, k_i) &= 0\,. \end{aligned}$$

Daraus folgt leicht - falls nicht alle k_i identisch sind, was natürlich wenig sinnvollen Untersuchungsbedingungen entsprechen würde -

$$\begin{aligned} \hat{\theta}_2(x) &= \frac{\sum_{i=1}^{n} (k_i - \bar{k}_n)(x_i - \bar{x}_n)}{\sum_{i=1}^{n} (k_i - \bar{k}_n)^2}\,, \\ \hat{\theta}_1(x) &= \bar{x}_n - \hat{\theta}_2(x)\, \bar{k}_n \end{aligned}$$

mit den üblichen Bezeichnungen $\bar{x}_n = \frac{1}{n} \sum_{i=1}^{n} x_i$, $\bar{k}_n = \frac{1}{n} \sum_{i=1}^{n} k_i$.

Die hier vorliegende Minimierung kann als ein Spezialfall der in 9.10 durchgeführten Minimierung von $E((X-(a+bY))^2)$ in (a,b) angesehen werden, wenn als (X,Y) ein Paar von Zufallsgrößen mit Verteilung gegeben durch $P(X=x_i, Y=k_i)=1/n$, $i=1,\dots,n$, betrachtet wird.

Den so erhaltenen Schätzwert $(\hat{\theta}_1(x), \hat{\theta}_2(x))$ bezeichnen wir als den **Kleinsten-Quadrat-Schätzwert** und den zugehörigen Schätzer

$$(\hat{\theta}_1, \hat{\theta}_2) : \mathbb{R}^n \to \mathbb{R}^2$$

als **Kleinsten-Quadrat-Schätzer**. Die durch diesen Schätzer definierte Gerade wird als **Regressionsgerade** bezeichnet.

Diese Überlegungen können weitgehend verallgemeinert werden und führen zum linearen Modell.

18.3 Das lineare Modell

Wir sprechen von einem linearen Modell, falls wir eine Zufallsvariable X mit Werten in $\mathbb{R}^n$ beobachten, für die gilt

$$X = A \underset{\sim}{\theta} + \varepsilon$$

mit

$$X = \begin{bmatrix} X_1 \\ \vdots \\ X_n \end{bmatrix}, \underset{\sim}{\theta} = \begin{bmatrix} \theta_1 \\ \vdots \\ \theta_p \end{bmatrix}, \varepsilon = \begin{bmatrix} \varepsilon_1 \\ \vdots \\ \varepsilon_n \end{bmatrix}.$$

Dabei ist A eine bekannte $n \times p$-Matrix und $\underset{\sim}{\vartheta} \in \underset{\sim}{\Theta}$ ein unbekannter Parameter, dessen mögliche Werte in einem linearen Teilraum $\underset{\sim}{\Theta} \subseteq \mathbb{R}^p$ liegen.

Die zufälligen Schwankungen $\varepsilon_1, \dots, \varepsilon_n$ sind quadratintegrierbare Zufallsgrößen mit den Eigenschaften

$$E(\varepsilon_1) = \ldots = E(\varepsilon_n) = 0,$$
$$Var(\varepsilon_1) = \ldots = Var(\varepsilon_n) = \sigma^2 \textit{ mit unbekanntem } \sigma^2 > 0,$$
$$Kov(\varepsilon_i, \varepsilon_j) = 0 \textit{ für alle } i \neq j.$$

Diese drei Eigenschaften geben eine weitere mathematische Formulierung dafür, daß bei den zufälligen Schwankungen die Abwesenheit von systematischen Verzerrungen, Gleichartigkeit in den Erhebungsbedingungen und gegenseitige Nichtbeeinflussung vorliegt. Die beiden Eigenschaften von gleichen Varianzen und verschwindenden Kovarianzen sind natürlich bei stochastisch unabhängigen, identisch verteilten Zufallsgrößen unter Voraussetzung der Quadratintegrierbarkeit erfüllt, so daß es sich um eine Abschwächung der eingangs gegebenen mathematischen Formulierung für Gleichartigkeit in den Meßbedingungen und gegenseitige Nichtbeeinflussung handelt.

Die gemeinsame Varianz der zufälligen Schwankungen wird mit σ^2 bezeichnet und liefert zusätzlich zu $\underset{\sim}{\theta}$ einen weiteren unbekannten Parameter.

Wir fassen $\underset{\sim}{\theta}$ und σ^2 zusammen zum

$$\text{unbekannten Parameter } \theta = (\underset{\sim}{\theta}, \sigma^2) \in \Theta = \mathbb{R}^p \times (0, \infty).$$

An dieser Stelle und wie in der Literatur üblich verzichten wir auf die formale Darstellung eines linearen Modells als statistisches Experiment. Dies wird in den Vertiefungen zu diesem Kapitel nachgeholt. Schon an dieser Stelle sei allerdings erwähnt, daß $\theta = (\underset{\sim}{\theta}, \sigma^2)$ nicht sämtliche uns unbekannte Aspekte der statistischen Situation enthält, denn wir haben, bis auf die vorliegenden Momentenbedingungen, die Verteilung der zufälligen Schwankungen nicht weiter spezifiziert. Die Berechnungen, die wir im Rahmen der linearen Modelle durchführen werden, haben jedoch Ergebnisse, die nur von θ und nicht von der weiteren Struktur der Schwankungsverteilungen abhängen, so daß es gerechtfertigt ist, dieses θ als unbekannten Parameter anzugeben.

Die Matrix A, oft als **Design-Matrix** bezeichnet, beschreibt die äußeren Bedingungen der Stichprobenerhebung, die wir – angelehnt an naturwissenschaftliche Anwendungen – kurz als Versuchsbedindungen bezeichnen wollen. Im Modell der linearen Regression liegt dabei vor

$$A = \begin{bmatrix} 1 & k_1 \\ \vdots & \vdots \\ 1 & k_n \end{bmatrix}.$$

Zur Untersuchung linearer Modelle ist es fast unumgänglich, die mathematische Sprache der Vektoren und Matrizen zu benutzen, und dies ist auch in unserer Einführung des linearen Modells geschehen. Erinnert sei hier auch an die Ausführungen in 9.9 und 9.10, wo Erwartungswertvektoren und Kovarianzmatrizen behandelt sind.

Entsprechend zum speziellen Fall der linearen Regression wird zum Schätzen von $\underset{\sim}{\theta}$ in einem allgemeinen linearen Modell die Methode der kleinsten Quadrate benutzt.

18.4 Kleinste-Quadrat-Schätzung

Betrachtet sei ein lineares Modell $X = A\underset{\sim}{\theta} + \varepsilon$. Zur Stichprobe $x \in \mathbb{R}^n$ wird

$$\hat{\theta}(x) \in \mathbb{R}^p \text{ als Kleinster-Quadrat-Schätzwert}$$

bezeichnet, falls gilt

$$(x - A\hat{\theta}(x))^\top (x - A\hat{\theta}(x)) = \inf_{\underset{\sim}{\theta} \in \underset{\sim}{\Theta}} (x - A\underset{\sim}{\theta})^\top (x - A\underset{\sim}{\theta}).$$

Der zugehörige Schätzer

$$\hat{\theta} = \begin{bmatrix} \hat{\theta}_1 \\ \vdots \\ \hat{\theta}_p \end{bmatrix} : \mathbb{R}^n \to \mathbb{R}^p,$$

der jeder Stichprobe einen Kleinsten-Quadrat-Schätzwert zuordnet, wird als Kleinster-Quadrat-Schätzer bezeichnet.

Im Beispiel der linearen Regression liegt vor

$$(x - A\underset{\sim}{\theta})^\top (x - A\underset{\sim}{\theta}) = \sum_{i=1}^{n} (x_i - \theta_1 - \theta_2 k_i)^2,$$

so daß wir in Übereinstimmung mit der dortigen Einführung des Kleinsten-Quadrat-Schätzers sind.

Wir werden nun in einem linearen Modell eine geometrische Interpretation des Kleinsten-Quadrat-Schätzwerts kennenlernen und damit eine vektoriellen Gleichung, als **Normalgleichung** bezeichnet, zur Bestimmung dieses Schätzwerts erhalten.

18.5 Satz

Es sei $X = A\underset{\sim}{\theta} + \varepsilon$ ein lineares Modell mit $\underset{\sim}{\Theta} = \mathbb{R}^p$. Sei $x \in \mathbb{R}^n$.
Dann ist $\hat{\theta}(x)$ genau dann Kleinster-Quadrat-Schätzwert, wenn gilt

$$A^\top A\,\hat{\theta}(x) = A^\top x.$$

Beweis:
Wir betrachten

$$\mathcal{L} = \{A\underset{\sim}{\theta} : \underset{\sim}{\theta} \in \underset{\sim}{\Theta}\}.$$

$\mathcal{L}$ ist dann linearer Unterraum des $\mathbb{R}^n$.

Unter Benutzung der euklidischen Norm $|y| = \sqrt{y^\top y}$ ergibt sich, daß $\hat{\theta}(x)$ genau dann Kleinster-Quadrat-Schätzwert ist, wenn gilt

$$|x - A\hat{\theta}(x)| = \inf_{y \in \mathcal{L}} |x - y|.$$

Zu jedem $x \in \mathbb{R}^n$ existiert, wie aus der Geometrie wohlbekannt, ein eindeutiges Element des Unterraums $\mathcal{L}$, das zu x minimalen euklidischen Abstand besitzt, und wird als Projektion von x auf diesen Unterraum bezeichnet, kurz als $\mathrm{proj}_{\mathcal{L}}(x)$. Dieses besagt

$$A\hat{\theta}(x) = \mathrm{proj}_{\mathcal{L}}(x),$$

und insbesondere folgt, daß ein Kleinster-Quadrat-Schätzwert $\hat{\theta}(x)$ stets existiert und $A\hat{\theta}(x)$ eindeutig bestimmt ist. Allerdings zieht dies im allgemeinen nicht die eindeutige Bestimmtheit von $\hat{\theta}(x)$ nach sich.

Wir benutzen nun die Tatsache, daß die Projektion $\mathrm{proj}_{\mathcal{L}}(x)$ dadurch charakterisiert ist, daß die Differenz $x - \mathrm{proj}_{\mathcal{L}}(x)$ orthogonal zum gesamten Unterraum $\mathcal{L}$ ist. Dies besagt

$$A\hat{\theta}(x) = \mathrm{proj}_{\mathcal{L}}(x)$$

genau dann, wenn gilt

$$y^\top(x - A\hat{\theta}(x)) = 0 \text{ für alle } y \in \mathcal{L}.$$

Bezeichnen wir mit $e^i, i = 1, \ldots, p$, die Einheitsvektoren mit i-ter Komponente $e^i_i = 1$ und restlichen Komponenten $e^i_j = 0$, so wird $\mathcal{L}$ von den Vektoren $Ae^i, i = 1, \ldots, p$, erzeugt. Es ist also

$$y^\top(x - A\,\hat{\theta}(x)) = 0 \text{ für alle } y \in \mathcal{L}$$

genau dann, wenn gilt

$$(Ae^i)^\top\,(x - A\,\hat{\theta}(x)) = 0 \text{ für alle } i = 1, ..., p.$$

Dies ist unter Benutzung von $(Ae^i)^\top = (e^i)^\top A^\top$ wiederum äquivalent zu

$$A^\top A\,\hat{\theta}(x) = A^\top x,$$

was die Behauptung liefert. □

Zur Bestimmung des Kleinsten-Quadrat-Schätzwerts ist die angegebene Normalgleichung $A^\top A\,\hat{\theta}(x) = A^\top x$ zu lösen. Wir werden uns in diesem Text nur mit den folgenden Modellen beschäftigen, bei denen zu jeder Stichprobe eine eindeutige und explizit angebbare Lösung der Normalgleichung existiert.

18.6 Das lineares Modell mit vollem Rang

Wir bezeichnen ein lineares Modell als ein Modell mit vollem Rang, falls gilt

$$rang\ A = p,\ \underset{\sim}{\Theta} = \mathbb{R}^p.$$

Die $n \times p$-Matrix A besitzt den Rang p genau dann, wenn A die Anzahl p unabhängiger Spalten besitzt, und dieses impliziert $p \leq n$.

18.7 Satz

In einem linearen Modell $X = A\underset{\sim}{\theta} + \varepsilon$ mit vollem Rang gilt:
Der Kleinste-Quadrat-Schätzer $\hat{\theta} : \mathbb{R}^n \to \mathbb{R}^p$ ist gegeben durch

$$\hat{\theta}(x) = (A^\top A)^{-1} A^\top x,\ x \in \mathbb{R}^n.$$

Beweis:
Für jedes $x \in \mathbb{R}^n$ löst $A\hat{\theta}$ gemäß 18.5 die Normalgleichung

$$A^\top A\ \hat{\theta}(x) = A^\top x.$$

Da A den Rang p hat, besitzt, wie aus der linearen Algebra bekannt, $A^\top A$ ebenfalls den Rang p, ist also als $p \times p$-Matrix invertierbar. Es folgt

$$\hat{\theta}(x) = (A^\top A)^{-1}\, A^\top x.$$

□

Zu einer Stichprobe x haben wir den Kleinsten-Quadrat-Schätzwert gemäß eines intuitiv einleuchtenden Prinzips eingeführt, ohne uns bisher um Risikoeigenschaften des resultierenden Kleinste-Quadrat-Schätzers zu kümmern. Dies wird nun nachgeholt.

18.8 Definition

Betrachtet werde ein Schätzproblem mit Stichprobenraum $\mathcal{X} = \mathbb{R}^n$ bei quadratischer Verlustfunktion, siehe 17.1. Ein Schätzer g der Form

$$g : \mathbb{R}^n \to \mathbb{R},\ g(x) = b^\top x$$

für ein $b \in \mathbb{R}^n$, wird als **linearer Schätzer** *bezeichnet.*

Ein linearer Schätzer g^* wird als **gleichmäßig bester linearer erwartungstreuer Schätzer** *bezeichnet, falls gilt:*

(i) *g^* ist erwartungstreu.*
(ii) *Für alle linearen erwartungstreuen Schätzer g ist*

$$R(\theta, g^*) \leq R(\theta, g) \text{ für alle } \theta \in \Theta.$$

Die Forderung *(ii)* kann geschrieben werden als

$$Var_\theta(g^*(X)) \leq Var_\theta(g(X)) \text{ für alle } \theta \in \Theta.$$

Das folgende Resultat, bekannt als **Satz von Gauß-Markov**, zeigt die Optimalitätseigenschaft des Kleinste-Quadrat-Schätzers.

18.9 Satz

In einem linearen Modell $X = A\underset{\sim}{\theta} + \varepsilon$ mit vollem Rang sei $\hat{\theta}(x) = (A^\top A)^{-1} A^\top x$ der Kleinste-Quadrat-Schätzer. Für $\beta \in \mathbb{R}^p$ sei zu schätzen $\gamma(\theta) = \beta^\top \underset{\sim}{\theta}$. Dann ist

$$\beta^\top \hat{\theta} \text{ gleichmäßig bester linearer erwartungstreuer Schätzer}$$

mit dem Risiko

$$R(\theta, \beta^\top \hat{\theta}) = \sigma^2 \beta^\top (A^\top A)^{-1} \beta \text{ für alle } \theta \in \Theta.$$

Wir wollen hier nur nachweisen, daß $\beta^\top \hat{\theta}$ erwartungstreu ist. Der Beweis der Optimalität wird in den Vertiefungen zu diesem Kapitel durchgeführt. Zum Nachweis der Erwartungstreue berechnen wir unter Benutzung der Rechenregeln für den Erwartungswertvektor

$$\begin{aligned}
E_\theta(\beta^\top \hat{\theta}) &= \beta^\top E_\theta(\hat{\theta}(X)) \\
&= \beta^\top E_\theta((A^\top A)^{-1} A^\top (X)) \\
&= \beta^\top (A^\top A)^{-1} A^\top E_\theta(X) \\
&= \beta^\top (A^\top A)^{-1} A^\top A \underset{\sim}{\theta} \\
&= \beta^\top \underset{\sim}{\theta}.
\end{aligned}$$

Für die Schätzung der Komponenten θ_i wählen wir $\beta = e_i$ mit $e_i^\top \underset{\sim}{\theta} = \theta_i$ und erhalten, daß

$$\hat{\theta}_i \text{ gleichmäßig bester linearer erwartungstreuer Schätzer für } \theta_i \text{ ist .}$$

Als weiterer zu schätzender Parameter im linearen Modell liegt die unbekannte Varianz σ^2 vor. Betrachten wir zunächst ein Modell der linearen Regression, so liegt zu Beobachtungswerten $x_1, \ldots, x_n$ der Kleinste-Quadratschätzer-Schätzer $\hat{\theta}(x) = (\hat{\theta}_1(x), \hat{\theta}_2(x))$ vor. Die zugehörige Regressionsgerade ist $\hat{\theta}_1(x) + \hat{\theta}_2(x)k$ mit den Werten $\hat{\theta}_1(x) + \hat{\theta}_2(x)k_i$ an den Stellen k_i.

Der quadratische Abstand

$$SFQ : \mathbb{R}^n \to [0, \infty), \; SFQ(x) = \sum_{i=1}^{n} (x_i - \hat{\theta}(x) + \hat{\theta}_2(x)k_i)^2,$$

wird als **Summe der Fehlerquadrate** bezeichnet. Es ist anschaulich leicht einzusehen, daß SFQ dazu benutzt werden kann, um die Varianz σ^2, die ja im linearen Modell ebenfalls unbekannter Parameter ist, zu schätzen. SFQ mißt die Schwankungen der tatsächlichen Beobachtungswerte um die Regressionsgerade, die natürlich umso ausgeprägter sein sollten, je größer die gemeinsame Varianz σ^2 der ε_i ist. Diese Vorstellung läßt sich direkt auf das lineare Modell übertragen.

18.10 Die Summe der Fehlerquadrate

Betrachtet sei ein lineares Modell $X = A \underset{\sim}{\theta} + \varepsilon$. Die Summe der Fehlerquadrate wird definiert als

$$SFQ : \mathbb{R}^n \to [0, \infty), \; SFQ(x) = (x - A\hat{\theta}(x))^\top (x - A\hat{\theta}(x)) .$$

Um aus SFQ einen erwartungstreuen Schätzer zu erhalten, benötigen wir das folgende Resultat.

18.11 Satz

In einem linearen Modell $X = A \underset{\sim}{\theta} + \varepsilon$ mit vollem Rang gilt

$$E_\theta(SFQ(X)) = (n-p)\sigma^2 \text{ für alle } \theta = (\underset{\sim}{\theta}, \sigma^2).$$

Der Beweis, der geeignete Konzepte aus der linearen Algebra benutzt, wird in den Vertiefungen geführt werden.

18.12 Schätzung der unbekannten Varianz

In einem linearen Modell $X = A \underset{\sim}{\theta} + \varepsilon$ mit vollem Rang sei $p < n$. Dann ist

$$\frac{SFQ}{n-p} \text{ erwartungstreuer Schätzer für } \sigma^2.$$

Falls $p = n$ gilt, so läßt sich σ^2 auf diese Weise nicht schätzen, denn dann ist $SFQ = 0$. In einem Regressionsmodell wäre zum Beispiel $p = n = 2$, so daß nur zwei Punkte (k_1, x_1), (k_2, x_2) zur Verfügung stünden, die beide auf der Regressionsgeraden liegen würden.

Als weiteres spezifisches lineares Modell wollen wir nach der linearen Regression eine statistische Situation betrachten, bei der die Stichprobenergebnisse von Faktoren abhängen, die nur in endlich vielen Ausprägungen auftreten und die wir als **qualitative Faktoren** bezeichnen wollen. Typische qualitative Faktoren sind z.B. bei demoskopischen Untersuchungen Geschlecht, Landeszugehörigkeit, Schulbildung und Lebensalter. Die möglichen Ausprägungen der ersten drei Faktoren entsprechen nicht in natürlicher Weise numerischen Werten, und dies hat zu der Begriffsbildung des qualitativen Faktors geführt in Unterscheidung zum **quantitativen Faktor**, bei dem eine kanonische numerische Darstellung vorliegt. Wir betrachten hier ein Modell mit zwei Faktoren. Wie die Erweiterung auf Modelle mit drei und mehr Faktoren zu geschehen hat, wird dann offensichtlich sein.

18.13 Lineares Modell mit zwei qualitativen Faktoren

In einer bundesweiten Studie zur Untersuchung der Qualität des mathematischen Unterrichts wird in 16 Bundesländern jeweils in drei Klassenstufen von einer gewisse Anzahl von Schülern ein standardisierter Aufgabenkatalog behandelt. Die resultierenden Testergebnisse der Schüler werden als numerische Werte registriert und bilden die auszuwertende Stichprobe für die anschließende Untersuchung. Es liegen also die beiden qualitativen Faktoren *Bundesland* in 16 Ausprägungen und *Klassenstufe* in 3 Ausprägungen vor. Zu jeder Faktorkombination (i, j) haben wir zur Auswertung die Testergebnisse einer gewissen Anzahl n_{ij} von Schülern, die wir mit $x_{ij1}, \ldots, x_{ijn_{ij}}$ bezeichnen. Die gesamte Stichprobe ist also – mit $I = 16$, $J = 3$ – gegeben durch

$$x = (x_{111}, \ldots, x_{11n_{11}}, x_{121}, \ldots, x_{12n_{12}}, \ldots, x_{IJ1}, \ldots, x_{IJn_{IJ}}).$$

Wir modellieren dies als statistisches Experiment der Beobachtung von Zufallsgrößen

$$X_{ijk}\,,\ k = 1, \ldots, n_{ij},\ i = 1, \ldots, I,\ j = 1, \ldots, J,$$

wobei angenommen wird

$$X_{ijk} = \theta_{ij} + \varepsilon_{ijk}$$

mit unbekanntem Parameter

$$\underset{\sim}{\theta} = (\theta_{11}, \ldots, \theta_{IJ}) \in \underset{\sim}{\Theta} = \mathbb{R}^{IJ}.$$

$\varepsilon_{111}, \ldots, \varepsilon_{IJn_{IJ}}$ sind dabei quadratintegrierbare Zufallsgrößen mit den Eigenschaften

$$E(\varepsilon_{ijk}) = 0 \text{ für alle } (i, j, k),$$

$$Var(\varepsilon_{ijk}) = \sigma^2 \text{ für alle } (i, j, k) \text{ mit unbekanntem } \sigma^2 > 0,$$

$$Kov(\varepsilon_{ijk}, \varepsilon_{pqr}) = 0 \text{ für alle } (i, j, k) \neq (p, q, r).$$

Fassen wir sämtliche X_{ijk} als Spaltenvektoren zusammen, so ergibt sich ein lineares Modell der Form

$$X = A \underset{\sim}{\theta} + \varepsilon$$

mit

$$X = \begin{bmatrix} X_{111} \\ X_{112} \\ \vdots \\ X_{11n_{11}} \\ X_{121} \\ \vdots \\ X_{12n_{12}} \\ \vdots \\ \vdots \\ X_{IJ1} \\ \vdots \\ X_{IJn_{IJ}} \end{bmatrix}, \varepsilon = \begin{bmatrix} \varepsilon_{111} \\ \varepsilon_{112} \\ \vdots \\ \varepsilon_{11n_{11}} \\ \varepsilon_{121} \\ \vdots \\ \varepsilon_{12n_{12}} \\ \vdots \\ \vdots \\ \varepsilon_{IJ1} \\ \vdots \\ \varepsilon_{IJn_{IJ}} \end{bmatrix}, \underset{\sim}{\theta} = \begin{bmatrix} \theta_{11} \\ \theta_{12} \\ \vdots \\ \theta_{1J} \\ \theta_{21} \\ \vdots \\ \theta_{2J} \\ \vdots \\ \theta_{I1} \\ \vdots \\ \theta_{IJ} \end{bmatrix}$$

und

$$A = \begin{bmatrix} \left.\begin{bmatrix} 1 \\ \vdots \\ 1 \end{bmatrix}\right\} n_{11} & & & \\ & \left.\begin{bmatrix} 1 \\ \vdots \\ 1 \end{bmatrix}\right\} n_{12} & & 0 \\ & & \ddots & \\ 0 & & & \left.\begin{bmatrix} 1 \\ \vdots \\ 1 \end{bmatrix}\right\} n_{IJ} \end{bmatrix}$$

A besitzt IJ Spalten, die offensichtlich linear unabhängig sind, so daß rang $A = IJ$, also ein Modell mit vollem Rang vorliegt. Wir können damit den Kleinsten-Quadrat-Schätzer berechnen. Es gilt

$$A^\top A = \begin{bmatrix} n_{11} & & 0 \\ & \ddots & \\ 0 & & n_{IJ} \end{bmatrix}, \ (A^\top A)^{-1} = \begin{bmatrix} \frac{1}{n_{11}} & & 0 \\ & \ddots & \\ 0 & & \frac{1}{n_{IJ}} \end{bmatrix}$$

Für $\hat{\theta}$ folgt also

$$\begin{aligned} \hat{\theta}(x) &= (A^\top A)^{-1} A^\top x \\ &= (A^\top A)^{-1} \begin{bmatrix} x_{11\cdot} \\ \vdots \\ x_{IJ\cdot} \end{bmatrix} \\ &= \begin{bmatrix} \bar{x}_{11\cdot} \\ \vdots \\ \bar{x}_{IJ\cdot} \end{bmatrix} \end{aligned}$$

Dabei benutzen wir die gebräuchliche Bezeichnungsweise

$$\begin{aligned} x_{ij\cdot} &= \sum_{k=1}^{n_{ij}} x_{ijk}, \\ \bar{x}_{ij\cdot} &= \frac{1}{n_{ij}} x_{ij}, \end{aligned}$$

wobei abkürzend stehen

$\cdot$	für	Summation über den betreffenden Index,
$^{-}.$	für	Mittelung über den betreffenden Index.

Es ergibt sich also

$\bar{x}_{ij}$ als gleichmäßig bester linearer erwartungstreuer Schätzer für θ_{ij}.

Häufig wird dieses Modell in anderer Parametrisierung behandelt: Wir schreiben

$$\theta_{ij} = \mu + \alpha_i + \beta_j + \gamma_{ij},$$

mit den Nebenbedingungen

$$\sum_{i=1}^{I} \alpha_i = \sum_{j=1}^{J} \beta_j = \sum_{i=1}^{I} \gamma_{ij} = \sum_{j=1}^{J} \gamma_{ij} = 0,$$

was die Eindeutigkeit dieser Darstellung mit sich bringt. Dabei werden interpretiert

μ	als	mittlerer Gesamteffekt,
α_i	als	mittlere Effektdifferenz von Faktor A in Stufe i,
β_j	als	mittlere Effektdifferenz von Faktor B in Stufe j,
γ_{ij}	als	mittlere Wechselwirkung von Faktor A in Stufe i mit Faktor B in Stufe j.

In unserer schulischen Erhebung würde also μ das mittlere Testergebnis aller Schüler beschreiben und zum Beispiel α_i die über die Klassenstufen gemittelte Abweichung des Bundeslands i. Ein Bundesland i mit negativem Wert α_i würde sicherlich in der anschließenden bildungspolitischen Diskussion mehr Tadel als Lob für die Qualität seines mathematischen Unterrichts erhalten.

Diese neuen Parameter ergeben sich aus θ_{ij}, $i = 1, \ldots, I$, $j = 1, \ldots, J$, gemäß

$$\mu = \bar{\theta}_{..},\ \alpha_i = \bar{\theta}_{i.} - \bar{\theta}_{..},\ \beta_j = \bar{\theta}_{.j} - \bar{\theta}_{..}$$

und

$$\gamma_{ij} = \theta_{ij} - \bar{\theta}_{i.} - \bar{\theta}_{.j} + \bar{\theta}_{..} = (\theta_{ij} - \bar{\theta}_{..}) - ((\theta_{i.} - \bar{\theta}_{..}) + (\theta_{.j} - \bar{\theta}_{..})).$$

Mit dem Satz von Gauß-Markov erhalten wir die folgenden gleichmäßig besten linearen erwartungstreuen Schätzer:

$$\begin{array}{ll}
\frac{1}{IJ} \sum\limits_{i,j} \bar{x}_{ij.} & \text{für} \quad \mu = \bar{\theta}_{..} \\
\frac{1}{J} \sum\limits_{j} \bar{x}_{ij.} - \frac{1}{IJ} \sum\limits_{i,j} \bar{x}_{ij.} & \text{für} \quad \alpha_i = \bar{\theta}_{i.} - \bar{\theta}_{..} \\
\frac{1}{I} \sum\limits_{i} \bar{x}_{ij.} - \frac{1}{IJ} \sum\limits_{i,j} \bar{x}_{ij.} & \text{für} \quad \beta_j = \bar{\theta}_{.j} - \bar{\theta}_{..} \\
\bar{x}_{ij.} - \frac{1}{J} \sum\limits_{j} \bar{x}_{ij.} - \frac{1}{I} \sum\limits_{i} \bar{x}_{ij.} + \frac{1}{IJ} \sum\limits_{i,j} \bar{x}_{ij.} & \text{für} \quad \gamma_{ij} = \theta_{ij} - \bar{\theta}_{i.} - \bar{\theta}_{.j} + \bar{\theta}_{..}
\end{array}$$

Als erwartungstreue Schätzung für die unbekannte Varianz σ^2 ergibt sich mit $n = \sum\limits_{i,j} n_{ij}$

$$\frac{SFQ(x)}{n - IJ} = \frac{\sum\limits_{i,j,k} (x_{ijk} - \bar{x}_{ij.})^2}{n - IJ}.$$

Dabei ist mindestens ein $n_{ij} \geq 2$ vorausgesetzt.

18.14 Normalverteilte Fehler

Sei nun in dem linearen Modell $X = A\underset{\sim}{\theta} + \varepsilon$ angenommen, daß $\varepsilon_1, \ldots, \varepsilon_n$ stochastisch unabhängig und normalverteilt sind mit Mittelwert 0 und Varianz σ^2. Wir sprechen dann von einem linearen Modell mit normalverteilten Fehlern. Mit der Bezeichnung

$$(A\underset{\sim}{\theta})_i = \sum_{j=1}^{p} a_{ij}\theta_j$$

für die i-te Komponente des Vektors $(A\underset{\sim}{\theta})$ erhalten wir, daß die X_i jeweils normalverteilt sind mit Erwartungswert $(A\underset{\sim}{\theta})_i$ und Varianz σ^2. Ferner sind $X_1, \ldots, X_n$ stochastisch unabhängig, so daß sich die Dichte von X bzgl. des n-dimensionalen Lebesguemaßes λ^n ergibt als

$$\begin{aligned}
f_\theta(x) &= \prod_{i=1}^n \frac{1}{\sqrt{2\pi\sigma^2}} e^{-\frac{1}{2\sigma^2}(x-(A\underset{\sim}{\theta})_i)^2} \\
&= \left(\frac{1}{\sqrt{2\pi\sigma^2}}\right)^n e^{-\frac{1}{2\sigma^2}\sum\limits_{i=1}^{n}(x_i - \sum\limits_{j=1}^{p} a_{ij}\,\theta_j)^2} \\
&= \left(\frac{1}{\sqrt{2\pi\sigma^2}}\right)^n e^{-\frac{1}{2\sigma^2}\left(\sum\limits_{i=1}^{n} x_i^2 - 2\sum\limits_{i=1}^{n} x_i \sum\limits_{j=1}^{p} a_{ij}\theta_j + \sum\limits_{i=1}^{n}(\sum\limits_{j=1}^{p} a_{ij}\theta_j)^2\right)} \\
&= \left(\frac{1}{\sqrt{2\pi\sigma^2}}\right)^n e^{-\frac{1}{2\sigma^2}\sum\limits_{i=1}^{n}(\sum\limits_{j=1}^{p} a_{ij}\,\theta_j)^2}\; e^{-\frac{1}{2\sigma^2}\sum\limits_{i=1}^{n} x_i^2 + \sum\limits_{j=1}^{p}\frac{\theta_j}{\sigma^2}\sum\limits_{i=1}^{n} a_{ij}x_i} \\
&= C(\theta) e^{\sum\limits_{j=1}^{p+1} Q_j(\theta)\,T_j(x)}
\end{aligned}$$

mit

$$Q_1(\theta) = \frac{\theta_1}{\sigma^2}, \ldots, Q_p(\theta) = \frac{\theta_p}{\sigma^2},\, Q_{p+1}(x) = -\frac{1}{2\sigma^2},$$

und

$$T_1(x) = \sum_{i=i}^{n} a_{i1}x_i, \ldots, T_p(x) = \sum_{i=1}^{n} a_{ip}x_i,\, T_{p+1}(x) = \sum_{i=1}^{n} x_i^2.$$

Die Statistik

$$T = (T_1, \ldots, T_p, T_{p+1}) \quad \text{ist also suffizient}$$

und, da $\{(Q_1(\theta), \ldots, Q_{p+1}(\theta)) : \theta \in \Theta\} = \mathbb{R}^n \times (-\infty, 0)$ vorliegt, nach 17.12 ebenfalls vollständig.

Wir befinden uns in einer Situation, in der der Satz von Lehmann-Scheffé Anwendung finden kann.

Zu beachten ist nun

$$(T_1(x), \ldots, T_p(x)) = x^\top A = (A^\top x)^\top,$$

also für $T(x)$, geschrieben als Zeilenvektor,

$$T(x) = (x^\top A, x^\top x).$$

Betrachten wir den Kleinste-Quadrat-Schätzer $\hat{\theta}$, gegeben durch

$$\hat{\theta}(x) = (A^\top A)^{-1} A^\top x,$$

so folgt, daß $\hat{\theta}$ die Darstellung

$$\hat{\theta}(x) = h(T(x))$$

besitzt.

Da $\beta^\top \hat{\theta}$ erwartungstreu für das Schätzen von $\gamma(\theta) = \beta^\top \underset{\sim}{\theta}$ ist, zeigt der Satz von Lehmann-Scheffé, daß bei normalverteilten Fehlern

$$\beta^\top \hat{\theta} \text{ gleichmäßig bester erwartungstreuer Schätzer für } \beta^\top \underset{\sim}{\theta}$$

ist und nicht nur gleichmäßig bester linearer erwartungstreuer Schätzer wie im allgemeinen Modell, in dem keine weiteren Annahmen über die Verteilung der Schwankungen gemacht werden.

Wir werden nun sehen, daß im Fall von normalverteilten Fehlern der erwartungstreue Schätzer $\frac{1}{n-p} SFQ$ ebenso gleichmäßig bester erwartungstreuer Schätzer für die unbekannte Varianz σ^2 ist. Dazu genügt es - wiederum unter Heranziehung des Satzes von Lehmann-Scheffé - zu zeigen, daß SFQ als Funktion der vollständigen und suffizienten Statistik T geschrieben werden kann. Dieses zeigt die folgende Rechnung:

$$\begin{aligned}
SFQ(x) &= (x - A(A^\top A)^{-1} A^\top x)^\top (x - A(A^\top A)^{-1} A^\top x) \\
&= x^\top x - x^\top A(A^\top A)^{-1} A^\top x - (A(A^\top A)^{-1} A^\top x)^\top x \\
&\quad + (A(A^\top A)^{-1} A^\top x)^\top A(A^\top A)^{-1} A^\top x \\
&= x^\top x - x^\top A(A^\top A)^{-1} A^\top x - x^\top A(A^\top A)^{-1} A^\top x \\
&\quad + x^\top A(A^\top A)^{-1} A^\top A(A^\top A)^{-1} A^\top x \\
&= x^\top x - x^\top A(A^\top A)^{-1} A^\top x \\
&= x^\top x - (A^\top x)^\top (A^\top A)^{-1} A^\top x
\end{aligned}$$

Zur Untersuchung von statistischen Modellen mit normalverteilten Fehlern ist das Konzept der **mehrdimensionalen Normalverteilungen** nützlich. Wir wollen es daher an dieser Stelle kurz einführen.

18.15 Mehrdimensionale Normalverteilungen

Es seien $X_1, \ldots, X_n$ stochastisch unabhängig und standardnormalverteilt. $(X_1, \ldots, X_n)$, im folgenden als Spaltenvektor X betrachtet, besitzt die Dichte

$$f(x) = (\frac{1}{\sqrt{2\pi}})^n e^{-\frac{1}{2}x^\top x}, \; x \in \mathbb{R}^n.$$

Seien nun A eine invertierbare $n \times n$-Matrix, $b \in \mathbb{R}^n$. Wir betrachten den Zufallsvektor $Y = AX + b$. Gemäß 8.27 besitzt Y die Dichte

$$\begin{aligned}
\tilde{f}(x) &= (\frac{1}{\sqrt{2\pi}})^n det(A)^{-1} e^{-\frac{1}{2}(x-b)^\top (A^{-1})^\top A^{-1}(x-b)} \\
&= (\frac{1}{\sqrt{2\pi}})^n det(AA^\top)^{-\frac{1}{2}} e^{-\frac{1}{2}(x-b)^\top (AA^\top)^{-1}(x-b)} \\
&= (\frac{1}{\sqrt{2\pi}})^n det(Q)^{-\frac{1}{2}} e^{-\frac{1}{2}(x-b)^\top Q^{-1}(x-b)}.
\end{aligned}$$

Dabei ist Q eine positiv-definite, symmetrische Matrix, und wir merken an, daß jede positiv definite, symmetrische Matrix als AA^T mit invertierbarem A dargestellt werden kann.

Das zu dieser Dichte gehörende Wahrscheinlichkeitsmaß wird als n-dimensionale Normalverteilung mit Mittelwertvektor b und Kovarianzmatrix Q bezeichnet – kurz

$$N(b, Q) - \text{Verteilung}.$$

Es ist nämlich

$$E(AX + b) = A\,E(X) + b = b,$$
$$Cov(AX + b) = Cov(AX) = A\,Cov(X)\,A^T = AA^T = Q,$$

denn $Cov(X) = I_n$, wobei I_n die n-dimensionale Einheitsmatrix bezeichnet, deren Einträge in der Diagonalen 1 und sonst 0 sind. Entsprechend ergibt sich, daß daß für eine invertierbare Matrix C und $d \in \mathbb{R}^n$

$$CY + d \text{ eine } N(Cb + d, CQC^\top)\text{-Verteilung}$$

besitzt.

Betrachten wir ein lineares Modell mit normalverteilten Fehlern, so ist in dieser Terminologie – mit 0 als Nullvektor –

$$\varepsilon \;\; N(0, \sigma^2 I_n) - \text{verteilt},$$

$$X \;\; N(A\underset{\sim}{\theta}, \sigma^2 I_n) - \text{verteilt}.$$

Vertiefungen

18.16 Das statistische Experiment zum linearen Modell

In einem linearen Modell $X = A\underset{\sim}{\theta} + \varepsilon$ sind nicht nur die Parameterwerte $\underset{\sim}{\theta}$ unbekannt, ebenso ist die Verteilung der Schwankungen nur in einem geringen Maße spezifiziert. Bezeichnen wir die Verteilung von ε als Q, so liegt ein Wahrscheinlichkeitsmaß auf $\mathbb{R}^n$ vor. Die postulierten Eigenschaften der Schwankungsverteilungen können unter Benutzung von Q und mit den Koordinatenvariablen x_i in folgender Weise dargestellt werden:

$$\int x_1 Q(dx_1, \ldots, dx_n) = \ldots = \int x_n Q(dx_1, \ldots, dx_n) = 0,$$

$$\int x_1^2 Q(dx_1, \ldots, dx_n) = \ldots = \int x_n^2 Q(dx_1, \ldots, dx_n) \in (0, \infty),$$

$$\int x_i x_j Q(dx_1, \ldots, dx_n) = 0 \text{ für alle } i \neq j.$$

Bezeichnet $\mathcal{Q}$ die Menge aller Wahrscheinlichkeitsmaße auf $\mathbb{R}^n$ mit den vorstehenden Eigenschaften, so können wir als Parameterraum betrachten

$$\Theta = \{(\underset{\sim}{\theta}, Q) : \underset{\sim}{\theta} \in \underset{\sim}{\Theta}, Q \in \mathcal{Q}\}.$$

Wird ferner für $a \in \mathbb{R}^n$ die Verteilung von $a + \varepsilon$ mit Q^a bezeichnet, also

$$Q^a(B) = Q(B - a),$$

so erhalten wir die Verteilungen im zum linearen Modell gehörigen statistischen Experiment als

$$W_\theta = Q^{A\underset{\sim}{\theta}}, \; \theta = (\underset{\sim}{\theta}, Q) \in \Theta.$$

Natürlich ist eine solche Darstellung nicht gut zu handhaben, so daß üblicherweise, wie auch in diesem Text, auf die explizite Angabe von Q im unbekannten Parameter verzichtet wird und stattdessen als unbekannter Parameter $\theta = (\underset{\sim}{\theta}, \sigma^2)$ benutzt wird.

Es werden nun die noch ausstehenden Beweise dargestellt. Wir beginnen mit dem Satz von Gauß-Markov.

18.17 Satz

In einem linearen Modell $X = A\underset{\sim}{\theta} + \varepsilon$ *mit vollem Rang sei* $\hat{\theta}(x) = (A^\top A)^{-1} A^\top x$ *der Kleinste-Quadrat-Schätzer. Für* $\beta \in \mathbb{R}^p$ *sei* $\gamma(\theta) = \beta^\top \underset{\sim}{\theta}$ *zu schätzen.*
Dann ist

$$\beta^\top\hat{\theta} \text{ gleichmäßig bester linearer erwartungstreuer Schätzer}$$

mit Risiko

$$R(\theta, \beta^\top\hat{\theta}) = \sigma^2 \beta^\top (A^\top A)^{-1} \beta \text{ für alle } \theta \in \Theta.$$

Beweis:
Schon nachgewiesen ist, daß $\beta^\top\hat{\theta}$ erwartungstreu ist. Für den weiteren Beweis erinnern wir an die Rechenregeln für Erwartungswertvektoren und Kovarianzmatrizen

$$E(BX) = BE(X),\ Cov(BX) = B\,Cov(X)\,B^\top,$$

wobei insbesondere für eine $1 \times n$-Matrix B, also einen Zeilenvektor, gilt

$$Var(BX) = B\,Cov(X)\,B^\top.$$

Sei nun g ein weiterer linearer erwartungstreuer Schätzer für $\beta^\top \underset{\sim}{\theta}$, also

$$g(x) = b^\top x,\ b \in \mathbb{R}^n, \text{ mit } E_\theta(g(X)) = \beta^\top \underset{\sim}{\theta} \text{ für alle } \theta.$$

Es folgt

$$E_\theta(g(X)) = E_\theta(b^\top X) = b^\top A \underset{\sim}{\theta} = \beta^\top \underset{\sim}{\theta} \text{ für alle } \theta,$$

damit

$$b^\top A = \beta^\top.$$

Wir schreiben nun

$$\begin{aligned} b^\top X &= b^\top X - \beta^\top\hat{\theta}(X) + \beta^\top\hat{\theta}(X) \\ &= (b^\top - \beta^\top(A^\top A)^{-1} A^\top)X + \beta^\top(A^\top A)^{-1} A^\top X. \end{aligned}$$

Es folgt

$$\begin{aligned} Var_\theta(b^\top X) &= Var_\theta((b^\top - \beta^\top(A^\top A)^{-1}A^\top)X) + Var_\theta(\beta^\top(A^\top A)^{-1}A^\top X) \\ &\quad +2Kov_\theta((b^\top - \beta^\top(A^\top A)^{-1}A^\top)X\,,\, \beta^\top(A^\top A)^{-1}A^\top X) \\ &\geq Var_\theta(\beta^\top\hat{\theta}(X)) \\ &\quad +2Kov_\theta((b^\top - \beta^\top(A^\top A)^{-1}A^\top)X\,,\, \beta^\top(A^\top A)^{-1}A^\top X). \end{aligned}$$

Zum Beweis der Behauptung genügt es also zu zeigen, daß die obige Kovarianz verschwindet.

Angemerkt sei nun, daß für $a, d \in \mathbb{R}^n$ gilt:

$$\begin{aligned} Kov_\theta(a^\top X, d^\top X) &= Kov_\theta(\sum a_i X_i, \sum d_i X_i) \\ &= E_\theta((\sum_{i=1}^n a_i(X_i - EX_i))(\sum_{i=1}^n d_i(X_i - EX_i))) \\ &= E_\theta(\sum_{i=1}^n a_i d_i (X_i - EX_i)^2) \\ &= \sigma^2 \sum_{i=1}^n a_i d_i = \sigma^2 a^\top d. \end{aligned}$$

Damit folgt

$$\begin{aligned} & Kov_\theta((b^\top - \beta^\top (A^\top A)^{-1} A^\top) X \,,\, \beta^\top (A^\top A)^{-1} A^\top X) \\ &= \sigma^2 (b^\top - \beta^\top (A^\top A)^{-1} A^\top)\, (\beta^\top (A^\top A)^{-1} A^\top)^\top \\ &= \sigma^2 (b^\top - \beta^\top (A^\top A)^{-1} A^\top)\, A((A^\top A)^{-1})^\top \beta \\ &= \sigma^2 (b^\top A((A^\top A)^{-1})^\top \beta - \beta^\top (A^\top A)^{-1} (A^\top A)\, ((A^\top A)^{-1})^\top \beta) \\ &= \sigma^2 \big(\beta^\top ((A^\top A)^{-1})^\top \beta - \beta^\top ((A^\top A)^{-1})^\top \beta\big) = 0\,. \end{aligned}$$

Für das Risiko von $\beta^\top \hat{\theta}$ erhalten wir

$$\begin{aligned} Var_\theta(\beta^\top \hat{\theta}(X)) &= (\beta^\top (A^\top A)^{-1} A^\top) Cov_\theta(X) (\beta^\top ((A^\top A)^{-1}) A^\top)^\top \\ &= \sigma^2 \beta^\top (A^\top A)^{-1} A^\top A ((A^\top A)^{-1})^\top \beta \\ &= \sigma^2 \beta^\top ((A^\top A)^{-1})^\top \beta \\ &= \sigma^2 \beta^\top (A^\top A)^{-1} \beta. \end{aligned}$$

□

Es verbleibt der Beweis zum Resultat über die erwartungstreue Schätzung der unbekannten Varianz mittels der Summe der Fehlerquadrate.

18.18 Satz

In einem linearen Modell $X = A\underset{\sim}{\theta} + \varepsilon$ *mit vollem Rang gilt*

$$E_\theta(SFQ(X)) = (n-p)\sigma^2 \text{ für alle } \theta = (\underset{\sim}{\theta}, \sigma^2).$$

Beweis:
Zu $\theta = (\underset{\sim}{\theta}, \sigma^2)$ sei

$$Y = X - A\underset{\sim}{\theta}.$$

Also ist $E_\theta(Y)$ der Nullvektor. Eine einfache Rechnung zeigt für beliebiges x

$$SFQ(x) = SFQ(x - A\underset{\sim}{\theta}),$$

so daß wir $E_\theta(SFQ(Y))$ zu bestimmen haben .

Wie schon berechnet ist

$$SFQ(Y) = Y^\top Y - Y^\top CY \text{ mit } C = A(A^\top A)^{-1}A^\top.$$

Es ist $E_\theta(Y^\top Y) = \sigma^2 n$, und es verbleibt zu zeigen $E_\theta(Y^\top CY) = \sigma^2 p$. Dazu sind einige wohlbekannte Resultate aus der Matrizentheorie heranzuziehen.

C besitzt offensichtlich die Eigenschaften $C^\top = C$ und $C^2 = C$, ist also symmetrisch und idempotent. Da C idempotent ist, können nur die Eigenwerte 0 und 1 auftreten, und die Vielfachheit des Auftretens des Eigenwerts 1 gibt den Rang von C an. Da wir ein Modell mit vollem Rang vorliegen haben, ergibt sich diese Vielfachheit als p. Als symmetrische Matrix hat C somit die Darstellung $C = P^\top JP$, wobei P orthonormal ist, also die Inverse $P^\top$ besitzt, und J die $n \times n$-Matrix ist, die in den ersten p Komponenten der Hauptdiagonale den Eintrag 1 hat, ansonsten die Einträge 0. Es ist

$$Y^\top CY = Y^\top P^\top JPY = \sum_{i=1}^{p}(PY)_i^2, \text{ also } E_\theta(Y^\top CY) = \sum_{i=1}^{p} Var((PY)_i).$$

Gemäß 9.10 gilt

$$Cov_\theta(PY) = PCov_\theta(Y)P^\top = \sigma^2 I_n,$$

woraus die Behauptung folgt.

□

Aufgaben

Aufgabe 18.1 Berechnen Sie den Kleinsten-Quadrat-Schätzer im quadratischen Regressionsmodell $X_i = \vartheta_0 + \vartheta_1 k_i + \vartheta_2 k_i^2 + \epsilon_i$, $i = 1, \ldots, n$.

Aufgabe 18.2 Betrachtet sei ein lineares Modell $X = A\underset{\sim}{\vartheta} + \epsilon$. Zu $v \in \mathbb{R}^p$ und der Parameterfunktion $\gamma_v : \mathbb{R}^p \to \mathbb{R}$, $\underset{\sim}{\vartheta} \mapsto v^T \underset{\sim}{\vartheta}$, sei L_v die Menge aller linearen erwartungstreuen Schätzer für γ_v. Zeigen Sie:

$L_v \neq \emptyset \Leftrightarrow$ Ex. $u \in \mathbb{R}^n$ mit $v = A^T u$. γ_v wird dann linear schätzbar genannt.

Aufgabe 18.3 Zwei Düngemittel werden auf ihre Wirkung untersucht, indem man je drei Felder mit diesen düngt. Der gemessene Effekt auf dem j-ten mit Dünger behandelten Feld sei X_{ij}. Es werde angenommen, daß ein lineares Modell vorliegt der Form $X_{ij} = \theta_0 + \theta_i + \epsilon_{ij}$, wobei θ_0 den bodenspezifischen Ertrag und θ_i den speziellen Effekt des Düngemittels i angibt.

Bestimmen Sie sämtliche linear schätzbaren Parameterfunktionen und zeigen Sie, daß θ_0 nicht linear schätzbar ist.

Aufgabe 18.4 Sie wollen das Bruttosozialprodukt in Abhängigkeit von drei verschiedenen makroökonomischen Faktoren und von der Zeit untersuchen und formulieren einen Zusammenhang der Form

$$y = \eta\, \delta^t \alpha^{x_1} \beta^{x_2} \gamma^{x_3}.$$

Sie haben als Daten die Ausprägungen der makroökonomischen Faktoren x_1, x_2, x_3 sowie die des Bruttosozialproduktes y der zurückliegenden 30 Jahre. t bezeichnet die Zeitvariable. Formulieren Sie ein geeignetes Regressionsmodell zur Schätzung der unbekannten Parameter $\eta, \delta, \alpha, \beta, \gamma$.

Aufgabe 18.5 Bei einer gemischten Regressionsanalyse wird eine Zielgröße in Abhängigkeit von qualitativen Faktoren und numerischen Kontrollparametern betrachtet. Es seien p Gruppen für die Ausprägungen des qualitativen Faktors mit Gruppengrößen $n_1, \dots, n_p$ gebildet. Innerhalb jeder Gruppe trete der Kontrollparameter in unterschiedlichen Ausprägungen auf. Wir erhalten $n = \sum_{i=1}^p n_i$ stochastisch unabhängige Zufallsgrößen $Y_{ij} = \mu_i + \theta_i k_{ij} + \varepsilon_{ij}$, $j = 1, \dots n_i, i = 1, \dots, p$, mit den Fehlervariablen ε_{ij}. Der unbekannte Parameter $\mu_i \in \mathbb{R}$ beschreibt den mittleren Effekt der i-ten Gruppe und θ_i den Effekt der Kontrollparameter.

Formulieren Sie das dazugehörige lineare Modell und bestimmen Sie den Kleinsten-Quadrat-Schätzer für den unbekannten Parameter $\mu = (\mu_1, \theta_1, \cdots, \mu_p, \theta_p)$.

Aufgabe 18.6 (X, Y) besitze eine 2-dimensionale Normalverteilung. Bestimmen Sie die bedingte Dichte von Y gegeben $X = x$, siehe Aufgabe 16.8.

Aufgabe 18.7 Die Körperlänge bei einer Vater-Generation sei durch eine $\mathcal{N}(a, \sigma^2)$-verteilte Zufallsgröße modelliert. Liegt bei einem Vater die tatsächliche Körperlänge x vor, so besitze die Körperlänge Y seines Sohnes, bedingt durch $X = x$, eine $\mathcal{N}(x + b(a - x), \tau^2)$-Verteilung.

Bestimmen Sie die Verteilung von Y, der Körperlänge der Sohn-Generation.
Das so beschriebene Verhalten beschreibt - mit $b > 0$ - das beobachtete Phänomen, daß oft größere Väter kleinere Söhne, kleinere Väter größere Söhne haben, welches als Regression bezeichnet wird.

Kapitel 19

Maximum-Likelihood-Schätzung und asymptotische Überlegungen

Neben dem Konzept der gleichmäßig besten erwartungstreuen Schätzer und dem der Kleinsten-Quadrat-Schätzer liegen in der Mathematischen Statistik etliche weitere allgemeine Prinzipien vor, um gute Schätzungen aufzufinden; als wichtigstes und oft angewandtes ist das **Maximum-Likelihood-Prinzip** anzusehen.

19.1 Motivation

Haben wir $x \in \mathcal{X}$ beobachtet, so wollen wir datenorientiert, d.h. zunächst ohne Bezugnahme auf Risikoprinzipien, diesem Beobachtungswert einen Schätzwert zuordnen. Läge ein lineares Modell vor, so würden wir sicherlich auf einen Kleinsten-Quadrat-Schätzer zurückgreifen. Ohne derartigen Annahmen an das zugrundeliegende statistische Experiment benötigen wir ein allgemein anwendbares Vorgehen.

Betrachten wir zunächst ein diskretes statistisches Experiment. Zum vorliegenden Beobachtungswert x liegen die

$$\text{möglichen Wahrscheinlichkeiten } P_\theta(X = x), \theta \in \Theta,$$

für das Auftreten von x vor. Es liegt nun recht nahe, sich für dasjenige θ zu entscheiden, das den tatsächlich vorliegenden Beobachtungswert mit größtmöglicher Wahrscheinlichkeit nach sich zieht, also als Schätzwert ein $\theta^*(x)$ mit

$$P_{\theta^*(x)}(X = x) = \sup_{\theta \in \Theta} P_\theta(X = x)$$

zu wählen.

Tatsächlich hat sich die gute Anwendbarkeit dieser Vorschrift in vielen statistischen Fragestellungen gezeigt, und sie gehört zu den unverzichtbaren Methoden der Statistik. Die Funktion

$$\theta \mapsto P_\theta(X = x)$$

wird als **Likelihood-Funktion** bezeichnet und das hier beschriebene Prinzip zur Gewinnung von Schätzwerten in naheliegender Weise als Maximum-Likelihood-Prinzip. Beachten wir, daß die Wahrscheinlichkeiten in einem diskreten Modell als Dichten aufgefaßt werden können, so gelangen wir zu folgender allgemeiner Definition.

19.2 Maximum-Likelihood-Schätzung

Sei $(\mathcal{X}, (W_\theta)_{\theta\in\Theta})$ ein reguläres statistisches Experiment mit Dichten f_θ. Zu $x \in \mathcal{X}$ wird ein $\theta^*(x) \in \Theta$ mit der Eigenschaft

$$f_{\theta^*(x)}(x) = \sup_{\theta\in\Theta} f_\theta(x)$$

als **Maximum-Likelihood-Schätzwert** zu x bezeichnet. Ist $A \subseteq \mathcal{X}$ und g^* ein Schätzer so, daß $g^*(x)$ Maximum-Likelihood-Schätzwert für alle $x \in \mathcal{A}$ ist, kurz $g^*(x) = \theta^*(x)$ für alle $x \in A$ vorliegt, so bezeichnen wir g^* als **Maximum-Likelihood-Schätzer auf** A, bzw. im Fall $A = \mathcal{X}$ als **Maximum-Likelihood-Schätzer**.

19.3 Das Maximum-Likelihood-Prinzip der Schätztheorie

Betrachtet sei ein Schätzproblem zum Schätzen der Parameterfunktion γ. Das Maximum-Likelihood-Prinzip der Schätztheorie besagt, daß bei Vorliegen der Beobachtung x und eines Maximum-Likelihood-Schätzwerts $\theta^*(x)$ als Schätzwert für $\gamma(\theta)$ der Wert

$$\gamma(\theta^*(x))$$

benutzt werden soll.

19.4 Maximum-Likelihood-Schätzung in einer klinischen Studie

Beobachtet seien in einer klinischen Studie stochastisch unabhängige $X_1, \ldots, X_n$ mit $P_\theta(X_i = 1) = \theta = 1 - P_\theta(X_i = 0)$ für einen unbekannten Wirksamkeitsparameter $\theta \in (0,1)$. Zur Beobachtung $x = (x_1, \ldots, x_n)$ liegt dann vor

$$P_\theta(X = x) = \theta^{\sum_{i=1}^n x_i}(1-\theta)^{n-\sum_{i=1}^n x_i}.$$

Offensichtlich ergibt sich als Maximalstelle $\bar{x}_n$ und damit als Maximum-Likelihood-Schätzwert

$$\theta^*(x) = \bar{x}_n \text{ für } x \neq (0,\ldots,0) \text{ und } \neq (1,\ldots,1).$$

Falls $x = (0,\ldots,0)$ oder $(1,\ldots,1)$ vorliegt, so liegt die Maximalstelle $\bar{x}_n$ nicht im Parameterraum Θ. Hier könnten wir Abhilfe schaffen, indem wir den Parameterraum zu $\Theta = [0,1]$ vergrößern.

19.5 Maximum-Likelihood-Schätzung im linearen Modell

Betrachtet sei das lineare Modell mit normalverteilten Fehlern

$$X = A\underset{\sim}{\theta} + \varepsilon,$$

so daß stochastisch unabhängige und $N(0,1)$-verteilte Meßfehler $\varepsilon,\ldots,\varepsilon_n$ vorliegen. Die Dichten besitzen die Gestalt

$$f_\theta(x) = f_{(\underset{\sim}{\theta},\sigma^2)}(x) = \left(\frac{1}{\sqrt{2\pi\sigma^2}}\right)^n e^{-\frac{1}{2\sigma^2}(x-A\underset{\sim}{\theta})^\top(x-A\underset{\sim}{\theta})}.$$

Zur Beobachtung x ist

$$\text{zu maximieren } f_{(\underset{\sim}{\theta},\sigma^2)}(x) \text{ in } (\underset{\sim}{\theta},\sigma^2).$$

Für jedes $\sigma^2 > 0$ ist daher

$$\text{zu minimieren } (x - A\underset{\sim}{\theta})^\top(x - A\underset{\sim}{\theta}) \text{ in } \underset{\sim}{\theta}.$$

Die Lösung ist also durch den Kleinsten-Quadrat-Schätzer $\hat{\theta}(x)$ gegeben.

Zu maximieren ist weiter in $\sigma^2 > 0$

$$f_{(\hat{\theta}(x),\sigma^2)}(x) = \left(\frac{1}{\sqrt{2\pi\sigma^2}}\right)^n e^{-\frac{1}{2\sigma^2}(x-A\hat{\theta}(x))^\top(x-A\hat{\theta}(x))}.$$

Durch Betrachtung der Ableitung ist leicht einzusehen, daß die Maximalstelle gegeben ist durch

$$\sigma_*^2(x) = \frac{1}{n}(x - A\hat{\theta})^\top(x - A\hat{\theta}(x)) = \frac{1}{n}SFQ(x) \text{ für } (x - A\hat{\theta}(x)) \neq 0.$$

Im Fall $(x - A\hat{\theta}(x)) = 0$ liegt die Maximalstelle bei $\sigma_*^2(x) = 0$, liefert also keinen zulässigen Schätzwert.

Insgesamt ergibt sich als Maximum-Likelihood-Schätzwert

$$\theta^*(x) = (\hat{\theta}(x), \frac{1}{n} SFQ(x)) \text{ für } x - A\hat{\theta}(x) \neq 0,$$

wobei der Maximum-Likelihood-Schätzwert im Fall $x - A\hat{\theta}(x) = 0$ nicht existiert. Dies ist allerdings in unserem Beispiel nicht schwerwiegend, da die Menge dieser ausgesonderten Beobachtungswerte eine Menge von Wahrscheinlichkeit 0 für jedes W_θ in unserem Modell ist.

Weiter sehen wir in diesem Beispiel, daß Maximum-Likelihood-Schätzer im allgemeinen nicht erwartungstreu sind, denn es ist gemäß 18.12 der Schätzer $\frac{1}{n} SFQ(x)$ nicht erwartungstreu.

19.6 Maximum-Likelihood-Schätzung bei einer Lebensdauerüberprüfung

Wir betrachten die Überprüfung von - aus einer neuen Serienproduktion resultierenden - n Speicherchips, deren Lebensdauern unter spezifischen Extremalbedingungen registriert werden, vgl. 14.4 und 16.3. Angenommen sei dabei, daß die Lebensdauern X_i der Speicherchips stochastisch unabhängig und jeweils exponentialverteilt mit unbekanntem Parameter $\theta \in (0, \infty)$ seien. Zu schätzen sei

$$\gamma(\theta) = \frac{1}{\theta}, \text{ die unbekannte erwartete Lebensdauer.}$$

(i) Im ersten hier betrachteten Fall sei angenommen, daß die Schätzung durchgeführt werden soll, nachdem die Lebensdauern sämtlicher n Speicherchips registriert worden sind. Dies bedeutet Zugrundelegen des statistischen Experiments der Beobachtung von $X_1, \ldots, X_n$ mit der Dichte

$$f_\theta(x) = \theta^n e^{-\theta \sum_{i=1}^n x_i}, \; x = (x_1 \ldots, x_n) \in (0, \infty)^n.$$

Durch Ableiten erhalten wir sofort den Maximum-Likelihood- Schätzwert

$$\theta^*(x) = \frac{n}{\sum_{i=1}^n x_i} \text{ für } \theta$$

und

$$\gamma(\theta^*(x)) = \frac{1}{n} \sum_{i=1}^n x_i = \bar{x}_n \text{ für } \frac{1}{\theta}.$$

Es ergibt sich also – und sicherlich nicht überraschend – die mittlere Lebensdauer als Maximum-Likelihood-Schätzwert für die erwartete Lebensdauer.

(ii) Wir wollen nun eine naheliegende Variation einer solchen Lebensdauerüberprüfung betrachten: Es werden sämtliche n Speicherchips simultan in Betrieb genommen und dann die sukzessive eintretenden Ausfallzeiten registriert. Bezeichnet sei mit

$$Y_i \text{ die Zeit des } i\text{-ten Ausfalls,}$$

also die Lebensdauer des an i-ter Stelle ausgefallenen Speicherchips, die sich natürlich im allgemeinen deutlich von X_i, der Lebensdauer des Chips mit Produktionsnummer i, unterscheidet. Dann gilt natürlich

$$Y_1 \leq \ldots \leq Y_n.$$

Insbesondere bei einer großen Zahl n liegt es nah, für die statistische Entscheidungsfindung nicht den Ausfall sämtlicher Speicherchips abzuwarten, sondern zu festgelegtem k die Schätzung der erwarteten Lebensdauer aufgrund der registrierten Lebensdauern der k zuerst ausgefallenen Speicherchips durchzuführen und dann die Untersuchung abzubrechen. Als beobachtete Zufallsvariable liegt dann vor

$$Y = (Y_1, \ldots, Y_k)$$

mit

$$\text{Stichprobenraum } \mathcal{Y} = \{y = (y_1, \ldots, y_k) : y_1 \leq y_2 \leq \ldots \leq y_k\} \subset (0, \infty)^k.$$

Wir wollen nun in dieser statistischen Situation den Maximum-Likelihood-Schätzer bestimmen. Dazu ist zunächst die explizite Gestalt der Dichten zu ermitteln. In der folgenden Berechnung wird ausgenutzt, daß für jedes θ mit Wahrscheinlichkeit 1 bzgl. P_θ sämtliche Lebensdauern unterschiedlich sind. Es gilt nämlich

$$\begin{aligned} P_\theta\Big(\bigcup_{i \neq j} \{X_i = X_j\}\Big) &\leq \sum_{i \neq j} P_\theta(X_i = X_j) \\ &= \sum_{i \neq j} \int P_\theta(X_i = x) P_\theta^{X_j}(dx) = 0, \end{aligned}$$

da stetige Verteilungen vorliegen.

Wir erhalten dann für meßbares $B \subseteq \mathcal{Y}$, wobei wir die Vereinigung, bzw. Summation über alle k-Tupel von unterschiedlichen Indizes bilden:

$$\begin{aligned} P_\theta(Y \in B) &= P_\theta\Big(\bigcup_{(i_1, \ldots, i_k)} \{(X_{i_1}, \ldots, X_{i_k}) \in B, \min_{j \neq i_1, \ldots, i_k} X_j > X_{i_k}\}\Big) \\ &= \sum_{(i_1, \ldots, i_k)} P_\theta((X_{i_1}, \ldots, X_{i_k}) \in B, \min_{j \neq i_1, \ldots, i_k} X_j > X_{i_k}) \\ &= \frac{n!}{(n-k)!} P_\theta((X_1, \ldots, X_k) \in B, \min_{j = k+1, \ldots, n} X_j > X_k), \end{aligned}$$

wobei wir benutzt haben, daß für jede Permutation $(i_1, \ldots i_n)$ stets identische Verteilung bei $(X_{i_1}, \ldots, X_{i_n})$ und $(X_1, \ldots, X_n)$ vorliegen.

Für $M_k = \min_{j=k+1,\ldots,n} X_j$ gilt weiter

$$P_\theta(M_k > x) = P_\theta(X_j > x, j = k+1, \ldots, n) = e^{-(n-k)\theta x}$$

und damit

$$\begin{aligned} & P_\theta((X_1, \ldots, X_k) \in B, M_k > X_k) \\ = & \int_B P_\theta(M_k > x_k) P^{(X_1,\ldots,X_k)}(dx_1 \ldots dx_k) \\ = & \int_B e^{-(n-k)\theta x_k} \theta^k \prod_{i=1}^k e^{-\theta x_i} dx_1 \ldots dx_k \\ = & \int_B \theta^k e^{-\theta(\sum_{i=1}^{k-1} x_i + (n-k+1)x_k)} dx_1 \ldots dx_k. \end{aligned}$$

Als Dichte von $(Y_1, \ldots, Y_k)$ erhalten wir

$$f_\theta(y_1, \ldots, y_k) = \frac{n!}{(n-k)!} \theta^k e^{-\theta(\sum_{i=1}^{k-1} y_i + (n-k+1)y_k)} \text{ für } (y_1, \ldots, y_k) \in \mathcal{Y}.$$

Wollten wir als Stichprobenraum $(0, \infty)^k$ betrachten, so würden wir die Dichte außerhalb von $\mathcal{Y}$ als identisch 0 festlegen.

Damit erhalten wir als Maximum-Likelihood- Schätzwert

$$\theta^*(y) = \frac{k}{\sum_{i=1}^{k-1} y_i + (n-k+1)y_k} \quad \text{für } \theta$$

und

$$\frac{1}{\theta^*(y)} = \frac{1}{k}(\sum_{i=1}^{k-1} y_i + (n-k+1)y_k) \quad \text{für } \frac{1}{\theta}.$$

(*iii*) Mit der Methode aus Kapitel 17 können wir die Optimalität der aus (*i*) und (*ii*) resultierenden Maximum-Likelihood-Schätzer für die erwartete Lebensdauer untersuchen. In beiden Fällen liegen offenbar Exponentialfamilien vor mit den suffizienten und vollständigen Statistiken

$$\sum_{i=1}^n x_i, \text{ bzw. } \sum_{i=1}^{k-1} y_i + (n-k+1)y_k.$$

Die beiden Schätzer sind jeweils Funktionen dieser Statistiken und daher, falls Erwartungstreue nachgewiesen werden kann, schon gleichmäßig beste erwartungstreue Schätzer. Im Falle (*i*) ist die Erwartungstreue evident. Im Fall (*ii*) erhalten wir sie mit der folgenden Überlegung:

Wir betrachten die invertierbare Matrix

$$A = \begin{bmatrix} n & 0 & 0 & 0 & \dots & 0 \\ -(n-1) & n-1 & 0 & 0 & \dots & 0 \\ 0 & -(n-2) & n-2 & 0 & \dots & 0 \\ \vdots & & & & & \vdots \\ 0 & 0 & \dots & 0 & -1 & 1 \end{bmatrix}$$

mit Determinante

$$det(A) = n!.$$

Zur korrekten Anwendung der Matrizenmultiplikation betrachten wir für die folgenden Rechnungen Elemente y des $\mathbb{R}^n$ als Spaltenvektoren. Es gilt

$$A \begin{bmatrix} y_1 \\ y_2 \\ \vdots \\ y_n \end{bmatrix} = \begin{bmatrix} ny_1 \\ (n-1)(y_2 - y_1) \\ \vdots \\ y_n - y_{n-1} \end{bmatrix}$$

und für die Summe über die Komponenten

$$\sum_{i=1}^{k} (Ay)_i = \sum_{i=1}^{k-1} y_i + (n-k+1)y_k,$$

insbesondere für $k = n$

$$\sum_{i=1}^{n} (Ay)_i = \sum_{i=1}^{n} y_i.$$

Wir betrachten nun den Zufallsvektor Y für den Fall $k = n$. Für die in (ii) berechnete Dichte von Y gilt dann

$$f_\theta(y) = f_\theta(Ay),$$

da sie nur von der Summe aller beobachteten Lebensdauern abhängt. Transformieren wir den Zufallsvektor Y durch Multiplikation mit A, so erhalten wir einen neuen Zufallsvektor

$$Z = AY.$$

Aus der Dichte $f_\theta(y)$ von Y erhalten wir die Dichte von Z unter Anwendung der Regel 8.27 zur Dichtentransformation als

$$\frac{1}{det(A)} f_\theta(A^{-1}z) = \frac{1}{n!} f_\theta(AA^{-1}z) = \theta^n e^{-n\theta \sum_{i=1}^{n} z_i}.$$

Bzgl. P_θ sind also $Z_1, \ldots, Z_n$ stochastisch unabhängig und identisch $Exp(\theta)$-verteilt. Damit folgt insbesondere

$$E_\theta(\sum_{i=1}^{k-1} Y_i + (n-k+1)Y_k) = E_\theta(\sum_{i=1}^{k} Z_i) = \frac{k}{\theta}.$$

Dies zeigt, daß auch in (*ii*) der Maximum-Likelihood-Schätzer für die erwartete Lebensdauer erwartungstreu ist und damit gleichmäßig bester erwartungstreuer Schätzer.

Maximum-Likelihood-Schätzungen basieren auf einem recht einsichtigen heuristischen Prinzip. Es stellt sich nun die Frage, ob weitere Rechtfertigungen für ihren Gebrauch im Rahmen der Mathematischen Statistik hergeleitet werden können. Bei der Untersuchung dieser Fragestellung hat es sich herausgestellt, daß asymptotische Betrachtungsweisen, d.h. Überlegungen zum Verhalten von statistischen Verfahren bei gegen ∞ strebenden Stichprobenumfang, von entscheidender Bedeutung sind. Einige Grundüberlegungen sollen im folgenden vorgestellt werden.

19.7 Versuchsserien

Sei $(\mathcal{X}, (W_\theta)_{\theta\in\Theta})$ ein statistisches Experiment. Eine Folge von bzgl. jedes P_θ stochastisch unabhängigen, identisch verteilten Zufallsvariablen $X_1, X_2, \ldots$ mit $P_\theta^{X_i} = W_\theta$ für alle $\theta \in \Theta$, $i = 1, 2, \ldots$ wird als **Versuchsserie** *zum vorliegenden statistischen Experiment bezeichnet.*

Solch eine Versuchsserie beinhaltet für jedes n die n-fache Versuchswiederholung mit den zugehörigen Verteilungen

$$P_\theta^{(X_1,\ldots,X_n)} = W_\theta^n$$

auf dem Stichprobenraum $\mathcal{X}^n$.

Zu jeder n-fachen Versuchswiederholung werde nun das Schätzproblem für ein von n unabhängiges

$$\gamma : \Theta \to \mathbb{R}$$

betrachtet. Es ist anschaulich klar, daß der unbekannte Wert $\gamma(\theta)$ mit umso größerer Präzision geschätzt werden kann, je mehr Beobachtungswerte zur Verfügung stehen, also je größer n ist. Ein sinnvolles statistisches Schätzprinzip sollte daher Schätzverfahren liefern, die bei immer größer werdendem n den zu schätzenden Wert immer besser approximieren. Dieser Gedanke wird in der folgenden Definition von **konsistenten Schätzfolgen** mathematisch präzisiert. Wir beschränken uns dabei auf reellwertige Schätzverfahren. Es sollte offensichtlich sein, wie diese Überlegungen auf Schätzverfahren mit Werten in $\mathbb{R}^k$ bzw. allgemeineren Räumen übertragen werden können.

19.8 Konsistente Schätzfolgen

Betrachtet sei eine Versuchsserie zu einem statistischen Experiment $(\mathcal{X}, (W_\theta)_{\theta\in\Theta})$. Zu schätzen sei $\gamma : \Theta \to \mathbb{R}$. Eine Folge

$$(g_n)_{n\in\mathbb{N}} \text{ von Schätzern } g_n : \mathcal{X}^n \to \mathbb{R}$$

wollen wir Schätzfolge nennen. Wir bezeichnen dann eine solche Schätzfolge

$$(g_n)_{n\in\mathbb{N}} \text{ als konsistent,}$$

falls für $n \to \infty$ gilt:

$$W_\theta^n(\mid g_n - \gamma(\theta) \mid \geq \epsilon) \to 0 \text{ für jedes } \epsilon > 0 \text{ und jedes } \theta \in \Theta.$$

Also ist eine Schätzfolge genau dann konsistent, falls gilt

$$P_\theta(\mid g_n(X_1, \ldots, X_n) - \gamma(\theta) \mid \geq \epsilon) \to 0 \text{ für jedes } \epsilon > 0 \text{ und jedes } \theta \in \Theta.$$

Dieses bedeutet nichts anderes als

$$g_n(X_1, \ldots, X_n) \to \gamma(\theta) \text{ in Wahrscheinlichkeit bzgl. } P_\theta \text{ für jedes } \theta \in \Theta.$$

19.9 Anmerkungen

(*i*) Da aus der fast sicheren Konvergenz die Konvergenz in Wahrscheinlichkeit folgt, ist also hinreichend für die Konsistenz die Gültigkeit von

$$g_n(X_1, \ldots, X_n) \to \gamma(\theta) \text{ fast sicher bzgl. } P_\theta \text{ für jedes } \theta \in \Theta.$$

(*ii*) Ist eine Schätzfolge $(g_n)_{n\in\mathbb{N}}$ konsistent für den unbekannten Parameter $\theta \in \Theta \subseteq \mathbb{R}$, so ist für jede stetige Funktion $\gamma : \Theta \to \mathbb{R}$

$$(\gamma(g_n))_{n\in\mathbb{N}} \text{ konsistent für } \gamma(\theta), \theta \in \Theta.$$

Zum Nachweis sei $\theta \in \Theta$. Sei ferner $\epsilon > 0$. Dann existiert zur stetigen Funktion γ ein $\delta > 0$ mit der Eigenschaft

$$\mid \eta - \theta \mid < \delta \text{ impliziert } \mid \gamma(\eta) - \gamma(\theta) \mid < \epsilon.$$

Es folgt

$$\begin{aligned} W_\theta^n(\mid \gamma(g_n) - \gamma(\theta) \mid \geq \epsilon) &= W_\theta^n(\mid \gamma(g_n) - \gamma(\theta) \mid \geq \epsilon, \mid g_n - \theta \mid < \delta) \\ &\quad + W_\theta^n(\mid \gamma(g_n) - \gamma(\theta) \mid \geq \epsilon, \mid g_n - \theta \mid \geq \delta) \\ &\leq W_\theta^n(\mid g_n - \theta \mid \geq \delta) \to 0 \text{ für } n \to \infty. \end{aligned}$$

Natürlich ist eine Versuchsserie, wie wir sie hier eingeführt haben, als mathematische Fiktion anzusehen, denn auch die geduldigste Statistikerin und der geduldigste Statistiker werden nicht eine unendliche Folge von Beobachtungen erheben wollen. Doch liefert dieses Konzept die Möglichkeit, mathematisch exakt Grenzwertüberlegungen durchzuführen. Solche asymptotischen Resultate liefern dann wiederum Rückschlüsse für das Verhalten statistischer Verfahren für endliches, aber großes n. So werden wir bei der Anwendung eines Schätzverfahrens beim Vorliegen von 100.000 Beobachtungen recht beruhigt annehmen können, daß die asymptotischen Aussagen über dieses Verfahren das tatsächliche Verhalten gut widerspiegeln.

Konsistenz ist ein typischer asymptotischer Begriff. Eine konsistente Schätzfolge ist eine solche, die den zu schätzenden Wert als Grenzwert erreicht, was wiederum bedeutet, daß wir bei einer großen Zahl von Beobachtungen einen Schätzwert nahe dem unbekannten Wert erwarten können. Tatsächlich ist die Konsistenz eine grundlegende Anforderung, die von Schätzfolgen, die auf einem bestimmten Schätzprinzip basieren, zumindestens in gutartigen Situationen erfüllt werden sollte. Anderenfalls würden wir dieses Schätzprinzip in Frage stellen.

Wir wollen hier dieser Frage beim Maximum-Likelihood-Schätzprinzip nachgehen und werden eine positive Antwort erhalten. Zunächst betrachten wir aber eine einfache Situation für das Vorliegen von konsistenten Schätzfolgen, in der auch die enge Beziehung der Konsistenz zu den Gesetzen der großen Zahlen deutlich wird.

19.10 Beispiel

Beobachtet sei eine Folge von stochastisch unabhängigen und identisch verteilten Zufallsgrößen $X_1, X_2, \ldots$ mit Verteilungen $P_\theta^{X_i} = W_\theta$ zu unbekanntem $\theta \in \Theta$, also die Versuchsserie zu einem Experiment $(\mathbb{R}, (W_\theta)_{\theta \in \Theta})$.

Für jedes $\theta \in \Theta$ sei angenommen, daß die Beobachtungen endlichen Erwartungswert besitzen. Zu schätzen sei nun dieser unbekannte Erwartungswert, so daß vorliegt

$$\gamma(\theta) = E_\theta(X_1) = \int x W_\theta(dx).$$

Eine offensichtlich sinnvolle Schätzfolge $(g_n)_{n\in\mathbb{N}}$ wird gebildet durch die fortlaufenden Mittelwerte

$$g_n(x_1, \ldots, x_n) = \overline{x}_n = \frac{1}{n}\sum_{i=1}^{n} x_i.$$

Aus dem Gesetz der großen Zahlen, siehe 11.18, ergibt sich sofort, daß eine konsistente Schätzfolge vorliegt, denn es gilt für $n \to \infty$ und jedes θ

$$g_n(X_1, \ldots, X_n) = \frac{1}{n}\sum_{i=1}^{n} X_i \to E_\theta(X_1) \ P_\theta\text{-fast sicher.}$$

Die übliche erwartungstreue Schätzung liefert also eine konsistente Schätzfolge.

Nehmen wir weiter an, daß auch die Varianzen der Beobachtungen endlich sind, so können wir entsprechend das Problem des Schätzens dieser unbekannten Varianz betrachten. Als konsistente Schätzfolge ergibt sich die Folge der Stichprobenvarianzen

$$s_n^2 = \frac{1}{n-1}\sum_{i=1}^{n}(x_i - \overline{x}_n)^2,$$

denn es gilt, wiederum unter Benutzung der Gesetze der großen Zahlen, für $n \to \infty$ und jedes θ

$$\begin{aligned} S_n^2 &= \frac{1}{n-1}\sum_{i=1}^{n}(X_i - \overline{X}_n)^2 \\ &= \frac{1}{n-1}\sum_{i=1}^{n} X_i^2 - \frac{n}{n-1}\overline{X}_n^2 \\ &\to E_\theta(X_1^2) - E_\theta(X_1)^2 = Var_\theta(X_1) \ P_\theta\text{-fast sicher.} \end{aligned}$$

Zu sehen ist hier, daß der Faktor $\frac{1}{n-1}$, der die Erwartungstreue gewährleistet, durch $\frac{1}{n}$ oder auch durch $\frac{1}{n+k}$ mit von n unabhängigem k ersetzt werden kann, ohne daß die Konsistenzeigenschaft verloren geht.

Zur Herleitung und zur Untersuchung von Maximum-Likelihood-Schätzern sind - wie schon in den Anfangsbeispielen deutlich geworden - Methoden aus der Differentialrechnung nützlich. Wir führen nun formal die mathematische Struktur ein, die wir bei diesen Überlegungen zugrunde legen wollen.

19.11 Differenzierbares statistisches Experiment

Ein reguläres statistisches Experiment $(\mathcal{X}, (W_\theta)_{\theta\in\Theta})$ mit Dichten f_θ wird als **differenzierbar** *bezeichnet, falls gilt:*

$\Theta \subseteq \mathbb{R}$ ist ein offenes Intervall, und für alle $x \in \mathcal{X}$ ist

$$\theta \mapsto f_\theta(x) \text{ differenzierbar und } > 0.$$

In einem differenzierbaren Experiment ist natürlich auch $\theta \mapsto \log(f_\theta(x))$ für alle x differenzierbar mit

$$\frac{\partial}{\partial \theta} \log(f_\theta(x)) = \frac{\frac{\partial}{\partial \theta} f_\theta(x)}{f_\theta(x)}.$$

19.12 Loglikelihood-Funktion und Likelihood-Gleichung

Die Abbildung

$$\ell : \Theta \times \mathcal{X} \to \mathbb{R}, \; \ell(\theta, x) = \log(f_\theta(x))$$

wird als Loglikelihood-Funktion bezeichnet und die Gleichung in θ

$$\frac{\partial}{\partial \theta} \ell(\theta, x) = 0$$

als Likelihood-Gleichung.

Sei nun $x \in \mathcal{X}$. Falls ein Maximum-Likelihood-Schätzwert $\theta^*(x)$ vorliegt, so gilt unter Verwendung der Loglikelihood-Funktion

$$\ell(\theta^*(x), x) = \sup_{\theta \in \Theta} \ell(\theta, x),$$

und damit

$$\frac{\partial}{\partial \theta} \ell(\theta^*(x), x) = 0.$$

Ein Maximum-Likelihood-Schätzwert ist also eine Lösung der Likelihood-Gleichung; natürlich können aber auch weitere Lösungen vorliegen, die nicht zu Maximum-Likelihood-Schätzwerten gehören.

19.13 Versuchsserien zu differenzierbaren Experimenten

Wir betrachten die Versuchsserie zu einem differenzierbaren Experiment. Zu jedem n liegt dann die n-fache Versuchswiederholung vor mit den Dichten

$$f_{\theta,n}(x) = \prod_{i=1}^{n} f_\theta(x_i) \text{ für } x = (x_1, \ldots, x_n).$$

Natürlich sind auch diese Dichten > 0 und in θ differenzierbar, so daß die n-fache Wiederholung ebenfalls ein differenzierbares Experiment bildet. Zu diesem Experiment bilden wir die Loglikelihood-Funktion

$$\ell_n(\theta, x) = \log(f_{\theta,n}(x)) = \sum_{i=1}^{n} \ell(\theta, x_i) \text{ für } x = (x_1, \ldots, x_n).$$

An dieser Stelle ist der Vorteil des Übergangs zur Loglikelihood-Funktion zu erkennen. Während sich die Dichten in der n-fachen Wiederholung als Produkt der individuellen Dichten ergeben, ist die Loglikelihood-Funktion die Summe der individuellen Loglikelihood-Funktionen und, wie uns die Gesetze der großen Zahlen und der zentrale Grenzwertsatz gezeigt haben, sind Summen von Zufallsgrößen zumindest asymptotisch gut zu handhaben.

Falls nun zu $x = (x_1, \ldots, x_n)$ ein Maximum-Likelihood-Schätzwert $\theta_n^*(x)$ in der n-fachen Versuchswiederholung vorliegt, so gilt $\ell_n(\theta_n^*(x), x) = \sup_{\theta\in\Theta} \ell_n(\theta, x)$ und damit

$$\frac{\partial}{\partial\theta} \ell_n(\theta_n^*(x), x) = \sum_{i=1}^{n} \frac{\partial}{\partial\theta} \ell(\theta_n^*(x), x_i) = 0.$$

Die Gleichung in θ zu gegebener Beobachtung $x = (x_1, \ldots, x_n)$

$$\sum_{i=1}^{n} \frac{\partial}{\partial\theta} \ell(\theta, x_i) = 0$$

wird als **Likelihood-Gleichung zum Stichprobenumfang n** bezeichnet.

Wir wollen nun die Konsistenz von Schätzfolgen untersuchen, die zu jedem Stichprobenumfang n nach dem Maximum-Likelihood-Prinzip gebildet werden. Dazu gehen wir den Weg, zunächst Lösungen der Likelihood-Gleichungen zu betrachten.

19.14 Satz

Betrachtet werde eine Versuchsserie zu einem differenzierbaren statistischen Experiment $(\mathcal{X}, (W_\theta)_{\theta\in\Theta})$. Dann gilt für jedes $\theta \in \Theta$:

Es existiert eine Folge $(A_n^\theta)_{n\in\mathbb{N}}$ von meßbaren $A_n^\theta \subseteq \mathcal{X}^n$ und eine Folge von Abbildungen $(h_n^\theta)_{n\in\mathbb{N}}$, $h_n^\theta : A_n^\theta \to \mathbb{R}$, mit den folgenden Eigenschaften:

(i) $W_\theta^n(A_n^\theta) \to 1$ *für* $n \to \infty$.

(ii) $\frac{\partial}{\partial\theta} \ell_n(h_n^\theta(x), x) = 0$ *für alle* $x \in A_n^\theta$.

(iii) $\sup_{x\in A_n^\theta} | h_n^\theta(x) - \theta | \to 0$ *für* $n \to \infty$.

Den recht technischen Beweis werden wir in den Vertiefungen durchführen. An dieser Stelle soll nur die Aussage dieses Satzes erläutert werden.

Zu beachten ist zunächst die Abhängigkeit der A_n^θ und h_n^θ von θ wie durch die Bezeichnungsweise deutlich gemacht. Aussage (*ii*) zeigt, daß wir zu jedem θ Lösungen der Likelihood-Gleichungen finden können, zwar nicht unbedingt für sämtliche Beobachtungen, aber, wie Aussage (*i*) zeigt, mit gegen 1 strebender Wahrscheinlichkeit und zusätzlich so, daß diese Lösungen dieses θ gemäß (*iii*) beliebig genau approximieren.

Stimmen nun sämtliche dieser Lösungen h_n^θ überein und zwar derart, daß der gemeinsame Wert der Maximum-Likelihood-Schätzwert ist, so ergibt sich, wie der folgende Satz zeigt, leicht die gewünschte Konsistenz von Schätzfolgen, die nach dem Maximum-Likelihood-Prinzip konstruiert sind.

19.15 Satz

Betrachtet werde eine Versuchsserie zu einem differenzierbaren statistischen Experiment $(\mathcal{X}, (W_\theta)_{\theta\in\Theta})$.

Es existiere eine Folge $(C_n)_{n\in\mathbb{N}}$ *von meßbaren* $C_n \subseteq \mathcal{X}^n$ *mit den folgenden Eigenschaften:*

(i) Für jedes $\theta \in \Theta$ *gilt*

$$W_\theta^n(C_n) \to 1 \text{ für } n \to \infty.$$

(ii) Für jedes n *und* $x \in C_n$ *ist die Likelihood-Gleichung* $\frac{\partial}{\partial\theta}\ell_n(\theta, x) = 0$ *zum Stichprobenumfang* n *eindeutig lösbar, wobei diese Lösung die Likelihood-Funktion maximiert, also der Maximum-Likelihood-Schätzwert ist.*

Für jedes n *sei weiter* g_n^* *ein Schätzer, der Maximum-Likelihood-Schätzer auf* C_n *ist. Dann folgt:*

Die Schätzfolge $(g_n^*)_n$ *ist konsistent.*

Beweis:
Wir bemerken zunächst, daß gemäß unserer Voraussetzungen der Maximum-Likelihood-Schätzwert auf C_n als Lösung der Likelihood-Gleichung eindeutig bestimmt ist.

Sei $\theta \in \Theta$. Wir wählen nun $(A_n^\theta)_{n\in\mathbb{N}}$ und $(h_n^\theta)_{n\in\mathbb{N}}$ gemäß dem vorstehenden

Satz 19.14. Dann erfüllt h_n^θ die Likelihood-Gleichung auf $A_n^\theta \cap C_n$, so daß aus der vorausgesetzten eindeutigen Lösbarkeit folgt

$$h_n^\theta(x) = g_n^*(x) \text{ für alle } x \in A_n^\theta \cap C_n.$$

Damit ergibt sich für $n \to \infty$

$$\sup_{x \in A_n^\theta \cap C_n} | g_n^*(x) - \theta | = \sup_{x \in A_n^\theta \cap C_n} | h_n^\theta(x) - \theta | \to 0.$$

Sei nun $\epsilon > 0$. Wir wählen eine natürliche Zahl n_0 mit der Eigenschaft

$$\sup_{x \in A_n^\theta \cap C_n} | g_n^*(x) - \theta | < \epsilon \text{ für alle } n \geq n_0.$$

Es folgt für $n \geq n_0$:

$$\begin{aligned} W_\theta^n(| g_n^* - \theta | \geq \epsilon) &= W_\theta^n(A_n^\theta \cap C_n \cap \{| g_n^* - \theta | \geq \epsilon\}) \\ &+ W_\theta^n((A_n^\theta \cap C_n)^c \cap \{| g_n^* - \theta | \geq \epsilon\}) \\ &= W_\theta^n((A_n^\theta \cap C_n)^c \cap \{| g_n^* - \theta | \geq \epsilon\}) \\ &\leq W_\theta^n((A_n^\theta)^c) + W_\theta^n(C_n^c) \to 0. \end{aligned}$$

□

19.16 Beispiel

Betrachtet sei eine Versuchsserie von $X_1, X_2, \ldots$ von stochastisch unabhängigen und identisch Poisson-verteilten Zufallsgrößen mit unbekanntem Parameter $\theta \in \Theta = (0, \infty)$. Zu $x \in \mathcal{X} = \{0, 1, 2, \ldots\}$ liegen vor

$$f_\theta(x) = e^{-\theta} \frac{\theta^x}{x!} \text{ und } \ell(\theta, x) = -\theta + x \log(\theta) - \log(x!)$$

und für $x = (x_1, \ldots, x_n) \in \mathcal{X}^n$ in der n-fachen Versuchswiederholung

$$f_{\theta,n}(x) = e^{-n\theta} \frac{\theta^{x_1 + \ldots + x_n}}{x_1! \cdots x_n!} \text{ und } \ell_n(\theta, x) = -n\theta + \sum_{i=1}^n x_i \log(\theta) - \sum_{i=1}^n \log(x_i!) .$$

Für jedes n und θ gilt damit für die erste und zweite Ableitung bzgl. θ

$$\ell_n'(\theta, x) = -n + \frac{1}{\theta} \sum_{i=1}^n x_i \text{ und } \ell_n''(\theta, x) = -\frac{1}{\theta^2} \sum_{i=1}^n x_i .$$

Falls $\sum_{i=1}^n x_i > 0$ vorliegt, so besitzt die Likelihood-Gleichung die eindeutige Lösung

$$\theta_n^*(x) = \frac{1}{n} \sum_{i=1}^n x_i = \overline{x}_n,$$

wobei ein Maximum vorliegt. Falls $\sum_{i=1}^{n} x_i = 0$ gilt, so existiert keine Lösung in $\Theta = (0,\infty)$. Somit ist $\theta_n^*(x) = \overline{x}_n$ eindeutig bestimmter Maximum-Likelihood-Schätzer auf $C_n = \{x : \sum_{i=1}^{n} x_i > 0\}$. Dabei gilt für jedes $\theta \in \Theta$

$$\begin{aligned} W_\theta^n(C_n^c) &= W_\theta^n(\{x : x_1 = x_2 = \cdots = x_n = 0\}) \\ &= P_\theta(X_1 = 0, X_2 = 0, \ldots, X_n = 0) \\ &= \prod_{i=1}^{n} P_\theta(X_i = 0) = e^{-n\theta} \to 0 \text{ für } n \to \infty. \end{aligned}$$

Es liegt also die Situation von Satz 19.15 vor.

Wie schon erwähnt bildet die Konsistenz eine fast selbstverständliche Anforderung an eine Schätzfolge. Die folgende Begriffsbildung der **asymptotischen Normalität**, die eng mit dem zentralen Grenzwertsatz verbunden ist, führt zu genaueren Untersuchungen.

19.17 Asymptotisch normale Schätzfolgen

Betrachtet sei eine Versuchsserie $X_1, X_2, \ldots$ zu einem statistischen Experiment $(\mathcal{X}, (W_\theta)_{\theta\in\Theta})$. Zu schätzen sei $\gamma : \Theta \to \mathbb{R}$.

Eine Schätzfolge $(g_n)_n$ wird als asymptotisch normal bezeichnet, falls eine Funktion $\sigma_g^2 : \Theta \to (0,\infty)$ so existiert, daß für jedes $\theta \in \Theta$ gilt

$$W_\theta^n(\sqrt{n}(g_n - \gamma(\theta)) \le t) \to N(0, \sigma_g^2(\theta))((-\infty, t]) \text{ für alle } t \in \mathbb{R},$$

wobei letzteres äquivalent ist zu

$$W_\theta^n\left(\frac{\sqrt{n}(g_n - \gamma(\theta))}{\sigma_g(\theta)} \le t\right) \to N(0,1)((-\infty, t]) \text{ für alle } t \in \mathbb{R}.$$

Die Funktion σ_g^2 wird als **asymptotische Varianzfunktion** *bezeichnet.*

Gehen wir über zu $g_n(X_1, \ldots, X_n)$ und zu P_θ, so erhalten wir:
Eine Schätzfolge ist asymptotisch konsistent für γ genau dann, wenn für alle $\theta \in \Theta$ gilt

$$\frac{\sqrt{n}(g_n(X_1, \ldots, X_n) - \gamma(\theta))}{\sigma_g(\theta)} \to N(0,1) \text{ in Verteilung bzgl. } P_\theta\ .$$

19.18 Anmerkungen

(*i*) Ist eine Schätzfolge asymptotisch normal, so ist sie auch konsistent, denn es gilt für $\epsilon > 0$

$$W_\theta^n(\mid g_n - \gamma(\theta) \mid \geq \epsilon) = W_\theta^n(\frac{\sqrt{n} \mid g_n - \gamma(\theta) \mid}{\sigma_g(\theta)} \geq \frac{\epsilon\sqrt{n}}{\sigma_g(\theta)}) \to 0 \text{ für } n \to \infty.$$

Daß diese Wahrscheinlichkeit gegen 0 strebt, kann unter Benutzung der asymptotischen Normalität leicht eingesehen werden. Sei zur einfacheren Notation Y eine $N(0,1)$-verteilte Zufallsgröße bzgl. eines Wahrscheinlichkeitsmaßes P. Dann folgt leicht aus der asymptotischen Normalität für jedes $t \geq 0$

$$W_\theta^n(\frac{\sqrt{n} \mid g_n - \gamma(\theta) \mid}{\sigma_g(\theta)} \geq t) \to P(\mid Y \mid \geq t) \text{ für } n \to \infty.$$

Sei nun $\delta > 0$. Wir wählen $K > 0$ mit der Eigenschaft $P(\mid Y \mid \geq K) \leq \delta$. Dann gilt für $n \geq \frac{K^2\sigma_g^2(\theta)}{\epsilon^2}$, also $\frac{\epsilon\sqrt{n}}{\sigma_g(\theta)} \geq K$:

$$\begin{aligned} W_\theta^n(\frac{\sqrt{n} \mid g_n - \gamma(\theta)}{\sigma_g(\theta)} \mid \geq \frac{\epsilon\sqrt{n}}{\sigma_g(\theta)}) &\leq W_\theta^n(\frac{\sqrt{n} \mid g_n - \gamma(\theta) \mid}{\sigma_g(\theta)} \geq K) \\ &\to P(\mid Y \mid \geq K) \leq \delta \text{ für } n \to \infty. \end{aligned}$$

Die behauptete Konvergenz gegen 0 folgt, denn es ist für beliebiges $\delta > 0$

$$\limsup_{n \to \infty} W_\theta^n(\mid g_n - \gamma(\theta) \mid \geq \epsilon) \leq \delta .$$

(*ii*) Wir wollen nun die statistische Bedeutung der asymptotischen Varianzfunktion ansprechen. Dazu sei wiederum Y eine $N(0,1)$-verteilte Zufallsgröße wie in (*i*). Betrachten wir die Wahrscheinlichkeit, daß die Abweichung von g_n zum zu schätzenden Wert $\gamma(\theta)$ zumindest $\frac{\epsilon}{\sqrt{n}}$ beträgt , so gilt:

$$\begin{aligned} W_\theta^n(\mid g_n - \gamma(\theta) \mid \geq \frac{\epsilon}{\sqrt{n}}) &= W_\theta^n(\frac{\sqrt{n} \mid g_n - \gamma(\theta) \mid}{\sigma_g(\theta)} \geq \frac{\epsilon}{\sigma_g(\theta)}) \\ &\approx P(\mid Y \mid \geq \frac{\epsilon}{\sigma_g(\theta)}). \end{aligned}$$

Je kleiner also $\sigma_g(\theta)$ ist, desto geringer wird asymptotisch die Wahrscheinlichkeit dieser Abweichung von g_n vom zu schätzenden Wert sein. Die asymptotische Varianzfunktion kann daher als ein asymptotisches Gütemaß für Schätzfolgen und damit auch für Schätzprinzipien aufgefaßt werden, und es erscheint sinnvoll, nach asymptotisch normalen Schätzfolgen mit möglichst geringer asymptotischer Varianz zu suchen.

Die folgende Überlegung ergänzt diese Argumentation. Betrachtet sei eine zum Schätzen von γ asymptotisch normale Schätzfolge, so daß also für alle $\theta \in \Theta$ gilt

$$\frac{\sqrt{n}(g_n(X_1,\dots,X_n)-\gamma(\theta))}{\sigma_g(\theta)} \to N(0,1) \text{ in Verteilung bzgl. } P_\theta\,.$$

Nehmen wir nun an, daß zusätzlich zur Konvergenz in Verteilung auch die Konvergenz der quadratischen Momente vorliegt. Wir merken an, daß solche Momentenkonvergenz allgemeinen nicht aus der Verteilungskonvergenz folgt, vielmehr zusätzliche Integrierbarkeits- bzw. Beschränktheitsbedingungen benötigt werden, die wir in diesem einführenden Text nicht diskutieren wollen. Unter unserer Annahme gilt dann für jedes θ, da das quadratische Moment der $N(0,1)$-Verteilung 1 ist:

$$E_\theta\left(\frac{n(g_n(X_1,\dots,X_n)-\gamma(\theta)))^2}{\sigma_g^2(\theta)}\right) \to 1 \text{ für } n \to \infty.$$

Dies besagt aber für das Risiko bei quadratischer Verlustfunktion

$$nR(\theta,g_n) \to \sigma_g^2(\theta), \text{ bzw. } R(\theta,g_n) \approx \frac{\sigma_g^2(\theta)}{n}.$$

Das Risiko strebt also in der Ordnung $\frac{1}{n}$ gegen 0, wobei der Vorfaktor durch die asymptotische Varianzfunktion gegeben ist.

Wie schon bei der Untersuchung des Konsistenzbegriffs wollen wir mit einem Beispiel beginnen, das die enge Nähe des Begriffs der asymptotischen Normalität zum zentralen Grenzwertsatz illustriert.

19.19 Beispiel

Wie in Beispiel 19.10 betrachten wir eine Versuchsserie $X_1, X_2, \dots$ mit Verteilungen $P_\theta^{X_i} = W_\theta$ zu unbekanntem $\theta \in \Theta$.

Zu schätzen sei wiederum der unbekannte Erwartungswert $\gamma(\theta) = E_\theta(X_1) = \int x\, W_\theta(dx)$, wobei zusätzlich vorausgesetzt sei, daß die Varianzen $\sigma^2(\theta) = Var_\theta(X_1)$ endlich seien. Als konsistente Schätzfolge $(g_n)_n$ haben wir die Folge der fortlaufenden Mittelwerte

$$g_n(x_1,\dots,x_n) = \overline{x}_n = \frac{1}{n}\sum_{i=1}^n x_i$$

kennengelernt. Dabei gilt für jedes θ

$$\frac{\sqrt{n}(g_n(X_1,\dots,X_n)-\gamma(\theta))}{\sigma(\theta)} = \frac{1}{\sqrt{nVar_\theta(X_1)}}\sum_{i=1}^n (X_i - E_\theta(X_1)),$$

und der zentrale Grenzwertsatz liefert die Konvergenz

$$\frac{1}{\sqrt{nVar_\theta(X_1)}}\sum_{i=1}^{n}(X_i - E_\theta(X_1)) \to N(0,1) \text{ in Verteilung bzgl. } P_\theta.$$

Die Schätzfolge $(g_n)_n$ der fortlaufenden Mittelwerte ist also asymptotisch normal für $\gamma(\theta) = E_\theta X_1$ mit asymptotischer Varianz $\sigma^2(\theta)$, der Varianz der Beobachtungen.

Wir werden nun sehen, daß unter geeigneten Voraussetzungen die asymptotische Normalität von nach dem Maximum- Likelihood -Prinzip konstruierten Schätzfolgen vorliegt und können dabei explizit die asymptotische Varianz angeben.

19.20 Satz

Betrachtet werde eine Versuchsserie zu einem differenzierbaren statistischen Experiment $(\mathcal{X}, (W_\theta)_{\theta\in\Theta})$ und das Schätzproblem für $\gamma(\theta) = \theta$.

Sei $(g_n^*)_n$ eine Schätzfolge so, daß eine Folge $(C_n)_{n\in\mathbb{N}}$ von meßbaren $C_n \subseteq \mathcal{X}^n$ mit der Eigenschaft $W_\theta^n(C_n) \to 1$ für jedes θ vorliegt, für die für jedes n und $x \in C_n$ die Likelihood-Gleichung zum Stichprobenumfang n eine Lösung in $g_n^*(x)$ besitzt, d. h.

$$\frac{\partial}{\partial\theta}\,\ell_n(g_n^*(x), x) = 0 \textit{ für alle } x \in C_n.$$

Dann gilt unter geeigneten technischen Voraussetzungen, die in 19.25 der Vertiefungen explizit angegeben werden:

Falls $(g_n^*)_n$ asymptotisch konsistent ist, so ist $(g_n^*)_n$ auch asymptotisch normal, und die asymptotische Varianzfunktion ist gegeben durch

$$\sigma_{g^*}^2(\theta) = \frac{1}{I(\theta)} \textit{ mit } I(\theta) = \int \Big(\frac{\partial}{\partial\theta}\,\ell(\theta,x)\Big)^2\, W_\theta(dx) = E_\theta\Big(\Big(\frac{\partial}{\partial\theta}\,\ell(\theta,X_1)\Big)^2\Big).$$

Die komplette Darstellung der Voraussetzungen zusammen mit dem Beweis wird in den Vertiefungen gegeben werden. Hier wollen wir nur den tatsächlich einfachen Grundgedanken schildern. Dazu seien hier und im folgenden Ableitungen bzgl. θ mit *Strichen* bezeichnet.
Wir benutzen die Taylor-Entwicklung

$$\ell_n'(g_n^*(x), x) = \ell_n'(\theta, x) + (g_n^*(x) - \theta)\,\ell_n''(\theta, x) + \frac{1}{2}(g_n^*(x) - \theta)^2\,\ell_n'''(\eta(x), x).$$

Für $x \in C_n$ gilt $\ell_n'(g_n^*(x), x) = 0$ und damit

$$\sqrt{n}(g_n^*(x) - \theta) = \frac{\frac{1}{\sqrt{n}}\,\ell_n'(\theta, x)}{-\frac{1}{n}\,\ell_n''(\theta, x) - \frac{1}{2n}(g_n^*(x) - \theta)\,\ell_n'''(\eta(x), x)}.$$

Wir ersetzen in dieser Darstellung x durch $(X_1, \ldots, X_n)$. Dann läßt sich der Zähler des Bruches mit dem zentralen Grenzwertsatz behandeln, der Nenner mit den Gesetzen der großen Zahlen. Dieses wird schließlich geeignet zusammengefaßt und ergibt die Behauptung.

Tatsächlich ist $\frac{1}{I(\theta)}$ im wesentlichen die kleinste mögliche asymptotische Varianzfunktion, die auftreten kann. Es gilt - unter geeigneten technischen Bedingungen - das folgende Resultat: Für jede asymptotisch normale Schätzfolge für $\gamma(\theta) = \theta$ mit asymptotischer Varianzfunktion σ_g^2 ist

$$\sigma_g^2(\theta) \geq \frac{1}{I(\theta)} \text{ für } \lambda\text{-fast alle } \theta \in \Theta.$$

Dieses Resultat der Mathematischen Statistik, das die Bedeutung der Maximum-Likelihood-Schätzung unterstreicht, kann allerdings im Rahmen unseres einführenden Textes nicht bewiesen werden.

Wir wollen hier auf einem anderen Weg die Bedeutung der Kenngröße $I(\theta)$, die als **Fisher-Information** bezeichnet wird, aufzeigen.

19.21 Die Fisher-Information

Betrachtet sei ein differenzierbares statistisches Experiment so, daß für jedes θ die Zufallsgröße $\ell'(\theta, X_1)$ quadrat-integrierbar ist. Als Fisher-Information zu $\theta \in \Theta$ wird definiert

$$I(\theta) = \int \ell'(\theta, x)^2 \, W_\theta(dx) = E_\theta(\ell'(\theta, X_1)^2).$$

Unsere Überlegungen seien unter der zusätzlichen Voraussetzung $\int f'_\theta(x) \, \mu(dx) = 0$ für alle θ durchgeführt. Da $\int f_\theta(x) \, \mu(dx) = 1$ für alle θ vorliegt, bedeutet dies die Vertauschbarkeit von Integration und Differentiation, vgl. 20.21. Damit folgt

$$\begin{aligned} 0 &= \int f'_\theta(x) \, \mu(dx) = \int \frac{f'_\theta(x)}{f_\theta(x)} f_\theta(x) \, \mu(dx) \\ &= \int \ell'(\theta, x) \, W_\theta(dx) = E_\theta(\ell'(\theta, X_1)), \end{aligned}$$

also

$$I(\theta) = Var_\theta(\ell'(\theta, X_1)).$$

Gehen wir zur Fisher-Information $I_n(\theta)$ in der n-fachen Wiederholung über, erhalten wir

$$\begin{aligned} I_n(\theta) &= Var_\theta(\ell'_n(\theta, (X_1, \ldots, X_n)) = Var_\theta(\sum_{i=1}^n \ell'(\theta, X_i)) \\ &= \sum_{i=1}^n Var_\theta(\ell'(\theta, X_i)) = nI(\theta). \end{aligned}$$

Die Bedeutung der Fisher-Information in der Schätztheorie wird durch den folgenden Satz, der als **Informations-Ungleichung** bekannt ist, verdeutlicht.

19.22 Satz

Betrachtet sei ein differenzierbares statistisches Experiment wie vorstehend beschrieben mit Fisher-Information > 0. *Zu schätzen sei* $\gamma(\theta) = \theta$ *bei quadratischer Verlustfunktion.*

Es sei g *ein erwartungstreuer Schätzer mit der Eigenschaft*

$$\int g f'_\theta \, d\mu = 1 \text{ für alle } \theta \in \Theta.$$

Dann gilt

$$R(\theta, g) \geq \frac{1}{I(\theta)} \text{ für alle } \theta \in \Theta.$$

Beweis:

Ohne Einschränkung sei $R(\theta, g) = Var_\theta(g(X)) < \infty$. Dann gilt gemäß Voraussetzung an g

$$\begin{aligned} 1 &= E_\theta(g(X)\,\ell'(\theta, X))^2 \\ &= E_\theta((g(X) - \theta)\,\ell'(\theta, X))^2 \\ &\leq E_\theta((g(X) - \theta)^2) E_\theta(\ell'(\theta, X)^2), \end{aligned}$$

wobei zunächst $E_\theta(\ell'(\theta, X)) = 0$ und anschließend die Cauchy-Schwarz-Ungleichung benutzt wurden. Es folgt

$$1 \leq Var_\theta(g(X))\, I(\theta),$$

damit die Behauptung.

19.23 Anmerkungen

(*i*) Die Voraussetzung $\int g f'_\theta \, d\mu = 1$ besagt, da bei Erwartungstreue $\int g f_\theta \, d\mu = \theta$ vorliegt, wiederum die Vertauschbarkeit von Differentiation und Integration.

(*ii*) Gehen wir zur n-fachen Versuchswiederholung über mit einem erwartungstreuen Schätzer g_n, so erhalten wir entsprechend die Ungleichung

$$R(\theta, g_n) \geq \frac{1}{nI(\theta)} \text{ für alle } \theta \in \Theta.$$

Vertiefungen

Wir beginnen mit dem Beweis des technischen Satzes zur Existenz von geeigneten Lösungen der Likelihood-Gleichungen.

19.24 Satz

Betrachtet werde eine Versuchsserie zu einem differenzierbaren statistischen Experiment $(\mathcal{X}, (W_\theta)_{\theta \in \Theta})$. *Dann gilt für jedes* $\theta \in \Theta$:

Es existiert eine Folge $(A_n^\theta)_{n \in \mathbb{N}}$ *von* $A_n^\theta \subseteq \mathcal{X}^n$ *und eine Folge von Abbildungen* $(h_n^\theta)_{n \in \mathbb{N}}$, $h_n^\theta : A_n^\theta \to \mathbb{R}$, *mit den folgenden Eigenschaften:*

$$\begin{array}{ll} (i) & W_\theta^n(A_n^\theta) \to 1 \text{ für } n \to \infty. \\ (ii) & \frac{\partial}{\partial \theta} \ell_n(h_n^\theta(x), x) = 0 \text{ für alle } x \in A_n^\theta. \\ (iii) & \sup_{x \in A_n^\theta} \mid h_n^\theta(x) - \theta \mid \to 0 \text{ für } n \to \infty. \end{array}$$

Beweis:
Sei $\theta \in \Theta$.

(a) Sei $\eta \neq \theta$, also $W_\eta \neq W_\theta$. Wir zeigen

$$\int \log(f_\eta / f_\theta) dW_\theta < 0,$$

wobei der Fall, daß das Integral den Wert $-\infty$ annimmt, hier möglich ist. Dazu benutzen wir die Ungleichung

$$\log(x) \leq x - 1 \text{ für } x > 0,$$

bei der nur in dem Fall $x = 1$ die Gleichheit besteht. Zunächst zeigen wir, daß obiges Integral existiert, und zwar mit der Ungleichung $\log(x)^+ \leq x$, daß der Positivteil dieses Integrals endlich ist:

$$\begin{aligned} \int \log(f_\eta / f_\theta)^+ dW_\theta &\leq \int (f_\eta / f_\theta) dW_\theta \\ &= \int (f_\eta / f_\theta) f_\theta d\mu \\ &= \int f_\eta d\mu = 1. \end{aligned}$$

Da wir nun wissen, daß das Integral existiert, können wir entsprechend abschätzen

$$\int \log(f_\eta/f_\theta)dW_\theta \leq \int (f_\eta/f_\theta)dW_\theta - 1 = 0.$$

Sei nun angenommen, daß obiges Integral gleich 0 ist. Dann folgt, da Gleichheit von $\log(x)$ und $x-1$ nur für $x=1$ besteht,

$$W_\theta(f_\eta/f_\theta = 1) = 1.$$

Daraus ergibt sich für jedes meßbare A

$$W_\eta(A) = \int_A f_\eta d\mu = \int_A (f_\eta/f_\theta)f_\theta d\mu = \int_A (f_\eta/f_\theta)dW_\theta = W_\theta(A),$$

also $W_\eta = W_\theta$ im Widerspruch zur vorliegenden Ungleichheit.

(b) Es ist

$$E_\theta(\log(f_\eta(X_1)/f_\theta(X_1))) = \int \log(f_\eta/f_\theta)dW_\theta,$$

und mit dem Gesetz der großen Zahlen gilt

$$\frac{1}{n}\sum_{i=1}^{n} \log(f_\eta(X_i)/f_\theta(X_i)) \to \int \log(f_\eta/f_\theta)dW_\theta \ P_\theta\text{-fast sicher.}$$

Zu beachten ist hier, daß dies auch in dem Fall gilt, daß obiges Integral den Wert $-\infty$ hat. Da $\int \log(f_\eta/f_\theta)dW_\theta < 0$ vorliegt, folgt aus der obigen Konvergenz insbesondere für $n \to \infty$

$$P_\theta(\frac{1}{n}\sum_{i=1}^{n} \log(f_\eta(X_i)/f_\theta(X_i)) < 0) = P_\theta(\sum_{i=1}^{n} \log(f_\eta(X_i)/f_\theta(X_i)) < 0) \to 1.$$

Wir können dies unter Benutzung der Loglikelihood-Funktion ausdrücken. Da

$$\sum_{i=1}^{n} \log(f_\eta(X_i)/f_\theta(X_i)) = \ell_n(\eta,(X_1,\ldots,X_n)) - \ell_n(\theta,(X_1,\ldots,X_n))$$

gilt, erhalten wir

$$\begin{aligned} & W_\theta^n(\{(x_1,\ldots,x_n) : \ell_n(\eta,(x_1,\ldots,x_n)) < \ell_n(\theta,(x_1,\ldots,x_n))\}) \\ = \ & P_\theta(\sum_{i=1}^{n} \log(f_\eta(X_i)/f_\theta(X_i)) < 0) \to 1 \text{ für } n \to \infty. \end{aligned}$$

(c) Da Θ gemäß der Voraussetzungen über differenzierbare Experiment ein offenes Intervall ist, existiert $a > 0$ mit $[\theta - a, \theta + a] \subset \Theta$. Für $k \in \mathbb{N}$ setzen wir

$$\begin{aligned} A_n(k) \ = \ & \{(x_1,\ldots,x_n) : \ell_n(\theta - \frac{a}{k},(x_1,\ldots,x_n)) < \ell_n(\theta,(x_1,\ldots,x_n))\} \\ & \cap\{(x_1,\ldots,x_n) : \ell_n(\theta + \frac{a}{k},(x_1,\ldots,x_n)) < \ell_n(\theta,(x_1,\ldots,x_n))\}. \end{aligned}$$

Für jedes $(x_1, \ldots, x_n) \in A_n(k)$ ist $\ell_n(\cdot, (x_1, \ldots, x_n))$ eine differenzierbare Abbildung auf $[\theta - \frac{a}{k}, \theta + \frac{a}{k}]$, die ihr Maximum in $(\theta - \frac{a}{k}, \theta + \frac{a}{k})$ annimmt. Es sei dann

$$h_n(k, (x_1, \ldots, x_n)) \text{ Maximalstelle in } (\theta - \frac{a}{k}, \theta + \frac{a}{k}),$$

so daß gilt

$$\frac{\partial}{\partial \theta} \ell_n(h_n(k, (x_1, \ldots, x_n)), (x_1, \ldots, x_n)) = 0.$$

(d) Für jedes k erhalten wir aus (b)

$$W_\theta^n(A_n(k)) \to 1 \text{ für } n \to \infty.$$

Daraus folgt elementar die Existenz einer Folge natürlicher Zahlen $k_1 \leq k_2 \leq \ldots$ mit den Eigenschaften $k_n \to \infty$ und

$$W_\theta^n(A_n(k_n)) \to 1 \text{ für } n \to \infty.$$

Wir definieren nun unter expliziter Kenntlichmachung der Abhängigkeit von θ

$$A_n^\theta = A_n(k_n) \text{ und } h_n^\theta = h_n(k_n, \cdot).$$

Damit liegen vor

$$W_\theta^n(A_n^\theta) \to 1 \text{ und } \frac{\partial}{\partial \theta} \ell_n(h_n(x), x) = 0 \text{ für } x = (x_1, \ldots, x_n) \in A_n^\theta.$$

Schließlich gilt $h_n(x) \in [\theta - \frac{a}{k_n}, \theta + \frac{a}{k_n}]$ für $x \in A_n^\theta$, so daß wir aus $k_n \to \infty$ erhalten

$$\sup_{x \in A_n^\theta} | h_n(x) - \theta | \leq \frac{a}{k_n} \to 0 \text{ für } n \to \infty.$$

□

Zum exakten Formulieren und Beweisen des Satzes über asymptotische Normalität von Maximum-Likelihood-Schätzungen seien wie schon in 19.20 Ableitungen bezüglich θ mit *Strichen* bezeichnet.

19.25 Satz

Betrachtet werde eine Versuchsserie zu einem differenzierbaren statistischen Experiment $(\mathcal{X}, (W_\theta)_{\theta \in \Theta})$ und das Schätzproblem für $\gamma(\theta) = \theta$.

Sei $(g_n^*)_n$ eine Schätzfolge so, daß eine Folge $(C_n)_{n \in \mathbb{N}}$ von meßbaren $C_n \subseteq \mathcal{X}^n$ mit der Eigenschaft $W_\theta^n(C_n) \to 1$ für jedes θ vorliegt, für die für jedes n und $x \in C_n$ die Likelihood-Gleichung zum Stichprobenumfang n eine Lösung in $g_n^*(x)$ besitzt, d. h.

$$\frac{\partial}{\partial \theta} \ell_n(g_n^*(x), x) = 0 \textit{ für alle } x \in C_n.$$

Ferner seien folgende Voraussetzungen erfüllt:

(i) *Für alle* x *sei die Abbildung* $\ell(\cdot, x) : \Theta \to \mathbb{R}$ *dreimal stetig-differenzierbar.*

(ii) *Für jedes* $\theta \in \Theta$ *existieren eine bzgl.* W_θ *integrierbare Abbildung* $M : \mathcal{X} \to [0, \infty)$ *und ein* $c > 0$ *so, daß gilt:*

$$| \ell'''(\eta, x) | \leq M(x) \text{ für alle } x \text{ und alle } \eta \in [\theta - c, \theta + c].$$

(iii) *Für*

$$I(\theta) = \int \ell'(\theta, x)^2 \, W_\theta(dx)$$

gelte

$$0 < I(\theta) < \infty \text{ für alle } \theta \in \Theta.$$

(iv) *Für alle* $\theta \in \Theta$ *gelte* $0 = \int f'_\theta(x) \, \mu(dx) = \int f''_\theta(x) \, \mu(dx)$.

Dann folgt:

Falls $(g_n^*)_n$ *asymptotisch konsistent ist, so ist* $(g_n^*)_n$ *auch asymptotisch normal und die asymptotische Varianzfunktion ist gegeben durch*

$$\sigma^2_{g^*}(\theta) = \frac{1}{I(\theta)}.$$

Beweis:

(a) Sei $\theta \in \Theta$. Für jedes $n \in \mathbb{N}$ folgt mit einer Taylor-Entwicklung

$$\ell'_n(g_n^*(x), x) = \ell'_n(\theta, x) + (g_n^*(x) - \theta) \, \ell''_n(\theta, x) + \frac{1}{2}(g_n^*(x) - \theta)^2 \, \ell'''_n(\eta(x), x).$$

Für $x \in C_n$ gilt $\ell'_n(g_n^*(x), x) = 0$ und damit

$$\sqrt{n}(g_n^*(x) - \theta) = \frac{\frac{1}{\sqrt{n}} \, \ell'_n(\theta, x)}{-\frac{1}{n} \, \ell''_n(\theta, x) - \frac{1}{2n}(g_n^*(x) - \theta) \, \ell'''_n(\eta(x), x)}$$

für alle $x \in C_n$ mit der Eigenschaft $-\frac{1}{n} \, \ell''_n(\theta, x) - \frac{1}{2n}(g_n^*(x) - \theta) \, \ell'''_n(\eta(x), x) \neq 0$.

Es sind im folgenden die einzelnen Teile gesondert zu betrachten.

(b) Wir notieren zunächst einige Konsequenzen aus Voraussetzung (iv).

$$\begin{aligned} 0 &= \int f'_\theta(x)\,\mu(dx) = \int \frac{f'_\theta(x)}{f_\theta(x)} f_\theta(x)\,\mu(dx) \\ &= \int \ell'(\theta,x)\,W_\theta(dx) = E_\theta(\,\ell'(\theta,X_1)), \end{aligned}$$

ebenso

$$0 = \int \frac{f''_\theta(x)}{f_\theta(x)} f_\theta(x)\,\mu(dx) = \int \frac{f''_\theta(x)}{f_\theta(x)} W_\theta(dx).$$

Damit folgt

$$I(\theta) = E_\theta(\,\ell'(\theta,X_1)^2) = Var_\theta(\,\ell'(\theta,X_1)).$$

Ferner gilt

$$\ell''(\theta,x) = \frac{\partial}{\partial\theta}\left(\frac{f'_\theta(x)}{f_\theta(x)}\right) = \frac{f''_\theta(x)}{f_\theta(x)} - \left(\frac{f'_\theta(x)}{f_\theta(x)}\right)^2,$$

also

$$I(\theta) = \int (f'_\theta(x)/f_\theta(x))^2\,W_\theta(dx) = -\int \ell''(\theta,x)\,W_\theta(dx) = -E_\theta(\,\ell''(\theta,X_1)).$$

(c) Behandlung von $\frac{1}{\sqrt{n}}\,\ell'_n(\theta,\,\cdot\,)$:

$$\frac{1}{\sqrt{n}}\,\ell'_n(\theta,(X_1,\ldots,X_n)) = \frac{1}{\sqrt{n}}\sum_{i=1}^n \ell'(\theta,X_i),$$

und der zentrale Grenzwertsatz besagt:

$$\frac{1}{\sqrt{n}}\sum_{i=1}^n \ell'(\theta,X_i) \to N(0,I(\theta)) \text{ in Verteilung bzgl. } P_\theta.$$

(d) Behandlung von $-\frac{1}{n}\,\ell''_n(\theta,\,\cdot\,)$:

$$-\frac{1}{n}\,\ell''_n(\theta,(X_1,\ldots,X_n)) = -\frac{1}{n}\sum_{i=1}^n \ell''(\theta,X_i) \to I(\theta)\ P_\theta\text{-fast sicher}$$

gemäß dem Gesetz der großen Zahlen.

(e) Behandlung von $q_n = -\frac{1}{2n}(g_n^* - \theta)\,\ell'''_n(\eta(\,\cdot\,),\,\cdot\,)$:

Sei $\epsilon > 0$. Sei $c > 0$ gegeben durch

$$\frac{2\epsilon}{c} = E(M(X_1)) + 1.$$

Zunächst gilt

$$\begin{aligned}
& P_\theta(\mid q_n(X_1,\ldots,X_n) \mid \geq \epsilon) \\
\leq\ & P_\theta(\mid g_n^*(X_1,\ldots,X_n) - \theta \mid > c) \\
& + P_\theta(\mid q_n(X_1,\ldots,X_n) \mid \geq \epsilon, \mid g_n^*(X_1,\ldots,X_n) - \theta \mid \leq c).
\end{aligned}$$

Aus der vorausgesetzten Konsistenz folgt für $n \to \infty$

$$P_\theta(\mid g_n^*(X_1,\ldots,X_n) - \theta \mid > c) \to 0,$$

so daß der zweite Term zu betrachten bleibt. Dazu schätzen wir unter Benutzung der Voraussetzungen an die dritte Ableitung ab:

$$\begin{aligned}
& P_\theta(\mid q_n(X_1,\ldots,X_n) \mid \geq \epsilon, \mid g_n^*(X_1,\ldots,X_n) - \theta \mid \leq c) \\
\leq\ & P_\theta(\mid g_n^*(X_1,\ldots,X_n) - \theta \mid \mid \frac{1}{n}\sum_{i=1}^n M(X_i) \mid \geq 2\epsilon, \mid g_n^*(X_1,\ldots,X_n) - \theta \mid \leq c) \\
\leq\ & P_\theta(\mid \frac{1}{n}\sum_{i=1}^n M(X_i) \mid \geq \frac{2\epsilon}{c}) \\
=\ & P_\theta(\frac{1}{n}\sum_{i=1}^n M(X_i) - E(M(X_1)) \geq 1) \to 0 \text{ für } n \to \infty.
\end{aligned}$$

Wir erhalten also die Konvergenz $q_n(X_1,\ldots,X_n) \to 0$ in Wahrscheinlichkeit bzgl. P_θ.

Zusammen mit (d) folgt die Konvergenz

$$-\frac{1}{n}\ell_n''(\theta,(X_1,\ldots,X_n)) + q_n(X_1,\ldots,X_n) \to I(\theta) \text{ in Wahrscheinlichkeit bzgl. } P_\theta.$$

(f) Wir wenden nun die folgende technische Aussage an, die wir im Anschluß an diesen Beweis zeigen werden:
Sind $Y_1, Y_2, \ldots$ und $Z_1, Z_2, \ldots$ Zufallsgrößen mit den Eigenschaften

$$Y_n \to N(0,a) \text{ in Verteilung und } Z_n \to b \neq 0 \text{ in Wahrscheinlichkeit,}$$

so gilt

$$\frac{Y_n}{Z_n} 1_{\{Z_n \neq 0\}} \to N(0, \frac{a}{b^2}) \text{ in Verteilung.}$$

Benutzen wir dieses in der hier vorliegende Situation, so folgt für

$$T_n = \frac{\frac{1}{\sqrt{n}}\ell_n'(\theta,(X_1,\ldots,X_n))}{-\frac{1}{n}\ell_n''(\theta,(X_1,\ldots,X_n)) + q_n(X_1,\ldots,X_n)} 1_{\{\text{ Nenner } \neq 0\}}$$

die Konvergenz

$$T_n \to N(0, \frac{1}{I(\theta)}) \text{ in Verteilung bzgl. } P_\theta.$$

(g) Weiter gilt

$$\begin{aligned} & P_\theta(\sqrt{n}(g_n^*(X_1, \ldots, X_n) - \theta) \neq T_n) \\ \leq \; & P_\theta((X_1, \ldots, X_n) \notin C_n) \\ & + P_\theta(-\frac{1}{n}\ell_n''(\theta, (X_1, \ldots, X_n)) + q_n(X_1, \ldots, X_n) = 0) \to 0. \end{aligned}$$

Daraus folgt für jedes meßbare $B \subseteq \mathbb{R}$

$$P_\theta(\sqrt{n}(g_n^*(X_1, \ldots, X_n) - \theta) \in B) - P_\theta(T_n \in B) \to 0,$$

und zusammen mit (f) erhalten wir die Behauptung. □

Wir zeigen nun das im Beweis benutzte technische Resultat:

19.26 Satz

Es seien $Y_1, Y_2, \ldots$ und $Z_1, Z_2, \ldots$ Zufallsgrößen mit den Eigenschaften

$$Y_n \to N(0, a) \textit{ in Verteilung und } Z_n \to b \neq 0 \textit{ in Wahrscheinlichkeit.}$$

Dann gilt

$$T_n = \frac{Y_n}{Z_n} 1_{\{Z_n \neq 0\}} \to N(0, \frac{a}{b^2}) \textit{ in Verteilung.}$$

Beweis:

Wir haben zu zeigen

$$P(T_n \leq t) \to N(0, \frac{a}{b^2})((-\infty, t]) \text{ für alle } t \in \mathbb{R}.$$

Wir führen den Beweis für $b > 0$, $t > 0$. Die weiteren Fälle können durch offensichtliche Abänderungen der auftretenden Ungleichungen in analoger Weise behandelt werden. Sei $0 < \epsilon < b$. Es gilt

$$\begin{aligned} P(T_n \leq t) &= P(Y_n \leq t Z_n, | Z_n - b | < \epsilon) + P(T_n \leq t, | Z_n - b | \geq \epsilon) \\ &\leq P(Y_n \leq t(b + \epsilon)) + P(| Z_n - b | \geq \epsilon), \end{aligned}$$

also unter Ausnutzung der vorausgesetzten Konvergenzen

$$\limsup_{n \to \infty} P(T_n \leq t) \leq N(0, a)((-\infty, t(b + \epsilon)]).$$

Grenzübergang für $\epsilon \to 0$ zeigt

$$\limsup_{n\to\infty} P(T_n \leq t) \leq N(0,a)((-\infty, tb]) = N(0, \frac{a}{b^2})((-\infty, t]).$$

Entsprechend folgt

$$\begin{aligned} P(T_n \leq t) &\geq P(Y_n \leq t\, Z_n, \mid Z_n - b \mid < \epsilon) \\ &\geq P(Y_n \leq t(b-\epsilon), \mid Z_n - b \mid < \epsilon) \\ &\geq P(Y_n \leq t(b-\epsilon)) - P(\mid Z_n - b \mid \geq \epsilon), \end{aligned}$$

und daraus

$$\liminf_{n\to\infty} P(T_n \leq t) \geq N(0,a)((-\infty, tb]) \geq N(0, \frac{a}{b^2})((-\infty, t]).$$

Es folgt damit wie behauptet

$$\lim_{n\to\infty} P(T_n \leq t) = N(0, \frac{a}{b^2})((-\infty, t]).$$

□

Aufgaben

Aufgabe 19.1 Beobachtet seien stochastisch unabhängige, identisch 2-dimensional normalverteilte Zufallsvektoren $X_1, \ldots, X_n$ mit bekanntem Erwartungswertvektor und unbekannter Kovarianzmatrix. Bestimmen Sie den Maximum-Likelihood-Schätzer für die Kovarianzmatrix.

Aufgabe 19.2 Seien X, Z stochastisch unabhängige, $N(0, \sigma^2)$-verteilte Zufallsgrößen. Sei $Y = \rho X + (1-\rho^2)^{1/2} Z$ für ein $\rho \in (-1,1)$. Zeigen Sie, daß (X, Y) eine 2-dimensionale Normalverteilung besitzt.

Aufgabe 19.3 Beobachtet seien die stochastisch unabhängigen Zufallsgrößen $Y_1, \ldots, Y_n, Z_1, \ldots, Z_n$, wobei Y_i, Z_i jeweils $N(\mu_i, \sigma^2)$-verteilt sind. Als unbekannter Parameter werde $\theta = (\mu_1, \ldots, \mu_n, \sigma^2) \in \mathbb{R}^n \times (0, \infty)$ betrachtet.

(i) Bestimmen Sie den MLS $\hat{\sigma}_n^2$ für die unbekannte Varianz.
(ii) Zeigen Sie, daß die Folge der $\hat{\sigma}_n^2$, $n \in \mathbb{N}$, nicht konsistent für σ^2 ist.

Aufgabe 19.4 Sei $Y_1, Y_2, \ldots$ eine Folge von stochastisch unabhängigen, $Poi(\theta)$-verteilten Zufallsgrößen mit unbekanntem $\theta \in (0, \infty)$. Wir wollen nur Beobachtungen > 0 zum Schätzen von θ heranziehen. Dazu setzen wir $T_1 = \inf\{i > 0 : Y_i > 0\}$ und $T_k = \inf\{i > T_{k-1} : Y_i > 0\}$ für $k > 1$.

(i) Zeigen Sie, daß $Y_{T_1}, Y_{T_2}, \ldots, Y_{T_n}$ stochastisch unabhängig und identisch verteilt sind und bestimmen Sie ihre Verteilung.

(ii) Es sei $(X_1, \dots, X_n) = (Y_{T_1}, \dots, Y_{T_n})$ beobachtet. Bestimmen Sie die Menge C_n aller Beobachtungswerte, für die die Likelihoodgleichung eindeutig lösbar ist und zeigen Sie $P_\theta((X_1, \dots, X_n) \in C_n) \to 1$.

Aufgabe 19.5 In einer Gruppe von n Personen werde die Größe registriert. Es sei dabei angenommen, daß eine Person dieser Gruppe mit bekannter Wahrscheinlichkeit p, bzw. $1-p$ weiblich, bzw. männlich ist und daß die Größe von Frauen $N(a, \sigma^2)$-verteilt, die von Männern $N(b, \tau^2)$-verteilt ist.

Zeigen Sie, daß ein Maximum-Likelihood-Schätzwert für $\theta = (a, b, \sigma^2, \tau^2) \in \Theta = \mathbb{R}^2 \times (0, \infty)^2$ nicht existiert.

Aufgabe 19.6 An einer Wüstenrallye nehmen n Fahrer teil. Die Rallye dauere r Tage, und an jedem dieser Tage sei die Ausfallwahrscheinlichkeit für jeden der Teilnehmer $\theta \in (0, 1)$. Fällt ein Fahrer an einem Tage aus, bedeutet dies für ihn den Abbruch des Rennens. Mit den als stochastisch unabhängig angenommenen Zufallsgrößen $Y_1, \dots, Y_n$ werden die Anzahl der Tage registriert, an denen die Fahrer an der Rallye teilgenommen haben.

Bestimmen Sie den Maximum-Likelihood-Schätzer für θ.

Aufgabe 19.7 Beobachtet seien stochastisch unabhängige, $B(1, \theta)$-verteilte Zufallsgrößen $X_1, \dots, X_n$ mit unbekanntem $\theta \in (0, 1)$. Bestimmen Sie die Fisher-Information $I(\theta)$ und zeigen Sie mittels der Informations-Ungleichung, daß $g(x) = \overline{x}_n$ ein gleichmäßig bester erwartungstreuer Schätzer für θ ist.

Aufgabe 19.8 Beobachtet seien stochastisch unabhängige, $R(0, \theta)$-verteilte Zufallsgrößen $X_1, \dots, X_n$ mit unbekanntem Parameter $\theta \in (0, \infty)$. Betrachten Sie, vgl. Aufgabe 17.2, die Schätzer $g_n(x_1, \dots, x_n) = (1 + 1/n) \max\{x_1, \dots, x_n\}$.

Zeigen Sie, dass die Schätzfolge der $g_n, n \in \mathbb{N}$, konsistent für θ, aber nicht asymptotisch normalverteilt ist.

Kapitel 20

Optimale Tests

Wir stellen die grundlegende Situation der Testtheorie, wie wir sie schon einleitend in 15.8 diskutiert haben, hier noch einmal dar, wobei wir eine leichte Erweiterung des Begriffs der Testverfahren einführen wollen.

20.1 Das Testproblem

In einem statistischen Experiment $(\mathcal{X}, (W_\theta)_{\theta \in \Theta})$ seien disjunkte Teilmengen $H, K \subseteq \Theta$ gegeben. H wird als **Hypothese**, K als **Alternative** bezeichnet. Untersucht werden soll, ob Hypothese oder Alternative vorliegt, d.h. ob für den unbekannten Parameter $\theta \in H$ oder $\theta \in K$ gilt. Entscheidungsraum ist

$$D = [0, 1].$$

Dabei repräsentieren die Elemente von D die folgenden Entscheidungen

$$\begin{array}{rl} 0: & \text{Entscheidung für } H \\ 1: & \text{Entscheidung für } K \\ 0 < \gamma < 1: & \text{randomisierte Entscheidung} \end{array}$$

Eine randomisierte Entscheidung γ ist so zu interpretieren, daß der Statistiker ein weiteres Zufallsexperiment durchzuführen hat, das mit Wahrscheinlichkeit γ die Entscheidung 1 und mit Wahrscheinlichkeit $1 - \gamma$ die Entscheidung 0 als Ausgang besitzt. Im Fall $\gamma = 1/2$ könnte der Statistiker eine Münze werfen und sich beim Auftreten von *Kopf* für das Vorliegen von K, beim Auftreten von *Zahl* für das Vorliegen von H entscheiden. Dies liefert die angekündigte Erweiterung des in 15.8 eingeführten Entscheidungsraums $D = \{0, 1\}$. Diese Erweiterung vereinfacht einige mathematische Überlegungen in der Testtheorie. Jedoch treten randomisierte Entscheidungen in praktischen statistischen Auswertungen mittels Testverfahren kaum auf, so daß ihre Einführung mehr durch die mathematische

Zweckmäßigkeit als durch die statistische Praxis motiviert ist.

Die Entscheidung für die Alternative K wird auch als **Ablehnung der Hypothese** bezeichnet, die Entscheidung für die Hypothese H als **Annahme der Hypothese**.

Die Neyman-Pearsonsche Verlustfunktion, siehe 15.8, wird erweitert zu

$$\begin{aligned} L(\theta,\gamma) &= \gamma \text{ für } \theta \in H, \\ L(\theta,\gamma) &= 1-\gamma \text{ für } \theta \in K \end{aligned}$$

in Übereinstimmung mit unserer Interpretation randomisierter Entscheidungen. Entscheidungsverfahren sind meßbare Abbildungen

$$\phi : \mathcal{X} \to [0,1],$$

die als **Tests** bezeichnet werden. Ein Test, der nur die Werte 0 und 1 annimmt, wird als **nicht-randomisierter Test** bezeichnet, und diese Tests treten üblicherweise, wie schon angesprochen, in der statistischen Praxis auf. Das Risiko eines Tests im erweiterten Sinn ist gegeben durch

$$R(\theta,\phi) = \begin{cases} E_\theta(\phi(X)) & = \int \phi \, dW_\theta \text{ für } \theta \in H \\ E_\theta(1-\phi(X)) & = 1 - \int \phi \, dW_\theta \text{ für } \theta \in K \end{cases}$$

und wird bei einem nicht-randomisiertem ϕ zu

$$R(\theta,\phi) = \begin{cases} P_\theta(\phi(X)=1) & \text{für } \theta \in H \\ P_\theta(\phi(X)=0) & \text{für } \theta \in K \end{cases}$$

Das Risiko kann offensichtlich ausgedrückt werden mittels der Funktion

$$\theta \mapsto E_\theta(\phi(X)),$$

die als Gütefunktion des Tests bezeichnet wird.

Die fälschliche Entscheidung für die Alternative K bezeichnen wir als Fehler 1. Art, die fälschliche Entscheidung für die Hypothese H als Fehler 2. Art. Daraus resultieren die Begriffsbildungen **Fehlerwahrscheinlichkeit 1. Art** für $R(\theta,\phi), \theta \in H$, und **Fehlerwahrscheinlichkeit 2. Art** für $R(\theta,\phi), \theta \in K$.

20.2 Beispiel

Wir nehmen die Überlegungen aus 15.2 auf und betrachten die Situation, daß in einer klinischen Studie ein neues Medikament auf seine Wirksamkeit an n Patienten überprüft wird. Zur statistischen Auswertung stehe dann ein Tupel $x = (x_1, \ldots, x_n) \in \{0,1\}^n$ zur Verfügung, wobei $x_i = 1$ für einen Heilerfolg beim i-ten Patienten stehe, $x_i = 0$ für das Ausbleiben des Heilerfolgs. Zugrundegelegt werden stochastisch unabhängige Zufallsvariablen $X_1, \ldots, X_n$ mit $P_\theta(X_i = 1) = 1 - P_\theta(X_i = 0) = \theta$, wobei $\theta \in (0,1)$ der unbekannte Parameter ist und die Güte des zu prüfenden Medikaments charakterisiert.

In der untersuchten Krankheitssituation gebe es ein Standardmedikament mit bekanntem Güteparameter θ_0. Die Einführung eines neuen Medikaments läßt sich dann rechtfertigen, wenn es dem Standardmedikament überlegen ist, wenn also $\theta > \theta_0$ gilt. Wir stehen also vor der Frage, ob $\theta > \theta_0$ oder $\theta \leq \theta_0$ gilt, und befinden uns damit in der Situation der Testtheorie.

20.3 Das Dilemma der Testtheorie

In der vorstehenden klinischen Studie liegt es nahe, einen Test der Form

$$\phi(x) = \begin{cases} 1 \\ 0 \end{cases} \text{für } \sum_{i=1}^{n} x_i \begin{matrix} > \\ \leq \end{matrix} c$$

mit einem geeigneten $c \in \{1, \ldots, n-1\}$ zu betrachten. Die Gütefunktion ist

$$\theta \mapsto P_\theta(\sum_{i=1}^{n} X_i > c) = B(n,\theta)(\{c+1, \ldots, n\}).$$

Mit unseren Kenntnissen über die Binomialverteilung können wir leicht einsehen, daß die Gütefunktion dieses Tests stetig und monoton wachsend ist und für $\theta \to 0$ gegen 0 strebt, entsprechend für $\theta \to 1$ gegen 1 strebt. Da die Fehlerwahrscheinlichkeit 1. Art gleich der Gütefunktion ist, die Fehlerwahrscheinlichkeit 2. Art jedoch die Darstellung 1− *Gütefunktion* besitzt, stecken wir in dem folgenden Dilemma:

Eine kleine Fehlerwahrscheinlichkeit 1. Art in θ_0 führt notwendigerweise zu einer großen Fehlerwahrscheinlichkeit 2. Art für diejenigen Parameterwerte in der Alternative, die nahe bei θ_0 liegen.

Dieses Dilemma ist nicht auf unsere klinische Studie beschränkt, sondern durchzieht die gesamte Testtheorie. Der gebräuchliche Ansatz, um trotz dieser Problematik zu sinnvollen Testverfahren zu gelangen, geht auf Neyman und Pearson zurück und beginnt mit der folgenden Beobachtung: In Testproblemen ist es in der Regel so, daß einer der beiden möglichen Fehler mit schwerwiegenderen Konsequenzen behaftet ist. Betrachten wir unsere klinische Studie, so würde in der Regel dieser Fehler in der Fehlentscheidung bestehen, von einem bewährten Standardmedikament zu einem neuen, aber tatsächlich unterlegenen Medikament überzugehen. Es liegt dann nahe, nur Testverfahren zu benutzen, bei denen die Wahrscheinlichkeit für den schwerwiegenderen Fehler eine kleine, vom Statistiker vorgegebene Schranke nicht überschreitet. Unter solchen Verfahren sollten wir dann nach einem Test suchen, der eine möglichst kleine Fehlerwahrscheinlichkeit bzgl. des anderen, als nicht so schwerwiegend angesehenen Fehlers besitzt.

20.4 Der Ansatz von Neyman und Pearson

In einem Testproblem sind Hypothese und Alternative so zu formulieren, daß der Fehler 1. Art der schwerwiegendere ist, also eine fälschliche Entscheidung für K die gravierenderen Konsequenzen hat. Dann werde eine kleine obere Schranke α - z. B. $\alpha = 0.05, 0.001$ - für die Fehlerwahrscheinlichkeit 1. Art vorgegeben und unter allen Tests, die diese Schranke einhalten, ein möglichst guter Test gesucht!

Wie schon diskutiert würde in der Regel in einer klinischen Studie der schwerwiegendere Fehler in der fälschlichen Abkehr vom Standardmedikament liegen, so daß wir dann $H = (0, \theta_0]$ und $K = (\theta_0, 1)$ zu setzen haben.

Wir präzisieren dieses Vorgehen mit den folgenden mathematischen Begriffsbildungen.

20.5 Tests zum Niveau α

Betrachtet werde ein Testproblem mit Hypothese H und Alternative K. Sei $\alpha \in (0,1)$. *Dann wird die Menge der* **Tests zum Niveau** α *definiert durch*

$$\begin{aligned} \Phi_\alpha &= \{\phi : \phi \text{ Test}, R(\theta,\phi) \le \alpha \text{ für alle } \theta \in H\} \\ &= \{\phi : \phi \text{ Test}, E_\theta(\phi(X)) \le \alpha \text{ für alle } \theta \in H\}. \end{aligned}$$

ϕ^* *heißt* **gleichmäßig bester Test zum Niveau** α, *falls gilt:*

(i) $\phi^* \in \Phi_\alpha$.

(ii) $R(\theta, \phi^*) = \inf_{\phi \in \Phi_\alpha} R(\theta, \phi)$ *für alle* $\theta \in K$.

Unter Benutzung der Gütefunktion besagt die Optimalitätsbedingung (ii)

$$E_\theta(\phi^*(X)) = \sup_{\phi \in \Phi_\alpha} E_\theta(\phi(X)) \text{ für alle } \theta \in K.$$

Es ist keineswegs klar, in welchen statistischen Situationen solche gleichmäßig besten Tests existieren und wie sie gegebenenfalls konstruiert werden können, und dies ist die Fragestellung, der wir in diesem Kapitel nachgehen wollen. Das wesentliche Hilfsmittel liefert der folgende Satz, der als **Neyman-Pearson-Lemma** bekannt ist.

20.6 Satz

Es seien W_0, W_1 Wahrscheinlichkeitsmaße mit Dichten f_0, f_1.

(i) ϕ^* sei ein Test mit den Eigenschaften:

(a) $\int \phi^* \, dW_0 = \alpha.$

(b) $\phi^*(x) = \begin{cases} 1 \\ 0 \end{cases}$ *für* $f_1(x) \gtrless k f_0(x)$
für ein $k \in [0, \infty)$.

Dann gilt

$$\int \phi^* \, dW_1 = \sup_{\phi, \int \phi \, dW_0 \le \alpha} \int \phi \, dW_1.$$

(ii) Es existiert ein Test mit den Eigenschaften $(i)(a)$ *und* (b).

Beweis:
(i) Sei ϕ ein weiterer Test. Dann gilt für jedes $x \in \mathcal{X}$

$$(\phi^*(x) - \phi(x))(f_1(x) - k f_0(x)) \ge 0.$$

Ist nämlich $f_1(x) - k f_0(x) > 0$, so ist nach Eigenschaft (b) $\phi^*(x) = 1$, also $\phi^*(x) - \phi(x) \ge 0$, und ist $f_1(x) - k f_0(x) < 0$, so ist gemäß (b) $\phi^*(x) = 0$, also $\phi^*(x) - \phi(x) \le 0$. Gelte nun $\int \phi \, dW_0 \le \alpha$. Durch Integration folgt

$$\int \phi^* f_1 \, d\mu - \int \phi f_1 \, d\mu \ge k\Big(\int \phi^* f_0 \, d\mu - \int \phi f_0 \, d\mu\Big),$$

also

$$\int \phi^* \, dW_1 - \int \phi \, dW_1 \ge k\Big(\int \phi^* \, dW_0 - \int \phi \, dW_0\Big) = k\Big(\alpha - \int \phi \, dW_0\Big) \ge 0.$$

(ii) Zu $k \in [0, \infty), \gamma \in [0, 1]$ sei $\phi = \phi_{(k,\gamma)}$ definiert durch

$$\phi(x) = \begin{cases} 1 & > \\ \gamma \quad \text{für } f_1(x) & = \; k f_0(x). \\ 0 & < \end{cases}$$

Dann erfüllt ϕ offensichtlich $(i)(b)$. Zu finden sind k und γ mit der Eigenschaft $\int \phi \, dW_0 = \alpha$. Wir definieren:

$$T(x) = \begin{cases} \frac{f_1(x)}{f_0(x)} \\ \infty \end{cases} \text{für } f_0(x) \begin{array}{c} > \\ = \end{array} 0.$$

Zunächst sei angemerkt, daß gilt

$$W_0(f_0 = 0) = W_0(T = \infty) = \int_{\{f=0\}} f_0 \, d\mu = 0.$$

Für jedes $x \in \mathcal{X}$ mit $f_0(x) > 0$ sind die Ungleichungen

$$f_1(x) \begin{array}{c} > \\ = \\ < \end{array} k f_0(x) \text{ äquivalent zu } T(x) \begin{array}{c} > \\ = \\ < \end{array} k.$$

Es folgt

$$\int \phi \, dW_0 = W_0(T > k) + \gamma W_0(T = k).$$

Die Abbildung

$$y \mapsto W_0(T > y) = 1 - W_0(T \leq y)$$

ist monoton fallend, rechtsseitig stetig mit der Eigenschaft

$$\lim_{y \to \infty} W_0(T > y) = W_0(T = \infty) = 0.$$

Wir definieren

$$k = \inf\{y : W_0(T > y) \leq \alpha\}.$$

Aus der Definition von k folgt

$$W_0(T > k) \leq \alpha \text{ und } W_0(T \geq k) = \lim_{n \to \infty} W_0(T > k - \frac{1}{n}) \geq \alpha.$$

Im Fall $W_0(T > k) = \alpha$ setzen wir $\gamma = 0$. Falls $W_0(T > k) < \alpha$ vorliegt, so gilt

$$W_0(T = k) = W_0(T \geq k) - W_0(T > k) > 0$$

und

$$\alpha - W_0(T > k) \leq W_0(T \geq k) - W_0(T > k) = W_0(T = k).$$

Wir definieren dann $\gamma \in [0, 1]$ durch

$$\gamma = \frac{\alpha - W_0(T > k)}{W_0(T = k)}.$$

In beiden Fällen gilt

$$W_0(T > k) + \gamma W_0(T = k) = \alpha,$$

so daß der Test $\phi = \phi_{(k,\gamma)}$ die gewünschten Eigenschaften besitzt. □

20.7 Teststatistik und kritischer Wert

Typischerweise haben die in der Statistik benutzten Testverfahren die im Neyman-Pearson-Lemma angesprochene Struktur. Mit einer problemadäquaten Statistik T, die dann als **Teststatistik** bezeichnet wird, ergeben sich Tests der Form

$$\phi(x) = \begin{cases} 1 & > \\ \gamma & \text{für } T(x) = k \\ 0 & < \end{cases}$$

k und γ werden dann so festgelegt, daß sich ein Test zum Niveau α ergibt. k wird dabei **kritischer Wert** des Tests genannt. Im Fall, daß T eine stetige Verteilung besitzt, können wir $\gamma = 0$ setzen und erhalten einen nicht-randomisierten Test. Die Definition von k im Beweis des Neyman-Pearson-Lemmas führt zu der folgenden Begriffsbildung.

20.8 Das α-Fraktil

Es sei Q ein Wahrscheinlichkeitsmaß auf $\mathbb{R}$ *und* $\alpha \in (0,1)$. *Dann wird das* α-**Fraktil** *von Q definiert durch*

$$c(Q, \alpha) = \inf\{y : Q((y, \infty)) \leq \alpha\}.$$

Besitzt Q eine invertierbare Verteilungsfunktion F_Q, so gilt $c(Q, \alpha) = F_Q^{-1}(1-\alpha)$. Wie im Beweis des Neyman-Pearson-Lemmas folgt aus der Definition

$$Q([c(Q, \alpha), \infty)) \geq \alpha \geq Q((c(Q, \alpha), \infty)).$$

Das dort angegebene k ist gerade das α-Fraktil von W_0^T, und wir wollen in dieser und in ähnlichen Situationen vom α-Fraktil von T bzgl. W_0 sprechen. Von besonderer Bedeutung in der Testtheorie ist das α-Fraktil der $N(0,1)$-Verteilung, und wir bezeichnen dies im folgenden mit

$$u_\alpha = c(N(0,1), \alpha) = \Phi^{-1}(1-\alpha).$$

Oft benutzte Werte sind

$$u_{0,1} = 1,282\,,\; u_{0,05} = 1,645\,,\; u_{0,01} = 2,326\,,\; u_{0,005} = 2,576\,,\; u_{0,001} = 3,090\,.$$

20.9 Von einfachen zu zusammengesetzten Hypothesen

Die Situation des Neyman-Pearson-Lemmas kann als ein Testproblem aufgefaßt werden, bei dem sowohl die Hypothese als auch die Alternative einelementig sind, und das Resultat zeigt uns, wie ein optimaler Test konstruiert werden kann. Wir sprechen dabei auch von einem Testproblem mit einfachen Hypothesen. Solche Testprobleme sind natürlich nicht von großer praktischer Bedeutung; sie dienen vielmehr als mathematisches Hilfsmittel, um kompliziertere und praxisorientierte Situationen zu behandeln. Bei Testproblemen, bei denen Hypothese oder Alternative nicht einelementig sind, sprechen wir von zusammengesetzten Hypothesen. Im Beispiel 15.2 einer klinischen Studie liegen $H = (0, \theta_0]$ und $K = (\theta_0, 1)$ vor, so daß wir zusammengesetzte Hypothesen haben, die aufgrund ihrer Anordnung als **einseitige Hypothesen** bezeichnet werden. Das zugehörige Testproblem wird als **einseitiges Testproblem** bezeichnet. Wir wollen nun zeigen, wie wir unter Benutzung des Neyman-Pearson-Lemmas einen gleichmäßig besten Test zum Niveau α für diese klinische Studie herleiten können. Wie sich dann herausstellen wird, ist dieses Vorgehen leicht auf eine große Klasse einseitiger Testprobleme zu verallgemeinern.

20.10 Herleitung eines optimalen Tests

Wir betrachten die Situation von Beispiel 15.2 und beobachten stochastisch unabhängige Zufallsvariablen $X_1, \ldots, X_n$ mit $P_\theta(X_i = 1) = 1 - P_\theta(X_i = 0) = \theta$. Hypothese und Alternative seien $H = (0, \theta_0], K = (\theta_0, 1)$. Gesucht ist ein gleichmäßig bester Test zum Niveau α.

(a) Betrachtet seien zunächst Parameter $\eta_0 < \eta_1$. Dann gilt für $x = (x_1, \ldots, x_n) \in \{0,1\}^n$:

$$\frac{f_{\eta_1}(x)}{f_{\eta_0}(x)} = \frac{\eta_1^{\sum_{i=1}^n x_i} (1-\eta_1)^{n-\sum_{i=1}^n x_i}}{\eta_0^{\sum_{i=1}^n x_i} (1-\eta_0)^{n-\sum_{i=1}^n x_i}} = \left(\frac{1-\eta_1}{1-\eta_0}\right)^n \left(\frac{\eta_1(1-\eta_0)}{\eta_0(1-\eta_1)}\right)^{\sum_{i=1}^n x_i}.$$

Damit sind die folgenden Ungleichungen äquivalent:

$$\begin{aligned}
& \frac{f_{\eta_1}(x)}{f_{\eta_0}(x)} \gtrless k \\
\text{und}\quad & n \log\left(\frac{1-\eta_1}{1-\eta_0}\right) + \log\left(\frac{\eta_1(1-\eta_0)}{\eta_0(1-\eta_1)}\right) \sum_{i=1}^n x_i \gtrless \log(k) \\
\text{und}\quad & \sum_{i=1}^n x_i \gtrless \frac{\log(k) - n\log\left(\frac{1-\eta_1}{1-\eta_0}\right)}{\log\left(\frac{\eta_1(1-\eta_0)}{\eta_0(1-\eta_1)}\right)}.
\end{aligned}$$

(b) Als Teststatistik betrachten wir

$$T(x) = \sum_{i=1}^{n} x_i.$$

Sei

$$c^* = c(B(n, \theta_0), \alpha) = c(W_{\theta_0}^T, \alpha).$$

Wir definieren den Test

$$\phi^*(x) = \begin{cases} 1 & > \\ \gamma & \text{für } T(x) = c^* \\ 0 & < \end{cases}$$

mit $\gamma = \frac{\alpha - W_{\theta_0}(T>c^*)}{W_{\theta_0}(T=c^*)}$. Dann ergibt sich

$$E_{\theta_0}(\phi^*(X)) = W_{\theta_0}(T > c^*) + \gamma W_{\theta_0}(T = c^*) = \alpha.$$

(c) Wir zeigen nun, daß der Test ϕ^* die Bedingung $(i)(b)$ aus dem Neyman-Pearson-Lemma für jedes $\theta \in K$, also jedes $\theta > \theta_0$ erfüllt, wobei W_{θ_0} die Rolle von W_0 und W_θ die Rolle von W_1 übernimmt. Sei also $\theta > \theta_0$. Wir geben ein $k(\theta) \geq 0$ so an, daß gilt:

$$T(x) = \sum_{i=1}^{n} x_i \;\substack{> \\ <}\; c^* \text{ genau dann, wenn } \frac{f_\theta(x)}{f_{\theta_0}(x)} \;\substack{> \\ <}\; k(\theta).$$

Aus (a) ergibt sich sofort, daß dieses erfüllt ist mit dem durch die Gleichung

$$c^* = \frac{\log(k(\theta)) - n\log(\frac{1-\theta}{1-\theta_0})}{\log\left(\frac{\eta_1(1-\eta_0)}{\eta_0(1-\eta_1)}\right)}$$

eindeutig bestimmten Wert $k(\theta)$. Also erfüllt der Test ϕ^* die Voraussetzungen des Neyman-Pearson-Lemmas mit $W_0 = W_{\theta_0}, W_1 = W_\theta$ für jedes $\theta > \theta_0$ und es folgt:

$$\int \phi^* \, dW_\theta = \sup_{\phi, \int \phi dW_{\theta_0} \leq \alpha} \int \phi \, dW_\theta \geq \sup_{\phi \in \Phi_\alpha} \int \phi \, dW_\theta.$$

Dieses gilt für jedes $\theta > \theta_0$, also jedes $\theta \in K$.

(d) Zum Nachweis, daß ϕ^* gleichmäßig bester Test zum Niveau α ist, verbleibt es zu zeigen $\phi^* \in \Phi_\alpha$, also

$$\int \phi^* \, dW_\theta \leq \alpha \text{ für alle } \theta \leq \theta_0.$$

Dazu könnten wir eine Monotoniebetrachtung zur Binomialverteilung anstellen. Wir können dies aber auch mit dem Neyman-Pearson-Lemma nachweisen und wählen diesen Weg, da er die Verallgemeinerungsmöglichkeiten auf andere Verteilungsfamilien aufzeigt.

Sei also $\theta' < \theta_0$ und $\alpha' = E_{\theta'}(\phi^*(X))$. Wie in (c) erfüllt ϕ^* die Bedingungen $(i)(a)$ und (b) des Neyman-Pearson-Lemmas für $W_0 = W_{\theta'}, W_1 = W_{\theta_0}$ und jetzt α' anstelle von α. Damit folgt

$$\int \phi^*\, dW_{\theta_0} = \sup_{\phi, \int \phi\, dW_{\theta'} \leq \alpha'} \int \phi\, dW_{\theta_0}.$$

Zum einen gilt $\int \phi^*\, dW_{\theta_0} = \alpha$, zum anderen

$$\sup_{\phi, \int \phi\, dW_{\theta'} \leq \alpha'} \int \phi\, dW_{\theta_0} \geq \alpha',$$

da der Test, der identisch α' ist, bei der Supremumsbildung mitwirkt. Dies zeigt die gewünschte Ungleichung $\alpha' \leq \alpha$. Natürlich erhalten wir mit dem entsprechenden Argument auch, daß die Gütefunktion monoton wachsend in θ ist.

20.11 Zur praktischen Anwendung

Um den vorstehend hergeleiteten Test anzuwenden, benötigen wir den

$$\text{numerischen Wert des Fraktils } c^* = c(B(n, \theta_0), \alpha),$$

also des Fraktils der Binomialverteilung mit den Parameterwerten (n, θ_0). Dazu liegen für moderate Werte von n statistische Tafelwerke, bzw. statistische Software vor. Für große Werte von n wenden wir eine **Normalapproximation** an:

Gesucht ist c^* so, daß approximativ $P_{\theta_0}(\sum_{i=0}^{n} X_i > c^*) \approx \alpha$ vorliegt. Zur Anwendung des zentralen Grenzwertsatzes schreiben wir nun:

$$\begin{aligned} & P_{\theta_0}\Big(\frac{\sum_{i=1}^{n} X_i - n\theta_0}{\sqrt{n\theta_0(1-\theta_0)}} > \frac{c^* - n\theta_0}{\sqrt{n\theta_0(1-\theta_0)}}\Big) \\ \approx\ & N(0,1)\Big(\Big(\frac{c^* - n\theta_0}{\sqrt{n\theta_0(1-\theta_0)}}, \infty\Big)\Big) \end{aligned}$$

Die rechtsstehende Normalwahrscheinlichkeit hat den Wert α für

$$\frac{c^* - n\theta_0}{\sqrt{n\theta_0(1-\theta_0)}} = u_\alpha,$$

und damit erhalten wir die Approximation

$$c^* = u_\alpha\sqrt{n\theta_0(1-\theta_0)} + n\theta_0.$$

Für hinreichend große n - bekannt ist die Faustregel $n\theta_0(1-\theta_0) \geq 10$ - benutzen wir dann zum Testen von $H = (0,\theta_0], K = (\theta_0, 1)$ den Test:

$$\begin{aligned}\phi^*(x) &= \begin{cases} 1 \\ 0 \end{cases} \text{für } \sum_{i=1}^n x_i \mathop{\lessgtr} n\theta_0 + u_\alpha\sqrt{n\theta_0(1-\theta_0)} \\ &= \begin{cases} 1 \\ 0 \end{cases} \text{für } \overline{x}_n \mathop{\lessgtr} \theta_0 + u_\alpha\sqrt{\frac{\theta_0(1-\theta_0)}{n}}\end{aligned}$$

Dieses Vorgehen kann bei geeigneter Monotoniestruktur der Dichten verallgemeinert werden. Familien von Verteilungen, bei denen diese Struktur vorliegt, werden als Familien mit **monotonem Dichtequotienten** bezeichnet.

20.12 Familien mit monotonem Dichtequotienten

Es sei $(\mathcal{X}, (W_\theta)_{\theta\in\Theta})$ ein reguläres statistisches Experiment mit Dichten f_θ und Parameterraum $\Theta \subseteq \mathbb{R}$. Sei $T : \mathcal{X} \to \mathbb{R}$ eine Statistik. Wir nennen $(W_\theta)_{\theta\in\Theta}$ Familie mit monotonem Dichtequotienten in T, falls für jedes Paar $\theta, \theta' \in \Theta$, $\theta < \theta'$, eine monoton wachsende Funktion $g_{(\theta,\theta')} : \mathbb{R} \to [0,\infty]$ existiert mit der Eigenschaft

$$\frac{f_{\theta'}(x)}{f_\theta(x)} = g_{(\theta,\theta')}(T(x))$$

für alle $x \in \mathcal{X}$, für die $f_{\theta'}(x) \neq 0$ oder $f_\theta(x) \neq 0$ vorliegt.

20.13 Beispiele

(i) Betrachtet werde eine 1-parametrige Exponentialfamilie mit Dichten der Form

$$f_\theta(x) = C(\theta)\, e^{Q(\theta)T(x)} h(x).$$

Es gilt

$$\frac{f_{\theta'}(x)}{f_\theta(x)} = \frac{C(\theta')}{C(\theta)}\, e^{(Q(\theta')-Q(\theta))T(x)},$$

falls $h(x) \neq 0$ vorliegt. Also liegt monotoner Dichtequotient in T vor, falls Q monoton wachsend ist, und monotoner Dichtequotient in $-T$, falls Q monoton fallend ist. Gehen wir zur n-fachen Versuchswiederholung über, so erhalten wir die Dichten

$$f_{\theta,n}(x) = C(\theta)^n\, e^{Q(\theta)\sum_{i=1}^n T(x_i)} \prod_{i=1}^n h(x_i)$$

und damit monotonen Dichtequotienten in $\sum_{i=1}^{n} T(x_i)$, bzw. $-\sum_{i=1}^{n} T(x_i)$.

Wir sehen daran, daß in den von uns bisher betrachteten 1-parametrigen Exponentialfamilien der Binomialverteilungen, Poisson-Verteilungen, Exponentialverteilungen, Normalverteilungen mit bekannter Varianz, Normalverteilungen mit bekanntem Mittelwert stets Familien mit monotonem Dichtequotienten vorliegen.

(ii) Betrachten wir die Familie der Rechteckverteilungen mit Parameter $\theta > 0$, so daß die Dichten

$$f_\theta(x) = \frac{1}{\theta} 1_{(0,\theta)}(x).$$

vorliegen. Dann gilt für $0 < \theta < \theta'$

$$\frac{f_{\theta'}(x)}{f_\theta(x)} = \begin{cases} \frac{\theta}{\theta'} & \text{für} \quad 0 < x < \theta \\ \infty & \quad \theta \leq x < \theta' \end{cases}$$

Wir sehen daran, daß monotoner Dichtequotient in $T(x) = x$ vorliegt. Eine geeignete Funktion $g_{\theta,\theta'}$ können wir als ∞ für $x \geq \theta$ und als θ/θ' für $x < \theta$ definieren.

Betrachten wir die n-fachen Versuchswiederholung, so erhalten wir die Dichten

$$f_{\theta,n}(x) = \frac{1}{\theta^n} 1_{(0,\theta)}(\max_{i=1,\ldots,n} x_i) 1_{(0,\infty)}(\min_{i=1,\ldots,n} x_i)$$

und damit entsprechend monotonen Dichtequotienten in

$$T(x) = \max_{i=1,\ldots,n} x_i.$$

Wie an diesem Beispiel deutlich wird, schließt die Definition auch den Fall ein, daß die Dichten in unterschiedlichen Bereichen den Wert 0 annehmen. Dazu ist in der Definition die Annahme nötig, daß die Funktionen $g_{\theta,\theta'}$ den Wert ∞ annehmen dürfen.

Wir behandeln nun das Problem optimaler Tests bei einseitigen Hypothesen und monotonem Dichtequotienten.

20.14 Satz

Betrachtet sei ein reguläres statistisches Experiment mit monotonem Dichtequotienten in $T : \mathcal{X} \to \mathbb{R}$. Sei $\theta_0 \in \Theta$, und es seien $H = \{\theta \in \Theta : \theta \leq \theta_0\}$, $K = \{\theta \in \Theta : \theta > \theta_0\}$.

Dann gilt für $\alpha \in (0,1)$:

(i) ϕ^* sei ein Test mit den Eigenschaften:

(a) $\int \phi^* \, dW_{\theta_0} = \alpha.$

(b) $\phi^*(x) = \begin{cases} 1 & \text{für } T(x) > c \\ 0 & \text{für } T(x) < c \end{cases}$
für ein $c \in \mathbb{R}$.

Dann ist ϕ^* *gleichmäßig bester Test zum Niveau* α.

(ii) Es existiert ein Test mit den Eigenschaften (i)(a) und (b).

Der Beweis der Optimalität kann mit der im Beispiel 20.10 benutzten Argumentation erfolgen. Wir werden ihn in den Vertiefungen durchführen und dabei die Optimalität des Tests ϕ^* in noch stärkerer Form kennenlernen.

Auch die Existenz folgt gemäß 20.10. Wir setzen

$$c = c(W_{\theta_0}^T, \alpha)$$

und

$$\gamma = \frac{\alpha - W_{\theta_0}(T > c)}{W_{\theta_0}(T = c)} \text{ im Fall von } W_{\theta_0}(T = c) > 0,$$

$\gamma = 0$ andernfalls. Wie in 20.10 erhalten wir, daß der Test

$$\phi^*(x) = \begin{cases} 1 & > \\ \gamma & \text{für } T(x) = c \\ 0 & < \end{cases}$$

die gewünschten Eigenschaften besitzt.

20.15 Zur praktischen Anwendung

Zu testen seien die einseitigen Hypothesen der Form $H = \{\theta : \theta \leq \theta_0\}$ und $K = \{\theta : \theta > \theta_0\}$ bei monotonem Dichtequotienten in T. Zur Bestimmung des gleichmäßig besten Tests zum Niveau α suchen wir das α-Fraktil von $W_{\theta_0}^T = P_{\theta_0}^{T(X)}$

$$c^* = c(W_{\theta_0}^T, \alpha),$$

wobei geeignete statistische Tafelwerke, bzw. geeignete statistische Software heranzuziehen sein wird. Der gesuchte Test besitzt dann die Form

$$\phi^*(x) = \begin{cases} 1 & > \\ \gamma^* & \text{für } T(x) = c^*. \\ 0 & < \end{cases}$$

Dabei ist

$$\gamma^* = \frac{\alpha - W_{\theta_0}(T > c^*)}{W_{\theta_0}(T = c^*)}$$

bei Vorliegen von $W_{\theta_0}(T = c^*) > 0$, andernfalls ist $\gamma^* = 0$.

Oft sind Transformationen der Teststatistik T nützlich. Solche Transformationen dienen dazu, zu Teststatistiken mit in Tafelwerken oder durch statistische Software numerisch verfügbaren Fraktilen zu gelangen. Sei $h : \mathbb{R} \to \mathbb{R}$ stetig und streng monoton wachsend. Dann gilt

$$\phi^*(x) = \begin{cases} 1 & & > \\ \gamma^* & \text{für } h(T(x)) & = h(c^*), \\ 0 & & < \end{cases}$$

wobei

$$\begin{aligned} h(c^*) &= h(\inf\{y : W_{\theta_0}(T > y) \leq \alpha\}) = \inf\{h(y) : W_{\theta_0}(h(T) > h(y)) \leq \alpha\} \\ &= \inf\{z : W_{\theta_0}(h(T) > z) \leq \alpha\} = c(W_{\theta_0}^{h(T)}, \alpha). \end{aligned}$$

Oft werden, insbesondere bei Testproblemen mit großem Stichprobenumfang n die gewünschten Fraktile nicht vertafelt sein, so daß zu Approximationen übergegangen wird. Von besonderer Bedeutung ist dabei die Normalapproximation, wie wir sie schon in 20.11 kennengelernt haben. Wir suchen dazu ein $h = h_{n,\theta_0}$ so, daß h stetig und streng monoton wachsend ist und

$$W_{\theta_0}^{h(T)} = P_{\theta_0}^{h(T(X_1,\ldots,X_n))} \approx N(0,1)$$

vorliegt. In vielen Standardsituationen erhalten wir h unter Ausnutzung des zentralen Grenzwertsatzes. Dann gilt die entsprechende Approximation für die α-Fraktile

$$c(W_{\theta_0}^{h(T)}, \alpha) \approx u_\alpha.$$

Als Testverfahren benutzen wir dann

$$\phi^*(x) = \begin{cases} 1 & \text{für } h(T(x)) \; > \\ 0 & \phantom{\text{für } h(T(x))} \; \leq \end{cases} u_\alpha.$$

20.16 Beispiel

In einem Callcenter wird nachgedacht, ob eine Erweiterung der Personalzahl und damit auch der Räumlichkeiten sinnvoll ist. Als wichtige Kenngröße zur Entscheidungsfindung ist dabei die Anzahl der pro Tag eingehenden Anfragen zu sehen. Diese Anzahlen modellieren wir wie in 17.14 durch unabhängige und identisch Poisson-verteilte Zufallsgrößen mit unbekanntem Parameter θ, der die erwartete Anzahl der pro Tag eingehenden Anfragen angibt. Eine im wesentlichen vollständige Auslastung des Callcenters sei bei einem kritischen Wert θ_0 erreicht, der, determiniert durch Parameter wie Personalbestand, mittlere Anfragedauer, Computerausstattung, etc., bekannt sei.

Den Betreibern stellt sich dann die Frage, ob diese kritische Auslastung θ_0 überschritten ist. Als statistisches Material wird die Anzahl der an n Tagen eingegangenen Anfragen benutzt. Wir erhalten damit ein Testproblem, wobei die Wahl von

$$H = \{\theta : \theta \leq \theta_0\},\ K = \{\theta : \theta > \theta_0\}$$

naheliegt, denn eine Fehlentscheidung für das Überschreiten der kritischen Auslastung und für einen damit verbundenen kostspieligen Ausbau dürfte die gravierenderen ökonomischen Konsequenzen haben.

Es liegt hier eine Exponentialfamilie mit den Dichten

$$f_{\theta,n}(x) = \frac{1}{x_1! \cdots x_n!} e^{-n\theta} e^{\log(\theta) \sum_{i=1}^n x_i},\ x = (x_1, \ldots, x_n) \in \{0, 1, 2, \ldots\}^n$$

vor und damit eine Familie mit monotonem Dichtequotienten in

$$T(x) = \sum_{i=1}^n x_i.$$

Der optimale Test hat also die Form

$$\phi^*(x) = \begin{cases} 1 & \\ \gamma^* & \text{für } \sum_{i=1}^n x_i \begin{matrix} > \\ = \\ < \end{matrix} c^*. \\ 0 & \end{cases}$$

Dabei ist

$$c^* = c(P_{\theta_0}^{\sum_{i=1}^n X_i}, \alpha) = c(Poi(n\theta_0), \alpha),$$

denn gemäß 10.6 besitzt $\sum_{i=1}^n X_i$ eine Poissonverteilung mit Parameter $n\theta_0$ bzgl. P_{θ_0}. Ist das Fraktil dieser Poissonverteilung nicht auffindbar, so benutzen wir eine Normalapproximation. Der zentrale Grenzwertsatz besagt

$$\frac{\sum_{i=1}^n X_i - n\theta_0}{\sqrt{n\theta_0}} \approx N(0,1),$$

so daß die Funktion h aus 20.15 die Gestalt

$$h(t) = \frac{t - n\theta_0}{\sqrt{n\theta_0}}$$

annimmt. Die approximative Gestalt unseres Tests hat also die Form

$$\phi^*(x) = \begin{cases} 1 \\ 0 \end{cases} \text{für } \sum_{i=1}^{n} x_i \begin{matrix} > \\ \leq \end{matrix} n\theta_0 + \sqrt{n\theta_0} u_\alpha$$

Etliche weitere Beispiele werden wir im folgenden Kapitel kennenlernen, in dem wir uns speziell mit Testproblemen bei Normalverteilungen auseinandersetzen werden.

20.17 Anmerkung

Natürlich werden Testprobleme mit Hypothesen von der Form

$$H = \{\theta : \theta \geq \theta_0\}, \; K = \{\theta : \theta < \theta_0\}$$

entsprechend behandelt, wobei nur die auftretenden Ungleichungen geeignet zu vertauschen sind. Optimale Tests haben dann die Struktur

$$\phi^*(x) = \begin{cases} 1 & & < \\ \gamma^* & \text{für } T(x) & = c^*. \\ 0 & & > \end{cases}$$

Wir wollen nun eine weitere Klasse von Testproblemen mit zusammengesetzten Hypothesen kennenlernen und beginnen mit einem Beispiel.

20.18 Überprüfung von Nennmaßen

Bei einem Fertigungsprozeß von Gewinderingen sei ein Nennmaß von a_0 Millimetern für den inneren Durchmesser dieser Ringe vorgegeben – bei einer zugelassenen Toleranz von σ_0 Millimetern. Als Reaktion auf Klagen von Weiterverarbeitern soll überprüft werden, ob diese Vorgaben eingehalten werden. Dazu werden, als Basis einer statistischen Studie, die inneren Durchmesser von n produzierten Gewinderingen registriert. Betrachten wir die Ergebnisse als Beobachtungswerte zu n stochastisch unabhängigen Zufallsgrößen mit Mittelwert a, so stellt sich zunächst die Frage, ob tatsächlich der Mittelwert a_0 vorliegt oder ob eine Abweichung $a \neq a_0$ ersichtlich ist. Wir können dieses ansehen als ein Testproblem der Form

$$H = \{a_0\}, \; K = \{a : a \neq a_0\}.$$

Interpretieren wir die Toleranzvorgabe als Vorgabe einer Standardabweichung, so ist weiterhin zu überprüfen, ob die Standardabweichung σ dieser Beobachtungen das vorgegebene σ_0 überschreitet.

20.19 Zweiseitige Hypothesen

Testprobleme mit Hypothesen und Alternativen in der Form $H = \{\theta_0\}$ und $K = \{\theta : \theta \neq \theta_0\}$, wie sie im vorstehenden Beispiel auftreten, werden als Testprobleme mit zweiseitigen Hypothesen bezeichnet, bzw. als **zweiseitige Testprobleme.**

In solchen Problemen existieren im Regelfall keine gleichmäßig besten Tests zum Niveau α. Eine informelle Begründung für diese Nichtexistenz ist wie folgt: Nehmen wir an, daß ein solcher optimaler Test ϕ^* existieren würde. Zum einen wäre ϕ^* gleichmäßig bester Test zum Niveau α für $H = \{\theta_0\}, K' = \{\theta : \theta > \theta_0\}$, zum anderen auch gleichmäßig bester Test zum Niveau α für $H = \{\theta_0\}, K'' = \{\theta : \theta < \theta_0\}$. Diese beiden Eigenschaften sind aber in nicht-trivialen Situationen unvereinbar. Betrachten wir z. B. das Problem des Testens in einer klinischen Studie gemäß 20.10, so hat der optimale Test im ersten Fall eine Gütefunktion die monoton von 0 auf 1 ansteigt und im zweiten Fall eine solche, die monoton von 1 auf 0 fällt. Im ersten Fall lehnen wir - bis auf eventuelle Randomisierung - die Hypothese ab, falls die Anzahl der Heilungserfolge einen kritischen Wert überschreitet; im zweiten Fall tun wir dies, falls die Anzahl der Heilungserfolge einen kritischen Wert unterschreitet.

So wird ein Test, der auf das einseitige Problem $H = \{\theta_0\}, K' = \{\theta : \theta > \theta_0\}$ zugeschnitten ist, auf dem anderen Teil $K'' = \{\theta : \theta < \theta_0\}$ der gesamten Alternative K mit seinem Risiko dem Maximalwert 1 beliebig nahe kommen, und damit kein adäquates Verfahren für das zweiseitige Problem darstellen. Mit der folgenden Definition schließen wir solche wenig sinnvollen Verfahren aus.

20.20 Unverfälschte Tests zum Niveau α

Betrachtet werde ein Testproblem mit Hypothese H und Alternative K. Sei $\alpha \in (0,1)$. Ein Test ϕ wird als unverfälscht bezeichnet, falls gilt

$$R(\theta, \phi) \leq 1 - \alpha, \text{ also } E_\theta(\phi(X)) \geq \alpha \text{ für alle } \theta \in K.$$

Die Menge der **unverfälschten Tests** *zum Niveau α wird definiert durch*

$$\Phi_\alpha^u = \{\phi : \phi \in \Phi_\alpha, \phi \text{ unverfälscht }\}$$

Ein Test ϕ^* heißt **gleichmäßig bester unverfälschter Test** *zum Niveau α, falls gilt:*

(i) $\phi^* \in \Phi_\alpha^u$.

(ii) $R(\theta, \phi^*) = \inf_{\phi \in \Phi_\alpha^u} R(\theta, \phi)$, *also* $E_\theta(\phi^*(X)) = \sup_{\phi \in \Phi_\alpha^u} E_\theta(\phi(X))$ *für alle* $\theta \in K$.

Im folgenden werden wir optimale unverfälschte Tests für die zweiseitigen Hypothesen $H = \{\theta_0\}, K = \{\theta : \theta \neq \theta_0\}$ bei Exponentialfamilien herleiten.

Dazu beachten wir zunächst, daß in diesem Fall bei einem unverfälschten Test die Gütefunktion ein Minimum in θ_0 besitzt. Unter der Voraussetzung der Differenzierbarkeit ist damit die Ableitung in diesem Punkt gleich 0. Diese Überlegung führt im Fall von Exponentialfamilien zu einer nützlichen notwendigen Bedingung für die Unverfälschtheit, die es uns schließlich ermöglichen wird, gleichmäßig beste unverfälschte Tests herzuleiten. Dazu beginnen wir mit einer Untersuchung der Differenzierbarkeit bei Exponentialfamilien.

20.21 Differenzierbarkeit bei Exponentialfamilien

Es sei $(W_\theta)_{\theta \in \Theta}$ eine 1-parametrige Exponentialfamilie mit Dichten der Form

$$f_\theta(x) = C(\theta) e^{Q(\theta)T(x)} h(x).$$

Der **natürliche Parameterraum** Λ zu dieser Exponentialfamilie ist definiert durch

$$\Lambda = \{\xi \in \mathbb{R} : \int e^{\xi T} h \, d\mu < \infty\}.$$

Dann werden für $\xi \in \Lambda$ Wahrscheinlichkeitsmaße W'_ξ definiert durch die Dichten

$$f_\xi(x) = \frac{e^{\xi T(x)} h(x)}{\int e^{\xi T} h \, d\mu}, \text{ also } W'_\xi(B) = \frac{\int_B e^{\xi T} h \, d\mu}{\int e^{\xi T} h \, d\mu}$$

Offensichtlich ist

$$W_\theta = W'_{Q(\theta)}, \; C(\theta) = \frac{1}{\int e^{Q(\theta)T} h \, d\mu}.$$

Es gilt folgendes

Resultat zur Differenzierbarkeit:

Es sei $g : \mathcal{X} \to \mathbb{R}$ beschränkt. Dann ist die Abbildung

$$\xi \mapsto \int g e^{\xi T} h \, d\mu$$

in jedem inneren Punkt von Λ differenzierbar mit Ableitung

$$\begin{aligned} \frac{d}{d\xi} \int g e^{\xi T} h \, d\mu &= \int g \frac{d}{d\xi} e^{\xi T} h \, d\mu \\ &= \int g T e^{\xi T} h \, d\mu. \end{aligned}$$

Den Beweis dieser Aussage werden wir in den Vertiefungen führen. Schreiben wir nun

$$\int g\,dW'_\xi = \frac{\int g e^{\xi T} h\,d\mu}{\int e^{\xi T} h\,d\mu}$$

so folgt aus diesem Resultat mit der Quotientenregel für die Differentiation

$$\begin{aligned}\frac{d}{d\xi}\int g\,dW'_\xi &= \frac{\int gTe^{\xi T} h\,d\mu \int e^{\xi T} h\,d\mu - \int g e^{\xi T} h \int T e^{\xi T} h\,d\mu}{(\int e^{\xi T} h\,d\mu)^2} \\ &= \int gT\,dW'_\xi - \int g\,dW'_\xi \int T\,dW'_\xi\end{aligned}$$

Damit erhalten wir leicht folgenden Satz.

20.22 Satz

Es sei $(W_\theta)_{\theta\in\Theta}$ eine 1-parametrige Exponentialfamilie mit Dichten der Form

$$f_\theta(x) = C(\theta)e^{Q(\theta)T(x)}h(x)$$

und natürlichem Parameterraum Λ. Zu testen sei $H = \{\theta_0\}, K = \{\theta : \theta \neq \theta_0\}$.

$Q(\theta_0)$ sei ein innerer Punkt von Λ, und es existiere $\epsilon > 0$ mit der Eigenschaft $(Q(\theta_0) - \epsilon, Q(\theta_0) + \epsilon) \subseteq \{Q(\theta) : \theta \in \Theta\}$.

Dann gilt für jedes $\alpha \in (0,1)$

$$\Phi^u_\alpha \subseteq \{\phi : E_{\theta_0}(\phi(X)) = \alpha, E_{\theta_0}(\phi(X)T(X)) = \alpha E_{\theta_0}(T(X))\}.$$

Beweis:
Sei $\xi_0 = Q(\theta_0)$. Sei weiter $\phi \in \Phi^u_\alpha$. Dann gilt

$$E_{\theta_0}(\phi(X)) = \int \phi\,dW'_{\xi_0} \leq \alpha$$

und für alle $\theta \neq \theta_0$

$$E_\theta(\phi(X)) = \int \phi\,dW'_{Q(\theta)} \geq \alpha,$$

insbesondere nach Voraussetzung

$$\int \phi\,dW'_\xi \geq \alpha \text{ für alle } \xi \in (\xi_0 - \epsilon, \xi_0 + \epsilon),\ \xi \neq \xi_0.$$

Gemäß unseren Überlegungen zur Differenzierbarkeit in Exponenentialfamilien ist die Abbildung

$$\xi \mapsto \int \phi\,dW'_\xi$$

differenzierbar auf $(\xi_0 - \epsilon, \xi_0 + \epsilon)$, insbesondere stetig, womit sofort folgt

$$\int \phi \, dW'_{\xi_0} = \alpha, \text{ also } E_{\theta_0}(\phi(X)) = \alpha.$$

Ferner liegt ein Minimum in ξ_0 vor, so daß in diesem Punkt die Ableitung 0 ist und wir aus 20.21 erhalten

$$0 = \int \phi T \, dW'_{\xi_0} - \int \phi \, dW'_{\xi_0} \int T \, dW'_{\xi_0} = E_{\theta_0}(\phi(X)T(X)) - \alpha E_{\theta_0}(T(X)),$$

damit die Behauptung. □

Wir suchen daher im folgenden einen Test, der $E_\theta(\phi(X))$ für $\theta \neq \theta_0$ maximiert unter den Nebenbedingungen:

$$E_{\theta_0}(\phi(X)) = \alpha, \; E_{\theta_0}(\phi(X)T(X)) = \alpha E_{\theta_0}(T(X)).$$

Dies geschieht unter Benutzung der folgenden Variante des Neyman-Pearson-Lemmas:

20.23 Satz

Es seien W_0, W_1 Wahrscheinlichkeitsmaße mit Dichten f_0, f_1. Es sei $g : \mathcal{X} \to \mathbb{R}$ eine bzgl. W_0 integrierbare Funktion.

ϕ^* sei ein Test mit der Eigenschaft

$$\phi^*(x) = \begin{cases} 1 \\ 0 \end{cases} \text{für } f_1(x) \begin{matrix} > \\ < \end{matrix} k_1 f_0(x) + k_2 g(x) f_0(x)$$

für $k_1, k_2 \in \mathbb{R}$. Sei $\alpha = \int \phi^* \, dW_0, \beta = \int \phi^* g \, dW_0$. Dann folgt:

$$\int \phi^* \, dW_1 = \sup\{\int \phi \, dW_1 : \phi \text{ Test}, \int \phi \, dW_0 = \alpha, \int \phi g \, dW_0 = \beta\}.$$

Beweis:

Sei ϕ ein weiterer Test, der $\int \phi \, dW_0 = \alpha$ und $\int \phi g \, dW_0 = \beta$ erfüllt. Wie im Neyman-Pearson-Lemma gilt für jedes x

$$(\phi^*(x) - \phi(x))(f_1(x) - k_1 f_0(x) - k_2 g(x) f_0(x)) \geq 0,$$

und durch Integration folgt

$$\begin{aligned} \int \phi^* \, dW_1 - \int \phi \, dW_1 \;\; &\geq \;\; k_1(\int \phi^* \, dW_0 - \int \phi \, dW_0) \\ &\quad + k_2(\int \phi^* g \, dW_0 - \int \phi g \, dW_0) \;\; = \;\; 0. \end{aligned}$$

□

Damit können wir den folgenden Satz nachweisen:

20.24 Satz

Es sei $(W_\theta)_{\theta\in\Theta}$ eine 1-parametrige Exponentialfamilie mit Dichten der Form

$$f_\theta(x) = C(\theta)e^{Q(\theta)T(x)}h(x)$$

und natürlichem Parameterraum Λ. Zu testen sei $H = \{\theta_0\}, K = \{\theta : \theta \neq \theta_0\}$ zum Niveau $\alpha \in (0,1)$.

$Q(\theta_0)$ sei ein innerer Punkt von Λ, und es existiere $\epsilon > 0$ mit der Eigenschaft $(Q(\theta_0) - \epsilon, Q(\theta_0) + \epsilon) \subseteq \{Q(\theta) : \theta \in \Theta\}$.

Sei ϕ^* ein Test mit folgenden Eigenschaften:

(i) $\int \phi^*\, dW_{\theta_0} = \alpha$ und $\int \phi^* T\, dW_{\theta_0} = \alpha \int T\, dW_{\theta_0}$.

(ii) Es existieren $c_1^*, c_2^* \in \mathbb{R}$, $c_1^* < c_2^*$, mit der Eigenschaft

$$\phi^*(x) = \begin{cases} 1 & \text{für } T(x) < c_1^* \text{ oder } T(x) > c_2^* \\ 0 & \phantom{\text{für }} c_1^* < T(x) < c_2^* \end{cases}$$

Dann ist ϕ^* ein gleichmäßig bester unverfälschter Test zum Niveau α.

Beweis:
Sei $\theta \in K$, also $\theta \neq \theta_0$ und damit $Q(\theta) \neq Q(\theta_0)$. Angewandt werden soll die Variante des Neyman-Pearson-Lemmas 20.23 auf $W_0 = W_{\theta_0}, W_1 = W_\theta, g = T$, so daß geeignete $k_1 = k_1(\theta)$ und $k_2 = k_2(\theta)$ zu finden sind. Dazu betrachten wir die Exponentialfunktion

$$t \mapsto e^{(Q(\theta)-Q(\theta_0))t}$$

Eine elementare Überlegung zeigt, daß $a_1, a_2 \in \mathbb{R}$ existieren mit der Eigenschaft

$$e^{(Q(\theta)-Q(\theta_0))t} > a_1 + a_2 t \text{ für alle } t < c_1^*,\, t > c_2^*$$

und

$$e^{(Q(\theta)-Q(\theta_0))t} < a_1 + a_2 t \text{ für alle } c_1^* < t < c_2^*.$$

Wir setzen

$$k_1 = \frac{a_1 C(\theta)}{C(\theta_0)} \text{ und } k_2 = \frac{a_2 C(\theta)}{C(\theta_0)}.$$

Dann gilt:

$$C(\theta)e^{Q(\theta)T(x)}h(x) \quad \begin{matrix} > \\ < \end{matrix} \quad k_1C(\theta_0)e^{Q(\theta_0)T(x)}h(x) + k_2C(\theta_0)e^{Q(\theta_0)T(x)}T(x)h(x)$$

$$\text{impliziert} \quad e^{(Q(\theta)-Q(\theta_0))T(x)} \begin{matrix} > \\ < \end{matrix} a_1 + a_2T(x)$$

$$\text{impliziert} \quad \begin{matrix} T(x) < c_1^* \text{ oder } T(x) > c_2^* \\ c_1^* < T(x) < c_2^* \end{matrix}$$

Also hat ϕ^* die Form aus unserer Variante des Neyman-Pearson-Lemmas, und es folgt für jedes $\theta \in K$

$$\begin{aligned} & \int \phi^* \, dW_\theta \\ = \; & \sup\{\int \phi \, dW_\theta : \phi \text{ Test}, \int \phi \, dW_{\theta_0} = \alpha, \int \phi T \, dW_{\theta_0} = \alpha \int T \, dW_{\theta_0}\} \\ \geq \; & \sup_{\phi \in \Phi_\alpha^u} \int \phi \, dW_\theta \geq \alpha, \end{aligned}$$

wobei für die letzte Ungleichung zu beachten ist, daß der Test ϕ, der identisch α ist, in Φ_α^u liegt.

Aus diesen Ungleichungen folgt sofort, daß ϕ^* gleichmäßig bester unverfälschter Test zum Niveau α ist, also die Behauptung. □

20.25 Zur praktischen Anwendung

(i) Für das Testproblem $H = \{\theta_0\}, K = \{\theta : \theta \neq \theta_0\}$ ist also ein Test ϕ^* zu bestimmen, der die Eigenschaften (i) und (ii) aus 20.24 besitzt. Dazu sind $c_1^*, c_2^* \in \mathbb{R}$ mit $c_1^* < c_2^*$ und $\gamma_1^*, \gamma_2^* \in [0,1]$ zu finden, die den folgenden beiden Gleichungen genügen:

$$W_{\theta_0}(T < c_1^*) + W_{\theta_0}(T > c_2^*) + \gamma_1^* W_{\theta_0}(T = c_1^*) + \gamma_2^* W_{\theta_0}(T = c_2^*) = \alpha$$

und

$$\begin{aligned} & \int_{\{T < c_1^*\}} T \, dW_{\theta_0} + \int_{\{T > c_2^*\}} T \, dW_{\theta_0} + \gamma_1^* c_1^* W_{\theta_0}(T = c_1^*) + \gamma_2^* c_2^* W_{\theta_0}(T = c_2^*) \\ = \; & \alpha \int T \, dW_{\theta_0}. \end{aligned}$$

Dann ist nämlich

$$\phi^*(x) = \begin{cases} 1 & \text{für } T(x) < c_1^* \text{ oder } T(x) > c_2^* \\ \gamma_1^* & \text{für } T(x) = c_1^* \\ \gamma_2^* & \text{für } T(x) = c_2^* \\ 0 & \text{für } c_1^* < T(x) < c_2^* \end{cases}$$

gleichmäßig bester unverfälschter Test zum Niveau α. Das Auffinden eines solchen Tests bei zweiseitigen Hypothesen ist eine deutlich schwierigere Aufgabe als die schon behandelte entsprechende Aufgabe im Falle einseitiger Hypothesen, doch auch hier können statistische Tafelwerke, bzw. statistische Software herangezogen werden. Angemerkt sei weiter, daß die Existenz solcher $c_1^*, c_2^*, \gamma_1^*, \gamma_2^*$ allgemein nachgewiesen werden kann.

(*ii*) Eine wesentliche Vereinfachung tritt auf, falls für ein $a \in \mathbb{R}$ die Statistik $T - a$ eine **symmetrische Verteilung** bzgl. W_{θ_0} besitzt, also

$$W_{\theta_0}^{T-a} = W_{\theta_0}^{-(T-a)}$$

vorliegt. Unter Benutzung von

$$c^* = c(W_{\theta_0}^{T-a}, \frac{\alpha}{2})$$

definieren wir einen Test, der symmetrisch bzgl. a ist, durch

$$\phi^*(x) = \begin{cases} 1 & \\ \gamma^* & \text{für } \mid T(x) - a \mid \ = c^*. \\ 0 & \end{cases} \quad \begin{matrix} > \\ \\ < \end{matrix}$$

Dabei ist

$$\gamma^* = \frac{\frac{\alpha}{2} - W_{\theta_0}(T - a > c^*)}{W_{\theta_0}(T - a = c^*)},$$

falls der Nenner > 0 ist und 0 andernfalls. Es liegen damit vor

$$c_1^* = a - c^*, \quad c_2^* = a + c^* \text{ und } \gamma_1^* = \gamma_2^* = \gamma^*.$$

Es ist zu zeigen, daß damit die Bedingungen aus (*ii*) erfüllt werden. Mit der Symmetrie der Verteilung von $T - a$ folgt:

$$\begin{aligned} & W_{\theta_0}(T < c_1^*) + \gamma_1^* W_{\theta_0}(T = c_1^*) + \gamma_2^* W_{\theta_0}(T = c_2^*) + W_{\theta_0}(T > c_2^*) \\ = \ & W_{\theta_0}(T - a < -c^*) + \gamma^* W_{\theta_0}(T - a = -c^*) \\ & + W_{\theta_0}(T - a > c^*) + \gamma^* W_{\theta_0}(T - a = c^*) \\ = \ & 2(W_{\theta_0}(T - a > -c^*) + \gamma^* W_{\theta_0}(T - a = c^*)) = 2\frac{\alpha}{2} = \alpha \end{aligned}$$

Zum Nachweis der zweiten Bedingung ist zu beachten, daß für eine integrierbare Zufallsgröße Y mit symmetrischer Verteilung stets $E(Y) = 0$ gilt, denn es ist $0 = E(Y) - E(Y) = E(Y) + E(-Y) = 2E(Y)$.

Damit folgt zunächst

$$\int (T-a)\,dW_{\theta_0} = 0, \text{ also } \int T\,dW_{\theta_0} = a.$$

In der zweiten Integralbeziehung in (i) liegt $\int \phi^* T\,dW_{\theta_0}$ vor. Zu der Berechnung dieses Integral benutzen wir, daß $\phi^*(T-a)$ ebenfalls eine symmetrische Verteilung bzgl. W_{θ_0} besitzt. Es liegt nämlich mit einer offensichtlich zu definierenden Funktion $h : \mathbb{R} \to \mathbb{R}$ die Darstellung $\phi^* = h(|\,T-a\,|)$ vor , also:

$$\begin{aligned} W_{\theta_0}^{-\phi^*(T-a)} &= W_{\theta_0}^{h(|T-a|)(-(T-a))} \\ &= W_{\theta_0}^{h(|-(T-a)|)(-(T-a))} \\ &= W_{\theta_0}^{h(|T-a|)(T-a)} \\ &= W_{\theta_0}^{\phi^*(T-a)}. \end{aligned}$$

Es folgt $\int \phi^*(T-a)\,dW_{\theta_0} = 0$ und damit

$$\int \phi^* T\,dW_{\theta_0} = a \int \phi^*\,dW_{\theta_0} = \int T\,dW_{\theta_0} \int \phi^*\,dW_{\theta_0}$$

wie gewünscht.

(iii) Symmetrie bzgl. eines Werts a liegt insbesondere bei den Normalverteilungen $N(a, \sigma^2)$ vor, und wir werden dies im nächsten Kapitel bei unserer Betrachtung von Testproblemen bei Normalverteilungen ausnutzen. Von besonderer Bedeutung ist auch hier die Normalapproximation, wie wir sie in 20.15 kennengelernt haben. Dazu nehmen wir an, daß eine stetige und streng monoton wachsende Funktion $h = h_{n,\theta_0}$ so vorliegt, daß

$$W_{\theta_0}^{h(T)} = P_{\theta_0}^{h(T(X_1,\ldots,X_n))} \approx N(0,1)$$

gilt. Als Testverfahren benutzen wir dann

$$\phi^*(x) = \left\{ \begin{matrix} 1 \\ 0 \end{matrix} \right. \text{ für } |\,h(T(x))\,| \begin{matrix} > \\ \leq \end{matrix} u_{\alpha/2}.$$

So erhalten wir z. B. in der klinischen Studie aus 15.2 den approximativen Test für die zweiseitigen Hypothesen $H = \{\theta_0\}, K = \{\theta : \theta \neq \theta_0\}$ als

$$\phi^*(x) = \left\{ \begin{matrix} 1 \\ 0 \end{matrix} \right. \text{ für } |\sum_{i=1}^n x_i - n\theta_0\,| \begin{matrix} > \\ \leq \end{matrix} \sqrt{n\theta_0} u_{\alpha/2}$$

Vertiefungen

Wir beweisen nun unser Resultat über die Struktur optimaler Tests bei einseitigen Hypothesen und monotonem Dichtequotienten. Der Nachweis der Existenz solcher Tests ist schon in 20.14 erbracht worden. Die Optimalitätseigenschaft wird hier mit der Aussage (i) verschärft.

20.26 Satz

Betrachtet sei ein reguläres statistisches Experiment mit monotonem Dichtequotienten in $T : \mathcal{X} \to \mathbb{R}$. *Sei* $\theta_0 \in \Theta$, *und es seien* $H = \{\theta \in \Theta : \theta \leq \theta_0\}$, $K = \{\theta \in \Theta : \theta > \theta_0\}$. *Sei* $\alpha \in (0,1)$.

ϕ^* *sei ein Test mit den Eigenschaften:*

(a) $E_{\theta_0}(\phi^*(X)) = \alpha$.

(b) $\phi^*(x) = \begin{cases} 1 \\ 0 \end{cases}$ *für* $T(x) \begin{matrix} > \\ < \end{matrix} c$
für ein $c \in \mathbb{R}$.

Dann gilt:

(i) $R(\theta, \phi^*) = \inf\{R(\theta, \phi) : \phi$ *Test mit* $E_{\theta_0}(\phi(X)) = \alpha\}$
für alle θ.

(ii) ϕ^* *ist gleichmäßig bester Test zum Niveau* α.

Beweis:
(i) Wir merken zunächst an, daß aus Eigenschaft (b) folgt

$$W_{\theta_0}(T > c) \leq \int \phi^* \, dW_{\theta_0} \leq W_{\theta_0}(T \geq c)$$

und daraus mit Eigenschaft (a)

$$W_{\theta_0}(T > c) \leq \alpha \leq W_{\theta_0}(T \geq c).$$

Zum Nachweis von (i) betrachten wir die Fälle $\theta > \theta_0$ und $\theta < \theta_0$. Für $\theta = \theta_0$ ist natürlich nichts zu zeigen.

Sei $\theta > \theta_0$. Wir zeigen, daß der Test ϕ^* die Eigenschaft $(i)(b)$ aus dem Neyman-Pearson-Lemma besitzt. Dazu setzen wir $k = g_{(\theta_0,\theta)}(c) \geq 0$.
Wir wollen zeigen, daß k endlich ist. Sei angenommen $k = \infty$. Es folgt mit der Monotonie von $g_{(\theta_0,\theta)}$

$$\begin{aligned} \alpha &\leq W_{\theta_0}(T \geq c) \leq W_{\theta_0}(g_{(\theta_0,\theta)}(T) \geq g_{(\theta_0,\theta)}(c)) \\ &= W_{\theta_0}(g_{(\theta_0,\theta)}(T) = \infty) \leq W_{\theta_0}(f_{\theta_0} = 0) = 0, \end{aligned}$$

also der gewünschte Widerspruch. Wiederum mit der Monotonie von $g_{(\theta_0,\theta)}$ erhalten wir

$$\begin{aligned} f_\theta(x) \overset{>}{<} k f_{\theta_0}(x) \quad &\text{impliziert} \quad g_{(\theta_0,\theta)}((T(x)) \overset{>}{<} g_{(\theta_0,\theta)}(c) \\ &\text{impliziert} \quad T(x) \overset{>}{<} c \end{aligned}$$

Damit ist

$$\phi^*(x) = \begin{cases} 1 \\ 0 \end{cases} \text{für } f_\theta(x) \overset{<}{<} k f_{\theta_0}(x).$$

Das Neyman-Pearson-Lemma, angewandt auf $W_0 = W_{\theta_0}, W_1 = W_\theta$, zeigt

$$\begin{aligned} E_\theta(\phi^*(X)) &= \sup\{E_\theta(\phi(X)) : \phi \text{ Test, } E_{\theta_0}(\phi(X)) \leq \alpha\} \\ &= \sup\{E_\theta(\phi(X)) : \phi \text{ Test, } E_{\theta_0}(\phi(X)) = \alpha\}, \end{aligned}$$

wobei die zweite Gleichheit aus $E_{\theta_0}(\phi^*(X)) = \alpha$ folgt. Übergang zum Risiko liefert

$$R(\theta, \phi^*) = \inf\{R(\theta, \phi) : \phi \text{ Test, } E_{\theta_0}(\phi(X)) = \alpha\}.$$

Sei nun $\theta < \theta_0$. Wir setzen $k' = \frac{1}{g_{(\theta,\theta_0)}(c)} \geq 0$. Aus der Annahme $k' = \infty$, also $g_{(\theta,\theta_0)}(c) = 0$, folgt

$$\begin{aligned} 1 - \alpha &\leq W_{\theta_0}(T \leq c) \leq W_{\theta_0}(g_{(\theta,\theta_0)}(T) \leq g_{(\theta,\theta_0)}(c)) \\ &= W_{\theta_0}(g_{(\theta,\theta_0)}(T) = 0) \leq W_{\theta_0}(f_{\theta_0} = 0) = 0, \end{aligned}$$

damit der gewünschte Widerspruch. Weiter erhalten wir

$$\phi^*(x) = \begin{cases} 1 \\ 0 \end{cases} \text{für } k' f_{\theta_0}(x) \overset{>}{<} f_\theta(x)$$

Wir gehen nun zum Test $\psi^* = 1 - \phi^*$ über. Dann gilt

$$\psi^*(x) = \begin{cases} 1 \\ 0 \end{cases} \text{für } f_\theta(x) \overset{>}{<} k' f_{\theta_0}(x).$$

Wenden wir das Neyman-Pearson-Lemma mit $W_0 = W_{\theta_0}, W_1 = W_\theta$ an, so folgt zunächst

$$E_\theta(\psi^*(X)) = \sup\{E_\theta(\psi(X)) : \psi \text{ Test}, \ E_{\theta_0}(\psi(X)) = 1 - \alpha\}$$

und damit

$$\begin{aligned} 1 - E_\theta(\phi^*(X)) &= E_\theta(\psi^*(X)) \\ &= \sup\{E_\theta(\psi(X)) : \psi \text{ Test}, \ E_{\theta_0}(\psi(X)) = 1 - \alpha\} \\ &= \sup\{1 - E_\theta(1 - \psi(X)) : \psi \text{ Test}, \ E_{\theta_0}(\psi(X)) = 1 - \alpha\} \\ &= 1 - \inf\{E_\theta(1 - \psi(X)) : \psi \text{ Test}, \ E_{\theta_0}(\psi(X)) = 1 - \alpha\} \\ &= 1 - \inf\{E_\theta(\phi(X)) : \phi \text{ Test}, \ E_{\theta_0}(\phi(X)) = \alpha\}, \end{aligned}$$

Dies besagt für das Risiko

$$R(\theta, \phi^*) = \inf\{R(\theta, \phi) : \phi \text{ Test}, \ E_{\theta_0}(\phi(X)) = \alpha\},$$

so daß wir Behauptung (i) erhalten haben.

(ii) Unter Benutzung des im ersten Beweisteil gezeigten verbleibt der Nachweis von $\phi^* \in \Phi_\alpha$. Dieses folgt sofort aus (i), denn für alle $\theta < \theta_0$ gilt

$$E_\theta(\phi^*(X)) = \inf\{E_\theta(\phi(X)) : \phi \text{ Test}, \ E_{\theta_0}(\phi(X)) = \alpha\} \leq \alpha,$$

wobei für die abschließende Ungleichung der Test, der identisch α ist, zu betrachten ist. □

Wir kommen nun zum Beweis des Resultats zur Differenzierbarkeit bei Exponentialfamilien, das wir hier in etwas veränderter Formulierung vorstellen. Der Beweis verläuft sehr ähnlich wie derjenige von 9.29.

20.27 Satz

Es seien μ ein Maß auf $\mathcal{X}$ und $h : \mathcal{X} \to [0, \infty)$, $T : \mathcal{X} \to \mathbb{R}$ meßbare Abbildungen. Sei

$$\Lambda = \{\xi \in \mathbb{R} : \int e^{\xi T} h \, d\mu < \infty\}.$$

Dann gilt für beschränktes, meßbares $g : \mathcal{X} \to \mathbb{R}$:

Die Abbildung

$$\xi \mapsto \int g e^{\xi T} h \, d\mu$$

ist in jedem inneren Punkt von Λ differenzierbar mit Ableitung

$$\begin{aligned} \frac{d}{d\xi} \int g e^{\xi T} h \, d\mu &= \int g \, \frac{d}{d\xi} e^{\xi T} h \, d\mu \\ &= \int g T e^{\xi T} h \, d\mu. \end{aligned}$$

Beweis:
Sei ξ ein innerer Punkt von Λ. Dann existiert $\epsilon > 0$ mit der Eigenschaft $[\xi - \epsilon, \xi + \epsilon] \subseteq \Lambda$. Sei $(\delta_n)_{n \in \mathbb{N}}$ eine Folge in Λ so, daß gilt $\delta_n \to 0$ und $\mid \delta_n \mid \leq \epsilon$ für alle n. Zu zeigen ist

$$\lim_{n\to\infty} \int g \, \frac{e^{(\xi+\delta_n)T} - e^{\xi T}}{\delta_n} h \, d\mu = \int \lim_{n\to\infty} g \frac{e^{(\xi+\delta_n)T} - e^{\xi T}}{\delta_n} h \, d\mu.$$

Unter Benutzung des Satzes von der dominierten Konvergenz genügt es zu zeigen, daß eine integrierbare Funktion $f \geq 0$ existiert mit der Eigenschaft

$$\mid g \, \frac{e^{(\xi+\delta_n)T} - e^{\xi T}}{\delta_n} h \mid \leq f \text{ für alle } n.$$

Dazu schätzen wir mit $M = \sup \mid g \mid$ ab:

$$\begin{aligned}
\mid g \, \frac{e^{\xi T} \, (e^{\delta_n T} - 1)}{\delta_n} h \mid &\leq M e^{\xi T} h \sum_{i=1}^{\infty} \frac{\mid \delta_n \mid^{i-1} \mid T^i}{i!} \\
&\leq M e^{\xi T} h \sum_{i=1}^{\infty} \frac{\epsilon^{i-1} \mid T \mid^i}{i!} \\
&= \frac{M}{\epsilon} e^{\xi T} h (e^{\epsilon |T|} - 1) \\
&\leq \frac{M}{\epsilon} e^{\xi T} h (e^{\epsilon T} + e^{-\epsilon T}) \\
&= \frac{M}{\epsilon} (h \, e^{(\xi+\epsilon)T} + h e^{(\xi-\epsilon)T})
\end{aligned}$$

Da $\xi - \epsilon$ und $\xi + \epsilon \in \Lambda$ liegen, ist $f = \frac{M}{\epsilon}(h \, e^{(\xi+\epsilon)T} + h e^{(\xi-\epsilon)T})$ integrierbar, so daß die Behauptung folgt. □

Aufgaben

Aufgabe 20.1 Untersucht werden soll, ob in einer gewissen Bevölkerungsgruppe die Wahrscheinlichkeit von Jungengeburten > 1/2 ist. Dabei soll die Aussage, daß dieses vorliegt, fälschlicherweise höchstens mit Wahrscheinlichkeit α getroffen werden. Was können Sie aussagen, wenn bei 10.000 Geburten 5210 Jungengeburten registriert werden?

Aufgabe 20.2 Zeigen Sie, daß die Familie der hypergeometrischen Verteilungen $H(N, \theta, n)$, $\theta \in \{0, 1, \ldots, N\}$, einen monotonen Dichtequotienten in $T(x) = x$ besitzt.

Aufgabe 20.3 In der Endkontrolle einer Fertigungsabteilung wird eine produzierte Sendung von N Stück durch Entnahme einer zufälligen Stichprobe von n

Stück überprüft.

Bestimmen Sie einen gleichmäßig besten Test, der zum Niveau α absichert, daß die Zahl der fehlerhaften Stücke eine vorgegebene Anzahl θ_0 nicht überschreitet. Geben Sie eine Normalapproximation für diesen Test an.

Aufgabe 20.4 Bei der abschließenden Qualitätskontrolle in einem Industriebetrieb werden die fertiggestellten Produkte nacheinander und unabhängig voneinander überprüft. Bedeute $X_i = 1$, bzw. $X_i = 0$, daß das i-te Produkt beanstandet wird, bzw. fehlerfrei ist. Bezeichne T_k, beim wievielten Produkt die k-te Beanstandung aufgetreten ist, also $T_k = \inf\{n : \sum_{i\leq n} X_i = k\}$.

(i) Zeigen Sie, daß $T_1, T_2 - T_1, \ldots$ stochastisch unabhängig, identisch verteilt sind.
(ii) Bestimmen Sie die Verteilung von $T_n - n$ bezüglich P_θ und zeigen Sie, daß die Verteilungsfamilie eine Exponentialfamilie bildet.
(iii) Bestimmen Sie $E_\theta(T_n - n)$ und $Var_\theta(T_n - n)$.
(iv) Bestimmen Sie einen gleichmäßig besten Test zum Niveau α, basierend auf $T_1, T_2 - T_1, \ldots, T_n - T_{n-1}$, und geben Sie dessen Normalapproximation an.

Aufgabe 20.5 Ein Doktorand der Medizin möchte mit Hilfe eines statistischen Experiments die Abhängigkeiten im Auftreten zweier Krankheiten A und B in einer bestimmte Risikogruppe untersuchen. Aus vorhergehenden Studien weiß er, daß in dieser Gruppe Krankheit A mit Wahrscheinlichkeit p_A und Krankheit B mit Wahrscheinlichkeit p_B auftritt. Es gelte $0 \leq p_A \leq p_B \leq 1/2$. Die unbekannte bedingte Wahrscheinlichkeit für das Auftreten von Krankheit B, gegeben das Vorliegen von Krankheit A, soll auf positive Korreliertheit überprüft werden – zwei Ereignisse C, D sind positiv korreliert, falls $P(C|D) > P(C)$ vorliegt. Der Doktorand hat sich nun zwei Vorgehensweisen überlegt: Untersuche n an A erkrankte Patienten auf das Vorliegen von B. Oder untersuche n an B erkrankte Patienten auf das Vorliegen von A.

Geben Sie die zugehörigen statistischen Experimente und gleichmäßig beste Tests zum Niveau α an. Welche Vorgehensweise des Doktoranden ist vorzuziehen?

Aufgabe 20.6 Beobachtet seien stochastisch unabhängige, $B(1,\theta)$-verteilte Zufallsgrößen mit unbekanntem $\theta \in (0,1)$. Bestimmen Sie einen gleichmäßig besten unverfälschten Test zum Niveau α für $H = \{1/2\}$ und $K = \{\theta : \theta \neq 1/2\}$. Betrachten Sie die Problemstellung aus Aufgabe 20.1 in diesem Kontext.

Aufgabe 20.7 Sei $\Theta \subseteq \mathbb{R}$ und $(\mathcal{X}, (W_\theta)_{\theta\in\Theta}))$ ein reguläres statistisches Experiment mit monotonem Dichtequotienten in einer Statistik T mit Dichten $f_\theta > 0$. Zeigen Sie:

(i) $(W_\theta^T)_{\theta\in\Theta}$ hat monotonen Dichtequotienten in der Identität.
(ii) Ist $g : \mathbb{R} \to \mathbb{R}$ beschränkt und monoton wachsend, so ist $\theta \mapsto \int g(T)dW_\theta$ monoton wachsend. Für $\theta_0 < \theta_1$ gilt $W_{\theta_0}(T > t) \leq W_{\theta_1}(T > t)$ für alle $t \in \mathbb{R}$.

Kapitel 21

Spezielle Tests und Konfidenzbereiche

In diesem Kapitel werden wir zunächst spezielle Testverfahren bei normalverteilten Beobachtungen kennenlernen, die aus den allgemeinen Überlegungen des vorhergehenden Kapitels resultieren.

21.1 Der einseitige Gaußtest

Beobachtet seien stochastisch unabhängige $N(a, \sigma_0^2)$-verteilte Zufallsgrößen $X_1, \ldots, X_n$ so, daß unbekannter Mittelwert $a \in \mathbb{R}$ bei bekannter Varianz σ_0^2 vorliegt. Zu Testen sei $H = \{a : a \leq a_0\}$, $K = \{a : a > a_0\}$.

Für die Dichten gilt

$$f_a(x) = \left(\frac{1}{\sqrt{2\pi\sigma_0^2}}\right)^n e^{-\frac{1}{2\sigma_0^2}\sum_{i=1}^n x_i^2} e^{\frac{a}{\sigma_0^2}\sum_{i=1}^n x_i} e^{-\frac{na^2}{2\sigma_0^2}}.$$

Es liegt monotoner Dichtequotient in $T(x) = \sum_{i=1}^n x_i$ vor. Als gleichmäßig bester Test zum Niveau α ergibt sich gemäß 20.15 der **einseitige Gaußtest**

$$\begin{aligned}
\phi^*(x) &= \begin{cases} 1 \\ 0 \end{cases} \text{für } \frac{\sum_{i=1}^n x_i - na_0}{\sqrt{n\sigma_0^2}} \; \begin{matrix} > \\ \leq \end{matrix} \; u_\alpha \\
&= \begin{cases} 1 \\ 0 \end{cases} \text{für } \frac{\sqrt{n}(\overline{x}_n - a_0)}{\sqrt{\sigma_0^2}} \; \begin{matrix} > \\ \leq \end{matrix} \; u_\alpha
\end{aligned}$$

21.2 Der zweiseitige Gaußtest

Beobachtet seien wiederum stochastisch unabhängige $N(a,\sigma_0^2)$-verteilte Zufallsgrößen $X_1,\ldots,X_n$ mit unbekanntem Mittelwert a und bekannter Varianz σ_0^2. Zu Testen sei $H=\{a_0\}$, $K=\{a : a\neq a_0\}$.

Als gleichmäßig bester unverfälschter Test zum Niveau α ergibt sich gemäß 20.25 der **zweiseitige Gaußtest**

$$\begin{aligned}\phi^*(x) &= \begin{cases}1\\0\end{cases} \text{für } \frac{\left|\sum_{i=1}^n x_i - na_0\right|}{\sqrt{n\sigma_0^2}} \begin{matrix}>\\ \leq\end{matrix}\; u_{\alpha/2}\\ &= \begin{cases}1\\0\end{cases} \text{für } \frac{\sqrt{n}\,|\,\overline{x}_n - a_0\,|}{\sqrt{\sigma_0^2}} \begin{matrix}>\\ \leq\end{matrix}\; u_{\alpha/2}\,.\end{aligned}$$

So interessant die Herleitung des einseitigen und des zweiseitigen Gaußtest auch vom methodischen Standpunkt auch ist, so drängt sich sofort die folgende Kritik auf: Wenn schon der Mittelwert der Beobachtungen unbekannt ist, wie kann dann die Varianz bekannt sein? Es müßten doch Testverfahren entwickelt worden sein, die unter der realistischeren Annahme unbekannter Varianz in der statistischen Praxis nützlich sind! Tatsächlich liegen solche Verfahren vor. Sie sind als **t-Tests** bekannt, und ihr Studium ist Inhalt der folgenden Erörterungen.

21.3 Der einseitige t -Test

Beobachtet werden stochastisch unabhängige, jeweils $N(a,\sigma^2)$-verteilte Zufallsgrößen $X_1,\ldots,X_n$ mit unbekanntem Parameter $\theta=(a,\sigma^2)\in\Theta=\mathbb{R}\times(0,\infty)$. Getestet werden soll, ob $a\leq a_0$ oder $a>a_0$ vorliegt, jedoch ohne daß die Varianz als bekannt angenommen wird. Damit liegen vor

$$H=\{(a,\sigma^2)\in\Theta : a\leq a_0\},\ K=\{(a,\sigma^2)\in\Theta : a>a_0\}.$$

Das unbekannte σ^2, das in der verbalen Formulierung des Testproblem als ein Problem des Testens der Mittelwerte nicht explizit auftaucht, jedoch natürlich in der formalen Definition von H und K, hat hier eine störende Funktion und wird konsequenterweise als **Störparameter** bezeichnet.

Um zu einem sinnvollen Verfahren zu gelangen, betrachten wir die Teststatistik des Gaußtests

$$\frac{\sqrt{n}(\overline{x}_n - a_0)}{\sqrt{\sigma_0^2}},$$

die natürlich ohne Kenntnis von σ_0^2 nicht mehr anwendbar ist. Es liegt nun sehr nahe, σ_0^2 durch den Schätzwert

$$\frac{1}{n-1}\sum_{i=1}^{n}(x_i - \overline{x}_n)^2$$

zu ersetzen. Damit erhalten wir die Teststatistik

$$T(x) = \frac{\sqrt{n}(\overline{x}_n - a_0)}{\sqrt{\frac{1}{n-1}\sum\limits_{i=1}^{n}(x_i - \overline{x}_n)^2}}$$

und das als **einseitiger t-Test** bezeichnete Testverfahren

$$\psi^*(x) = \begin{cases} 1 \\ 0 \end{cases} \text{für } T(x) = \frac{\sqrt{n}(\overline{x}_n - a_0)}{\sqrt{\frac{1}{n-1}\sum\limits_{i=1}^{n}(x_i - \overline{x}_n)^2}} \begin{matrix} > \\ \leq \end{matrix} c^*.$$

c^* ist so zu finden, daß ψ^* ein unverfälschter Test zum Niveau α wird, also

$$W_{(a,\sigma^2)}(T > c^*) \leq \alpha \text{ für alle } a \leq a_0,\ \sigma^2 > 0$$

und

$$W_{(a,\sigma^2)}(T > c^*) \geq \alpha \text{ für alle } a > a_0,\ \sigma^2 > 0$$

gilt. Dazu betrachteten wir die Verteilung $W^T_{(a_0,\sigma^2)}$. Es gilt für jedes $\sigma^2 > 0$ mit der Bezeichnung

$$Y_i = \frac{X_i - a_0}{\sigma} \quad \text{für } i = 1, \ldots, n$$

die Gleichheit

$$\frac{\sqrt{n}\,(\overline{X}_n - a_0)}{\sqrt{\frac{1}{n-1}\sum\limits_{i=1}^{n}(X_i - \overline{X}_n)^2}} = \frac{\sqrt{n}\,\overline{Y}_n}{\sqrt{\frac{1}{n-1}\sum\limits_{i=1}^{n}(Y_i - \overline{Y}_n)^2}},$$

Dabei sind $Y_1, \ldots, Y_n$ stochastisch unabhängig und bezüglich $P_{(a_0,\sigma^2)}$ sämtlich $N(0,1)$-verteilt. Die Verteilung $W^T_{(a_0,\sigma^2)}$ ist also gleich der Verteilung von

$$\frac{\sqrt{n}\,\overline{Y}_n}{\sqrt{\frac{1}{n-1}\sum\limits_{i=1}^{n}(Y_i - \overline{Y}_n)^2}}$$

mit stochastisch unabhängigen $N(0,1)$-verteilten Zufallsgrößen $Y_1, \ldots, Y_n$. Diese Verteilung wird als **t-Verteilung mit n-1 Freiheitsgraden**, kurz t_{n-1}-Verteilung, bezeichnet. Wieso wir hier von $n-1$ Freiheitsgraden sprechen, wird später, bei unserer genaueren Untersuchung dieser Verteilung, klar werden. Es gilt damit für alle $\sigma^2 > 0$

$$W^T_{(a_0,\sigma^2)} = t_{n-1}.$$

Wählen wir als Fraktil

$$c^* = c(t_{n-1}, \alpha),$$

so folgt

$$E_{(a_0,\sigma^2)}(\psi^*(X)) = W_{(a_0,\sigma^2)}(T > c^*) = \alpha$$

für alle $\sigma^2 > 0$. Ferner gilt für $a \neq a_0$

$$\begin{aligned} E_{(a,\sigma^2)}(\psi^*(X) &= P_{(a,\sigma^2)}\Big(\frac{\sqrt{n}\,(\overline{X}_n - a_0)}{\sqrt{\frac{1}{n-1}\sum\limits_{i=1}^n (X_i - \overline{X}_n)^2}} > c^*\Big) \\ &\begin{cases} \leq & P_{(a,\sigma^2)}\Big(\frac{\sqrt{n}(\overline{X}_n - a)}{\sqrt{\frac{1}{n-1}\sum\limits_{i=1}^n (X_i - \overline{X}_n)^2}} > c^*\Big) = \alpha \quad \text{für } a < a_0 \\ \geq & P_{(a,\sigma^2)}\Big(\frac{\sqrt{n}(\overline{X}_n - a)}{\sqrt{\frac{1}{n-1}\sum\limits_{i=1}^n (X_i - \overline{X}_n)^2}} > c^*\Big) = \alpha \quad \text{für } a > a_0. \end{cases} \end{aligned}$$

Es ist also $E_{(a,\sigma^2)}(\psi^*(X)) \leq \alpha$ für alle $(a, \sigma^2) \in H$ und $E_{(a,\sigma^2)}(\psi^*(X)) \geq \alpha$ für alle $(a, \sigma^2) \in K$, damit $\psi^* \in \Phi^u_\alpha$.

21.4 Der zweiseitige t-Test

Wie im einseitigen Fall seien $X_1, \ldots, X_n$ stochastisch unabhängige, $N(a, \sigma^2)$-verteilte Zufallsgrößen mit unbekanntem Parameter $\theta = (a, \sigma^2)$. Getestet werden soll bei unbekannter Varianz , ob $a = a_0$ oder $a \neq a_0$ vorliegt, also

$$H = \{(a, \sigma^2) \in \Theta : a = a_0\}, \; K = \{(a, \sigma^2) \in \Theta : a \neq a_0\}.$$

Beachten wir, daß die t_{n-1}-Verteilung ebenso wie die $N(0, 1)$-Verteilung symmetrisch zu 0 ist, so erhalten wir entsprechend zum zweiseitigen Gaußtest den zweiseitigen t-Test als unverfälschten Test zum Niveau α der Form

$$\psi^*(x) = \begin{cases} 1 \\ 0 \end{cases} \text{für } \frac{\sqrt{n}\mid \overline{x}_n - a_0 \mid}{\sqrt{\frac{1}{n-1}\sum\limits_{i=1}^n (x_i - \overline{x}_n)^2}} \begin{matrix} > \\ \leq \end{matrix} c(t_{n-1}, \alpha/2).$$

21.5 Anmerkungen

(i) Wir haben den t-Test als sinnvolle Modifikation des Gaußtests bei unbekannter Varianz hergeleitet, jedoch nicht aufgrund der Optimalitätsprinzipien des vorhergehenden Kapitels. Diese Resultate, die sich nur auf Parameterräume $\Theta \subseteq \mathbb{R}$ bezogen haben, sind im Fall $\Theta = \mathbb{R} \times (0, \infty)$ nicht direkt anwendbar. Es läßt sich jedoch eine Erweiterung dieser Methoden für Testprobleme mit Störparametern finden, die als Theorie der bedingten Tests bekannt ist, allerdings im Rahmen dieses Textes nicht dargestellt werden kann. Wendet man nun diese Theorie hier an, so zeigt es sich, daß der einseitige und der zweiseitige t-Test gleichmäßig beste unverfälschte Tests sind. Ebenso stellen sich die weiteren hier noch vorgestellten Testverfahren als in diesem Sinn optimal heraus.

(*ii*) Wir haben die t_{n-1}-Verteilung als die Verteilung der Zufallsgröße

$$\frac{\sqrt{n}\,\overline{Y}_n}{\sqrt{\frac{1}{n-1}\sum_{i=1}^{n}(Y_i - \overline{Y}_n)^2}}$$

mit stochastisch unabhängigen $N(0,1)$-verteilten Zufallsgrößen $Y_1, \ldots, Y_n$ eingeführt. Um insbesondere Fraktile dieser Verteilung berechnen zu können, benötigen wir natürlich eine explizitere Darstellung und werden dazu die Dichte dieser Verteilung berechnen. Der Weg dazu beinhaltet etliche für die mathematische Statistik wesentliche Überlegungen und wird nun ausführlich dargestellt.

Eine bemerkenswerte Tatsache ist, daß bei der t-Statistik Zähler und Nenner stochastisch unabhängig sind, obwohl insbesondere $\overline{Y}_n$ in Zähler und Nenner auftritt. Diese Unabhängigkeit besagt, daß bei der $N(0,1)$-Verteilung Stichprobenmittel und Stichprobenvarianz stochastisch unabhängig sind und ist ein Charakteristikum für diese Verteilung.

Der folgende Satz enthält diese Aussage.

21.6 Satz

Es seien $Y_1, \ldots, Y_n$ stochastisch unabhängige, $N(0,1)$-verteilte Zufallsgrößen. Dann gilt:

$$\left(\sqrt{n}\,\overline{Y}_n, \sum_{i=1}^{n}(Y_i - \overline{Y}_n)^2\right) \text{ und } \left(Y_1, \sum_{i=2}^{n} Y_i^2\right) \text{ besitzen identische Verteilung,}$$

insbesondere sind

$$\sqrt{n}\,\overline{Y}_n \text{ und } \sum_{i=1}^{n}(Y_i - \overline{Y}_n)^2 \text{ stochastisch unabhängig.}$$

Beweis:

Es sei Y der aus $Y_1, \dots, Y_n$ gebildete Spaltenvektor. In der Terminologie der n-dimensionalen Normalverteilungen, siehe 18.15, besitzt Y eine solche Verteilung mit Mittelwertvektor 0 und Kovarianzmatrix I_n, der n-dimensionalen Einheitsmatrix. Für eine $n \times n$-Matrix A besitzt $Z = AY$ eine n-dimensionale Normalverteilung mit Mittelwertvektor 0 und Kovarianzmatrix $AA^\top$. Ist die Matrix A orthogonal, d.h. gilt $AA^\top = I_n$, so besitzt Z eine n-dimensionale Normalverteilung mit Mittelwertvektor 0 und Kovarianzmatrix I_n. In diesem Fall besitzen also Y und Z dieselbe Verteilung, und die Komponenten $Z_1, \dots, Z_n$ von Z sind ebenso wie $Y_1, \dots, Y_n$ stochastisch unabhängig und $N(0,1)$-verteilt.

Diese Aussage soll nun durch Wahl einer geeigneten Matrix ausgenutzt werden. Wir benötigen hier nur die explizite Gestalt der ersten Zeile dieser Matrix und nutzen dann die Tatsache aus der linearen Algebra, daß ein Zeilenvektor der Länge 1 stets zu einer orthogonalen Matrix ergänzt werden kann. Als orthogonale Matrix wird dann betrachtet

$$A = \begin{bmatrix} \frac{1}{\sqrt{n}} \quad \frac{1}{\sqrt{n}} \quad \cdots \quad \frac{1}{\sqrt{n}} \\ \text{orthogonal} \\ \text{ergänzt} \end{bmatrix}$$

Es gilt durch diese spezielle Wahl von A

$$Z_1 = \frac{1}{\sqrt{n}} \sum_{i=1}^{n} Y_i = \sqrt{n}\,\overline{Y}_n ,$$

$$\begin{aligned} \sum_{i=2}^{n} Z_i^2 &= Z^\top Z - Z_1^2 = Z^\top A^\top A Z - Z_1^2 \\ &= Y^\top Y - \frac{1}{n}\Big(\sum_{i=1}^{n} Y_i\Big)^2 = \sum_{i=1}^{n} Y_i^2 - \frac{1}{n}\Big(\sum_{i=1}^{n} Y_i\Big)^2 \\ &= \sum_{i=1}^{n} (Y_i - \overline{Y}_n)^2. \end{aligned}$$

Da $Y_1, \dots, Y_n$ und $Z_1, \dots, Z_n$ identische Verteilung besitzen, folgt die Behauptung. □

21.7 Diskussion der t-Verteilung

Die t_{n-1}-Verteilung ist also die Verteilung von

$$\frac{Y_1}{\sqrt{\frac{1}{n-1} \sum_{i=2}^{n} Y_i^2}}$$

mit $N(0,1)$-verteilten, stochastisch unabhängigen Y_i's.
Daß wir dabei von $n-1$ Freiheitsgraden sprechen, ist darauf zurückzuführen, daß im Nenner die Summe von $n-1$ unabhängigen Zufallsgrößen vorliegt. Entsprechend ist natürlich für allgemeines n die t_n-Verteilung definiert als die Verteilung von

$$\frac{Y_1}{\sqrt{\frac{1}{n}\sum_{i=2}^{n+1} Y_i^2}}.$$

Um die Dichte dieser Verteilung zu bestimmen, ist somit zweierlei zu tun. Zunächst ist die Dichte von $\sum_{i=2}^{n+1} Y_i^2$ zu bestimmen, anschließend dann die Dichte des Quotienten der unabhängigen Zufallsgrößen

$$Y_1 \text{ und } \sqrt{\frac{1}{n}\sum_{i=2}^{n+1} Y_i^2}.$$

Für die erste Problematik ist es nützlich, die in der mathematischen Statistik vielfach benutzte Familie der **Gammaverteilungen** einzuführen.

21.8 Die Gammaverteilung

Die Gammverteilung $\Gamma(\nu,\lambda)$ mit Parametern $\nu,\lambda \in (0,\infty)$ ist definiert durch die Dichte

$$f_{(\nu,\lambda)}(x) = \frac{1}{\Gamma(\nu)}\lambda^\nu x^{\nu-1}e^{-\lambda x} \text{ für } x > 0$$

und $f_{(\nu,\lambda)}(x) = 0$ für $x \leq 0$ mit der wohlbekannten Gammafunktion

$$\Gamma(\nu) = \int_0^\infty x^{\nu-1}e^{-x}\,dx.$$

Eine gammaverteilte Zufallsgröße nimmt also mit Wahrscheinlichkeit 1 nur Werte > 0 an. Es gilt die folgende nützliche Ausage.

21.9 Faltungseigenschaft der Gammaverteilung

Es seien X, Y stochastisch unabhängige Zufallsgrößen. X sei $\Gamma(\nu_1,\lambda)$-verteilt und Y $\Gamma(\nu_2,\lambda)$-verteilt. Dann ist

$$X+Y \quad \Gamma(\nu_1+\nu_2,\lambda)\text{-verteilt.}$$

Unter Benutzung von 10.13 läßt sich dieses nachweisen. Wir führen die notwendigen Berechnungen in den Vertiefungen durch.

Mit dieser Aussage können wir einfach die Verteilung des Nenners in der t-Statistik bestimmen, die als **Chi-Quadrat-Verteilung** bezeichnet wird.

21.10 Die Chi-Quadrat-Verteilung

Es seien $Y_1, \ldots, Y_n$ stochastisch unabhängige, $N(0,1)$-verteilte Zufallsgrößen. Dann ist

$$\sum_{i=1}^{n} Y_i^2 \quad \Gamma(\frac{n}{2}, \frac{1}{2})\text{-verteilt.}$$

Diese Verteilung bezeichnen wir als **Chi-Quadrat-Verteilung mit n Freiheitsgraden** und schreiben dafür kurz

$$\chi_n^2 = \Gamma(\frac{n}{2}, \frac{1}{2}).$$

Um dies nachzuweisen, berechnen wir zunächst die Dichte von Y_1^2. Für $t > 0$ gilt - mit den üblichen Bezeichnungen Φ und φ für Verteilungsfunktion und Dichte der Standardnormalverteilung -

$$P(Y_1^2 \leq t) = P(-\sqrt{t} \leq Y_1 \leq \sqrt{t}) = \Phi(\sqrt{t}) - \Phi(-\sqrt{t}),$$

und wir erhalten die Dichte durch Ableiten als

$$\frac{\varphi(\sqrt{t})}{\sqrt{t}} = \frac{1}{\sqrt{2\pi}} \frac{1}{\sqrt{t}} e^{-\frac{t}{2}},$$

somit als Dichte der $\Gamma(\frac{1}{2}, \frac{1}{2})$-Verteilung. Anwendung der Eigenschaft der Gammaverteilung zeigt, daß $X_1^2 + X_2^2$ eine $\Gamma(\frac{1}{2} + \frac{1}{2}, \frac{1}{2})$-Verteilung besitzt, und allgemein durch einen Induktionsschluß, daß

$$\sum_{i=1}^{n+1} Y_i^2 = \sum_{i=1}^{n} Y_i^2 + Y_{n+1}^2 \quad \Gamma(\frac{n}{2} + \frac{1}{2}, \frac{1}{2})\text{-verteilt}$$

ist.

21.11 Bestimmung der Dichte der t-Verteilung

Zu bestimmen ist die Dichte des Quotienten

$$\frac{Y}{\sqrt{\frac{1}{n} Z}}.$$

wobei Y und Z stochastisch unabhängig sind und Y $N(0,1)$-verteilt, Z χ_n^2-verteilt ist.

Diese Dichtebestimmung benutzt die folgende allgemeine Formel: Sind U, V stochastisch unabhängig, $V > 0$ mit Dichten f_U, f_V, so besitzt der Quotient die Dichte

$$f_{U/V}(t) = \int_0^\infty f_U(tx) x f_V(x)\, dx,$$

denn es gilt:

$$\begin{aligned}
P(\frac{U}{V} \leq t) &= P(U \leq Vt) = \int_0^\infty P(U \leq xt)\, P^V(dx) \\
&= \int_0^\infty \int_{-\infty}^{xt} f_U(z)\, dz\, f_V(x)\, dx = \int_0^\infty \int_{-\infty}^{t} f_U(xz) x\, dz\, f_V(x)\, dx \\
&= \int_{-\infty}^{t} \int_0^\infty f_U(xz) x f_V(x)\, dx\, dz.
\end{aligned}$$

Zur Anwendung dieser Formel auf die t-Statistik benötigen wir noch die Dichte von $\sqrt{\frac{1}{n} Z}$, die sich aber leicht aus der uns schon bekannten Dichte von Z ergibt. Es ist nämlich

$$P(\sqrt{Z/n} \leq t) = P(Z \leq nt^2), \text{ also durch Ableiten } f_{\sqrt{Z/n}}(x) = f_Z(nt^2) 2nt,$$

damit

$$f_{\sqrt{Z/n}}(y) = \frac{n}{\Gamma\left(\frac{n}{2}\right)} (\frac{1}{2})^{\frac{n}{2}-1}\, n^{\frac{n}{2}-1}\, y^{n-1}\, e^{\frac{ny^2}{2}}.$$

Die gewünschte Dichte läßt sich nun leicht berechnen als

$$f_{Y/\sqrt{Z/n}}(t) = \int_0^\infty f_Y(tx) x f_{\sqrt{Z/n}}(x)\, dx.$$

Diese Rechnung führen wir in den Vertiefungen zu diesem Kapitel durch. Hier geben wir nur das Ergebnis für die Dichte der t_n-Verteilung an:

$$f_{Y/\sqrt{Z/n}}(t) = \frac{\Gamma\left(\frac{n+1}{2}\right)}{\sqrt{\pi n}\,\Gamma\left(\frac{n}{2}\right)} \left(1 + \frac{t^2}{n}\right)^{-\frac{n+1}{2}}.$$

Fraktile der t-Verteilungen sind in statistischen Tafelwerken zu finden bzw. in statistischer Software vorhanden.

21.12 Der einseitige χ^2-Test

Beobachtet seien stochastisch unabhängige $N(a_0, \sigma^2)$-verteilte Zufallsgrößen $X_1, \ldots, X_n$, wobei der Mittelwert a_0 bekannt und die Varianz $\sigma^2 > 0$ der unbekannte Parameter sei. Zu testen sei $H = \{\sigma^2 : \sigma^2 \leq \sigma_0^2\}$, $K = \{\sigma^2 : \sigma^2 > \sigma_0^2\}$.

Die Betrachtung der Dichten zeigt, daß monotoner Dichtequotienten in

$$\sum_{i=1}^{n}(x_i - a_0)^2$$

vorliegt. Aus 21.10 wissen wir, daß bei Vorliegen der Varianz σ_0^2

$$\frac{1}{\sigma_0^2}\sum_{i=1}^{n}(X_i - a_0)^2 \quad \chi_n^2\text{-verteilt}$$

ist. Als gleichmäßig bester Test zum Niveau α ergibt sich der **einseitige χ^2-Test**

$$\phi^*(x) = \begin{cases} 1 \\ 0 \end{cases} \text{für } \frac{1}{\sigma_0^2}\sum_{i=1}^{n}(x_i - a_0)^2 \gtrless c(\chi_n^2, \alpha).$$

Auch hier stellt sich sofort die Frage, wie wir im praxisrelevanten Fall unbekannten Mittelwerts vorgehen sollen. Beobachtet werden also stochastisch unabhängige, $N(a, \sigma^2)$-verteilte Zufallsgrößen $X_1, \ldots, X_n$ mit unbekanntem Parameter $\theta = (a, \sigma^2) \in \Theta = \mathbb{R} \times (0, \infty)$. Beim betrachteten einseitigen Testproblem zur Varianz liegen jetzt vor

$$H = \{(a, \sigma^2) \in \Theta : a \in \mathbb{R}, \sigma^2 \leq \sigma_0^2\}, \; K = \{(a, \sigma^2) \in \Theta : a \in \mathbb{R}, \sigma^2 > \sigma_0^2\}.$$

Das unbekannte a spielt hier die Rolle des Störparameters, analog zur Rolle der Varianz beim t-Test.

Ersetzen wir in der Teststatistik a_0 durch das Stichprobenmittel als kanonischen Schätzwert für den Mittelwert, so erhalten wir die neue

$$\text{Teststatistik } \sum_{i=1}^{n}(x_i - \overline{x}_n)^2.$$

Gemäß 21.6, 21.10 ist bzgl. $P_{(a,\sigma_0^2)}$

$$\frac{1}{\sigma_0^2}\sum_{i=1}^{n}(X_i - \overline{X}_n)^2 \quad \chi_{n-1}^2\text{-verteilt}$$

für jedes a. Damit erhalten wir den Test

$$\phi^*(x) = \begin{cases} 1 \\ 0 \end{cases} \text{für } \sum_{i=1}^{n}(x_i - \overline{x}_n)^2 \gtrless c(\chi_{n-1}^2, \alpha)\, \sigma_0^2,$$

der ebenfalls als einseitiger χ^2-Test bezeichnet wird.

Wir können nun entprechend die zweiseitigen Testprobleme behandeln.

21.13 Der zweiseitige χ^2-Test

Betrachten wir in der Situation von 21.12 bei bekanntem Mittelwert a_0 das zweiseitige Testproblem für $H = \{\sigma_0^2\}$, $K = \{\sigma^2 : \sigma^2 \neq \sigma_0^2\}$.

Als gleichmäßig bester unverfälschter Test zum Niveau α ergibt sich der **zweiseitige χ^2-Test**

$$\phi^*(x) = \begin{cases} 1 & \text{für} \quad \frac{1}{\sigma_0^2}\sum\limits_{i=1}^{n}(x_i - a_0)^2 < c_1 \text{ oder } \frac{1}{\sigma_0^2}\sum\limits_{i=1}^{n}(x_i - a_0)^2 > c_2 \\ 0 & \qquad\qquad c_1 \leq \frac{1}{\sigma_0^2}\sum\limits_{i=1}^{n}(x_i - a_0)^2 \leq c_2 \end{cases}$$

Die dabei auftretende Teststatistik ist, wie wir wissen, bzgl. $P_{(a_0,\sigma_0^2)}$ χ_n^2-verteilt. Nun ist offensichtlich die χ_n^2-Verteilung als Verteilung auf $(0,\infty)$ nicht symmetrisch, und die kritischen Werte c_1, c_2 sind aufgrund der allgemeinen Regel 20.25 zu bestimmen. Bezeichnen wir dazu die Dichte der χ_n^2-Verteilung mit h_n, so sind c_1, c_2 zu bestimmen aus

$$\int_{-\infty}^{c_1} h_n(x)\,dx + \int_{c_2}^{\infty} h_n(x)\,dx = \alpha,$$

und

$$\int_{-\infty}^{c_1} xh_n(x)\,dx + \int_{c_2}^{\infty} xh_n(x)\,dx = n\alpha.$$

Dabei benutzen wir die Tatsache, daß gemäß 21.10 der Erwartungswert einer χ_n^2-verteilten Zufallsgröße gleich n ist.

Diese Gleichungen in c_1, c_2 sind numerisch auszuwerten, und für die resultierenden Werte liegen statistische Tafelwerke bzw. statistische Software vor.

Betrachten wir nun das entsprechende Testproblem bei unbekanntem Mittelwert, so daß

$$H = \{(a, \sigma_0^2) : a \in \mathbb{R}\},\ K = \{(a, \sigma^2) : a \in \mathbb{R}, \sigma^2 \neq \sigma_0^2)\}$$

vorliegen. Wie beim einseitigen Testproblem gehen wir über zur Teststatistik

$$\frac{1}{\sigma_0^2}\sum_{i=1}^{n}(x_i - \overline{x}_n)^2$$

und nutzen aus, daß

$$\frac{1}{\sigma_0^2}\sum_{i=1}^{n}(X_i - \overline{X}_n)^2 \quad \chi_{n-1}^2\text{-verteilt}$$

ist. Wir erhalten als Testverfahren

$$\phi^*(x) = \begin{cases} 1 & \text{für} \quad \frac{1}{\sigma_0^2}\sum_{i=1}^{n}(x_i - \overline{x}_n)^2 < c_1 \text{ oder } \frac{1}{\sigma_0^2}\sum_{i=1}^{n}(x_i - \overline{x}_n)^2 > c_2 \\ 0 & \quad c_1 \leq \frac{1}{\sigma_0^2}\sum_{i=1}^{n}(x_i - a_0)^2 \leq c_2 \end{cases}$$

Bei der Bestimmung der c_1, c_2 ist natürlich jetzt die χ^2_{n-1}-Verteilung zu benutzen.

21.14 Das Zweistichprobenproblem bei Normalverteilungen

Im Rahmen der BSE-Problematik entwickelt ein Tierfuttermittelunternehmen zwei neue, garantiert tiermehlfreie Kraftfutter Bioorg1 und Bioorg2, die auf ihre Wirksamkeit zu untersuchen sind. Dazu werden auf dem Versuchshof des Unternehmens zwei Rinderherden von gleicher homogener Altersstrukturierung einen Monat lang mit diesen Kraftfuttern gefüttert - die Tiere aus Herde 1 mit Bioorg1 und die Tiere aus Herde 2 mit Bioorg2. Als statistische Daten werden die Gewichtsänderungen jedes Tieres aus den beiden Herden registriert. Beobachtet werden somit Zufallsgrößen

$X_{11}, X_{12}, \ldots, X_{1n_1}$ - die Gewichtsänderungen zu Bioorg1,
$X_{21}, X_{22}, \ldots, X_{2n_2}$ - die Gewichtsänderungen zu Bioorg2.

Wir nehmen an, daß $X_{11}, X_{1n_1}, X_{21}, \ldots, X_{2n_2}$ stochastisch unabhängig sind, ferner daß jeweils

$X_{11}, X_{12}, \ldots, X_{1n_1}$ $N(a_1, \sigma^2)$- verteilt,
$X_{21}, X_{22}, \ldots, X_{2n_2}$ $N(a_2, \sigma^2)$- verteilt

sind.

Die Parameter a_1 und a_2 beschreiben dabei die mittlere Gewichtsänderung durch Bioorg1 und Bioorg2, σ^2 die Variation in diesen Veränderungen. Wir nehmen hier an, daß, gemäß der Annahme der Homogenität in den Herden, diese Variation in beiden Herden gleich ist. Angemerkt sei, daß das im folgenden behandelte Problem bei ungleichen Varianzen wesentlich schwieriger und nur mittels geeigneter Approximationen zu behandeln ist.

Zur Planung der Unternehmensstrategie ist zu testen, welche Methode zu größerer mittlerer Gewichtszunahme führt. Unbekannter Parameter ist hier

$$\theta = (a_1, a_2, \sigma^2) \in \Theta = \mathbb{R}^2 \times (0, \infty),$$

und wir betrachten die Hypothesen

$$H = \{(a_1, a_2, \sigma^2) \in \Theta : a_1 \leq a_2, \sigma^2 > 0\},$$

$$K = \{(a_1, a_2, \sigma^2) \in \Theta : a_1 > a_2, \sigma^2 > 0\}.$$

Der gebräuchliche Test ist hier der **Zweistichproben-t-Test**, der die folgende Form besitzt:

$$\psi(x) = \begin{cases} 1 \\ 0 \end{cases} \text{für } \frac{\frac{1}{\sqrt{\frac{1}{n_1}+\frac{1}{n_2}}}(\overline{x}_{1\cdot} - \overline{x}_{2\cdot})}{\sqrt{\frac{1}{n_1+n_2-2}\left(\sum\limits_{i=1}^{n_1}(x_{1i} - \overline{x}_{1\cdot})^2 + \sum\limits_{j=1}^{n_2}(x_{2j} - \overline{x}_{2\cdot})^2\right)}} \begin{matrix} > \\ \leq \end{matrix} c(t_{n_1+n_2-2}, \alpha).$$

Dabei liegen vor $x = (x_{11}, \ldots, x_{1n_1}, x_{21}, \ldots, x_{2n_2})$, $\overline{x}_{1\cdot} = \frac{1}{n_1}\sum\limits_{i=1}^{n_1} x_{1i}$ und $\overline{x}_{2\cdot} = \frac{1}{n_2}\sum\limits_{j=1}^{n_2} x_{2j}$. Die Benutzung des α-Fraktils der $t_{n_1+n_2-2}$ -Verteilung beruht darin, daß bzgl. jedes $P_{(a,a,\sigma^2)}$

$$\frac{\frac{1}{\sqrt{\frac{1}{n_1}+\frac{1}{n_2}}}(\overline{X}_{1\cdot} - \overline{X}_{2\cdot})}{\sqrt{\frac{1}{n_1+n_2-2}\left(\sum\limits_{i=1}^{n_1}(X_{1i} - \overline{X}_{1\cdot})^2 + \sum\limits_{j=1}^{n_2}(X_{2j} - \overline{X}_{2\cdot})^2\right)}} \quad t_{n_1+n_2-2}\text{-verteilt}$$

ist. Eine Überlegung wie beim einfachen t-Test zeigt, daß dieser Test auch im Zweistichprobenfall unverfälschter Test zum Niveau α ist.

Ob unsere Annahme gleicher Varianzen in den Bioorg1- und Bioorg2-Herden gerechtfertigt ist, kann mit dem folgenden Test überprüft werden.

21.15 Der Zweistichproben - F-Test

Wir gehen nun von der Annahme gleicher Varianz in den beiden Herden ab und beobachten damit stochastisch unabhängige Zufallsgrößen

$$X_{11}, \ldots, X_{1n_1} \ N(a_1, \sigma_1^2) - \text{ verteilt,}$$
$$X_{21}, \ldots, X_{2n2} \ N(a_2, \sigma_2^2) - \text{verteilt.}$$

mit unbekanntem Parameter $(a_1, a_2, \sigma_1^2, \sigma_2^2) \in \Theta = \mathbb{R}^2 \times (0, \infty)^2$. Zu testen sei

$$H = \{(a_1, a_2, \sigma_1^2, \sigma_2^2) \in \Theta : a_1, a_2 \in \mathbb{R}, \sigma_1^2 \leq \sigma_2^2\},$$

$$K = \{(a_1, a_2, \sigma_1^2, \sigma_2^2) \in \Theta : a_1, a_2 \in \mathbb{R}, \sigma_1^2 > \sigma_2^2\}.$$

Wir beachten zunächst, daß eine Teststatistik der Form

$$\frac{1}{n_1-1}\sum_{i=1}^{n_1}(x_{1i}-\overline{x}_{1\cdot})^2-\frac{1}{n_2-1}\sum_{j=1}^{n_2}\frac{(x_{2j}-\overline{x}_{2\cdot})^2}{\sigma_2^2}$$

nicht brauchbar ist, da ihre Verteilung im Falle gleicher Varianzen $\sigma_1^2=\sigma_2^2$ von diesem gemeinsamen Wert abhängig ist. Abhilfe schafft der Übergang zum Quotienten. Wir betrachten als Teststatistik

$$\frac{\frac{1}{n_1-1}\sum\limits_{i=1}^{n_1}(x_{1i}-\overline{x}_{1\cdot})^2}{\frac{1}{n_2-1}\sum\limits_{j=1}^{n_2}(x_{2j}-\overline{x}_{2\cdot})^2} = \frac{\frac{1}{n_1-1}\sum\limits_{i=1}^{n_1}\frac{(x_{1i}-\overline{x}_{1\cdot})^2}{\sigma^2}}{\frac{1}{n_2-1}\sum\limits_{j=1}^{n_2}\frac{(x_{2j}-\overline{x}_{2\cdot})^2}{\sigma^2}}.$$

Dieses zeigt, daß bzgl. jedes $P_{(a_1,a_2,\sigma^2,\sigma^2)}$ die Verteilung von

$$\frac{\frac{1}{n_1-1}\sum\limits_{i=1}^{n_1}(X_{1i}-\overline{X}_{1\cdot})^2}{\frac{1}{n_2-1}\sum\limits_{j=1}^{n_2}(X_{2j}-\overline{X}_{2\cdot})^2}$$

gleich der Verteilung von

$$\frac{\frac{1}{n_1-1}U_1}{\frac{1}{n_2-1}U_2}$$

ist, wobei U_1 und U_2 stochastisch unabhängig sind und U_1 eine $\chi^2_{n_1-1}$-Verteilung besitzt, U_2 eine $\chi^2_{n_2-1}$-Verteilung. Die resultierende Verteilung wird als **F-Verteilung** mit Parameter (n_1-1,n_2-1) bezeichnet, kurz F_{n_1-1,n_2-1}-Verteilung. Als Testverfahren ergibt sich

$$\psi^*(x)=\begin{cases}1\\0\end{cases}\text{für }\frac{\frac{1}{n_1-1}\sum\limits_{i=1}^{n_1}(x_{1i}-\overline{x}_{1\cdot})^2}{\frac{1}{n_2-1}\sum\limits_{j=1}^{n_2}(x_{2j}-\overline{x}_{2\cdot})^2}\begin{matrix}>\\\leq\end{matrix}c(F_{n_1-1,n_2-1},\alpha).$$

Dieser Test wird als **einseitiger** ***F*****-Test** bezeichnet. Wiederum können wir leicht zeigen, daß ein unverfälschter Test zum Niveau α vorliegt.

Mit den Methoden aus 21.11 berechnet sich allgemein die Dichte der $F_{m,n}$-Verteilung als

$$\frac{\Gamma(\frac{m+n}{2})}{\Gamma(\frac{m}{2})\Gamma(\frac{n}{2})}(\frac{m}{n})^2\frac{x^{\frac{m}{2}-1}}{(1+\frac{m}{n}x)^{(m+n)/2}},\ x>0,$$

und für $x \leq 0$ liegt der Wert 0 vor. Natürlich sind auch im Fall der F-Verteilung die Fraktile durch Tafelwerke bzw. statistische Software erhältlich.

21.16 Anmerkung

Auch in den Zweistichprobenproblemen können wir, wie in den Einstichprobenproblemen, die zweiseitigen Testprobleme behandeln. Wollen wir testen, ob die die Mittelwerte übereinstimmen, so haben wir die Hypothesen

$$H = \{(a_1, a_2, \sigma^2) \in \Theta : a_1 = a_2, \sigma^2 > 0\},$$

$$K = \{(a_1, a_2, \sigma^2) \in \Theta : a_1 \neq a_2 \sigma^2 > 0\}$$

zu betrachten. Als Testverfahren benutzen wir den zweiseitigen t-Test, der sich entsprechend zu 21.2 aus dem einseitigen t-Test ergibt.

Wollen wir dagegen testen, ob die Varianzen übereinstimmen, so sind die Hypothesen

$$H = \{(a_1, a_2, \sigma_1^2, \sigma_2^2) \in \Theta : a_1, a_2 \in \mathbb{R}, \sigma_1^2 = \sigma_2^2\},$$
$$K = \{(a_1, a_2, \sigma_1^2, \sigma_2^2) \in \Theta : a_1, a_2 \in \mathbb{R}, \sigma_1^2 \neq \sigma_2^2\}$$

zu betrachten. Als Testverfahren ergibt sich entsprechend der zweiseitige F-Test, wobei bei seiner Festverlegung – wie beim zweiseitigen χ^2-Test – zu beachten ist, daß die F-Verteilung nicht symmetrisch ist.

Wir kommen an dieser Stelle zurück zu unserer klinischen Studie 14.1, 15.2. Bisher haben wir in 20.10, 20.25 nur Testverfahren für die Situation behandelt, in der keine Kontrollgruppe von mit einem Placebopräparat behandelten Patienten vorliegt. Wir wollen nun einen Test für die Doppeltblindstudie entwickeln und betrachten damit ein Zweistichprobenproblem.

21.17 Testen in einer Doppeltblindstudie

In der klinischen Studie aus 14.1, 15.2 seien n_1 Patienten mit dem zu untersuchenden Medikament behandelt, n_2 Patienten mit einem Placebopräparat.

Beobachtet werden somit Zufallsgrößen mit Werten in $\{0, 1\}$ und zwar

$X_{11}, X_{12}, \ldots, X_{1n_1}$ - die Ergebnisse in der Behandlungsgruppe,
$X_{21}, X_{22}, \ldots, X_{2n_2}$ - die Ergebnisse in der Kontrollgruppe.

Dabei seien $X_{11}, X_{1n_1}, X_{21}, \ldots, X_{2n_2}$ stochastisch unabhängig, ferner jeweils

$$X_{11}, X_{12}, \ldots, X_{1n_1} \quad B(1,\theta_1)\text{- verteilt,}$$
$$X_{21}, X_{22}, \ldots, X_{2n_2} \quad B(1,\theta_2)\text{- verteilt.}$$

Unbekannter Parameter ist $\theta = (\theta_1, \theta_2) \in \Theta = (0,1) \times (0,1)$. Wir merken dabei an, daß wir – um mit den vorstehenden Zweistichprobenproblemen bezeichnungskonsistent zu sein – Umbennungen zu 14.1, 15.2 vorgenommen haben.

Zu testen sei, ob die Wirksamkeit des Medikaments diejenige des Placebos übersteigt, und wir setzen

$$H = \{\theta : \theta_1 \leq \theta_2\}, \; K = \{\theta : \theta_1 > \theta_2\}.$$

Wie in 15.2 beschrieben, erscheint es recht naheliegend, als

$$\text{Teststatistik } \overline{x}_{1\cdot} - \overline{x}_{2\cdot}$$

zu wählen. Um damit zu einem Testverfahren zu gelangen, betrachten wir diese Statistik auf asymptotische Normalität für Parameterwerte θ mit $\theta_1 = \theta_2 = \eta$. Eine verfeinerte Anwendung des zentralen Grenzwertsatzes, die wir im Rahmen dieses einführenden Textes nicht beweisen wollen, zeigt, daß bzgl. $P_{(\eta,\eta)}$

$$\frac{1}{\sqrt{\eta(1-\eta)}\sqrt{\frac{1}{n_1}+\frac{1}{n_2}}}(\overline{X}_{1\cdot} - \overline{X}_{2\cdot}) \approx N(0,1)\text{-verteilt}$$

ist. Der unbekannte Wert η tritt also explizit bei der Angabe der asymptotische Verteilung unserer naheliegenden Teststatistik auf. Um zu einem anwendbaren Verfahren zu gelangen, ersetzen wir ihn durch seinen natürlichen Schätzwert

$$\overline{x}_{\cdot\cdot} = \frac{1}{n_1+n_2}\left(\sum_{i=1}^{n_1} x_{i1} + \sum_{i=1}^{n_2} x_{21}\right).$$

Dies führt schließlich zu folgendem approximativen Testverfahren zum Niveau α in diesem Zweistichprobenproblem:

$$\phi(x) = \begin{cases} 1 \\ 0 \end{cases} \text{für } \overline{x}_{1\cdot} - \overline{x}_{2\cdot} \; \begin{matrix} > \\ \leq \end{matrix} \; \sqrt{\overline{x}_{\cdot\cdot}(1-\overline{x}_{\cdot\cdot})}\sqrt{\frac{1}{n_1}+\frac{1}{n_2}}\, u_\alpha.$$

Der Fall zweiseitiger Hypothesen wird mittels der Symmetrie der Standardnormalverteilung entsprechend behandelt.

Eine wesentliche Anwendung der Testtheorie besteht darin, daß wir mit ihrer Hilfe die Angabe von Schätzwerten, wie wir sie in den vorhergehenden Kapiteln kennengelernt haben, so ergänzen können, daß wir die möglichen Abweichungen vom Schätzwert erkennen. Wir beginnen mit einem Beispiel.

21.18 Überprüfung von Nennmaßen

Bei der in 20.18 betrachteten Fertigung von Gewinderingen ist ein Nennmaß von a_0 Millimetern für den inneren Durchmesser dieser Ringe vorgegeben. Die Überprüfung des Fertigungsprozesses unter Benutzung testtheoretischer Verfahren hat - wie der Hersteller mit Bedauern einsehen mußte - ergeben, daß dieses Nennmaß derzeit nicht eingehalten wird. Zur Kalibrierung des Fertigungsprozesses benötigt der Hersteller einen Schätzwert für den tatsächlich vorliegenden Wert des inneren Durchmessers der erzeugten Ringe. Dieser Wert soll nun nicht nur in der Angabe einer Zahl a bestehen, sondern zusätzlich die möglichen Abweichungen widerspiegeln.

Eine mögliche Umsetzung könnte darin bestehen, daß wir in Abhängigkeit von der Stichprobe $x = (x_1, \ldots, x_n)$ ein

$$\text{Intervall } [z_1(x), z_2(x)]$$

so angeben, daß der unbekannte Mittelwert des inneren Durchmessers mit sehr hoher Wahrscheinlichkeit $1 - \alpha$ in diesem Intervall liegt.

Dieses Vorgehen soll nun unter Benutzung unserer Kenntnisse der Testtheorie umgesetzt werden. Als statistisches Modell betrachten wir dasjenige der Beobachtung von n stochastisch unabhängigen Zufallsgrößen $X_1, \ldots, X_n$, die jeweis $N(a, \sigma_0^2)$-verteilt seien mit unbekanntem Mittelwert a und zunächst als bekannt angenommener Varianz σ_0^2.

Zu jedem $a \in \mathbb{R}$ betrachten wir den zweiseitigen Gaußtest zum Testen von

$$H_a = \{a\}, \ K_a = \{b : b \neq a\},$$

der die Gestalt besitzt

$$\phi_a(x) = \begin{cases} 1 \\ 0 \end{cases} \text{für } \frac{\sqrt{n} \mid \overline{x}_n - a \mid}{\sqrt{\sigma_0^2}} \begin{matrix} > \\ \leq \end{matrix} u_{\alpha/2}.$$

Da ein Test zum Niveau α vorliegt, folgt

$$1 - \alpha = W_{(a,\sigma_0^2)}(\{x : \phi_a(x) = 0\}) = W_{(a,\sigma_0^2)}(\{x : \mid \overline{x}_n - a \mid \leq \sqrt{\frac{\sigma_0^2}{n}} u_{\alpha/2}\}).$$

Definieren wir also

$$z_1(x) = \overline{x}_n - \sqrt{\frac{\sigma_0^2}{n}} u_{\alpha/2}, \ z_2(x) = \overline{x}_n + \sqrt{\frac{\sigma_0^2}{n}} u_{\alpha/2},$$

so erhalten wir für jedes $a \in \mathbb{R}$

$$W_{(a,\sigma_0^2)}(\{x : z_1(x) \leq a \leq z_2(x)\}) = 1 - \alpha.$$

Wir haben damit die uns gestellte Aufgabe gelöst, denn, welches auch der unbekannte Wert von a sei, er liegt stets mit Wahrscheinlichkeit $1 - \alpha$ im Intervall $[z_1(x), z_2(x)]$.

Nehmen wir realistischer auch die Varianz σ^2 als unbekannt an, so haben wir nur den Gaußtest durch den t-Test zu ersetzen. Dies führt zu

$$z_1'(x) = \overline{x}_n - \sqrt{\frac{\sum_{i=1}^n (x_i - \overline{x}_n)^2}{n(n-1)}} c(t_{n-1}, \alpha/2),$$

$$z_2'(x) = \overline{x}_n + \sqrt{\frac{\sum_{i=1}^n (x_i - \overline{x}_n)^2}{n(n-1)}} c(t_{n-1}, \alpha/2),$$

wobei jetzt für jedes $a \in \mathbb{R}$ und jedes $\sigma^2 > 0$ gilt

$$W_{(a,\sigma^2)}(\{x : z_1'(x) \leq a \leq z_2'(x)\}) = 1 - \alpha.$$

In Abhängigkeit von der beobachteten Stichprobe x haben wir so ein Intervall konstruiert, in dem der unbekannte Parameter mit der Wahrscheinlichkeit $1 - \alpha$ liegt, also für den typischen Wert $\alpha = 0,01$ mit der Wahrscheinlichkeit 0,99. Ein solches stichprobenabhängiges, also zufälliges Intervall wird als **Konfidenzintervall zum Niveau** α bezeichnet.

In Anlehnung an das Vorgehen in diesem Beispiel liefert die Testtheorie einen systematischen Zugang, um einen Parameter durch geeignete Mengen, in denen dieser mit Wahrscheinlichkeit $1-\alpha$ liegt, zu schätzen. Die Benutzung von Mengen zur Schätzung wird durch den Begriff des **Konfidenzbereichs** formalisiert.

21.19 Konfidenzbereiche

Es sei $(\mathcal{X}, (W_\theta)_{\theta \in \Theta})$ ein statistisches Experiment. $\mathcal{P}(\Theta)$ bezeichne die Potenzmenge von Θ.

Ein Konfidenzbereich C ist eine Abbildung

$$C : \mathcal{X} \to \mathcal{P}(\Theta)$$

so, daß $\{x : \theta \in C(x)\}$ für alle θ meßbar ist.

Bei Benutzung eines Konfidenzbereichs C trifft der Statistiker die Entscheidung, daß der unbekannte Parameter bei Beobachtung von x in der Menge $C(x)$ liegt. Die in der Definition auftretende Meßbarkeitsbedingung dient dazu, um formal korrekt die Wahrscheinlichkeiten, daß der unbekannte Parameter im Konfidenzbereich liegt, bilden zu können und ist bei den praktisch auftretenden Konfidenzbereichen stets erfüllt.

Die Anforderungen, die wir an Konfidenzbereiche stellen, sind zweifach; zum einen soll der unbekannte Parameter mit hoher Wahrscheinlichkeit im Konfidenzbereich liegen, zum andern soll der Konfidenzbereich in einem noch zu präzisierenden Sinne möglichst klein sein. Diese erwünschten Eigenschaften sind von sehr unterschiedlicher Natur. Der Konfidenzbereich, der stets $C(x) = \Theta$ als statistische Entscheidung liefert, erfüllt sicherlich die erste Anforderung, sogar mit Wahrscheinlichkeit 1, ist aber natürlich nicht sinnvoll. Wir formalisieren diese Überlegungen in den folgenden Definitionen.

21.20 Optimale Konfidenzbereiche

Es sei $(\mathcal{X}, (W_\theta)_{\theta\in\Theta})$ ein statistisches Experiment. Sei $\alpha \in [0,1]$.

Ein Konfidenzbereich C wird als Konfidenzbereich zum Niveau α bezeichnet, falls gilt

$$W_\theta(\{x : \theta \in C(x)\}) \geq 1 - \alpha \textit{ für alle } \theta \in \Theta\ .$$

$\mathcal{C}_\alpha$ bezeichne die Menge aller Konfidenzbereiche vom Niveau α.

Sei ferner für jedes $\theta \in \Theta$ eine Menge $F_\theta \subset \Theta$ gegeben, die als Menge der falschen Parameterwerte zu θ bezeichnet wird.

C^* wird als gleichmäßig bester Konfidenzbereich zum Niveau α bezeichnet, falls gilt:

(i) $C^* \in \mathcal{C}_\alpha$.

(ii) Für alle $\theta \in \Theta$ und alle $\eta \in F_\theta$ ist

$$W_\theta(\{x : \eta \in C^*(x)\}) = \inf_{C\in\mathcal{C}_\alpha} W_\theta(\{x : \eta \in C(x)\}).$$

$C \in \mathcal{C}_\alpha$ wird als unverfälscht zum Niveau α bezeichnet, falls für alle $\theta \in \Theta$ und alle $\eta \in F_\theta$ gilt

$$W_\theta(\{x : \eta \in C(x)\}) \leq 1 - \alpha\ .$$

$\mathcal{C}_\alpha^u$ bezeichne die Menge aller unverfälschten Konfidenzbereiche zum Niveau α.

C^* wird als gleichmäßig bester unverfälschter Konfidenzbereich zum Niveau α bezeichnet, falls gilt:

(i) $C^* \in \mathcal{C}_\alpha^u$.

(ii) Für alle $\theta \in \Theta$ und alle $\eta \in F_\theta$ ist

$$W_\theta(\{x : \eta \in C^*(x)\}) = \inf_{C \in \mathcal{C}_\alpha^u} W_\theta(\{x : \eta \in C(x)\}).$$

Zu jedem möglichen θ gibt F_θ die Menge derjenigen Parameter an, die bei Vorliegen von θ möglichst nicht im Konfidenzbereich liegen sollen.

Sehr oft wird $F_\theta = \{\theta : \theta \neq \theta_0\}$ vorliegen. Die Forderungen (ii) in der vorstehenden Definition sind dann so zu interpretieren, daß Parameter $\neq$ dem tatsächlich vorliegenden Parameter mit möglichst geringer Wahrscheinlichkeit im Konfidenzbereich liegen, daß der Konfidenzbereich also in diesem Sinn möglichst klein sei.

Es sind aber auch andere Konstellationen denkbar, wie wir im Beispiel 21.22 sehen werden.

Die Herleitung von optimalen Konfidenzbereichen kann mit Methoden der Testtheorie geschehen.

21.21 Satz

Es sei $(\mathcal{X}, (W_\theta)_{\theta \in \Theta})$ ein statistisches Experiment. Zu jedem $\theta \in \Theta$ sei gegeben $F_\theta \subset \Theta$, $\theta \notin F_\theta$, und es sei

$$H_\theta = \{\theta\}\ , K_\theta = \{\eta \in \Theta : \theta \in F_\eta\}.$$

Sei $\alpha \in [0,1]$.

Für jedes $\theta \in \Theta$ sei ϕ_θ nicht-randomisierter Test zum Testen von H_θ, K_θ. Sei

$$C : \mathcal{X} \to \mathcal{P}(\Theta) \text{ definiert durch } C(x) = \{\theta \in \Theta : \phi_\theta(x) = 0\}.$$

Dann gilt:

Ist ϕ_θ für jedes $\theta \in \Theta$

$$\left\{\begin{array}{l} \text{Test zum Niveau } \alpha \\ \text{unverfälschter Test zum Niveau } \alpha \\ \text{gleichmäßig bester Test zum Niveau } \alpha \\ \text{gleichmäßig bester unverfälschter Test zum Niveau } \alpha \end{array}\right.$$

so ist C

$$\begin{cases} \textit{Konfidenzbereich zum Niveau } \alpha \\ \textit{unverfälschter Konfidenzbereich zum Niveau } \alpha \\ \textit{gleichmäßig bester Konfidenzbereich zum Niveau } \alpha \\ \textit{gleichmäßig bester unverfälschter Konfidenzbereich zum Niveau } \alpha \end{cases}$$

Den Beweis werden wir in den Vertiefungen führen.

Im Beispiel 21.17 haben wir also unter Benutzung des Gaußtests einen gleichmäßig besten Konfidenzbereich zum Niveau α für die Mengen der falschen Parameter $F_a = \{b : b \neq a\}$ konstruiert. Wir wollen nun, wie angekündigt, ein Beispiel behandeln, in dem die Mengen der falschen Parameter eine andere Gestalt besitzen.

21.22 Eine Kampagne

Einer Verbraucherschutzorganisation ist aufgefallen, daß das Instantkaffeeprodukt Mocchoclux den nicht unbedenklichen Stoff XY enthält. Es soll nun eine Aufklärungskampagne mit der Aussage *Mocchoclux enthält XY in einer Konzentration von mindestens z Gramm pro 500-Gramm-Packung* gestartet werden. Dazu werden n Proben auf den Gehalt an XY untersucht. Die festgestellten XY-Werte werden als Stichprobe $x = (x_1, \ldots, x_n)$ zu n stochastisch unabhängigen, jeweils $N(a, \sigma_0^2)$-verteilten Zufallsgrößen mit unbekanntem Mittelwert a und zunächst als bekannt angenommener Varianz σ_0^2 angesehen.

Dem Statistiker der Organisation ist dazu die Aufgabe gestellt, ein $z(x)$ zu bestimmen, das

(a) hohe Kampagnenwirksamkeit besitzt, also möglich groß ist,

(b) juristisch abgesichert ist: Die Wahrscheinlichkeit, daß der tatsächliche mittlere Anteil an XY kleiner als in der Kampagne behauptet ist, soll höchstens $\alpha = 0,01$ betragen.

Die Anforderung (b) ist dadurch zu erfüllen, daß der Statistiker eine Abbildung z benutzt mit der Eigenschaft

$$W_a(\{x : a < z(x)\}) \leq \alpha \text{ für alle } a \in \mathbb{R},$$

also

$$W_a(\{x : a \in [z(x), \infty)\}) \geq 1 - \alpha \text{ für alle } a \in \Theta.$$

Der Statistiker sucht dann einen Konfidenzbereich C der Form

$$C(x) = [z(x), \infty)$$

zum Niveau α.

Dieser Konfidenzbereich soll gemäß (b) so sein, daß $z(x)$ möglichst groß ist. Dies können wir in folgender Form ins statistische Modell übertragen: Bei Vorliegen von a sind ja gerade die falschen Parameterwerte, die nicht in den Konfidenzbereich sollen, sämtliche $b < a$, so daß wir

$$F_a = \{b : b < a\} \text{ und } K_a = \{b : a \in F_b\} = \{b : b > a\}$$

erhalten.

Wir betrachten nun für jedes a die einseitigen Gaußtests für H_a, K_a, die die Darstellung besitzen

$$\phi_a(x) = \left\{ \begin{array}{l} 1 \\ 0 \end{array} \right. \text{ für } \overline{x}_n \begin{array}{c} > \\ \leq \end{array} a + \sqrt{\frac{\sigma_0^2}{n}}\, u_\alpha.$$

Damit erhalten wir einen gleichmäßig besten Konfidenzbereich zum Niveau α durch

$$C(x) = \{a : \phi_a(x) = 0\} = [\overline{x}_n - \sqrt{\frac{\sigma_0^2}{n}}\, u_\alpha, \infty).$$

Nimmt der Statistiker realistischer auch die Varianz σ^2 als unbekannt an, so haben wir nur den den Gaußtest durch den t-Test zu ersetzen. Dies führt zu

$$z'(x) = \overline{x}_n - \sqrt{\frac{\sum_{i=1}^n (x_i - \overline{x}_n)^2}{n(n-1)}}\, c(t_{n-1}, \alpha),$$

wobei jetzt für jedes $a \in \mathbb{R}$ und jedes $\sigma^2 > 0$ gilt

$$W_{(a,\sigma^2)}(\{x : a \in [z'(x), \infty)\}) = 1 - \alpha.$$

21.23 Konfidenzintervall für die Lebensdauer

Die beobachteten Lebensdauern von n Speicherchips werden betrachtet als Stichprobe zu stochastisch unabhängigen Zufallsgrößen $X_1, \ldots, X_n$, die jeweils exponentialverteilt mit unbekanntem Erwartungswert $\theta \in \Theta = (0, \infty)$ seien. Es soll ein Konfidenzintervall für θ zum Niveau α angegeben werden. Dazu betrachten wir

$$F_\theta = \{\eta : \eta \neq \theta\} = K_\theta.$$

Ein gleichmäßig bester unverfälschter Test für $H_\theta = \{\theta\}$, K_θ zum Niveau α ist gegeben durch

$$\phi_\theta(x) = \begin{cases} 1 & \text{für} \quad \frac{2}{\theta}\sum_{i=1}^n x_i < c_1 \text{ oder } \frac{2}{\theta}\sum_{i=1}^n x_i > c_2 \\ 0 & \qquad c_1 \leq \frac{2}{\theta}\sum_{i=1}^n x_i \leq c_2 \end{cases}$$

Die Betrachtung der Teststatistik $T_\theta(x) = \frac{2}{\theta}\sum_{i=1}^n x_i$ bietet hier den Vorteil, daß diese stets χ^2_{2n} verteilt ist, also für jedes θ gilt

$$W_\theta^{T_\theta} = \chi^2_{2n},$$

siehe 21.9. Die kritischen Werte sind also unabhängig von θ und – wie in 21.13 beschrieben – bzgl. der χ^2_{2n}-Verteilung zu bestimmen. Damit erhalten wir als gleichmäßig besten unverfälschten Konfidenzbereich zum Niveau α

$$C(x) = \{\theta : \phi_\theta(x) = 0\} = [\frac{2}{c_2}\sum_{i=1}^n x_i, \frac{2}{c_1}\sum_{i=1}^n x_i].$$

Vertiefungen

Wir beginnen mit dem Nachweis der von uns benutzten Faltungseigenschaft der Gammafunktion.

21.24 Satz

Es seien X, Y stochastisch unabhängige Zufallsgrößen. X sei $\Gamma(\nu_1, \lambda)$-verteilt und Y $\Gamma(\nu_2, \lambda)$-verteilt. Dann ist

$$X + Y \ \ \Gamma(\nu_1 + \nu_2, \lambda)\text{-}\mathit{verteilt}.$$

Beweis:
Wir beachten zunächst, daß $X + Y$ die Dichte

$$f_{X+Y}(z) = \int_0^\infty f_X(z-x) f_Y(x)\, dx$$

besitzt. Wir setzen ein und erhalten

$$\begin{aligned}
&\int_0^\infty f_X(z-x) f_Y(x)\, dx \\
&= \int_0^z \frac{1}{\Gamma(\nu_1)} \lambda^{\nu_1} (z-x)^{\nu_1 - 1} e^{-\lambda(z-x)} \frac{1}{\Gamma(\nu_2)} \lambda^{\nu_2} x^{\nu_2 - 1} e^{-\lambda x}\, dx \\
&= \frac{\lambda^{\nu_1+\nu_2} e^{-\lambda z}}{\Gamma(\nu_1)\Gamma(\nu_2)} \int_0^z (z-x)^{\nu_1 - 1} x^{\nu_2 - 1}\, dx \\
&= \frac{\lambda^{\nu_1+\nu_2} e^{-\lambda z}}{\Gamma(\nu_1)\Gamma(\nu_2)} \int_0^1 (z-zx)^{\nu_1 - 1} (zx)^{\nu_2 - 1} z\, dx \\
&= \frac{\lambda^{\nu_1+\nu_2} e^{-\lambda z}}{\Gamma(\nu_1)\Gamma(\nu_2)} z^{\nu_1+\nu_2-1} \int_0^1 (1-x)^{\nu_1 - 1} x^{\nu_2 - 1}\, dx \\
&= \frac{1}{\Gamma(\nu_1 + \nu_2} \lambda^{\nu_1+\nu_2} e^{-\lambda z} z^{\nu_1+\nu_2-1}.
\end{aligned}$$

Für die letzte Gleichheit ist zu beachten, daß sowohl

$$\int f_{X+Y}(z)\, dz = 1$$

als auch

$$\int \lambda^{\nu_1+\nu_2} e^{-\lambda z} z^{\nu_1+\nu_2-1}\, dz = \Gamma(\nu_1 + \nu_2)$$

gelten. □

Als nächstes führen wir die noch ausstehende Rechnung bei der Bestimmung der Dichte der t-Verteilung durch.

21.25 Zur Berechnung der t-Verteilung

Zu bestimmen ist die Dichte des Quotienten

$$\frac{Y}{\sqrt{\frac{1}{n} Z}},$$

wobei Y und Z stochastisch unabhängig sind und Y $N(0,1)$-verteilt, Z χ_n^2-verteilt ist.

Als Dichte von $\sqrt{\frac{1}{n}Z}$ hatten wir in 21.11 erhalten als

$$f_{\sqrt{Z/n}}(y) = \frac{n}{\Gamma\left(\frac{n}{2}\right)}(\frac{1}{2})^{\frac{n}{2}-1}\, n^{\frac{n}{2}-1}\, y^{n-1}\, e^{\frac{ny^2}{2}}.$$

Unter Benutzung der allgemeinen Formel für die Dichte eines Quotienten berechnen wir nun:

$$\begin{aligned}
f_{Y/\sqrt{Z/n}}(t) &= \int_0^\infty f_Y(tx)x f_{\sqrt{Z/n}}(x)\,dx \\
&= \int_0^\infty \frac{1}{\sqrt{2\pi}} e^{-\frac{x^2t^2}{2}} x n^{\frac{n}{2}} \frac{1}{\Gamma\left(\frac{n}{2}\right)}(\frac{1}{2})^{\frac{n}{2}-1} x^{n-1} e^{-\frac{nx^2}{2}}\,dx \\
&= (\frac{1}{2})^{\frac{n}{2}-1} \frac{n^{\frac{n}{2}}}{\sqrt{2\pi}} \frac{1}{\Gamma\left(\frac{n}{2}\right)} \int_0^\infty e^{-\frac{x^2t^2}{2}} x^n e^{-\frac{nx^2}{2}}\,dx \\
&= (\frac{1}{2})^{\frac{n}{2}-1} \frac{n^{\frac{n}{2}}}{\sqrt{2\pi}} \frac{1}{\Gamma\left(\frac{n}{2}\right)} \int_0^\infty e^{-\frac{n}{2}x^2(1+\frac{t^2}{n})} x^n\,dx \\
&= (\frac{1}{2})^{\frac{n}{2}-1} \frac{n^{\frac{n}{2}}}{\sqrt{2\pi}} \frac{1}{\Gamma\left(\frac{n}{2}\right)} \int_0^\infty \frac{1}{2} e^{-\frac{n}{2}(1+\frac{t^2}{n})y} y^{\frac{n}{2}} y^{-\frac{1}{2}}\,dy \\
&= (\frac{1}{2})^{\frac{n}{2}-1} \frac{n^{\frac{n}{2}}}{2\sqrt{2\pi}} \frac{1}{\Gamma\left(\frac{n}{2}\right)} \int_0^\infty e^{-\frac{n}{2}(1+\frac{t^2}{n})y} y^{\frac{n+1}{2}-1}\,dy \\
&= (\frac{1}{2})^{\frac{n}{2}-1} \frac{n^{\frac{n}{2}}}{2\sqrt{2\pi}} \frac{1}{\Gamma\left(\frac{n}{2}\right)} \frac{\Gamma\left(\frac{n+1}{2}\right)}{\left(\frac{n}{2}\left(1+\frac{t^2}{n}\right)\right)^{\frac{n+1}{2}}} \\
&= \frac{\Gamma\left(\frac{n+1}{2}\right)}{\sqrt{\pi n}\Gamma\left(\frac{n}{2}\right)} \left(1+\frac{t^2}{n}\right)^{-\frac{n+1}{2}}.
\end{aligned}$$

Wir beweisen schließlich den Satz, der uns zeigt, wie wir aus optimalen Tests optimale Konfidenzbereiche erhalten können.

21.26 Satz

Es sei $(\mathcal{X}, (W_\theta)_{\theta\in\Theta})$ ein statistisches Experiment. Zu jedem $\theta \in \Theta$ sei gegeben $F_\theta \subset \Theta$, $\theta \notin F_\theta$, und es sei

$$H_\theta = \{\theta\}\ , K_\theta = \{\eta \in \Theta : \theta \in F_\eta\}.$$

Sei $\alpha \in [0,1]$.

Für jedes $\theta \in \Theta$ *sei* ϕ_θ *nicht-randomisierter Test zum Testen von* H_θ, K_θ. *Sei*

$$C : \mathcal{X} \to \mathcal{P}(\Omega) \text{ definiert durch } C(x) = \{\theta \in \Theta : \phi_\theta(x) = 0\}.$$

Dann gilt:

Ist ϕ_θ *für jedes* $\theta \in \Theta$

$$\begin{cases} \text{Test zum Niveau } \alpha \\ \text{unverfälschter Test zum Niveau } \alpha \\ \text{gleichmäßig bester Test zum Niveau } \alpha \\ \text{gleichmäßig bester unverfälschter Test zum Niveau } \alpha \end{cases}$$

so ist C

$$\begin{cases} \text{Konfidenzbereich zum Niveau } \alpha \\ \text{unverfälschter Konfidenzbereich zum Niveau } \alpha \\ \text{gleichmäßig bester Konfidenzbereich zum Niveau } \alpha \\ \text{gleichmäßig bester unverfälschter Konfidenzbereich zum Niveau } \alpha \end{cases}$$

Beweis:
(a) Sei für jedes $\theta \in \Theta$ ϕ_θ Test zum Niveau α. Es folgt

$$\begin{aligned} \alpha &\geq \int \phi_\theta \, dW_\theta = W_\theta(\{x : \phi_\theta(x) = 1\}) \\ &= 1 - W_\theta(\{x : \phi_\theta(x) = 0\}) = 1 - W_\theta(\{x : \theta \in C(x)\}). \end{aligned}$$

Also folgt

$$W_\theta(\{x : \theta \in C(x)\}) \geq 1 - \alpha,$$

für jedes θ, damit $C \in \mathcal{C}_\alpha$.

(b) Seien zusätzlich sämtliche Tests ϕ_θ unverfälscht. Sei $\eta \in F_\theta$, also $\theta \in K_\eta$. Die Unverfälschtheit von ϕ_η zeigt

$$\begin{aligned} \alpha &\leq \int \phi_\eta \, dW_\theta = W_\theta(\{x : \phi_\eta(x) = 1\}) \\ &= 1 - W_\theta(\{x : \phi_\eta(x) = 0\}) = 1 - W_\theta(\{x : \eta \in C(x)\}) \end{aligned}$$

und damit die Unverfälschtheit von C.

(c) Seien nun sämtliche Tests gleichmäßig beste Tests zum Niveau α. Sei C' ein weiterer Konfidenzbereich zum Niveau α. Wir definieren eine zugehörige Familie von Tests ϕ'_θ

$$\phi'_\theta(x) = \begin{cases} 1 \\ 0 \end{cases} \text{für } \theta \begin{matrix} \notin \\ \in \end{matrix} C'(x).$$

Dann gilt wie in (a):

$$\int \phi'_\theta \, dW_\theta = 1 - W_\theta(\{x : \theta \in C'(x)\}) \leq \alpha.$$

Es liegt somit eine weitere Familie von Tests zum Niveau α vor.

Sei nun $\eta \in F_\theta$, also $\theta \in K_\eta$. Wie in (b) folgt unter Benutzung der Optimalität von ϕ_η

$$1 - W_\theta(\{x : \eta \in C(x)\}) = \int \phi_\eta \, dW_\theta \geq \int \phi'_\eta \, dW_\theta = 1 - W_\theta(\{x : \eta \in C'(x)\}).$$

Dies zeigt zusammen mit (a), daß C gleichmäßig bester Konfidenzbereich ist.

(d) Seien schließlich sämtliche Tests gleichmäßig beste unverfälschte Tests zum Niveau α. Sei C' ein weiterer unverfälschter Konfidenzbereich zum Niveau α. Wie in (b), (c) sind sämtlich zugehörigen Tests ϕ'_θ unverfälscht, so daß die Behauptung wie in (c) folgt.

□

Aufgaben

Aufgabe 21.1 Beobachtet seien stochastisch unabhängige, $N(a, \sigma^2)$-verteilte Zufallsgrößen $X_1, \ldots, X_n$ mit unbekannten Parametern a und σ^2. Zeigen Sie, daß kein gleichmäßig bester Test zum Niveau α für $H = \{(a, \sigma^2) : a \leq a_0\}$ und $K = \{(a, \sigma^2) : a > a_0\}$ existiert.

Aufgabe 21.2 Beobachtet seien stochastisch unabhängige, $N(a, \sigma^2)$-verteilte Zufallsgrößen $X_1, \ldots, X_n$ mit unbekannten Parametern a und σ^2. Geben Sie eine unverfälschte untere Konfidenzschranke für σ^2 zum Niveau α an.

Aufgabe 21.3 Beobachtet seien stochastisch unabhängige, $R(0, \theta)$-verteilte Zufallsgrößen $X_1, \ldots, X_n$ mit unbekanntem $\theta \in (0, \infty)$.

(i) Geben Sie einen gleichmäßig besten Test zum Niveau α an für $H = \{\theta : \theta \leq \theta_0\}$ und $K = \{\theta : \theta > \theta_0\}$.
(ii) Geben Sie eine gleichmäßig beste untere Konfidenzschranke zum Niveau α an.

Aufgabe 21.4 Beobachtet seien stochastisch unabhängige, $N(a,\sigma^2)$-verteilte Zufallsgrößen $X_1,\ldots,X_n$ mit unbekannten Parametern a und σ^2. Sei $d > 0$. Zeigen Sie:

$$\inf_{(a,\sigma^2)} P_{(a,\sigma^2)}(a \in [\overline{X}_n - d, \overline{X}_n + d]) = 0.$$

Aufgabe 21.5 Beobachtet seien stochastisch unabhängige, $N(a,\sigma^2)$-verteilte Zufallsgrößen $X_1,\ldots,X_n$ mit unbekannten Parametern a und σ^2. Sei $d > 0$. Im folgenden wird das Steinsche Zweistufenverfahren beschrieben: Nehme eine Stichprobe vom Umfang m und berechne $s_m^2 = \sum_{i\le m}(x_i - \overline{x}_m)^2/(m-1)$. Nehme dann eine weitere Stichprobe vom zufälligen Umfang $N \ge \max\{m, s_m^2 c(t_{m-1}, \alpha/2)/d^2\}$. Zeigen Sie:

(i) $\overline{X}_n$ und N sind stochastisch unabhängig für alle $n \ge m$.
(ii) $P_{(a,\sigma^2)}(a \in [\overline{X}_N - d, \overline{X}_N + d]) \ge 1 - \alpha$ für alle (a,σ^2).

Aufgabe 21.6 Seien X, Y stochastisch unabhängig und χ_n^2, χ_m^2 verteilt. Berechnen Sie die Dichte von X/Y.

Aufgabe 21.7 Betrachtet sei ein lineares Modell mit vollem Rang und normalverteilten Fehlern. Zeigen Sie, daß der Kleinste-Quadrat-Schätzer und die Summe der Fehlerquadrate stochastisch unabhängig sind.

Aufgabe 21.8 Beobachtet seien stochastisch unabhängige, $N(a,\sigma^2)$-verteilte Zufallsgrößen $X_1,\ldots,X_n$ mit unbekannten Parametern a und σ^2. Bestimmen Sie gleichmäßig beste erwartungstreue Schätzer für $\gamma(\mu,\sigma^2) = \sigma^r$ für $r > -n+1$.

Literatur

An dieser Stelle seien einige Hinweise auf ergänzende und weiterführende Literatur gegeben, wobei aus der großen Vielzahl der existierenden Lehrbücher nur eine sehr kleine Auswahl aufgeführt sei.

Eine Einführung in die *Wahrscheinlichkeitstheorie und Statistik* in einem zu diesem Buch vergleichbaren Rahmen geben:

Behnen, K., Neuhaus, G. (2003): Grundkurs Stochastik, 4. Auflage.
PD-Verlag, Heidenau.

Georgii, H. (2002): Einführung in die Wahrscheinlichkeitstheorie und Statistik.
de Gruyter, Berlin.

Krengel, U. (2003): Einführung in die Wahrscheinlichkeitstheorie und Statistik, 7. Auflage. Vieweg, Braunschweig.

In die *Wahrscheinlichkeitstheorie* führen ein

Bandelow, C. (1981): Einführung in die Wahrscheinlichkeitstheorie.
Bibliographisches Institut, Mannheim.

Chung, K.L. (1978): Elementare Wahrscheinlichkeitstheorie und stochastische Prozesse. Springer, Berlin.

Henze, N. (2003): Stochastik für Einsteiger, 4. Auflage.
Vieweg, Braunschweig.

Pfanzagl, J. (1991): Elementare Wahrscheinlichkeitstheorie, 2. Auflage.
de Gruyter, Berlin.

Als weiterführende Lehrbücher zur *Wahrscheinlichkeitstheorie* seien erwähnt:

Bauer, H. (1991): Wahrscheinlichkeitstheorie, 4. Auflage.
de Gruyter, Berlin.

Gänssler, P., Stute, W. (1977): Wahrscheinlichkeitstheorie.
Springer, Berlin.

Mathar, R., Pfeifer, D. (1990): Stochastik für Informatiker.
Teubner, Stuttgart.

Schmitz, N. (1996): Vorlesungen über Wahrscheinlichkeitstheorie.
Teubner, Stuttgart.

Schürger, K. (1998): Wahrscheinlichkeitstheorie.
Oldenbourg, München.

Eine Einführung in die *Statistik* wird gegeben durch:

Bamberg, G., Baur, F. (2002): Statistik, 12. Auflage.
Oldenbourg, München

Fahrmeir, L., Künstler, R., Pigeot, I., Tutz, G. (2001): Statistik, 3. Auflage.
Springer, Berlin

Lehn, J., Wegmann, H. (1985): Einführung in die Statistik.
Teubner, Stuttgart.

Als weiterführende Lehrbücher zur *Statistik* seien angegeben:

Schmetterer, L. (1966): Einführung in die mathematische Statistik, 2. Auflage.
Springer, Wien.

Witting, H. (1985): Mathematische Statistik I.
Teubner, Stuttgart.

Angewandte Aspekte der *Statistik* betonen:

Hartung, J., Elpelt, B., Klösener, K.-H. (1989): Statistik. Lehr- und Handbuch der angewandten Statistik, 7. Auflage. Oldenbourg, München.

Sachs, L. (1992). Angewandte Statistik, 7. Auflage.
Springer, Berlin.

Die *Maß- und Integrationstheorie* wird ausführlich behandelt in

Bauer, H. (1990): Maß- und Integrationstheorie.
de Gruyter, Berlin.

Elstrodt, J. (1996): Maß- und Integrationstheorie.
Springer, Berlin.

Ferner seien aus der englischsprachigen Literatur als weiterführende und etablierte Lehrbücher zur *Wahrscheinlichkeitstheorie* angeführt:

Breiman, L., (1968): Probability.
Addison-Wesley, Reading.

Chow, Y.S., Teicher, H. (1988): Probability Theory, Second Edition.
Springer, New York.

Durrett, R. (1996): Probability: Theory and Examples.
Duxbury, Belmont.

Feller, W. (1950,1966): An Introduction to Probability Theory and Its Applications, Vols. I and II. Wiley, New York.

Zur *Statistik* seien entsprechend angegeben:

Bickel, P.J., Doksum, K.A. (1977): Mathematical Statistics: Basic Ideas and Selected Topics. Holden-Day, Oakland.

Lehmann, E.L. (1986): Testing Statistical Hypotheses, Second Edition.
Wiley, New York.

Lehmann, E.L. (1983): Theory of Point Estimation.
Wiley, New York.

Zacks, S. (1971): The Theory of Statistical Inference.
Wiley, New York.

Sachverzeichnis

Teubner

Teubner